"十三五"职业教育国家规划教材

"十二五"职业教育国家规划教材

经全国职业教育教材审定委员会审定

网络组建与维护

WANGLUO ZUJIAN YU WEIHU

（第5版）

主　编　梁锦叶

副主编　陈　佳　苏树海　连家剑

王卫华　何首武　谭鸿健

配套课件

重庆大学出版社

内容提要

本书是“十三五”职业教育国家规划教材。

本书以项目为载体，将组建大中型网络需掌握的知识和技能重组于各项目和工作任务中，适合理论实训一体化教学及线上线下混合式教学。

本书由初识局域网、小型办公网络组建、企业网络组建、企业网络互联、网络服务器配置与管理、企业网络安全、接入 Internet、网络规划 8 个工作项目场景及附录（网络管理与维护、思科常用交换机/路由器命令汇总）组成。每个项目包括若干工作任务，每个工作任务由任务要求、相关知识和任务实施组成。每个任务都给出具体的操作步骤，适合“教、学、做、考”一体化教学。

教材配套有课程标准、教学课件、教学设计、习题库及网络教学资源，课程知识点、难点及任务实施有动画或视频录像呈现，微信扫码即可学习，可以满足线上线下混合式教学的需要。

此外，本书还在实训项目中列出同一任务不同实现技术的内容，并附思考题，方便学生拓展学习。

本书可作为高等职业院校计算机网络技术，计算机应用技术等专业相关课程的教材，也可供各类培训、网络技术从业人员参考使用。

图书在版编目（CIP）数据

网络组建与维护 / 梁锦叶主编. --5 版. -- 重庆：重庆大学出版社，2020.6（2022.8 重印）

高职高专计算机系列教材

ISBN 978-7-5689-2034-6

Ⅰ.①网… Ⅱ.①梁… Ⅲ.①计算机网络—高等职业教育—教材 Ⅳ.①TP393

中国版本图书馆 CIP 数据核字(2020) 第 106433 号

网络组建与维护

（第 5 版）

主 编 梁锦叶

副主编 陈 佳 苏树海 连家剑

王卫华 何首武 谭鸿健

策划编辑：鲁 黎

责任编辑：鲁 黎 版式设计：鲁 黎

责任校对：万清菊 责任印制：张 策

*

重庆大学出版社出版发行

出版人：饶帮华

社址：重庆市沙坪坝区大学城西路 21 号

邮编：401331

电话：(023) 88617190 88617185(中小学)

传真：(023) 88617186 88617166

网址：http://www.cqup.com.cn

邮箱：fxk@ cqup.com.cn (营销中心)

全国新华书店经销

重庆长虹印务有限公司印刷

*

开本：787mm×1092mm 1/16 印张：21.5 字数：486 千

2004 年 6 月第 1 版 2020 年 6 月第 5 版 2022 年 8 月第 10 次印刷

印数：19 301—20 300

ISBN 978-7-5689-2034-6 定价：45.00 元

前 言

随着Internet技术的飞速发展,网络作为一个平台已经成为各行各业不可或缺的一部分,人类社会已经进入大数据时代。作为大数据时代人类社会发展战略性基础设施的因特网,催生了众多的新技术、新产业,推动着人类生产和生活方式的深刻变革,重塑经济社会的发展模式。世界新一轮科技革命的浪潮正在风起云涌,人工智能、大数据、物联网等新技术、新应用、新业态方兴未艾。当前,我国已进入新时代,"要建设网络强国、数字中国、智慧社会,推动互联网、大数据、人工智能和实体经济深度融合,发展数字经济、共享经济,培育新增长点、形成新动能。"毫无疑问,未来社会将需要大量的网络技术人才。为顺应时代发展,高职院校纷纷加强计算机网络人才培养,以满足社会对网络人才的需求。

党的十九大报告指出,"建设教育强国是中华民族伟大复兴的基础工程,必须把教育事业放在优先位置,深化教育改革,加快教育现代化,办好人民满意的教育""完善职业教育和培训体系,深化产教融合、校企合作"。为贯彻落实党的"十九大"精神,国务院和教育部相继出台系列相关文件,不断深化教育改革,推动教育现代化建设。本课程团队以习近平新时代中国特色社会主义思想为引领,坚持立德树人,对接新时代建设网络强国对网络人才需求,在总结多年教学经验的基础上,联合了网络设备厂商工程师和企业网络管理人员共同对本书进行第五次修订。

本书自2004年第一版出版以来已经进行了四次修订,先后被评为"十一五""十二五""十三五"职业教育国家规划教材。以本书为配套教材的《网络组建与维护》课程被评为省级精品课程。本次修订重点:一是对知识进行更新,对接社会需求;二是加强课程数字化建设,在原有省级精品课程网站基础上丰富课程配套网络资源。利用动画展示课程难点及抽象过程;利用微课呈现知识点,并以微信二维码的方式呈现于教材,打造在线学习平台,拓宽学生的学习时间与空间,满足混合式教学需求,适应教育现代化建设。

本书仍以适应高职教育教学改革为目标,基于工作过程,坚持以能力为宗旨、市场为导向、理论够用为度的高职教育理念,以企业需求为导向,以企业实际项目工作任务为载体组织内容,努力从内容到形式有所创新和突破:在能力培养上,以网络工程师岗位群能力需求为导向,重点培养学生网络设备的配置及调试能力、网络规划设计能力、分析和解决问题的能力以及创新能力;在内容选取和组织上,全书以组建大型园区网络全过程为主线,将组建大中型网络需掌握的知识和技能重组于各项目和工作任务中,坚持集先进性、科学性和实用性于一体,注重实用性。全书由初识局域网、小型办公网络组建、企业网络组建、企业网络互联、网络服务器配置与管理、企业网络安全、接入 Internet、网络规划 8 个项目和附录 1 网络管理与维护及附录 2 思科常用交换机/路由器命令汇总组成,每个项目包含有若干个具体工作任务;本书以组织学生参观校园网开始,让学生对局域网的组成及企事网络架构有感性认识,让学生带着任务去学习。然后组建小型办公网络、企业网络,再到网络互联、服务器配置与管理、网络安全、接入 Internet,最后是网络项目规划与设计,遵循由简到繁、由易到难、由浅入深、循序渐进的认知规律,让学生分层、分步地掌握所学知识及技能;本书侧重实践,每个具体工作任务都由任务要求、相关知识和任务实施组成,每个任务都给出具体的操作步骤,适合"教、学、做、考"一体化教学;教材配套有课程标准、教学课件、教学设计、习题库及网络教学资源,课程知识点、难点及任务实施有动画或视频录像呈现,微信扫码即可学习,可以满足混合式教学的需要。

本书的参考学时为 64 学时,其中理论学时为 32 学时,实训环节为 32 学时,各章的参考学时参见下面的学时分配表。

单元	课程内容	学时分配	
		讲授	实训
项目一	初识局域网	4	2
项目二	小型办公网络组建	2	2
项目三	企业网络组建	6	8
项目四	企业网络互联	6	6
项目五	网络服务器配置与管理	4	4
项目六	企业网络安全	4	4
项目七	接入 Internet	4	2
项目八	网络规划	2	4
课时总计		32	32

本书由梁锦叶担任主编,陈佳、苏树海、连家剑、王卫华、何首武、谭鸿健担任副主编。其中,项目 3 由桂林理工大学南宁分校梁锦叶编写,其中无线网络部分由广东有线广播电视网络股份有限公司王亦飞编写;项目 4、8 由桂林理工大学南宁分校陈佳编写;项目

1、7 由苏树海编写；项目 5(1～4)由桂林理工大学南宁分校连家剑编写，项目 5(5)由桂林理工大学南宁分校谭鸿健编写；项目 2 桂林理工大学南宁分校何首武编写；项目 6 由重庆商务职业学院王卫华编写；附录 1(1～2)由桂林师范高等专科学校李一川编写，附录 1(3～4)由桂林理工大学南宁分校樊梦编写；附录 2 桂林理工大学南宁分校李莹编写；全书由梁锦叶统稿定稿。本书为桂林理工大学南宁分校教改重点项目“网络组建与维护”成果之一。本书在编写及网络资料建设中得到桂林理工大学南宁分校现代教育中心及重庆大学出版社的大力支持和帮助，在此向他们表示衷心的感谢！

由于作者水平和时间有限，书中难免存在错误和不足之处，敬请广大读者批评指正。

编 者

2019 年 11 月

目　录

项目1　初识局域网

【学习目标】

1. 了解计算机网络的相关概念。
2. 了解企业网的基本架构。
3. 掌握计算机网络协议及分层的概念。
4. 掌握ISO/OSI参考模型、TCP/IP体系结构的特点及各层的功能。
5. 掌握局域网的拓扑结构、组成元件及常用传输介质。
6. 掌握局域网介质访问控制方法。

【能力目标】

1. 对交换机、路由器等网络通信设备有感性认识。
2. 对双绞线、光纤等局域网常用传输介质有感性认识。
3. 对综合布线六个子系统有感性认识。
4. 能区分接入层、汇聚层和核心层,并能简单绘出参观网络的拓扑图。

混合式学习

扫码学习,讨论:

1. 网络规划设计为什么采用分层设计思想?
2. 常见的企业网基本架构是怎样的?

二维码1.1　企业网基本架构

任务1.1　参观校园网

1.1.1　任务要求

计算机网络已经成为大数据时代的重要基石。学校的校园网是一个不断扩大、变化的计算机网络。它除了在教学、科研工作中起着举足轻重的作用外,本身就是一个典型案例。校园网组建的全过程就是一个完整的项目。本任务要求学生在教师的带领下,从校园网接入层开始,向汇聚层、核心层逐层参观。教师对每一层的通信设备、所用技术及作用、传输介质、综合布线的各个子系统逐一作介绍,帮助学生对局域网的通信设备、传输介质、综合布线系统及企业网的基本架构建立初步的了解。

1.1.2 相关知识

1.1.2.1 计算机网络概述

1)计算机网络概述

计算机网络是通信技术和计算机技术发展、结合的产物。所谓网络是指"三网",即电信网络、有线电视网络和计算机网络,本书所提网络均指计算机网络。21 世纪是一个以网络为核心的信息时代,网络现已成为信息社会和知识经济发展的重要基础。计算机网络的发展水平不仅反映了一个国家的计算机科学和通信技术水平,也是衡量其国力及现代化程度的重要标志之一。

(1)计算机网络的基本概念

计算机网络是指利用通信介质和通信设备把处于不同地理位置的两台或两台以上具有独立功能、自主的计算机连接起来,辅以软件进行控制,以实现资源共享和数据通信为目的的体系。图 1.1 为计算机网络示意图。

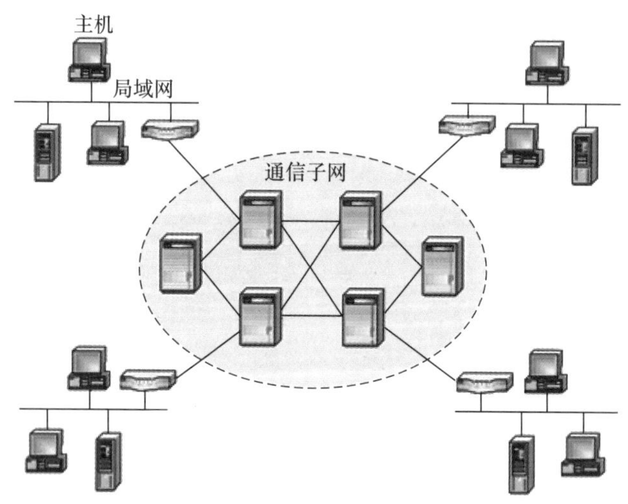

图 1.1 计算机网络示意图

从以上的定义可以看出,计算机网络建立在通信网络的基础之上,并以资源共享和在线通信为目的。利用计算机网络,不必花费大量的资金为每一位职员配置打印机,因为网络使共享打印机成为可能；利用计算机网络，不但可以利用多台计算机处理数据、文档、图像等各种信息，而且可以和其他人分享这些信息；利用计算机网络，同学们可以足不出户在校园拿到回家的高铁/动车票。在信息化高度发达的社会，在“时间就是金钱，效率就是生命”的今天，计算机网络为团队作战、协同工作提供了强有力的支持。

(2)计算机网络的功能

计算机网络自诞生以来一直得到快速的发展，并广泛地应用于政治、经济、军事、生产及科学技术的各个领域，其主要功能包括以下几个方面：

①资源共享。

在计算机系统中，有些设备价格昂贵；而有些设备尽管价格低廉，但使用频率不高（如大容量磁盘、打印机、绘图仪等设备）。对于一个组织或机构来说，有的设备只要有一台就可以了，为每一台计算机配置一些并非经常使用的设备是一种很大的浪费。在没有计算机网络的情况下，人们如果想使用这些设备，必须坐在安装有该设备的计算机前或将该设备从另一台计算机移动到自己的计算机上，该设备会被搬来搬去，极为不便；而在网络环境下，人们可以坐在自己的计算机前，像使用本地计算机一样使用安装在其他计算机上的设备，工作变得更加快捷和方便。图1.2为多用户共享打印机示意图。

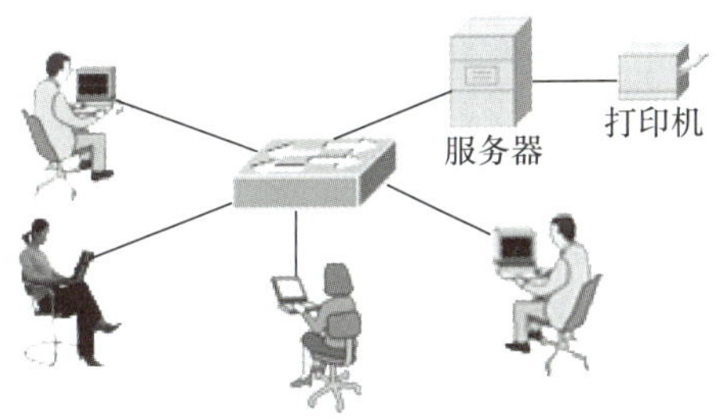

图1.2　多用户共享打印机示意图

计算机系统的另一重要资源是数据及程序。一般情况下，计算机用户并不是孤立的，他们常常需要与其他用户交换信息、共享数据。没有计算机网络，只能将数据打印出来或将数据复制到U盘，通过传递纸张或U盘的方式共享数据。很显然，这是一种非常低效的工作方式。在网络环境下，网络用户可以直接共享几乎所有类型的数据及某些应用程序，将纸张和U盘的传递量降到最低。图1.3为多用户共享数据资源示意图。

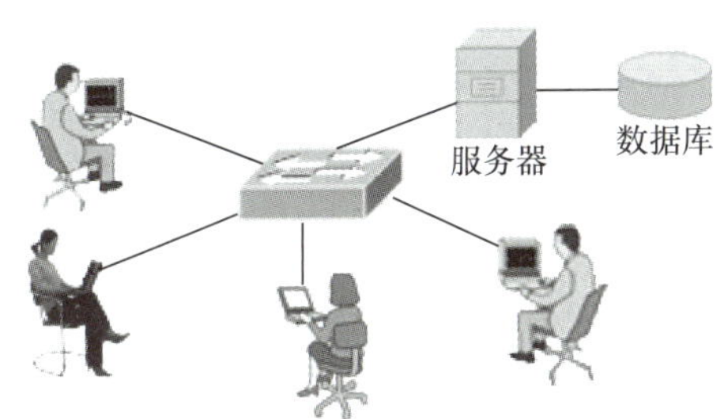

图1.3　多用户共享数据资源示意图

②数据通信。

计算机网络可以提供高效、快捷的通信手段。

现代社会信息量激增,信息交换也日益增多,每年有几万吨信件要传递。利用计算机网络传递信件是一种全新的电子传递方式。电子邮件比现有的通信工具具有更多的优点,它不像电话需要通话者双方同时在场,也不像广播系统只是单方向传递信息,在速度上比传统的邮件快得多。另外,电子邮件还可以携带声音、图像和视频,实现多媒体通信。利用计算机网络进行通信可以为企业创造惊人的经济效益。

利用计算机网络通信可以给科学家和工程师们提供一个网络环境,在此基础上可以建立一种新型的合作方式——计算机支持协同工作(Computer Supported Co-operative Work, CSCW),它消除了地理上的距离限制。

③增加可靠性。

在一个系统内,单个部件或计算机的暂时失效必须通过替换资源的办法来维持系统的继续运行。但在计算机网络中,每一种资源(尤其是程序和数据)可以存放在多个地点,而用户可以通过多种途径来访问网内的某个资源,从而避免了单点失效对用户产生的影响。

④提高系统处理能力。

单机的处理能力是有限的,且由于种种原因,计算机之间的忙闲程度各不相同。理论上,在同一网内的多台计算机通过协同操作和并行处理可提高整个系统的处理能力,并使网内各计算机负载均衡。

计算机网络具有以上功能,在各行各业中都得到了广泛的应用。银行利用计算机网络可以实现异地通存通兑,从而增加资金的流通速度,地处美国的银行晚上停止营业后可将资金通过网络转借给新加坡的银行继续使用(此时新加坡正为白天),提高资金的利用率;利用计算机网络人们可以足不出户就可完成订票、购物;在军事指挥系统中,利用计算机网络可以使遍布辽阔地域的各计算机协同工作,对任何可疑的目标信息进行处理并及时发出警报,从而使最高决策机构采取有效措施;利用计算机网络,医生可以联合看病,远在北京的心脏病专家可以观摩旧金山进行的手术,并对正在进行手术的医生提出建议;利用计算机网络还可以进行远程教学,等等。

目前,网络实时交谈(QQ、微信)和 E-mail 已成为人们重要的通信手段。视频点播(VOD)、网络游戏、网上教学、电子商务走进了人们的生活、学习和工作中。随着信息技术的飞速发展,物联网、云计算、大数据、人工智能等新兴技术加速与传统行业相融合,催生了众多的新技术、新产业、新业态,正在推动着人类生产和生活方式的深刻变革,重塑经济社会的发展模式。

(3)计算机网络的发展

20 世纪 60 年代初,美国国防部高级研究计划署(Advanced Research Project Agency, ARPA)提出要研制一种生存性(Survivability)很强的网络。这种网络用于计算机之间的数据传送,而不是为了打电话;能够连接不同类型的计算机;所有的网络结点都同等重要;计算机在进行通信时,必须有冗余的路由;网络的结构应当尽可能地简单,同时还能够非常可靠地传送数据。这就是后来的第一个分组交换网 ARPANET——因特网(Internet)的前身。

计算机网络的发展和其他事物一样,也经历了从简单到复杂,从低级到高级的过程。在这一过程中,计算机技术与通信技术紧密结合,相互促进,共同发展。特别是近年来,计算机网络的发展可以用“迅猛”来形容。如今,计算机网络已经成为当今社会不可缺少的一部分,不少国家把“互联网+”提升到国家战略高度。归纳起来,计算机网络的发展可分为四个阶段:

①第一代计算机网络。

由于远程终端数量的增加,为了解决一台计算机使用多个线路控制器的问题,在20世纪60年代初期,人们开发出多重线路控制器。它相当于一台多口的线路控制器,可以和多个终端同时通信。我们将这种最简单的通信网称为第一代计算机网络。这是一个以主机为中心的阶段。

②第二代计算机网络。

为了克服第一代计算机网络的缺点,提高网络的可靠性和可用性,人们开始研究将多台计算机相互连接的方法。首先想到的是借鉴电话系统中所采用的电路交换思想。电路交换是预先分配线路带宽的。但是,电路交换本来是为电话通信而设计的,因为建立通路的呼叫过程太长,不适合于计算机通信。1969年12月,美国的计算机分组交换网ARPANET投入运行。ARPANET连接了美国加利福尼亚大学洛杉机分校、加利福尼亚大学圣巴巴拉分校、斯坦福大学和犹他大学四个节点的计算机。ARPANET的成功,标志着计算机网络的发展由以主机为中心进入了一个以网络为中心的全新阶段。

二维码1.2 分组交换存储转发过程

③第三代计算机网络。

在第二代计算机网络中,多台计算机通过通信子网构成一个有机的整体,既分散又统一,从而使整个系统性能大大提高;原来单一主机的负载可以分散到全网的各个机器上,使得网络系统的响应速度加快;在这种系统中,即使单机故障也不会导致整个网络系统的全面瘫痪。但是在这种网络中,由于不同厂商使用的生产技术不同,不同厂商间的设备无法实现相互协调工作。针对上述情况,国际标准化组织于1977年设立专门的机构研究解决上述问题,并提出了一个使各种计算机能够互连的标准框架——开放式系统互连参考模型(Open System Interconnection/ Reference Model, OSI/RM),简称OSI参考模型。OSI参考模型的出现,意味着计算机网络发展到第三代。

④带宽和多媒体相结合的第四代计算机网络。

计算机网络经过第一代、第二代和第三代的发展,表现出巨大的使用价值和良好的应用前景。进入20世纪90年代以来,微电子技术、大规模集成电路技术、光通信技术和计算机技术不断发展,为网络技术的发展提供了有力的支持。由于要求接入网络的对象不断增加,IPv4协议提供的IP地址已满足不了实际需要,IPv6协议应运而生,新一代网络的出现已成必然,IPv4网络正在向IPv6过渡。

目前,计算机网络正朝着开放、综合化、智能化、高速化的方向发展。

(4)计算机网络的分类

计算机网络的分类方法有多种,根据不同的分类依据可分为不同的网络类型。按网络的交换功能划分,可分为电路交换、报文交换、分组交换及混合交换网;按网络的使用者划分,可分为公用网、专用网;按拓扑结构划分,可分为总线型、星型及环型网等。

按照其覆盖的地理范围进行分类是最常用的一种。由于网络覆盖的地理范围不同,所采用的传输技术也就不一样,进而形成的网络技术特点与网络服务功能也不相同。按照其覆盖的地理范围,计算机网络可以分为局域网(Local Area Network, LAN)、城域网(Metropolitan Area Network, MAN)和广域网(Wide Area Network, WAN)。

①局域网(LAN)。

局域网用于将有限范围内(如一个实验室、一幢大楼、一个校园)的各种计算机、终端与外部设备互联成网。根据采用的技术和协议标准的不同,局域网分为共享式局域网与交换式局域网。局域网技术应用十分广泛,是计算机网络中最活跃的领域之一。小型办公室局域网如图1.4所示。

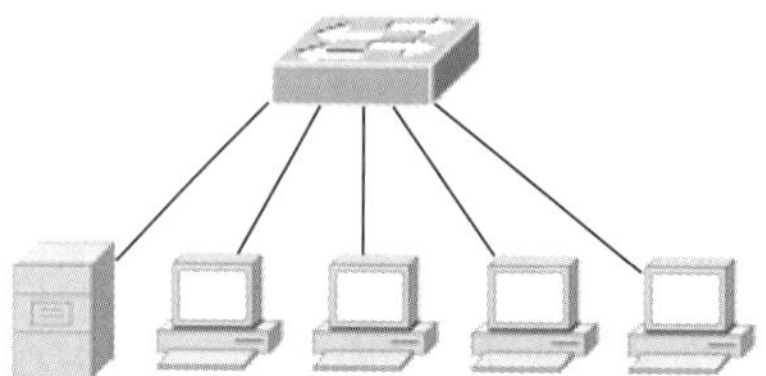

图1.4 小型办公室局域网

②城域网(MAN)。

城域网的设计目的是满足几十公里范围内的大型企业、机关、公司共享资源的需要,从而可以使大量用户之间进行高效的数据、语音、图形图像以及视频等多种信息的传输。城域网可视为数个局域网相连而成。例如:一所大学的各个校区分布在城市各处,将这些网络相互连接起来,便形成一个城域网,如图1.5所示。

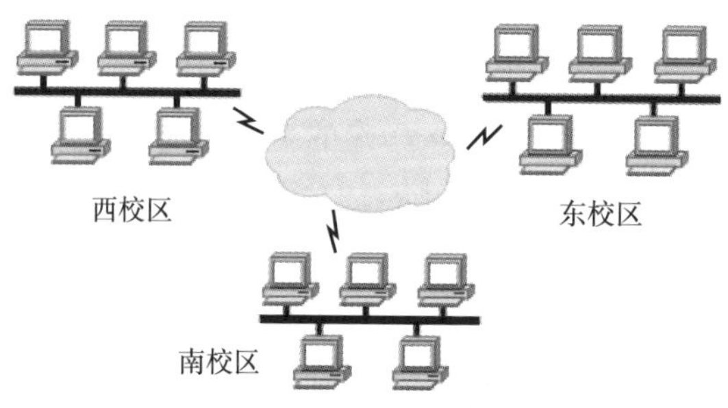

图1.5 由数个局域网相连组成的城域网

③广域网(WAN)。

广域网也称远程网,是规模最大的网络。它所覆盖的地理范围从几十千米到几千千米。可以覆盖一个国家、一个地区或横跨几个洲,形成国际性的计算机网络。广域网通常可以利用公用网络(如公用数据网、公用电话网、卫星通信多等)进行组建,将分布在不同国家和地区的计算机系统连接起来,达到资源共享的目的。例如:大型企业在全球各城市都设立分公司,各分公司的局域网相互连接,即形成广域网,可横跨城市或国家,如图1.6所示。广域网的连线距离极长,连接速度通常低于局域网或城域网,使用的设备也相当昂贵。

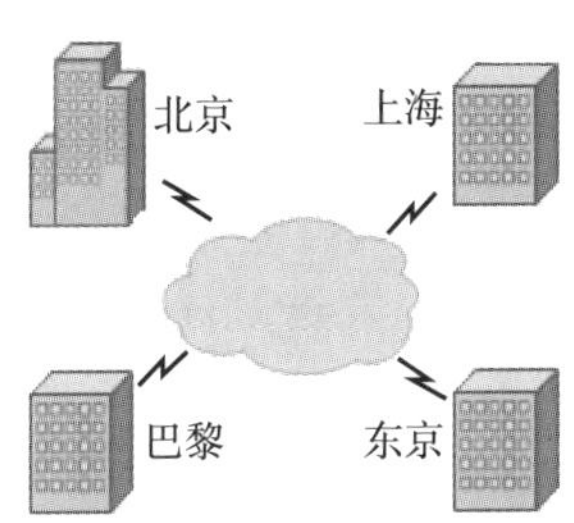

图1.6　广域网

④三种网络类型的比较。

局域网、城域网与广域网三种网络类型的特性见表1.1。

表1.1　网络类型的比较

网络类型	范围	传输速度	成本
局域网	4 km内,同一栋建筑物内	快	便宜
城域网	4～20 km,同一城市内	中等	昂贵
广域网	20 km以上,可跨越国家	慢	昂贵

2)协议与分层

(1)协议的概念

计算机网络的目标是实现入网系统的资源共享及数据通信,因此网上各系统之间要不断进行数据交换。但不同的系统之间可能存在很大差异,它们可能使用完全不同的操作系统,或者采用不同标准的硬件设备等。为了使不同厂商、不同结构的系统能够顺利进行通信,通信双方必须遵守共同一致的规则和约定,如通信过程的同步方式、数据格式、编码方式等,否则通信是毫无意义的。这些为进行网络中的数据交换而建立的规则、标准或约定称为网络协议。

现实生活中处处都有规约存在。做生意要签合同,合作要签协议,寄信也要遵守一定的规则:信封必须执照一定的格式书写(如收信人和发信人的地址、邮政编码必须按照一定的格式书写),否则,信件可能到不了目的地;同时,信件的内容也必须遵守一定的规则(如使用中文书写),否则,收信人可能看不懂信件的内容。

网络协议通常由语义、语法和定时关系三部分组成。语义定义"做什么",语法定义"怎么做",而定时关系定义"何时做"。

(2)网络的层次结构

计算机网络是一个复杂系统,入网站点往往分散在不同的地点,设备由不同的厂家制造,各个厂家很可能各自定义了很不相同的通信规则,因而计算机网络上的通信相当复杂。如果用一个协议规定通信的全过程,该协议将会是一团乱麻。与其他复杂的计算机体系一样,计算机网络系统的设计也采用结构化方法,把计算机网络系统的功能分解为多个子模块,相应地,协议也分为若干层,每层实现一个子功能。

为了更好地理解分层的意思,举一个现实生活中的例子来说明。

假定A是X公司的总裁,B是Y公司总裁,A、B想通过寄信的方式来商讨生意上的事情。他的做法可能是:A把信写好后交给自己的秘书,然后秘书将信盖章后装入信封并投入信箱。此后,这封信就作为信件按邮局的发送顺序被发送到Y公司。在Y公司,B的秘书检查、核对,标上接收日期送交B进行处理。

这件事至少可以分为三个层次。

第一,最高层为总裁层,A、B了解他们所要商谈的事情。

第二,中间层是秘书层,这一层不用了解商谈的内容,只负责装、拆信封并进行编号,如果A、B所用语言不同,还要负责进行翻译。

第三,最低层是邮局,邮局的人只负责将信件从发送地送到接收地,这一层完全不管信件的性质、所用语言,更不管信件的内容。

这种分层做法的优点是,每一层实现一种相对独立的功能,将复杂问题分解为若干较易处理的小问题。计算机系统之间的通信与以上寄信过程虽然有很大差别,但其分层的含义却十分相似。

分层概念是计算机网络系统的一个重要概念。由于通信功能是分层实现的,因而进行通信的两个系统就必须具有相同的层次结构,如图1.7所示,两个不同系统的相同层称为同等层或对等层。通信在对等层的实体之间进行。双方实现第 N 层功能所遵守的共同规则。

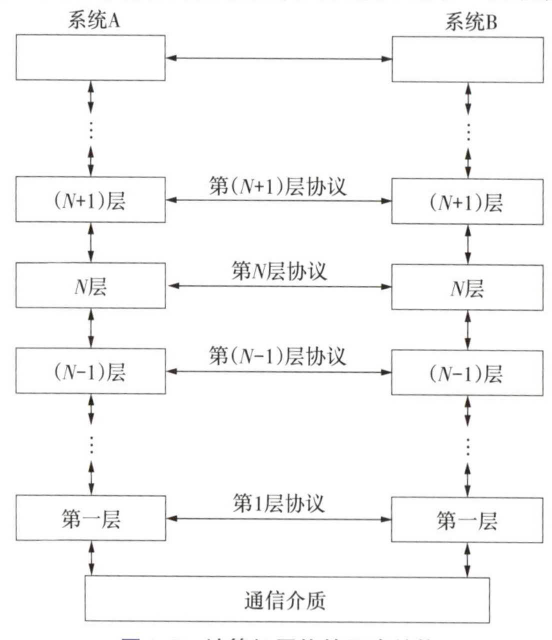

图1.7 计算机网络的层次结构

计算机网络层次结构划分应按照层内功能内聚,层间耦合松散的原则。也就是说,在网络中,功能相似或紧密相关的模块应放置在同一层;层与层之间应保持松散的耦合,使信息在层与层之间的流动减到最小。

计算机网络采用层次化结构的优越性包括:

①各层之间相互独立。

高层并不需要知道低层是如何实现的,而仅需要知道该层通过层间的接口所提供的服务。各层都可以采用最合适的技术来实现。

②灵活性好。

当任何一层发生变化时,只要接口保持不变,则在这层以上或以下各层均不受影响。另外,当某层提供的服务不再需要时,甚至可将这层取消。

③易于实现和维护。

整个系统已被分解为若干个易于处理的部分,这种结构使得一个庞大而又复杂系统的实现和维护变得容易控制。

④有利于网络标准化。

因为每一层的功能和所提供的服务都已有了精确的说明,所以使其标准化较为容易。

3)ISO/OSI 参考模型

随着网络的不断发展,人们越来越认识到网络技术在提高生产效率、节约成本方面的重要性。于是,各种机构开始相互联网,扩大网络规模。但是,由于很多网络使用不同的硬件和软件,没有统一的标准,导致很多网络不能兼容,且难以在不同的网络之间进行通信。

为了解决这些问题,人们迫切希望出台一个统一的国际网络标准。为此,国际标准化组织(International Standards Organization, ISO)和一些科研机构、知名网络公司做了大量的工作,提出了开放式系统互连参考模型(International Standards Organization/Open System Interconnect Reference Model, ISO/OSI RM)和TCP/IP 体系结构。

(1)ISO/OSI 参考模型的结构

开放式系统互连参考模型,即有名的 OSI/ RM(Open System Interconnect Reference Model),它是两大国际组织 ISO(International Standards Organization)和 CCITT(Consultative Committee on International Telegraph and Telephone)的共同努力下制定出来的。ISO 主要负责工业产品的标准化,小至螺栓、螺母的形状、大至计算机程序设计语言、通信协议等极广范围的标准都属它的范围。CCITT 则主要从事与电报、电话、数据通信有关的协议和标准化。

开放式系统互连参考模型(OSI)是一个描述网络层次结构的模型,是严格遵循分层模式的典范。其标准保证了各种类型网络技术的兼容性和互操作性。OSI 参考模型说明了信息在网络中的传输过程,各层在网络中的功能和它们的架构。

OSI 参考模型描述了信息或数据通过网络,是如何从一个系统的一个应用程序到达网络中另一系统的另一个应用程序的。当信息在一个 OSI 参考模型中逐层传送的时候,从高层到低层,它与人类语言的距离越来越远,最终变为计算机世界的数字(0和1)。

在OSI参考模型中,计算机之间传送信息的问题分为7个较小且更容易管理和解决的小问题。每一个小问题都由模型中的一层来解决。OSI将这7层从低到高叫作物理层、数据链路层、网络层、传输层、会话层、表示层和应用层。如图1.8所示为OSI 7层参考模型,图中标注了每一层解决的主要问题。

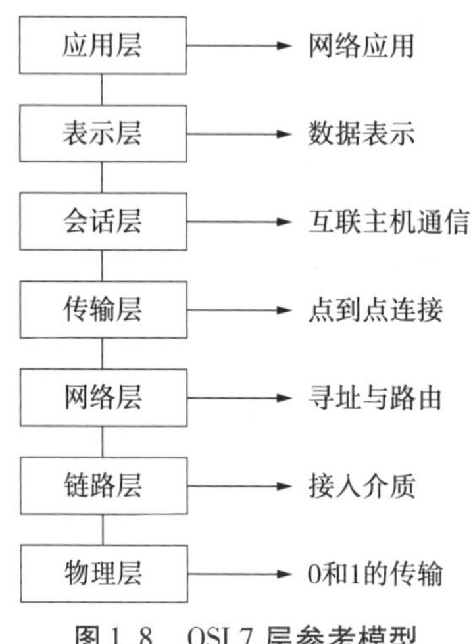

图1.8 OSI 7层参考模型

OSI参考模型并非一个现实的网络,它仅仅规定了每一层的功能,为网络的设计规划出一张蓝图。各个网络设备或软件生产厂家都可以按照这张蓝图来设计和生产自己的网络设备或软件。尽管设计和生产出的网络产品的式样、外观各不相同,但它们具有相同的功能。

按照OSI参考模型,网络中各节点都有相同的层次,不同节点的同等层次具有相同的功能,同一节点内相邻层之间通过接口通信;每一层可以使用下层提供的服务,并向其上层提供服务;不同节点的同等层按照协议实现对等层之间的通信(虚拟通信),如图1.9所示。

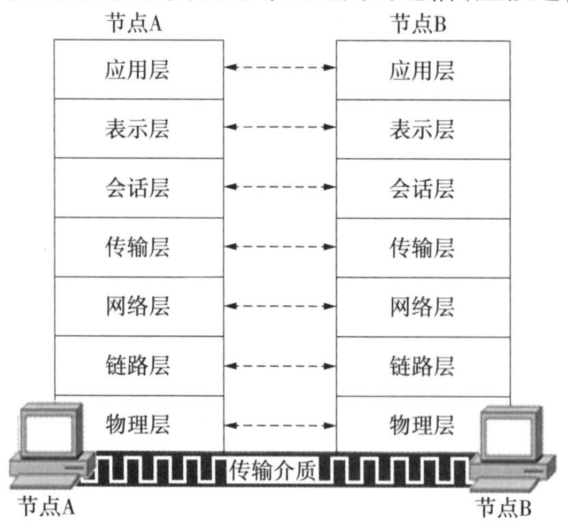

图1.9 OSI参考模型中两节点的层次结构

(2)OSI 参考模型各层的主要功能

①物理层(Physical Layer)。

物理层是 OSI 参考模型的最低一层,也是在同级层之间直接进行信息交换的唯一的一层。物理层负责传输二进制位流,它的任务就是为上层(数据链路层)提供一个物理连接,以便在相邻节点之间无差错地传送二进制位流。

有一点应该注意的是,传送二进制位流的传输介质,如双绞线、同轴电缆以及光纤等并不属于物理层要考虑的问题。实际上传输介质并不在 OSI 的 7 个层次之内。

②数据链路层(Data Link Layer)。

数据链路层负责在两个相邻节点之间,无差错地传送以"帧"为单位的数据。每一帧包括一定数量的数据和若干控制信息。

数据链路的任务首先要负责建立、维持和释放数据链路的连接。在传送数据时,如果接收节点发现数据有错,要通知发送方重发这一帧,直到这一帧正确无误地送到为止。

③网络层(Network Layer)。

网络层的主要功能是为处在不同网络系统中的两个节点设备通信提供一条逻辑通路。其基本任务包括路由选择、拥塞控制与网络互联等功能。

④传输层(Transport)。

传输层的主要任务是向用户提供可靠的端到端(End-To-End)服务,透明地传送报文。它向高层屏蔽了下层数据通信的细节,因而是计算机通信体系结构中最关键的一层。该层关心的主要问题包括建立、维护和中断虚电路、传输差错校验和恢复以及信息流量控制机制等。

⑤会话层(Session Layer)。

负责通讯的双方在正式开始传输前的沟通,目的在于建立传输时所遵循的规则,使传输更顺畅、有效率。沟通的议题包括:使用全双工模式或半双式模式?如何发起传输?如何结束传输?如何设置传输参数?就像两国元首在见面会晤之前,总会先派人谈好议事规则,正式谈判时就根据这套规则进行一样。

⑥表示层(Presentation)。

表示层处理两个应用实体之间进行数据交换的语法问题,解决数据交换中存在的数据格式不一致以及数据表示方法不同等问题。例如,IBM 系统的用户使用 EBCD 编码,而其他用户使用 ASCII 编码。表示层必须提供这两编码的转换服务。数据加密与解密、数据压缩与恢复等也都是表示层提供的服务。

⑦应用层(Application Layer)。

应用层是 OSI 参考模型中最靠近用户的一层,它直接提供文件传输、电子邮件、网页浏览等服务给用户。在实际操作上,大多是化身为成套的应用程序,例如:Internet Explorer、Netscape、Outlook Express 等,而且有些功能强大的应用程序,甚至涵盖了会话层和表示层的功能,因此有人认为 OSI 模型上三层(5、6、7 层)的分界已经模糊,往往很难精确地将产品归类于哪一层。

(3)数据的封装与传递

在OSI参考模型中,同等层之间经常要进行信息交换。对等层协议之间需要交换的信息单元叫作协议数据单元(Protocol Data Unit, PDU)。节点对等层之间的通信除物理层之间直接进行信息交换外,其余对等层之间的通信并不直接进行(例如两个节点的链路层之间进行通信),它们需要通过借助于下层提供的服务来完成,对等层之间的通信为虚拟通信。实际通信是在相邻层之间通过层间接口进行,如图1.10所示。

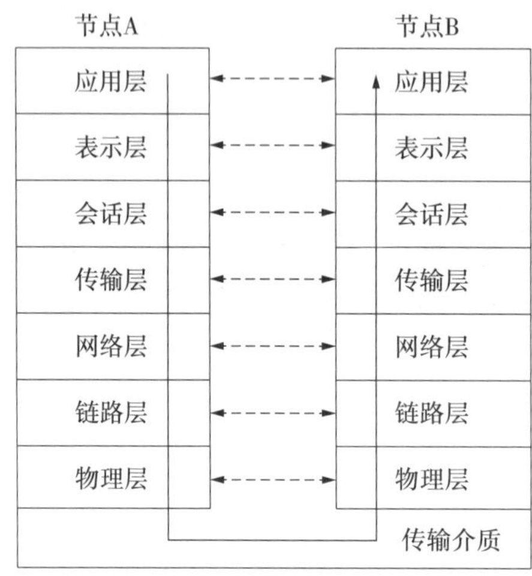

图1.10 虚拟通信与直接通信

当某一层需要使用下一层提供的服务传送自己的PDU时,其当前层的下一层总是先将上一层的PDU变为自己PDU的一部分,然后利用更下一层提供的服务将信息传递出去。如图1.10中,节点A的传输层要把某一信息T-PDU传送到节点B的传输层的,首先将T-PDU交给节点A的网络层,节点A的网络层在收到T-PDU之后,将在T-PDU上加上若干比特的控制信息(即报头Header)变为自己PDU(N-PDU),然后再利用其下层链路层提供的服务将数据发送出去。以此类推,最终将这些信息变为能够在传输介质上传输的数据,并通过传输介质将信息传送到节点B。

在网络中,对等层可以相互理解和认识对方信息的具体意义(如节点B的传输层收到节点A的T-PDU时,可以理解该T-PDU的信息并知道如何处理该信息)。如果不是对等层,双方的信息就不可能(也没有必要)相互理解,例如,在节点B的网络层收到节点A的N-PDU时,它不可能也没有必要理解N-PDU包含的T-PDU代表什么意思。它仅需要将N-PDU中包含的T-PDU通过层间接口提交给上面的传输层。

为了实现对等层通信,当数据需要通过网络从一个节点传送到另一节点前,必须在数据的头部(和尾部)加入特定的协议头(和协议尾)。这种增加数据头部(和尾部)的过程称为数据打包或数据封装。同样,在数据到达接收节点的对等层后,接收方将识别、提取和处理发送方对等层增加的数据头部(和尾部)。接收方这种将增加的数据头部(和尾部)去除的过程叫作数据拆包或数据解封。图1.11显示了数据的封装与解封装过程。

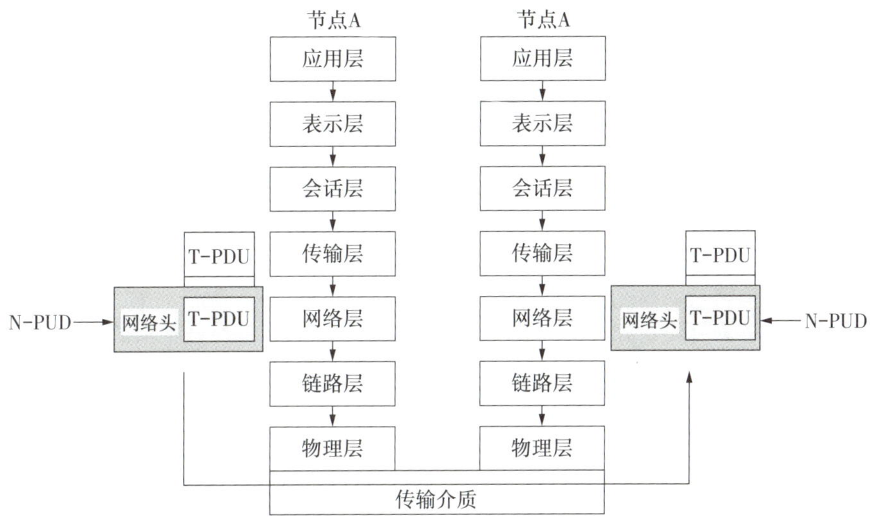

图1.11　数据的封装与解封装

二维码1.3　数据封装与拆封　　二维码1.4　OSI结构中数据传输过程

图1.12给出了一个完整的OSI数据传递与流动过程，从中可以看出OSI环境中数据流动的过程。

Ⅰ.当发送进程需要发送数据（DATA）至网络中另一节点的接收过程时，应用层为数据加上本层控制报头（AH）后，传递给表示层。

Ⅱ.表示层接收到这个数据单元后，加上本层的控制报头（PH），然后传送到会话层。

Ⅲ.同样，会话层接收到表示层传来的数据单元后，加上会话层自己的控制报头（SH），送往传输层。

Ⅳ.传输层接收到这个数据单元后，加上本层的控制报头（TH），形成传输层的协议数据单元PDU，然后传送给网络层。传输层的PDU称为报文（Message）。

Ⅴ.由于网络层数据单元长度的限制，从传输层接收到的长报文有可能要进行分组变为多个较短的数据字段，每个较短的数据字段在加上网络层的控制报头（NH）后，形成网络层的PDU，网络层的PDU又称为分组（Packet）。这些分组也需要利用数据链路层提供的服务，送往其接收节点的对等层。

Ⅵ.分组被送到数据链路层后，加上数据链路层的报头（DH）和报尾（DT），形成了一种称为帧（Frame）的链路层协议数据单元，帧将被送往物理层处理。

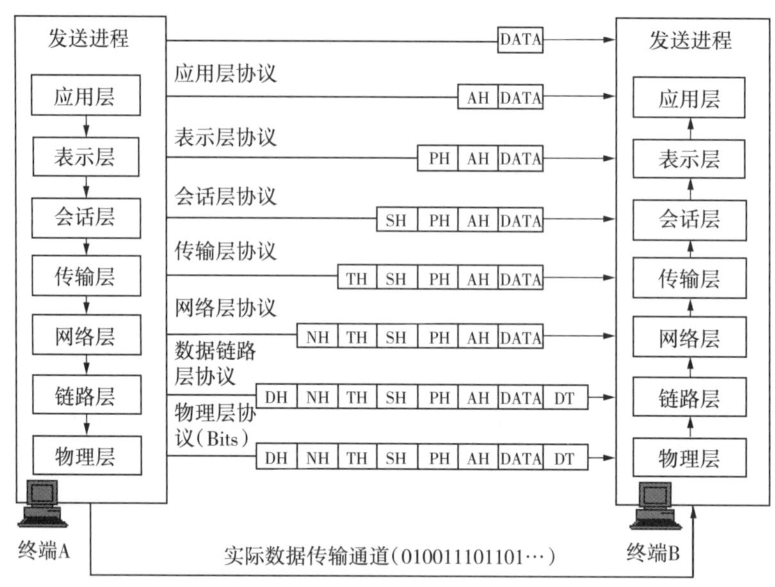

图 1.12 OSI 数据的传输与流动过程

Ⅶ. 数据链路层的帧传送到物理层后,物理层将以比特流的方式通过传输介质将数据传输出去。

Ⅷ. 当比特流到达目的节点后,再从物理层依次上传。每层对其相应层的控制报头(和报尾)进行识别和处理,然后将去掉该层报头(和报尾)后的数据提交给上层处理。最终,发送进程的数据传到了网络中另一节点的接收进程。

尽管发送进程的数据在 OSI 环境中经过复杂的处理过程式才能送到另一节点的接收进程,但对于每台计算机的接收进程来说,OSI 环境中数据流的复杂处理过程式是透明的。发送进程式的数据好像是“直接”传送给接收进程,这是开放系统在网络通过程式中最主要的特点。

4)TCP/IP 体系结构

ISO/OSI 参考模型的提出在计算机网络发展史上具有里程碑的意义,得到广泛支持,以至于提到计算机网络就不能不提 ISO/OSI 参考模型。但是,OSI 参考模型也有其缺点:定义过分繁杂、实现困难等。与此同时,TCP/IP 协议的提出和广泛使用,特别是因特网用户的快速增长,使 TCP/IP 网络的体系结构日益显示出其重要性。

TCP/IP 协议是目前最流行的商业化网络协议,能够适应和满足世界范围内数据通信的需要。TCP/IP 协议具有以下几个特点。

Ⅰ. 开放的协议标准,可以免费使用,并且独立于特定的计算机硬件与操作系统。

Ⅱ. 独立于特定的网络硬件,可以运行在局域网、广域网,以及互联网中。

Ⅲ. 统一的网络地址分配方案,使得整个 TCP/IP 设备在网中都有唯一的地址。

Ⅳ. 标准化的高层协议,可以提供多种可靠的用户服务。

(1)TCP/IP 体系结构的层次划分

与 ISO/OSI 参考模型不同,TCP/IP 体系结构将网络划分为应用层(Application Layer)、传输层(Transport Layer)、互联层(Internet Layer)和网络接口层(Network Interface Layer)4 层,如图 1.13 所示。

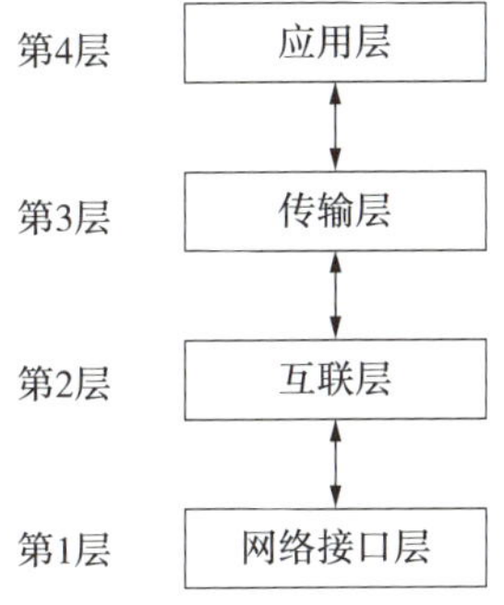

图 1.13　TCP/IP 体系结构

TCP/IP 的分层体系结构与 OSI 参考模型有一定的对应关系。图 1.14 给出了这种对应关系。其中,TCP/IP 体系结构的应用层与 OSI 参考模型的应用层、表示层及会话层相对应;TCP/IP 的传输层与 OSI 的传输层相对应;TCP/IP 的互联层与 OSI 的网络层相对应;TCP/IP 的网络接口层与 OSI 的数据链路层及物理层相对应。

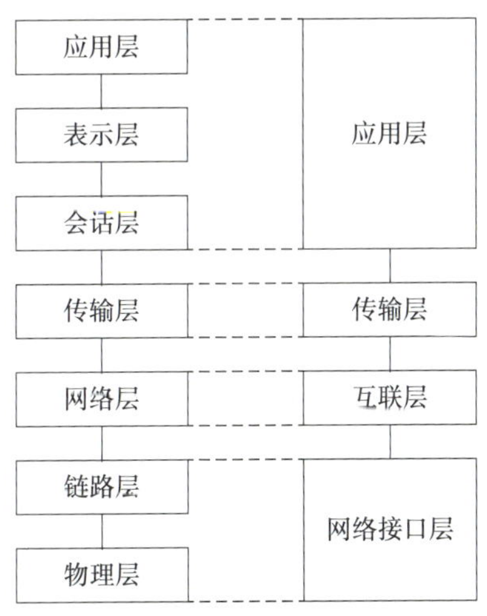

图 1.14　TCP/IP 的分层体系结构与 OSI 参考模型的对应关系

(2)TCP/IP 体系结构中各层的功能

TCP/IP 体系结构各层的功能简述如下:

①网络接口层。

在 TCP/IP 分层体系结构中,最底层是网络接口层,它负责通过网络发送和接收 IP 数据报。TCP/IP 体系结构并未对网络接口层使用权的协议做出强硬的规定,它允许主机连入网络时使用多种现成的和流行的协议,例如局域网协议或其他一些协议。

②互联层。

互联层是TCP/IP体系结构的第二层,它实现的功能相当于OSI参考模型网络层的无连接网络服务。互联层负责将源主机的报文分组发送到目的的主机,源主机与目的主机可以在一个网上,也可以在不同的网上。

互联层的主要功能包括:

Ⅰ.处理来自传输层的分组发送请求。在收到分组发送请求之后,将分组装入IP数据报,填充报头,选择发送路径,然后将数据报发送到相应的网络输出线。

Ⅱ.处理接收的数据报。在接收到其他主机发送的数据报之后,检查目的地址,如需要转发,则选择发送路径,转发出去;如目的地址为本节点IP地址,则除去报头,将分组送交给传输层处理。

Ⅲ.处理互联的路径、流控与拥塞问题。

③传输层。

互联层之上是传输层,它的主要功能是负责应用进程之间的端-端(Host-to-Host)通信。在TCP/IP体系结构中,设计传输层的主要目的是在互联网中源主机与目的主机的对等实体之间建立用于会话的端-端连接。因此,它与OSI参考模型的传输层功能相似。

TCP/IP体系结构的传输层定义了传输控制协议(Transport Control Protocol, TCP)和用户数据报协议(User Datagram Protocol, UDP)两种协议。

TCP协议是一种可靠的面向连接的协议,它允许将一台主机的字节流(Byte Stream)无差错地传送到目的主机。TCP协议将应用层的字节流分成多个字节段(Byte Segment),然后将每一个字节段传送到互联层,并利用互联层发送到目的主机。当互联层将接收到的字节段传送给传输层时,传输层再将多个字节段还原成字节流传达室送到应用层。与此同时,TCP协议要完成流量控制、协调收发双方的发送与接收速度等功能,以达到正确传输的目的。

UDP协议是一种不可靠的无连接协议,主要用于不要求分组顺序到达的传输中,分组传输顺序检查与排序由应用层完成。

④应用层。

在TCP/IP体系结构中,应用层是最靠近用户的一层。它包括了所有的高层协议,并且总是不断有新的协议加入。其主要协议包括:

Ⅰ.网络终端协议(Telnet),用于实现互联网中远程登陆功能。

Ⅱ.文件传输协议(File Transfer Protocol, FTP),用于实现互联网中交互式文件传输功能。

Ⅲ.简单邮件传输协议(Simple Mail Transfer Protocol, SMTP),用于实现互联网中邮件传送功能。

Ⅳ.域名系统(Domain Name System, DNS),用于实现互联网设备名字到IP地址映射的网络服务。

Ⅴ. 超文本传输协议(Hyper Text Transfer Protocol, HTTP),用于目前广泛使用的 Web 服务。

Ⅵ. 路由信息协议(Routing Information Protocol, RIP),用于网络设备之间交换路由信息。

Ⅶ. 简单网络管理协议(Simple Network File System, SNMP),用于管理和监视网络设备。

Ⅷ. 网络文件系统(Network File System, NFS),用于网络中不同主机间的文件共享。

应用层协议中有的依赖于面向连接的传输层协议 TCP(例如 Telnet 协议、SMTP 协议、FTP 协议及 HTTP 协议),有的依赖于面向非连接的传输层协议 UDP(例如 SNMP 协议);还有一些协议(如 DNS),既可以依赖于 TCP 协议,也可以依赖于 UDP 协议。

(3)TCP/IP 的协议组合

计算机网络的层次结构使网络中每层的协议形成了一种从上到下的依赖关系。在计算机网络中,从上至下相互依赖的各协议形成了网络中的协议栈。如图 1.15 所示。

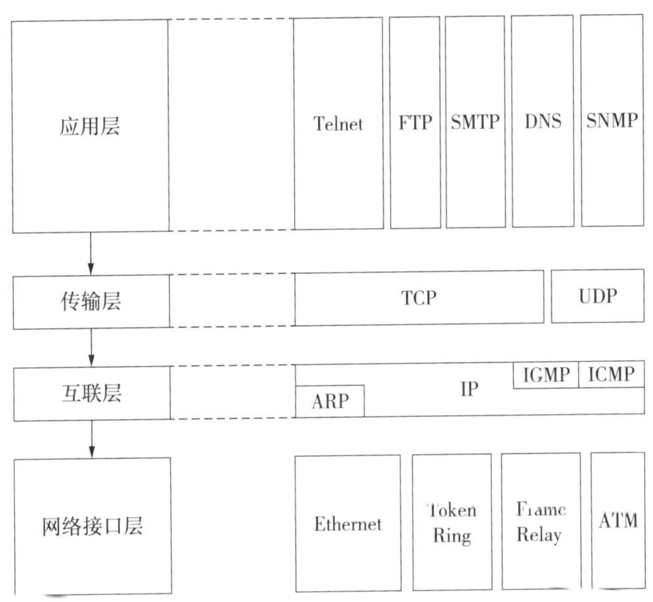

图 1.15　TCP/IP 的协议组合

从图 1.15 中可以看出,FTP 协议依赖于 TCP 协议,而 TCP 协议又依赖于 IP 协议。SNMP 协议依赖于 UDP 协议,而 UDP 协议也依赖于 IP 协议,等等。

尽管 TCP/IP 体系结构与 OSI 参考模型在层次划分及使用的协议上有很大区别,但它们在设计中都采用了层次结构的思想。

OSI 参考模型的主要问题包括定义复杂、实现困难,有些同样的功能(如流量控制与差错控制等)在每一层重复出现,效率低下,等等。而 TCP/IP 体系结构的缺陷包括网络接口层本身并不是实际的一层,每层的功能定义与其实现方法没能区分开来(这样做使 TCP/IP 体系结构不适合于其他非 TCP/IP 协议族),等等。

人们普遍希望网络标准化,但OSI迟迟没有成熟的网络产品。因此,OSI参考模型与协议没有像专家们所预想的那样风靡世界。而TCP/IP体系结构与协议在Internet中经受了几十年的风风雨雨,到了IBM,Microsoft、Novell及Oracle等大型网络公司的支持,成为计算机网络中的主要标准体系。从目前的趋势来看,恐怕很难有其他通信协议,能取代TCP/IP协议组合在互联网上的垄断地位。

1.1.2.2 局域网基础

在日常生活中,我们常见一些单位,用网线把数台计算机彼此连接在一起,并且安装网络操作系统,共享其中的资源,这种环境就是一个局域网(Local Area Network, LAN)。局域网,顾名思义就是局部区域范围内的计算机网络,是一组物理位置彼此相隔不远的计算机和相关设备互联而成的集合,这个集合以通信和共享软硬件资源为目的,一个大的局域网可以包含多个子网。在计算机网络技术发展过程中,局域网技术一直是最活跃的领域之一。

1)局域网的主要特点

局域网以通信和共享软硬件资源为目的。它除了具备结构简单、速度快、错误少、效率高、实际投资少且技术更新快外,还具有如下特点:

(1)覆盖的地理范围小

局域网覆盖的地理范围比较小,通常不超过几千米,甚至只在一幢建筑或一个房间内。

(2)信息的传输速率高

该码率低(传输速率通常在100 Mb/s ~ 10 000 Mb/s),因此,利用局域网进行的数据传输快速可靠。

(3)易于维护和管理

网络的经营权和管理权属于某个单位,易于维护和管理。

(4)关键技术要素不复杂

决定局域网的性质的关键技术要素是拓扑结构、传输媒体和媒体的访问控制技术。

2)局域网的拓扑结构

网络拓扑结构定义了网中资源的连接方式。局域网的网络拓扑结构主要有总线型拓扑结构、环型拓扑结构和星型拓扑结构3种。

二维码1.5 局域网的拓扑结构

(1)总线型拓扑结构

总线型拓扑结构是局域网中最主要的拓扑结构之一。总线型局域网的拓扑结构示意图如图1.16所示。其中1.16(a)给出了总线型局域网的计算机连接,图1.16(b)给出了总线型局域网的拓

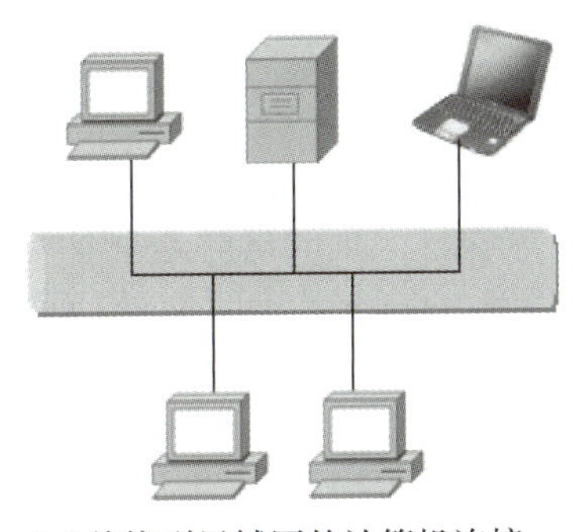

(a)总线型局域网的计算机连接

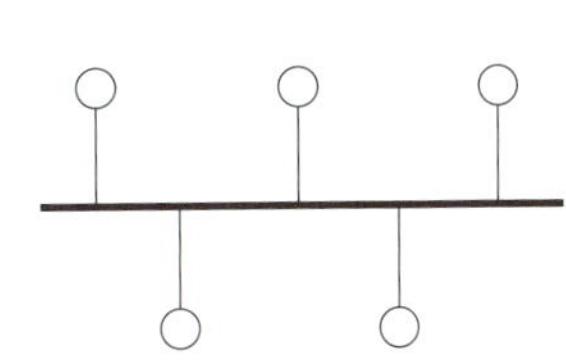

(b)总线型局域网的拓扑结构

图 1.16 总线型局域网的拓扑结构示意图

扑结构。

在使用具有总线型拓扑结构的局域网中,所有的节点都通过相应的网络接口适配器直接连接到一条作为公共传输介质的总线上,信息的传输通常以“共享介质”方式进行。由于各个节点之间通过电缆直接连接,总线拓扑结构中所需要的电缆长度是最小的。

总线型拓扑结构的一个重要特征就是可以在网中广播信息。网络中的每个站点几乎可以同时“收到”每一信息。这与下面讲到的环型网络形成了鲜明的对比。

总线型拓扑结构的最大优点是价格低廉,用户站点入网灵活。在一般情况下,总线型局域网中一个节点的失效不会影响其他节点的正常工作,而且节点的增删也可以不影响全网的运行。但它的缺点也是明显的:由于共用一条传输信道,任一时刻只能有一个站点发送数据,而且介质访问控制也比较复杂。但由于总线型局域网结构简单、接入灵活、扩展容易、可靠性高等特点,它成为使用最广泛的一种网络拓扑结构。

(2)环型拓扑结构

环型拓扑结构也是局域网经常使用的拓扑结构之一。与总线型局域网相似,其运行于环型局域网中的网络节点同样以共享介质方式进行数据传输。图 1.17 为环型局域网的拓扑结构示意图,其中图 1.17(a)给出了环型局域网的计算机连接,图 1.17(b)给出了环型局域网的拓扑结构。

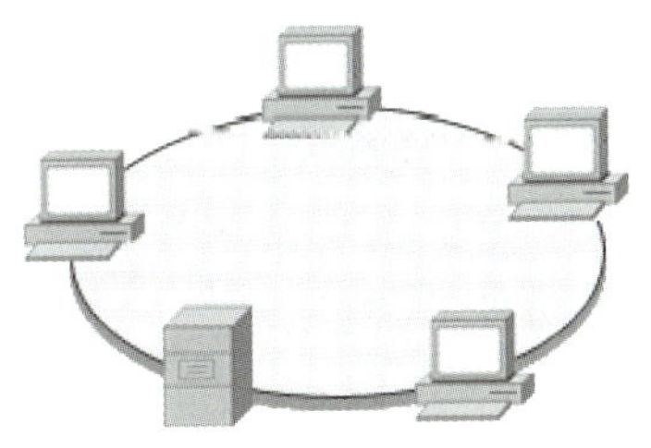

(a)环型局域网的计算机连接

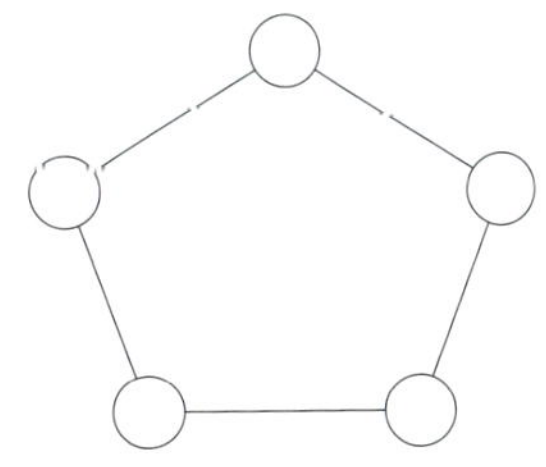

(b)环型局域网的拓扑结构

图 1.17 环型局域网的拓扑结构示意图

环型结构局域网的特点是每个节点都与两个相邻的节点相连,节点之间采用点到点的链路,网络中的所有节点构成一个闭合的环,信息沿着一个方向绕环逐站单向传输。

在环型拓扑结构中,所有节点共享同一个环型信道,环上传输的任何数据都必须经过所有节点,因此,断开环中的一个节点,意味着整个网络的通信终止。这是环型拓扑结构的一个主要缺点。

(3)星型拓扑结构

在星型拓扑结构中,网络中的各节点都连接到一个中心设备上,由该中心设备向目的节点传送信息。图1.18是星型局域网的拓扑结构示意图,其中图1.18(a)给出了星型局域网的计算机连接,图1.18(b)给出了星型局域网的拓扑结构。

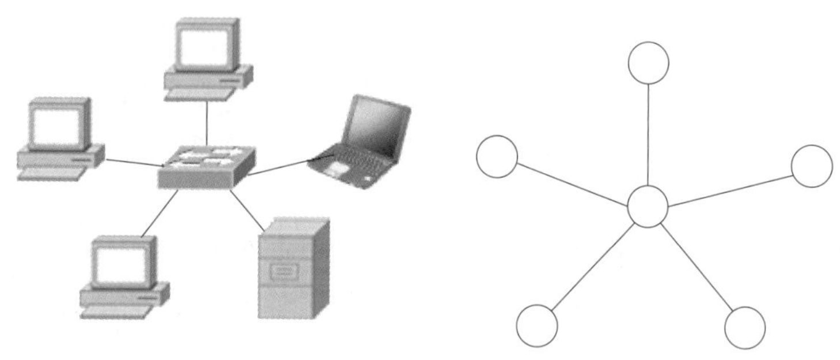

(a)星型局域网的计算机连接　　(b)星型局域网的拓扑结构

图1.18　星型局域网的拓扑结构示意图

星型拓扑结构的优点是便于对大型网络的维护和调试,对电缆的安装和检验也相对容易。由于所有工作站都与中心节点相连,所以,在星型拓扑结构中移动某个工作站十分简单。但星型拓扑结构也存在一个致命缺点,就是由于所有工作站都连接到中心节点,依靠中心节点向目的节点传送信息,所以中心节点一旦失效将会导致全网无法工作。而且星型拓扑结构需要更加可靠的电缆。

交换局域网是一种典型的星型拓扑结构局域网。目前,交换局域网技术正在迅速发展之中。

在实际应用中,上述3种类型的网络经常被综合应用。

3)局域网传输介质

数据传输介质是指传输信息的载体,是通信子网的一个重要组成部分,它使网络上的计算机实现了物理连接,在计算机网络中具有举足轻重的作用。传输介质的种类很多,但基本可以分为两类。一类是有线介质,如电缆、双绞线、光纤等;另一类是无线介质,包括微波、卫星通信等。局域网常用的传输介质有:同轴电缆、非屏蔽双绞线(Unshielded Twisted Paired, UTP)、屏蔽双绞线(Shielded Twisted Pair, STP)和光缆等。

(1)同轴电缆

同轴电缆共有四层,其结构示意图如图1.19所示。因它的内部共有两层导体排列在同一轴上,所以称为"同轴"。最内层的中心导体主要成分是铜,导体的外层为绝缘层,包着中心导体层,再向外一层为导体网(外导体),导体网对内导体起着屏蔽的作用,它能减少外部的干扰,

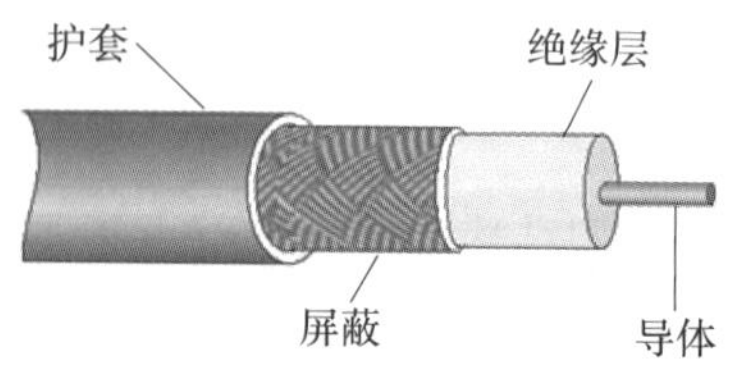

图1.19　同轴电缆结构示意图

提高传输质量。同轴电缆的最外部为外层保护套,可以保护内部两层导体和加强拉伸力。

同轴电缆比屏蔽双绞线或非屏蔽双绞线传输的距离远。因此,在没有中继器对传输信号放大的情况下,同轴电缆可以连接的局域网地域范围比双绞线大。同时,由于同轴电缆用于各种类型数据通信的时间已经很长,其技术非常成熟。

电缆硬、折曲困难、重量大是同轴电缆的主要问题。由于安装及使用同轴电缆并不是一件简单的事情,同轴电缆不适合用于楼宇内的结构化布线。

同轴电缆有多种规格和型号。局域网常用的同轴电缆有粗同轴电缆和细同轴电缆两种。这两种同轴电缆的特征阻抗都为50Ω,但粗同轴电缆的直径为1 cm,而细同轴电缆的直径仅为0.5 cm。

(2)非屏蔽双绞线

非屏蔽双绞线UTP,如图1.20、1.21所示,由8根铜缆组成。其中,这8根线由绝缘体分开,每两根线通过相互绞合成螺旋状而形成一对("双绞线"因而得名)。在这4对线的外部是一层保护套,用于保护内部纤细的铜导体和加强拉伸力。

非屏蔽双绞线非常适合于楼宇内部的结构化布线。它的外部直径为0.43 cm,尺寸小、质量小、价格便宜、容易安装和维护是非屏蔽双绞线的主要特点。与此同时,非屏蔽双绞线使用标准RJ连接器,如图1.22所示,连接牢固、可靠。非屏蔽双绞线的这些特殊优点,使其在局域网中得到了广泛应用。目前,大部分局域网都是通过非屏蔽双绞线连接而成的。

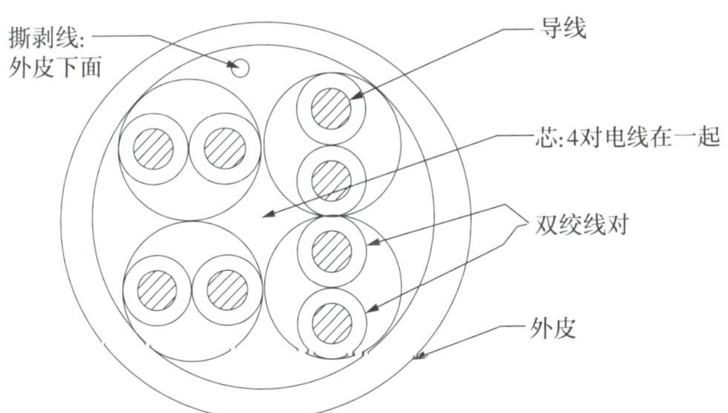

图1.20　非屏蔽双绞线UTP的结构示意图

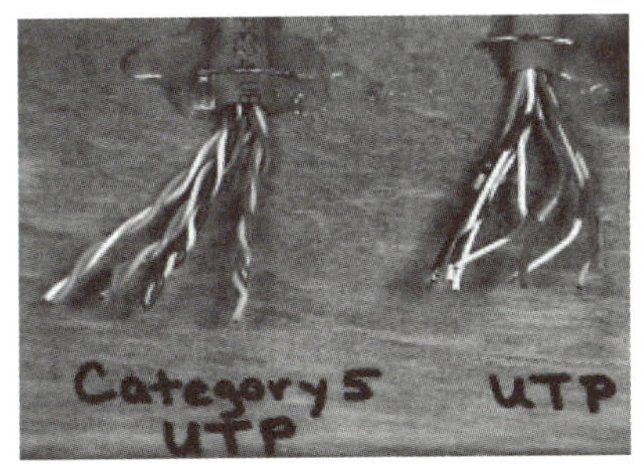

图1.21　非屏蔽双绞线UTP

图1.22　非屏蔽双绞线RJ-45接头

但是,非屏蔽双绞线的抗干扰能力没有同轴电缆、光缆等传输介质好,其传输距离也比较短。

目前,局域网使用的非屏蔽双绞线主要分为3类线、4类线、5类线和超5类线。这些非屏蔽双绞线虽然眼睛看上去基本相同,但其传输质量、抗干扰能力有很大区别。其中,3类线主要用于10 MB网络的连接,而100 MB、1 000 MB网络则只能使用5类线或超5类线。

(3)屏蔽双绞线

屏蔽双绞线STP是屏蔽技术和绞线技术相结合的产物。它与非屏蔽双绞线在结构上的不同点是在绞线和外皮间夹有一层铜网或金属屏蔽层,因而价格相对也较昂贵。尽管屏蔽双绞线的传输质量比非屏蔽双绞线要高,但它们的电缆尺寸和重量相当。如果安装合适,STP具有很强的抗电磁、抗干扰的能力。当然,如果安装不合适(例如STP电缆接地不好),就有可能引入很多外界干扰(因为它可以使屏蔽线作为天线,从其他导体中吸入电信号、电噪声等),造成网络不能正常工作。

(4)光缆

光缆是另一种常用的网络连接介质,其结构示意图如图1.23所示,这种介质能传输已调制的光信号。用于网络连接的光缆由封装在隔开中的两根光缆组成。从横截面观察,每根光纤都被反射包层、Kevlar加固材料和外保护所包围。光缆的导光部分由内核(纤芯)和包层构成。中心的内核由纯度非常高的玻璃构成,其折射率很高。内核外的包层由折射率很低的玻璃或塑料组成,这样在光纤中传输的光将在内核与包层的交界处形成全反射。与管道相似,光缆利用全反射将光线限制在光导玻璃中,即使在弯曲的情况下,光也能传输很远的距离。

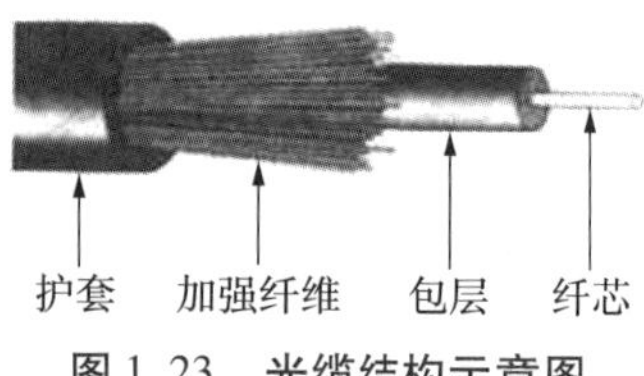

图1.23 光缆结构示意图

Kevlar加固层的作用是保护细如发丝的脆弱玻璃光纤,而外保护则为整个电缆提供保护。当需要掩埋光纤电缆时,有时还需要增加一根不锈钢丝,以增加其强度。

光纤按其轴芯的模式可以分为单模光纤和多模光纤。单模光纤轴芯较细(5 ~ 10 μm),适合长距离传输,价格较贵,散射率小,传输效率极佳;多模光纤轴芯较粗(50 ~ 100 μm),适合短距离传输,价格较低,传输效率略差于单模光纤。这两种光纤在计算机局域网中都有其应用。单模光纤的传输质量比多模光纤的传输质量好,可以传输更远的距离,用于网络连接可以覆盖更广的地域范围。

与UTP、STP和同轴电缆相比,光缆的传输速度更高,其传输速度可以超过2 Gb/s。由于光缆中传输的是光而不是电脉冲,所以光缆既不受电磁干扰,也不受无线电干扰,更不会成为雷击的接入点。光纤在传输时不会有光波信号散射出来,因此不用担心被人从散射的能量中盗取信息。再者,光纤一旦被截断,要用融接的方式才能接起来,因此若有人想要截断缆线窃取信息,不但费时费力而且较易被发现。光缆可以防止内外噪声和传输损耗低的特性,使光纤中的信号能够传输相当远的距离,这对设计覆盖范围广的网络非常有用。

但是,尽管光缆细如发丝,但其价格却相对较高,安装也比较困难。因为光缆连接器是光缆连接接口,所以它们必须非常光滑,不能有划痕,即使熟练的安装工也需要数分钟才能接好一个接头。如果工程比较大,其安装时间与人工消耗也较大。

4）介质访问控制方法

不论是总线型局域网、环型局域网还是星型局域网，都是同一传输介质中连接了多个站，而局域网中所有的站都是对等的，任何一个站都可以和其他站通信，这就需要有一种仲裁方式来控制各站使用介质的方法，即介质访问控制方法。

二维码 1.6　局域网介质访问控制方法

介质访问方式是确保对网络中各个节点进行有序访问的一种方法。在共享式局域网的实现过程中，可以采用不同的方式对其共享介质进行控制。常用的介质存取方法包括带有冲突检测的载波侦听多路访问（CSMA/CD）方法、令牌总线（Token Bus）方法、以及令牌环（Token Ring）方法。

目前最流行的局域网-以太网（Ethernet）使用的就是（CSMA/CD）介质访问控制方法，而 FDDI 网则使用令牌环介质访问控制方法。

（1）以太网与 CSMA/CD

传统以太网（Ethernet）采用总线型拓朴结构。虽然在组建以太网过程中通常使用星型物理拓扑结构，但在逻辑上它们还是总线型的。图 1.24（a）显示了一个物理与逻辑统一的总线型以太网，图 1.24（b）则显示了一个物理上为星型而逻辑上为总线型的以太网。

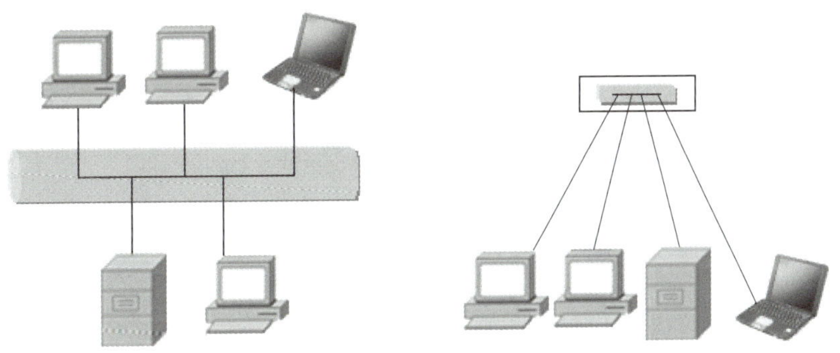

（a）物理与逻辑统一的总线型以太网　（b）物理上为星型而逻辑上为总线型的以太网

图 1.24　组建以太网过程中的总线型结构

以太网采用带有冲突监测的载波侦听多路访问（Carrier Sense Multiple Access With Collision Detection，CSMA/CDM）方式实现对共享介质——总线的访问控制。在以太网中，任何节点都没有可预约的发送时间，它们的发送是随机的。同时，网络中不存在集中控制节点，所有节点都必须平等地争用发送时间。它们通过竞争方式来获得介质的使用权。

①以太网的数据发送。

以太网使用 CSMA/CD 介质访问控制方法。CSMA/CD 的发送流程可以概括为“先听后发，边听边发，冲突停止，延迟重发”16 个字。图 1.25 是以太网节点的发送流程图。

在 CSMA/CD 方式中，发送站检测通信信道中的载波信号，如果检测到载波信号，说明没有其他站在发送数据，或者说信道上没有数据，该站可以发送。否则，说明信道上有数据,须等待一定时间后再次试探,直到能够发送数据为止。

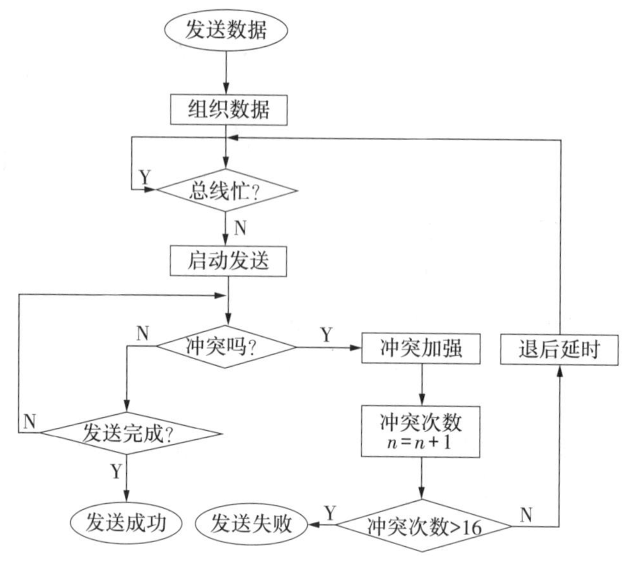

图 1.25　以太网节点的发送流程图

当信号在电缆中传送时,每个站都能检测到。所有的站均检查数据帧中的地址字段,并依此判断是接收该帧还是忽略该帧。

由于数据在网中的传输需要时间,某些位置靠后的站就监听不到任何消息,而此时信道中又确实有信号传送,因此就会发生“冲突”,如图 1.26 所示。这时就用到了“冲突”检测,每个发送站同时监听自己的信号,如果该信号出现错误,发送站再发送一个干扰信息加强“冲突”。任何站听到干扰信号后,均停止一段时间再去试探。这一时间由网卡中的算法来决定。

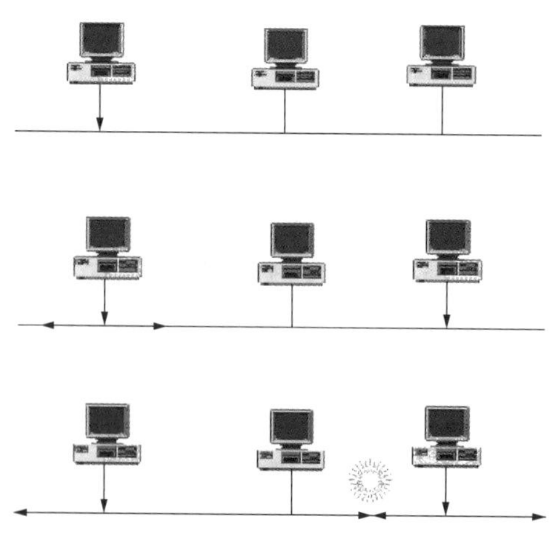

图 1.26　总线型局域网中的“冲突”现象

②以太网的接收。

在接收过程中,以太网中的各节点同样需要监测信道的状态。如果发现信号畸变,说明信道中有两个或多个节点同时发送数据,有“冲突”发生,这时必须停止接收,并将接收到数据丢弃，如果在整个接收过程中没有发生“冲突”，接收节点在收到一个完整的数据后可对数据进行接收处理。图 1.27 为以太网节点的接收流程图。

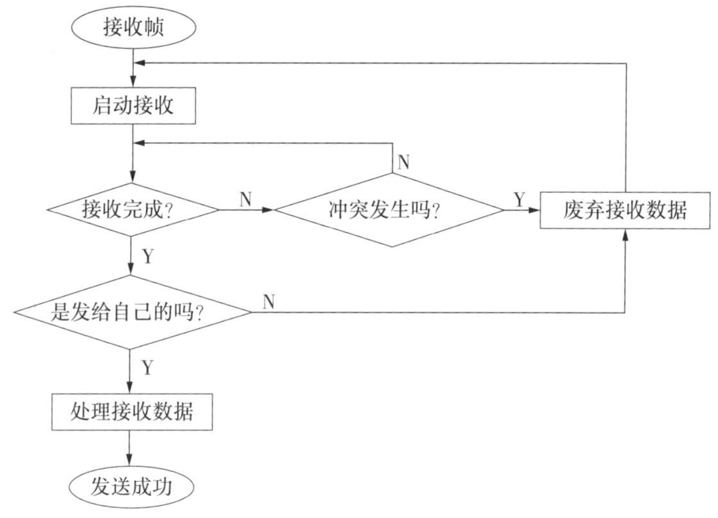

图 1.27　以太网节点的接收流程图

③MAC 地址。

在以太网中，每个节点发送信息都是通过“广播”进行的。如果发送成功，以太网上的所有节点都能正确接收到该点所发的信息。而在大多数情况下，该节点并不是想和所有的节点通信，而是希望与其中的某一个节点（而不是所有节点）通信。这样，节点通过网络接收到正确的数据后，需要判断是不是发送给自己的，如果是，则继续处理该信息；如果不是，则废弃该信息。那么，局域网上的计算机是怎样判断收到的信息是自己的还是他人的呢？这就要使用 MAC 地址。

连入网络的每台计算机或终端都有一个全球唯一的物理地址，这个物理地址存储在网络接口卡（Network Interface Card，NIC）中，通常被称为介质访问控制地址（Media Access Control Address，MAC），或者就简称为 MAC 地址。在网络中，网络接口卡将设备连接到传输介质中，每个网络接口卡都有一个全球唯一的 MAC 地址，它位于 OSI 参考模型的数据链路层。

当源主机向网络发送数据时，它带有目的主机的 MAC 地址。当以太网中的节点正确收到该数据后，它们检查数据中包含的目的主机 MAC 地址是否与自己网卡上的 MAC 地址相符。如果不符，网卡就忽略该数据；如果相符，网卡就拷贝该数据，并将该数据送往数据链路层作进一步处理。

以太网的 MAC 地址长度为 48 b。为了方便起见，通常使用 16 进制数书写（例如：52-54-ab-31-ac-c6）。为了保证 MAC 地址的唯一性，世界上有一个专门的组织负责为网卡的生产厂家分配 MAC 地址。

以太网使用的 CSMA/CD 是一种典型的分布式介质访问控制方法，它没有集中控制中心，网中的所有节点具有的相同的优先级。由于其发送采用竞争机制，发送等待延迟并不固定,在高负载时,冲突概率的增大会对网络的性能产生一定的影响。

(2)FDDI与令牌介质访问控制

光纤分布式数据接口(Fiber Distributed Data Interface, FDDI)采用光纤作为其传输介质,网络的传输速率可达100 Mb/s。FDDI采用环型拓扑结构,使用令牌作为共享介质的访问控制方法,因此,FDDI是一种令牌环网。图1.28给出了FDDI令牌环网的示意图,从该图中可以看出,FDDI的网络连接构成了双环结构。

二维码1.7 令牌环工作过程

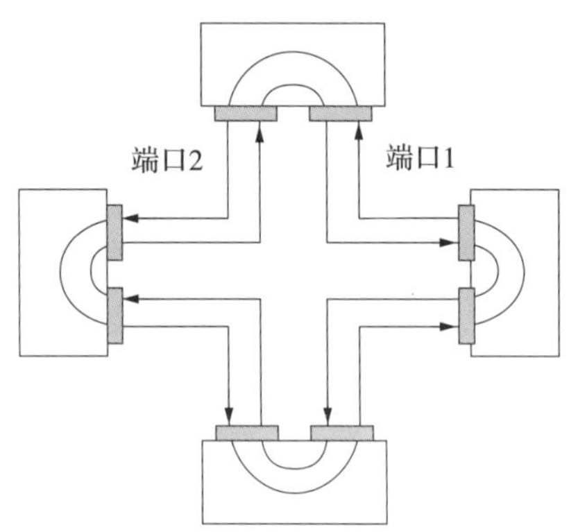

图1.28 FDDI令牌环网示意图

①令牌环介质访问控制方法的基本原理。

令牌环网利用一种称之为"Token"的短帧来选择拥有传输介质的站,只有拥有令牌的工作站才有权发送信息。当网上所有的站点都没有信息要发送时,令牌就沿环绕行。当某一个站点要求发送数据时,必须等待,直到捕获到经过该站的令牌为止。这时,该站点可以用改变令牌中一个特殊字段的方法把令牌标记成已被使用,并把令牌作为数据帧的帧头一起发送到环上。而在此时,环上不再有令牌,因此有发送数据要求的站点必须等待。环上的每个站点检测并转发环上的数据帧,比较目的地址是否与自身站点地址相符,从而决定是否拷贝该数据帧。数据帧在环上绕行一周后,由发送站点将其删除。发送站点在发完其所有信息帧(或者允许发送的时间间隔到达)后,生成一个新的令牌,并将该新令牌发送到环上。如果该站点下游的某一个站点有数据要发送,它就能捕获这个令牌,并利用该令牌发送数据。

图1.29归纳了令牌环的工作过程。

第一步:令牌在环中流动,A站有信息发送,截获了令牌,见图1.29(a)。

第二步:A站向C站发送数据,见图1.29(b)。

第三步:B站转发数据,见图1.29(c)。

第四步:C站接收并转发数据,见图1.29(d)。

第五步:D站转发数据,见图1.29(e)。

第六步:A站收完所发帧的最后一比特后,重新产生令牌发送到环上见图1.29(f)。

与CSMA/CD不同,令牌传递网是延迟确定型网络。也就是说,在任何站点发送信息之前,可以计算出信息从源站到目的站的最长时间延迟。这一特性及令牌环网其他可靠特

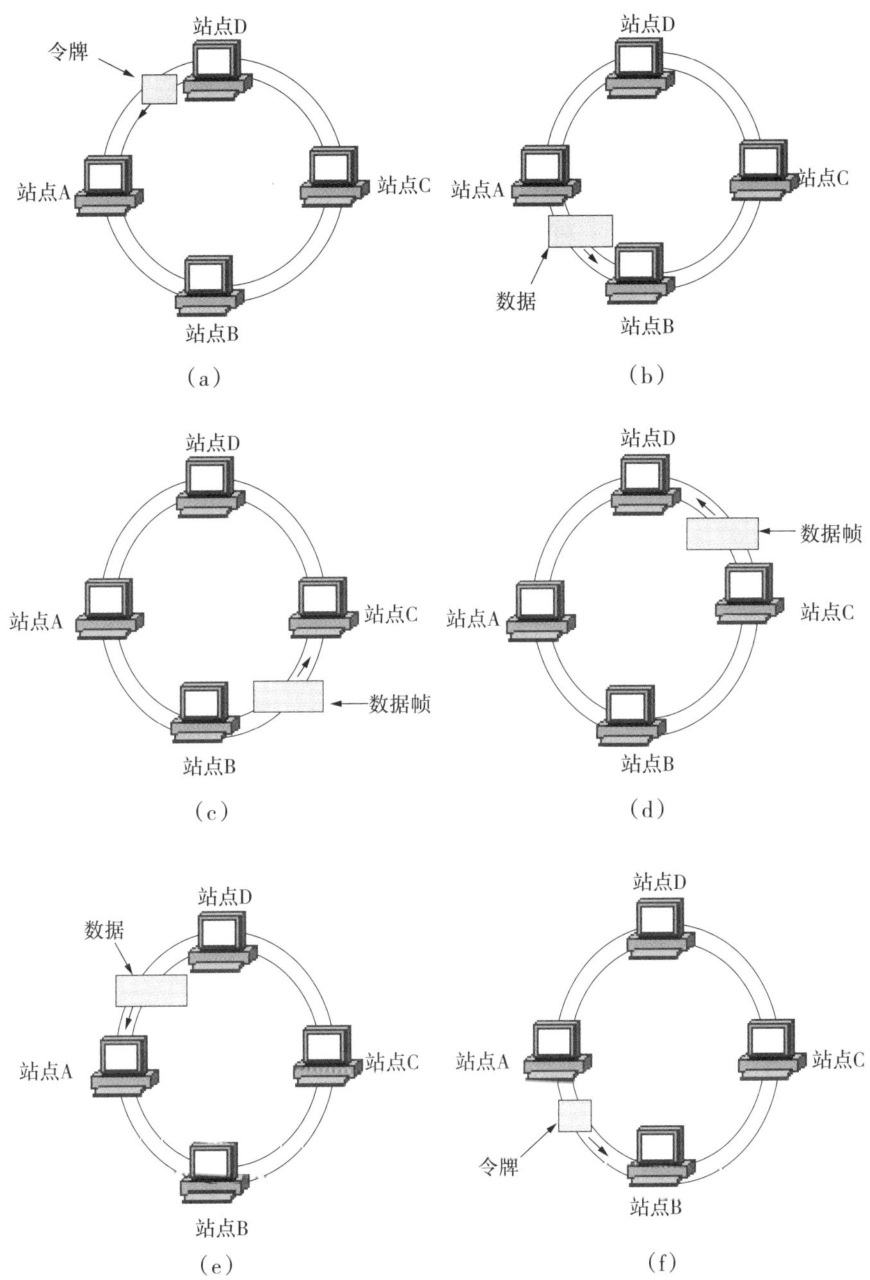

图1.29　令牌环的工作过程

性，使令牌环网特别适合于那些需要预知网络延迟和对网络的可靠性要求高的应用。工厂自动化环境就是这样的一个应用实例。

②FDDI网的双环结构。

使用环型网络拓扑结构网络的隐患之一：一旦环上某处发生故障（例如某个节点出现故障），就会使整个网络出现瘫痪。为了解决可靠性问题，FDDI将它的令牌环网设计成双环结构，且该双环是逆向旋转的。这也就是说，FDDI网络包含了两个完整的环，第二个环中的数据流方向与主环中的数据流方向相反。

当网上的所有设备都正常工作时,FDDI仅使用其中的一个环发送数据。只有当第一个环失效时,FDDI才会使用第二个环。如图1.30所示,当组成FDDI令牌环的光缆出现故障(例如光缆断裂)时,与断点相邻的站点能重新配置网络,在G和H处形成回路,旁路断点,使用其反向路径,保证网络正常运行。当网络中的某一站点出现故障时,如图1.31所示,FDDI也可以进行重新配置,在R和S处形成回路,旁路故障站点,使用其反向路径,保证网络正常运行。FDDI这种重新配置以避免失效的过程叫作自恢复过程(Self Healing)。因此,FDDI令牌环网络有时也叫作自恢复网络(Self Healing Network, SHN)。

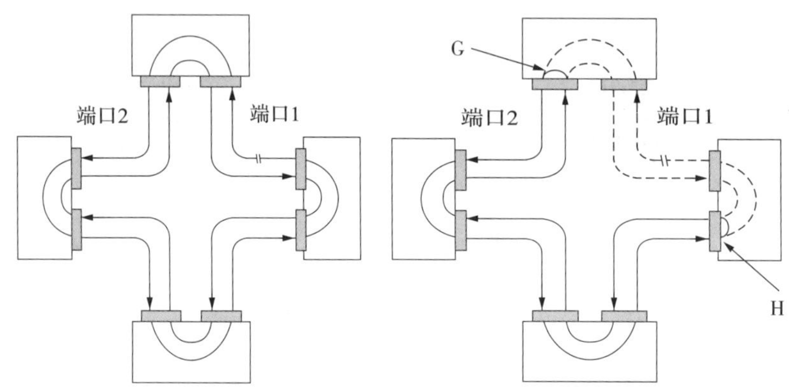

图1.30 光缆线路发生故障时,FDDI在G和H处形成回路

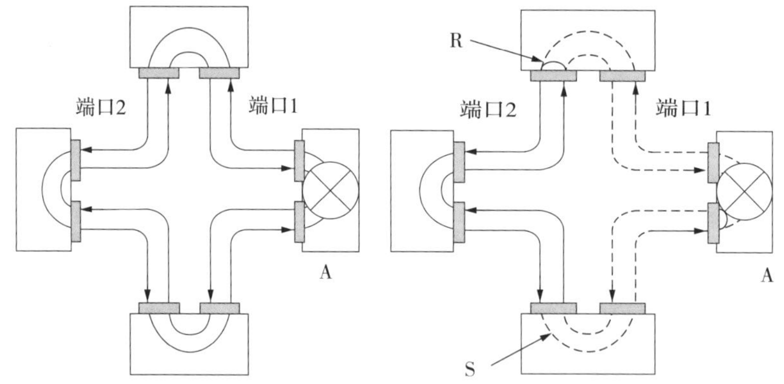

图1.31 环上的A站点发生故障时,FDDI在R和S处形成回路

1.1.3 任务实施

1)实施环境

校园网有大有小,其结构有复杂的,也有简单的,但基本都能找到如图1.32所示结构。根据校园网具体情况选择一条从接入层到汇聚层,最后到网络中心的参观路线进行参观。

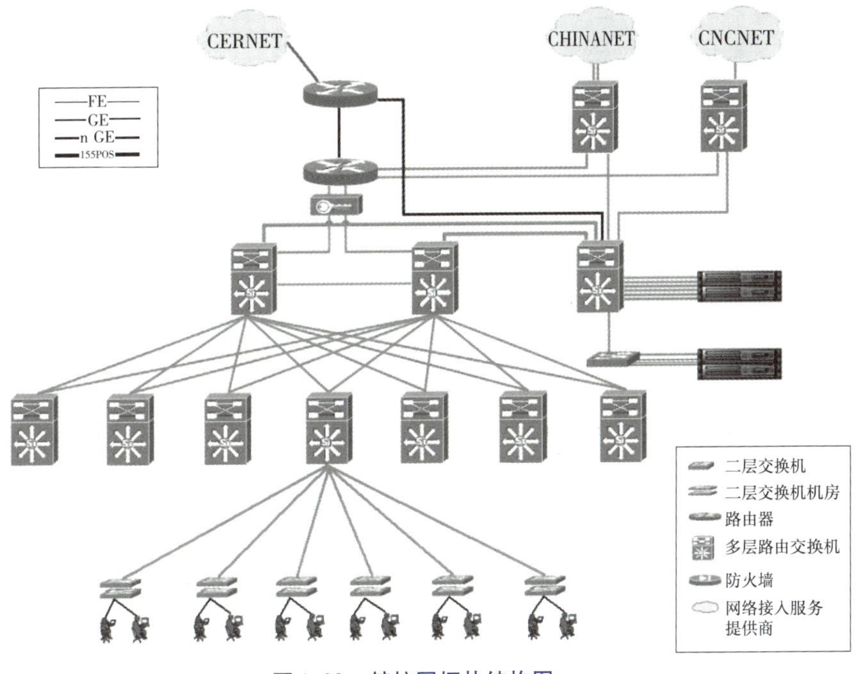

图1.32 某校园拓扑结构图

2)操作步骤

①参观接入层。

参观接入层,介绍接入层功能、接入层设备、传输介质及网络扩展技术。

②参观汇聚层。

参观汇聚层,介绍汇聚层功能、汇聚层设备、传输介质及相关策略。

③参观核心层。

参观核心层,介绍核心层功能、核心层设备、防火墙、路由器及DHCP、DNS、WEB、FTP等服务器。

④选择观察点。

选择合适的观察点,介绍综合布线各个子系统。

⑤画出拓扑图。

简单画出校园网的拓扑图。

思考题

1. 什么是网络?
2. 网络有哪几大类?

3. 什么是协议？协议的三要素是什么？
4. 网络协议为什么要分层？
5. OSI 参考模型由哪几个层次组成？它们的的作用分别是什么？
6. TCP/IP 由哪几层组成？它们分别对应于 OSI 参考模型的哪几层？
7. 局域网有哪些特点？
8. 局域网最基本的网络拓扑结构有哪些？各有什么特点？
9. 局域网常用的传输介质有哪些？
10. 什么是介质访问控制地址(MAC 地址)？它有什么特点？
11. 简述以太网和 FDDI 网的工作原理。

项目 2　小型办公网络组建

【学习目标】

1. 了解局域网的组成元件及其功能。
2. 掌握以太网双绞线及网络设备的线序、双绞线的类型及使用场合。
3. 掌握 IP 地址的含义及类型。
4. 掌握 UTP 电缆的制作过程、网卡安装及 TCP/IP 参数设置方法。
5. 掌握使用“ping”命令进行网络连通性测试及资源共享方法。

【能力目标】

1. 熟练制作 T568 A/B 标准双绞线。
2. 熟练使用测线仪。
3. 正确安装网卡及配置网络参数。
4. 正确连接物理设备。
5. 熟练配置网络资源共享。
6. 熟练使用“ping”命令测试网络连通性。

混合式学习

扫码学习,讨论:

1. 以太网双绞线有几种,如何使用,怎样制作?
2. 组建简单局域网需要什么元件?

二维码 2.1　以太网网线制作

任务 2.1　组建小型办公室网络

2.1.1　任务要求

某学校成立了一个新部门,有 8 名员工。学校给新部门的每个员工配一台计算机,部门共用一台打印机,在一间有一个千兆信息点与校园网连接的办公室办公。现要将该部门所有计算机联接成办公用网,以便大家协同工作,提高工作效率。

2.1.2 相关知识

1)局域网组成元件

组建一个完整的网络,软硬件设备缺一不可;不同类型局域网的组建需要不同的器件和设备。主要介绍以太网组网所需要的器件和设备,包括网卡、集线器及其他互联设备;传输介质在后续讨论。

(1)网络接口卡

网络接口卡(Network Interface Card, NIC),简称"网卡",又称为网络接口板或通信适配器(Adapter)如图2.1所示。网卡是构成网络的基本部件。计算机通过网卡和局域网进行通信,如图2.2所示。网卡的主要功能如下:

①进行串行/并行转换。

②对数据进行缓存。

③在计算机的操作系统安装设备驱动程序。

④实现以太网协议。

图2.1 网络接口卡

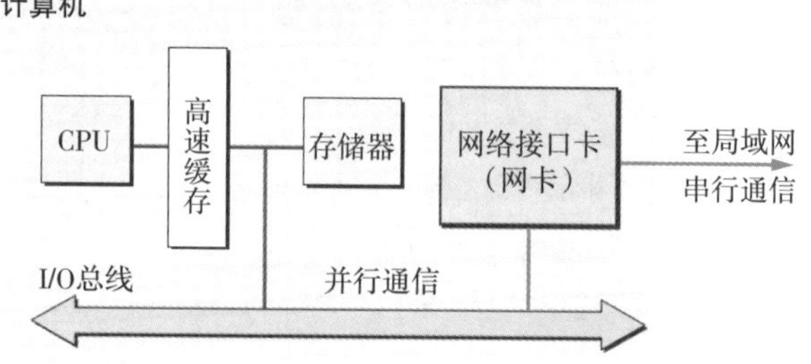

图2.2 计算机通过网卡和局域网进行通信

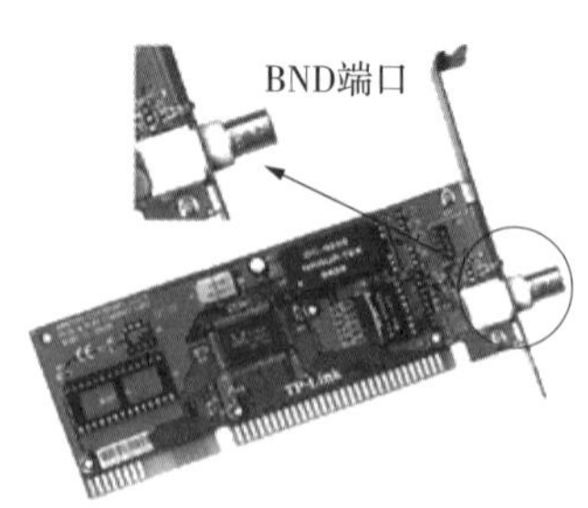

图2.3 BNC接口网卡

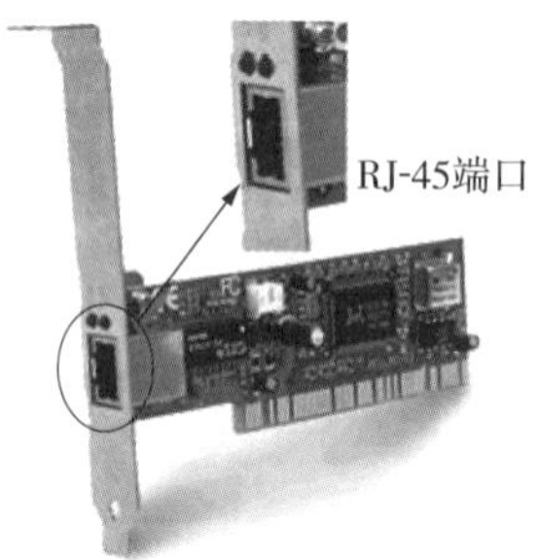

图2.4 RJ-45接口网卡

图2.5 RJ-45+BNC双口网卡

网卡可按接头、总线接口(BUS)以及带宽(Bandwidth)3种方式进行分类。

按接头分类有AUI接头网卡、BNC接头网卡(图2.3)、RJ-45接头网卡(图2.4)以及

RJ-45+BNC 双口网卡（图 2.5）4 种。它们分别用来连接 AUI 电缆、RG-58 缆线和双绞线。其中，AUI 接头由于布线施工麻烦已被淘汰。其余 3 种线材与接头，无论在外观、机械规格和电气特性等方面都截然不同，容易识别出来。

按总线接口划分有 ISA 接口、PCI 接口、USB 接口和 PCMCIA 接口 4 种。

①ISA 接口。

随着 PC 架构的演化，ISA 接口因速度缓慢、安装复杂等自身难以克服的问题，完成了历史使命，ISA 总线的网卡也随之被其他网卡取代。一般来讲，10 Mbps 网卡多为 ISA 接口，大多用于低档的计算机中。

②PCI 接口。

PCI 接口在服务器和桌面机中有不可替代的地位。32 位 33 MHz 下的 PCI，数据传输率可达到 132 Mb/s，而 64 位 66 MHz 的 PCI，最大数据传输率可达到 267 Mb/s，从而适应了电脑高速 CPU 对数据处理的需求和多媒体应用的需求。目前的网卡几乎都是 PCI 接口，如图 2.6 所示。

图 2.6　PCI 接口

图 2.7　32-bit CardBus 接口

③PCMCIA 接口。

PCMCIA 网卡是用于笔记本电脑的一种网卡，其大小与扑克牌差不多，只是厚度厚一些，在 3 ~4 mm 左右。PCMCIA 是笔记本电脑使用的总线，PCMCIA 插槽是笔记本电脑用于扩展功能使用的扩展槽。PCMCIA 总线分为两类，一类为 16 位的 PCMCIA，另一类为 32 位的 CardBus，如图 2.7 所示。CardBus 是一种用于笔记本电脑的新的高性能 PC 卡总线接口标准，不仅能提供更快的传输速率，而且可以独立于主 CPU，与电脑内存间直接交换数据，减轻了 CPU 的负担。

④USB 接口。

USB 作为一种新型的总线技术，由于传输速率远远大于传统的并行口和串行口，设备安装简单又支持热插拔，已被广泛应用于鼠标、键盘、打印机、扫描仪、Modem、音箱等各式设备，网络适配器自然也不例外。USB 网络适配器其实是一种外置式网卡，如图 2.8 所示。

网卡对外要连接网线，对内则是插在计算机的扩展槽上，通过“总线”（Bus）与计算机沟通。而总线的不同，会直接影响到网卡的传输速率。

按照传输速率不同，网卡可以分为 10 Mb/s，100 Mb/s，1 000 Mb/s，10 000 Mb/s，

图2.8　USB网络适配器

10 Mb/100 Mb/s自适应网卡等。带有RJ-45接口的10 M网卡可以组建10 Mb/S的以太网,通常与符合10BASE-T的以太网集线器或交换机相连,而带有RJ-45接口的100 M的以太网网卡,通常与符合100BASE-TX的以太网集线器或交换机相连组建100 M以太网,10/100 M自适应网卡可以根据网络中使用的以太网集线器或交换机的类型,自动适应网络的速率。

(2)集线器(Hub)

集线器由中继器演变而来,是共享式以太网最关键的设备之一。虽然目前网络主流产品已不再使用集线器,但作为在组网历史中曾起过很大作用的设备,在此对它作简单介绍。集线器是物理层设备,处理的对象是比特,它的主要功能是把接收到的信号整形放大后,发送到所有端口;同一时刻只能有一端口发送数据;无过滤和路径检测功能。

集线器作为星型网络的中心,通常采用RJ-45标准接口,如图2.9所示。计算机或其他终端设备可以通过UTP电缆与集线器RJ-45端口相连,成为网络一部分。利用集线器对信号的放大功能,通过集线器的级联可以将以太网覆盖范围扩大。但不同速率的集线不能级联。

图2.9　集线器

二维码2.2　总线结构局域网的数据发送与接收

集线器是对网络进行集中管理的最小单元。从逻辑上看,通过集线器组成以太网(不论是单一集线器组成的,还是集线器级联组成的)都是由一条电缆连接起来的。当数据到达一个端口后,集线器不经过路径检测和过滤处理,直接将信息“广播”到所有端口,不管这些端口连接的设备是否需要这些数据,而所有这些节点则构成了一个冲突域。显然节点越多,集线器“广播”量越大,整个网络的性能也就越差。

根据集线器的速度不同,可将集线器分为10 Mb/s,100 Mb/s,10 Mb/100 Mb/s自适应3种类型。目前集线器已全部被交换机取代。

(3)交换机(Switch)

交换机按工作在OSI参考模型的位置,可分为二层交换机和三层交换机。

二层交换机工作在OSI的数据链路层,实现数据帧的存储转发。与集线器不同,交换机具有过滤功能,同一时刻可以并发多

二维码2.3　交换机基础配置

路传输数据。利用交换机可以大大提高网络速度。交换机的端口是冲突域的边界,同一个交换机的端口同属一个广播域。三层交换机既具二层功能又具路由功能,能实现一次路由多次转发,解决了路由器在局域网中速度瓶颈问题。

交换机是目前交换式以太网的主流网络设备。交换机的工作原理在后续作详细讨论。

二维码2.4　交换式以太网

二维码2.5　共享式-交换式区别

(4)路由器(Router)

路由器工作在OSI参考模型第三层,工作对象是IP数据报,是局域网与广域网之间进行互联的关键设备。其主要功能是路由选择、协议转换及数据报的转发。

(5)网关(Gateway)

网关实现的网络互联是发生在网络层之上,它是网络层以上的互联设备的总称。对于网络体系结构差异比较大的两个网,从原理上说,在网络层以上实现网络互联是相对比较方便的。对于LAN和WAN而言,下三层的结构差异比较大,它们之间的沟通非常复杂,甚至是不可能的,因而习惯上多数情况都不采用网关进行互联。选择网络互联的层次越高,代价就会越大,效率也会越低,但却能互联差别更大的异构网。

2)以太网中的双绞线

(1)T568-A与T568-B标准

目前,常用的布线标准有EIA/TIA T568-A和EIA/TIA T568-B两个国际标准。在一个综合布线工程中,可采用任何一种标准,但所有的布线设备及布线施工必须采用同一标准。通常情况下,在布线工程中采用EIA/TIA T568-B标准。

①按照T568-B标准布线水晶头的8针(也称插针)与线对的分配,如图2.10所示。线序从左到右依次为:1-橙白、2-橙、3-绿白、4-蓝、5-蓝白、6-绿、7-棕白、8-棕。4对双绞线电缆的线对2插入水晶头的1、2针,线对3插入水晶头的3、6针。

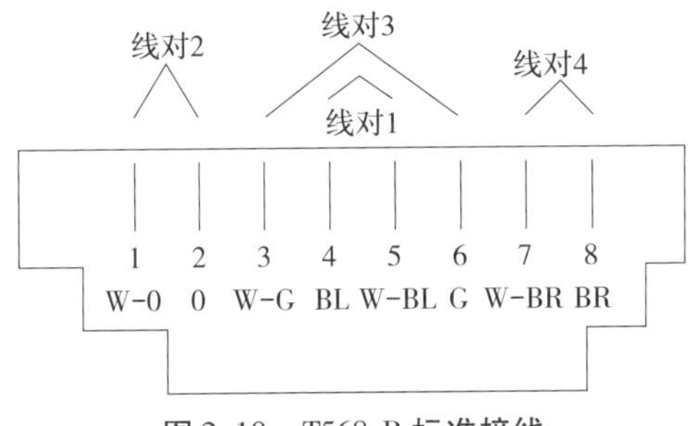

图2.10　T568-B标准接线

②按照T568-A标准布线水晶头的8针(也称插针)与线对的分配,如图2.11所示。线序从左到右依次为:1-绿白、2-绿、3-橙白、4-蓝、5-蓝白、6-橙、7-棕白、8-棕。4对双绞线对称电缆的线对2接信息插座的3、6针,线对3接信息插座的1、2针。

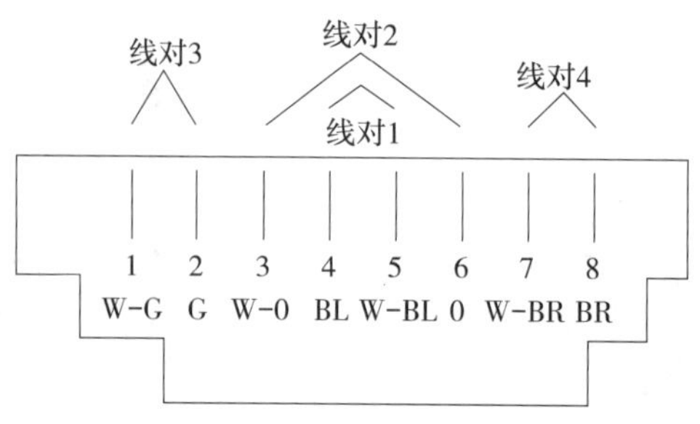

图2.11 T568-A 标准接线

(2)网络设备以太口的线序标准

网络设备以太口的线序标准,如图2.12所示。Hub Uplink,网卡,路由器的以太口(MDI-XPort)1、2接收,3、6发送;Hub,交换机的以太口(MDI port)则相反。

Hub Uplink,网卡,路由器的以太口

(MDI-X port)

Pin	Signal	Description
1	RX+	ReceiveData+
2	RX-	ReceiveData-
3	TX+	Transmit Data+
4	Not applicable	Not applicable
5	Not applicable	Not applicable
6	TX-	Transmit Data+
7	Not applicable	Not applicable
8	Not applicable	Not applicable

Hub,交换机的以太口

(MDI-X port)

Pin	Signal	Description
1	TX+	Transmit Data+
2	TX-	Transmit Data-
3	RX+	ReceiveData+
4	Not applicable	Not applicable
5	Not applicable	Not applicable
6	RX-	ReceiveData-
7	Not applicable	Not applicable
8	Not applicable	Not applicable

图2.12 网络设备以太口的线序标准

(3)以太网中的双绞线类型

为保证通信,需要把互联的网络设备发送线与接收线对接。依据双绞线两端线序的不同,将双绞线分为直通双绞线、交叉双绞线和全反线。直通双绞线两端线序一致,要么全是T568-A,要么全是T568-B;交叉双绞线一端线序为T568-B,另一端为T568-A,或相反;全反线则线序顺序相反。不同设备连接时,不同场合使用不同类型的双绞线,原则上不同设备相连是使用直通线(图2.13),相同设备相连时使用交叉双绞线(图2.14),全反线用于控制线。

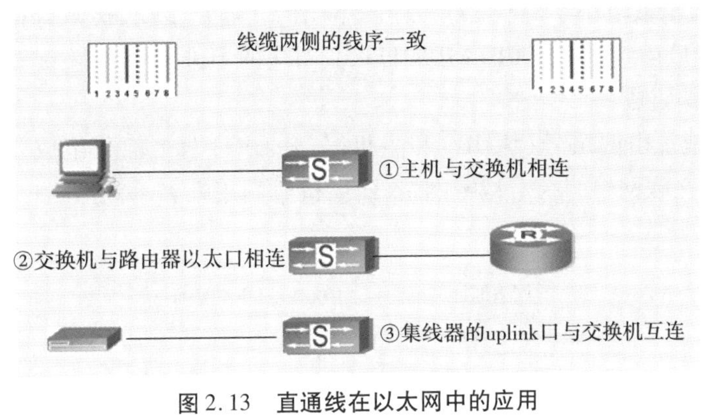

图 2.13　直通线在以太网中的应用

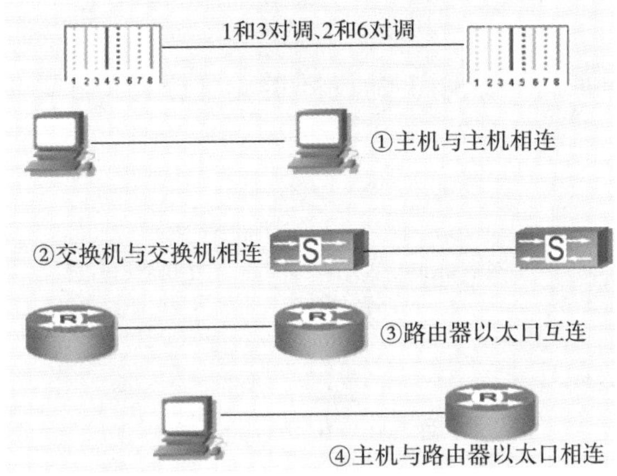

图 2.14　交叉线在以太网中的应用

【注意】　随着网络技术的发展，目前一些新的网络设备，可以自动识别连接的网线类型，用户采用直通网线或者交叉网线均可连接设备。

3）IP 地址

把整个因特网看成一个单一的、抽象的网络，IP 地址就是给每个连接在因特网上的主机（或路由器）分配一个的在全球范围是唯一的 32 bit 的标识符。IP 地址现在由因特网名字与号码指派公司（Internet Corporation for Assigned Names and Numbers, ICANN）进行分配。

在互联网上主机可以利用 IP 地址来标志。但是，一个 IP 地址标志一台主机的说法并不准确。严格地说，IP 地址指定的不是一台计算机，而是计算机与网络的一个连接。因此，具有多个网络连接的互联网设备就应具有多个 IP 地址。多宿主主机（装有多块网卡的计算机）由于每一块网卡都可以提供一条物理连接，因此它也应该具有多个 IP 地址。在实际应用中，还可以将多个 IP 地址绑定到一条物理连接上，使一条物理连接具有多个 IP 地址。

目前，因特网地址使用的是 IPv4 的 IP 地址，它用 32 位二进制（4 个字节）表示。为了方便用户的理解和记忆，IP 地址采用点分十进制标记法，即将 4 字节的二进制数值转换成 4

个十进制数值,每个数值小于等于255,数值中间用“.”隔开,表示成 w. x. y. z 的形式。如 IP 地址:11001010 01110111 00000010 11000111,其对应的十进制格式为:202. 119. 2. 199。

(1)IP 地址的组成

一般地,IP 地址由网络号(NetID)和主机号(HostID)两个部分组成,如图 2. 15 所示。网络号用来标志互联网中的一个特定网络,而主机号则用来表示该网络中主机的一个特定连接。

网络地址(网络号)	主机地址(主机号)

图 2. 15　IP 地址的组成

所有在相同物理网络上的系统必须有同样的网络号,网络号在互联网上应该是独一无二的。主机号在某一特定的网络中必须是唯一的。

(2)IP 地址的分类

为了适应各种不同的网络规模,IP 协议将 IP 地址分成 A、B、C、D、E 5 类,常用的是 A、B、C 3 类。它们可以根据第一字节的前几位加以区分,如图 2. 16 所示。

	0					7 8	1516	2324	31
A类	0	网络号(7位)					主机号(24位)		
B类	1	0	网络号(14位)					主机号(16位)	
C类	1	1	0	网络号(21位)					主机号(8位)
D类	1	1	1	0	组播地址				
E类	1	1	1	1	0	保留			

图 2. 16　IP 地址的分类

①A 类。

A 类地址分配给规模特别大的网络使用。A 类地址用第 1 个字节用来表示网络 ID,其中最高 1 位设为 0,实际上只有 7 位用来标识网络地址,后面 3 个字节用来表示主机 ID。允许有 126 个网络和在每个网络里有 16 777 412 台主机。

②B 类。

B 类地址分配给中等到大型尺寸的网络。B 类地址用前面两个字节用来表示网络 ID,其中第 1 字节的两个最高位设为 1 0,实际只有 14 位用来标识网络地址,后两个字节用来表示网络上的主机 ID。允许有 16 384 个网络,每个网络允许拥有 65 534 台主机。

③C 类。

C 类地址分配给小型网络,如大量的局域网和校园网。C 类地址用前 3 个字节表示网络 ID,其中第 1 字节最高 3 位为 100,实际只有 21 位用来标识网络地址,最后 1 个字节作为网络上的主机地址。允许有 2 097 152 个网络,每个网络拥有 254 台主机。

④D 类。

D 类地址是为 IP 多点传送地址而保留的。D 类地址的前 4 位通常置为 1110。

⑤E 类。

E 类地址是为将来用途所保留的实验地址。E 类地址的前 4 位为 1111。

A、B、C 3 类地址通常用来标识主机的一个特定连接,因此我们称之为单目传送地址,E

类地址用于多址投递系统,被称为组播地址(Multicast),而E类地址尚未使用,以保留给将来使用。

表2.1简要地总结了A、B、C 3类IP地址可以容纳的网络数和主机数。

表2.1 A、B、C 3类IP地址总结

	第1字节范围	网络地址长度	最大的主机数目	适用的网络规模
A	1~126	1字节	16 777 214	大型网络
B	128~191	2字节	65 534	中型网络
C	192~223	3字节	254	小型网络

(3)特殊的IP地址

TCP/IP体系中保留了一小部分IP地址,这部分地址具有特殊的意义和用途,这些特殊的IP地址不能分配给主机或网络连接。

①网络地址。

在互联网中,经常需要使用网络地址,主机号为全"0"的IP地址,用来表示网络地址。例如:202.119.200.0就是表示该网络的网络地址,而一个具有IP地址为202.119.200.99的主机所处的网络地址为202.119.200.0,它的主机号为99。

②广播地址。

IP协议规定,主机号为全"1"的IP地址是保留给广播用的。广播地址又分为两种:直接广播地址和有限广播地址。

Ⅰ.直接广播地址。

如果广播地址包含一个有效的网络号和一个全"1"的主机号,那么称之为直接广播(Directed Broadcasting)地址。在IP互联网中,任意一台主机均可向其他网络进行直接广播。

例如C类地址202.93.120.255就一个直接广播地址。互联网上的一台主机如果使用该IP地址为数据报的目的IP地址,那么这个数据报同时发送到202.93.120.0网络上的所有主机。

Ⅱ.有限广播地址。

32位全为"1"的IP地址(225.225.225.225)用于本网广播,该地址叫作有限广播(Limited Broadcasting)地址。在主机不知道本机所处的网络时(如主机的启动过程中),只能采用有限广播方式,通常由无盘工作站启动时使用,希望从网络IP地址服务器处获得一个IP地址。

Ⅲ.回送地址。

任何一个以127开头的IP地址(127.0.0.0~127.255.255.255)是一个保留地址,用于网络软件测试以及本地机器进程间通信。这个IP地址叫作回送地址(Loopback Address),最常见的表示形式为127.0.0.1。

在每个主机上对应于IP地址127.0.0.1有个接口,称为回送接口(Loopback Interface)

IP 协议规定，无论什么程序，一旦使用回送地址作为目的地址时，协议软件不会把该数据包向网络上发送，而是把数据包直接返回给本机。

Ⅳ．“零”地址。

网络号为“0”的 IP 地址指的是本网络上的某台主机。例如，如果 C 类网络 192.168.3.0 上的某台主机要发送数据包给本网络的 IP 地址为 192.168.3.9 的主机，则它可以将数据包的目标地址置为 0.0.0.9。

另外，32 位全为“0”的 IP 地址（0.0.0.0），任何主机都可以用它来表示自己。

从上可以看到，A 类网络号 0 和 127 有特殊用途，因此可分配给主机的 A 类网络号是 1～126。

由于网络地址和广播地址的限制，各类网络实际可使用的数目要减去 2。如 C 类网络共有 $2^8=256$ 个地址，实际此网络中只能设有 254 台主机。

Ⅴ．私有地址。

在整个可分配的地址范围中，还有一部分保留地址留给各单位内部使用，这部分地址是不能在因特网中直接使用的，因此称为私有地址，而其他可在因特网中直接使用的地址称为公共地址。使用私有地址的主机要接入因特网，必须经过地址转换 NAT，将私有地址转换为公共地址才可以。保留的私有 IP 地址有 3 块地址空间：1 个 A 类地址段、16 个 B 类地址段和 256 个 C 类地址段，见表 2.2。

表 2.2　私有 IP 地址范围

地址类	范　围
A 类	10.0.0.0～10.255.255.255
B 类	172.16.0.0～172.31.255.255
C 类	192.168.0.0～192.168.255.255

（4）子网掩码

子网掩码是指定子网的工具，它是 32 位二进制数值。子网掩码具有两大功能：一是指出 IP 地址中哪些部分是网络地址，哪些是主机地址；二是可将网络进一步划分为若干子网段。

在子网掩码中，二进制位为 1 的位表示网络地址位，二进制位为 0 的位表示主机地址位。采用子网掩码可以不再依靠 IP 地址类的定义来决定 IP 地址中的网络 ID。子网掩码可采用带点十进制符号或前缀长度表示法来表示。

缺省的子网掩码用于传统的 IP 地址类。表 2.3 列出了采用带点十进制符号表示和前缀长度表示法表示的缺省子网掩码。

表 2.3　缺省子网掩码

地址类	子网掩码位	子网掩码（十进制）	子网掩码（前缀）
A 类	11111111 00000000 00000000 00000000	255.0.0.0	/8

续表

地址类	子网掩码位	子网掩码(十进制)	子网掩码(前缀)
B 类	11111111 11111111 0000000 00000000	255.255.0.0	/16
C 类	11111111 11111111 11111111 00000000	255.255.255.0	/24

2.1.3 任务实施

1)实施环境

(1)硬件设备

①交换机 1 台。

②计算机及 RJ45 接口网卡若干。

③打印机 1 台。

(2)工具及材料(图 2.17)

①双绞线若干米。

②RJ-45 水晶头多个。

③剥线/压线钳。

④双绞线检测仪。

双绞线

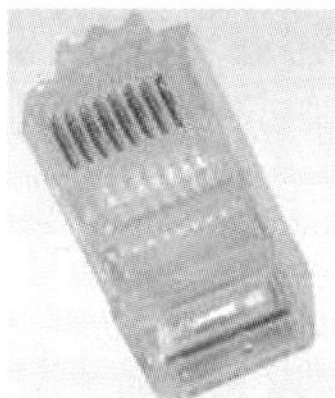

水晶头

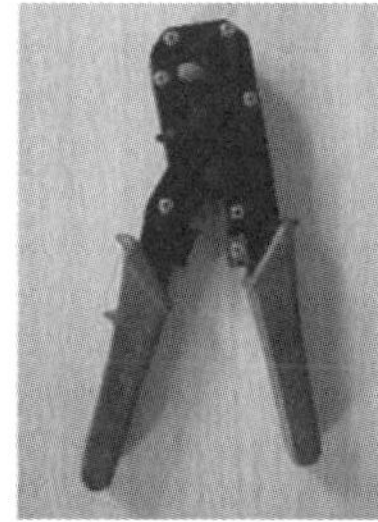

剥线/压线钳

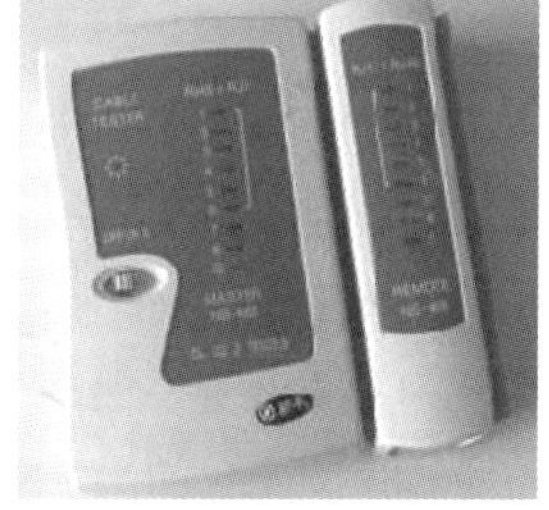

网线测试仪

图 2.17　工具及材料

2)操作步骤

(1)双绞线制作

①直通双绞线制作。

首先确定交换机位置,按办公室实际布置确定双绞线长度,然后按以下步骤进行:

Ⅰ.剥线:取双绞线一根(长度合适),用剥线钳上的"剥线刀口"将双绞线的一端剥掉约 1.5 cm 的外皮。

Ⅱ.排列顺序:将 4 对双绞线按 T568-B 标准排好顺序,并将每根线都弄直、排拢。

Ⅲ.检查并插入水晶头:用剥线钳的"剪切刀口"将双绞线端头剪齐(图 2.18),取水晶头一个,将带有金属片的一面朝上,使方形孔一端对着自己。此时,最左边的是第 1 脚,最右边的是第 8 脚,其余依次排列。将双绞线的 8 根线插入 RJ45 头内(图 2.19),插入的时候需要注意缓缓地用力把 8 根线缆同时插入 RJ-45 头内对应的 8 个线槽中,一直插到线槽的顶端(应尽量往里插,直到 RJ-45 的另一端能看到 8 个亮点),这一步完成后还应检查一下各线的排列顺序是否正确。

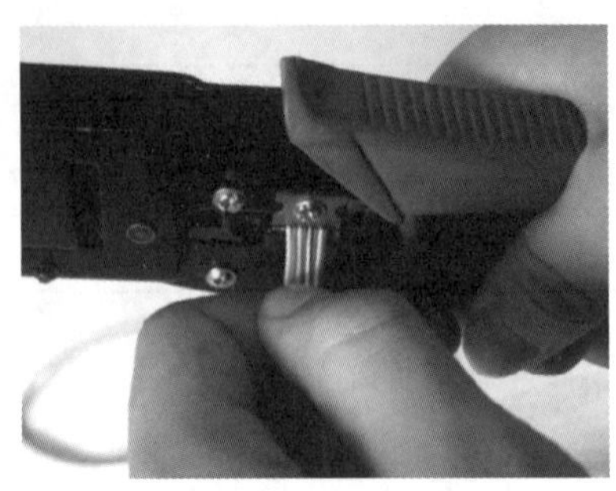

图2.18 用"剪切刀口"将双绞线端头剪齐

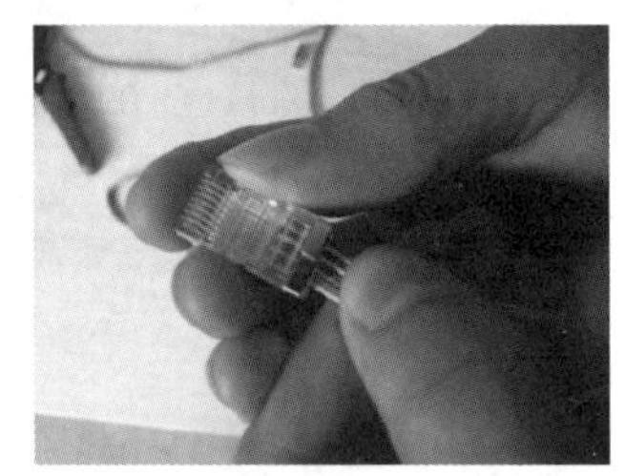

图2.19 将双绞线的8根线插入RJ-45头内

Ⅳ.压线:将已插入双绞线的RJ-45头放入线钳的"压线口"内(图2.20),(注意:将双绞线的外皮一并放在RJ-45头内压紧,以增强其抗拉性能)并用力将线钳压到底,再将其取出,则双绞线的一端与RJ-45头的连接就做好了。

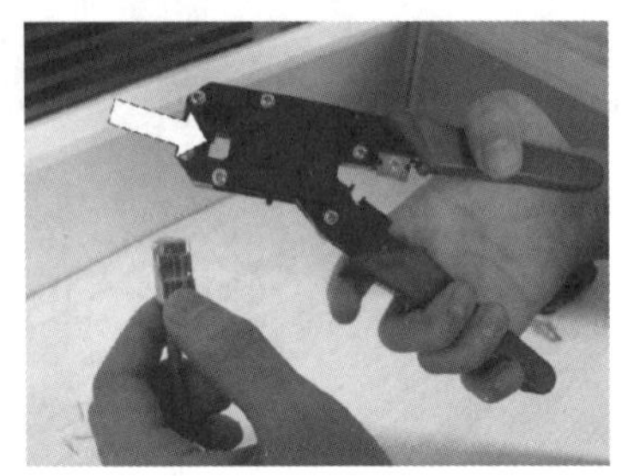

图2.20 压线口

Ⅴ.重复步骤Ⅰ~Ⅲ将双绞线的另一端接上RJ-45水晶头。这样一根直通双绞线制作完毕。

②交叉线的制作。

Ⅰ.取双绞线一根,一端按T568-B标准按前面介绍的方法接上RJ-45水晶头。

Ⅱ.将双绞线的另一端按T568-A标准接上RJ-45水晶头。

③双绞线的测试。

制作完成双绞线后,需要检测其连通性,以确定是否有连接故障。

测试时将双绞线两端的水晶头分别插入主测试仪和远程测试端的RJ-45端口,将开关开至"ON"(S为慢速档),主机指示灯从1~8逐个顺序闪亮,如图2.21所示。

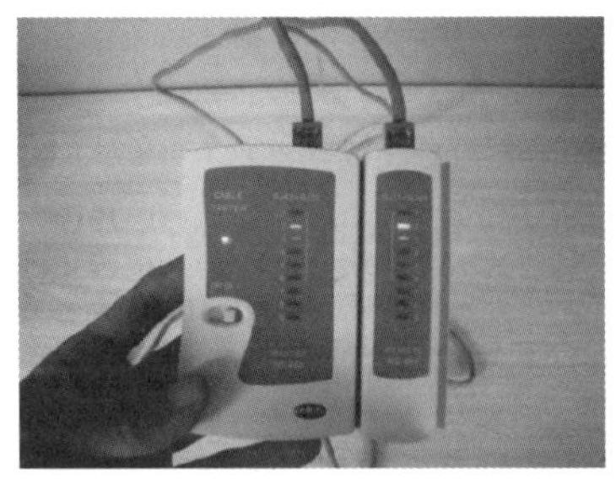

图2.21 测试双绞线

若连接不正常,有下述情况显示:

Ⅰ.当有一根导线断路,则主测试仪和远程测试端对应线号的灯都不亮。

Ⅱ.当有几条导线断路,则相对应的几条线都不亮,当导线少于两根线联通时,灯都不亮。

Ⅲ.当两头网线乱序,则与主测试仪端连通的远程测试端的线号亮。

Ⅳ.当导线有两根短路时,则主测试器显示不变,而远程测试端显示短路的两根线灯都亮。若有 3 根以上(含 3 根)线短路时,则所有短路的几条线对应的灯都不亮。

Ⅴ.如果出现红灯或黄灯,就说明存在接触不良等现象,此时最好先用压线钳压制两端水晶头一次,再测,如果故障依旧存在,就得检查一下芯线的排列顺序是否正确。如果芯线顺序错误,那么就应重新进行制作。

【提示】 如果测试的线缆为直通线缆,测试仪上的 8 个指示灯应该依次闪烁;如果线缆为交叉线缆,其中一侧的指示灯是依次闪烁,而另一侧指示灯则会按 3、6、1、4、5、2、7、8 顺序闪烁。如果芯线顺序一样,但测试仪仍显示红色灯或黄色灯,则表明其中存在对应芯线接触不良的情况,需要重做水晶头。

(2)设备的物理连接

①安装网卡。

安装网卡的过程很简单,以 PCI 总线型网卡为例,安装时可按以下步骤进行:

Ⅰ.切断计算机电源,确保无电工作。

Ⅱ.用手触摸一下金属物体,释放静电。

Ⅲ.打开计算机主机机箱,选择一个空闲的 PCI 插槽(一般缺省为白色插槽),并卸掉对应位置插槽的挡板。

Ⅳ.将所要安装的网卡插入槽中,并注意一定要插牢插紧,以防出现短路现象。

Ⅴ.将网卡用螺钉上紧,以保证其正常工作。

Ⅵ.重新装好机箱。

【注意】 在安装过程中,不要触及主机内部其他连线头、板卡或电缆,以防松动,造成故障。

②连接计算机与交换机。

利用制作好的直通 UTP 电缆将计算机与交换机连接起来,如图 2.22 所示。

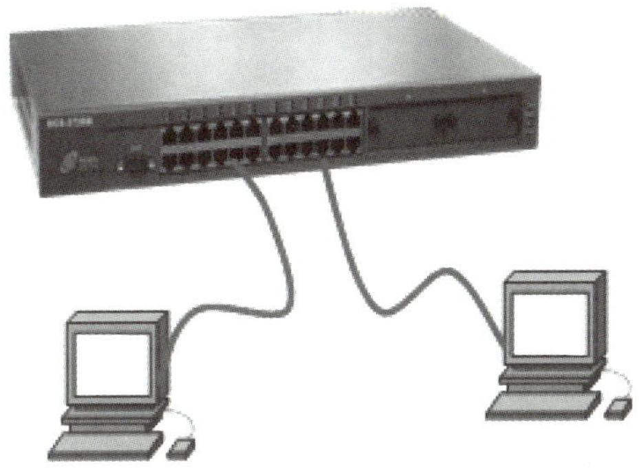

图 2.22　连接计算机与交换机

(3)配置网络和 Internet 访问

完成网络硬件的物理连接后,还需配置网络、手动设置 IP。将网络设置为“专用”, IP 设置在同一个网段。以下操作以 Win 10 家庭版为例。

手动设置 IP。

Ⅰ.单击“网络”图标,选择“网络和 Internet 设置”,如图 2.23 所示。

图 2.23 “Internet 访问”弹出菜单

Ⅱ.在“网络和 Internet 设置”窗口中单击“更改适配器选项”,如图 2.24 所示。

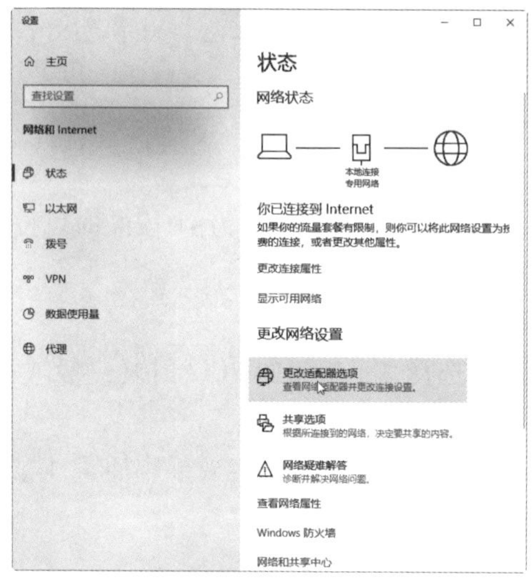

图 2.24 “网络和 Internet 设置”窗口

Ⅲ.右键单击需要设置的以太网,在弹出的菜单中选择“属性”,如图 2.25 所示。

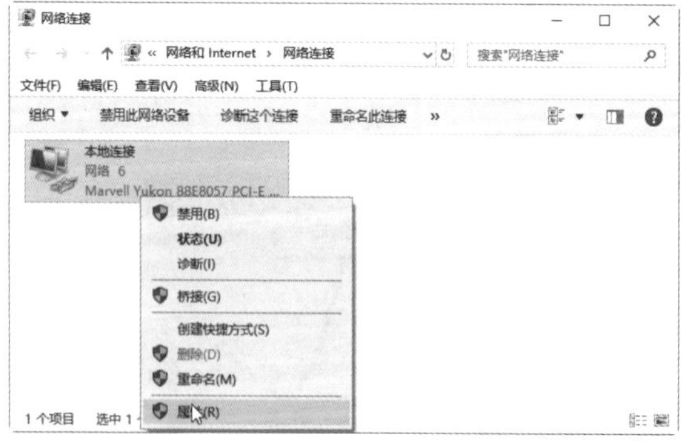

图 2.25 “本地连接”菜单

Ⅳ.在“本地连接 属性”对话框中,选择“Internet 协议版本 4 (TCP/IPv4)”,再单击“属性”,如图 2.26 所示。

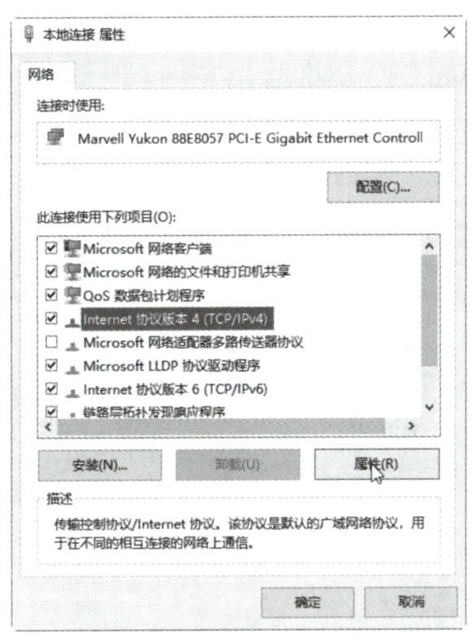

图 2.26　“本地连接 属性”对话框

Ⅴ. 在“Internet 协议版本 4(TCP/ IPv4)属性”中，选择“使用下面的 IP 地址”，并手动输入 IP 地址，默认网关填路由器 IP 地址，以太网 IP 需要和网关在同一网段，DNS 可以选择常用的。如 8.8.8.8(谷歌) 114.114.114.114(国内移动、电信和联通通用的 DNS)，单击“保存”，如图 2.27 所示。

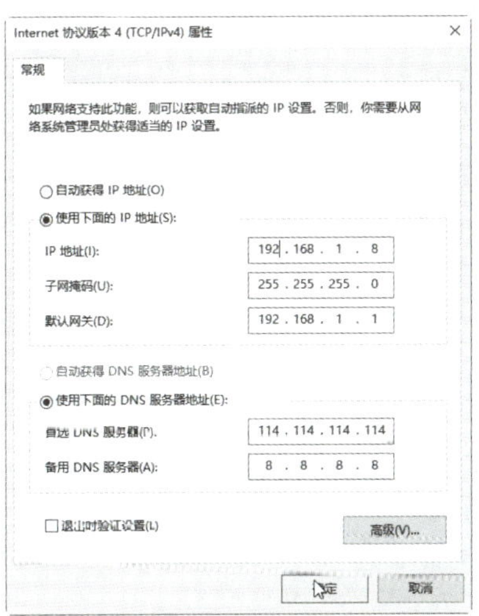

图 2.27　“Internet 协议版本 4(TCP/ IPv4)属性”窗口

Ⅵ. 在办公室的其他计算机上重复上述步骤，配置不同的 IP 地址，IP 要在同一网段，有相同的子网掩码和默认网关。

(4)用“ping”命令测试网络的连通性

测试网络连通性最常用的命令之一是“ping”命令。它通过发送数据包到对方主机，再由对方主机将该数据包返回来测试网络的连通性。“ping”命令的测试成功不仅表示网络的硬件连接是有效的，而且也表示操作系统中网络通信模块的运行是正确的。

“ping”命令的使用方法非常简单，只要在“ping”之后加上对方主机的 IP 地址即可，如

图2.28所示。如果测试成功,命令将给出测试包从发出到收回所用的时间。这个时间通常小于10 ms。如果网络不通,"ping"命令将给出超时提示。这时,需要重新检查网络的硬件和软件,直到"ping"通为止。

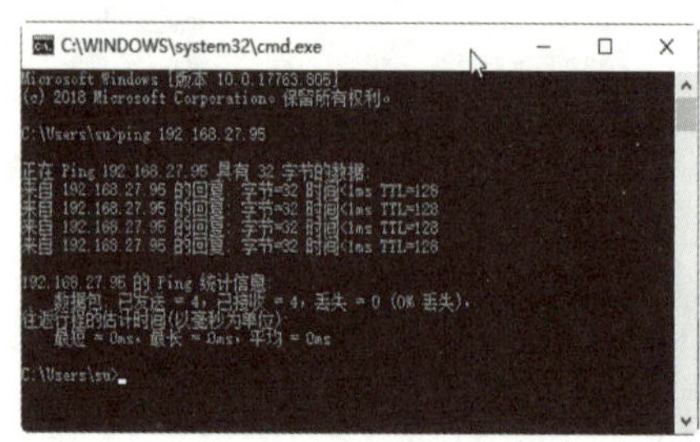

图2.28　用"ping"命令测试网络的连通性

任务2.2　共享网络资源

2.2.1　任务要求

为解决文件打印问题,办公室购置了一台打印机,现要求所有员工都共享这台打印机,并进行文件资源共享。本任务要求完成共享配置。

2.2.2　任务实施

1)标识计算机及工作组

小型办公网中禁止两台计算机重名,且需在同一工作组中,否则只能通过IP地址访问。IP地址访问方式为在资源管理器中输入"\\IP地址",或者按"WIN+R"组合键,在"运行"对话框中输入"\\IP地址"。

①右键单击桌面上"此计算机"图标,在弹出的快捷菜单中选择"属性"选项,弹出"系统"对话框,单击"高级系统设置",如图2.29所示。

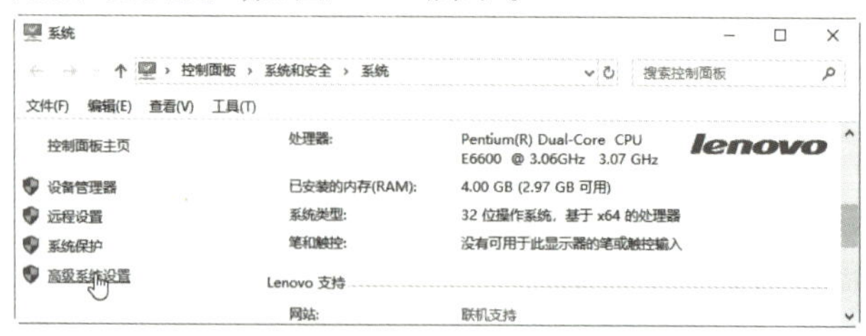

图2.29　"系统"对话框

②在弹出的“系统属性”对话框中选择“计算机名”选项卡，然后单击“更改”，如图2.30所示。

图2.30　“系统属性”对话框

③弹出“计算机名/域更改”对话框，如图2.31所示。输入计算机名和工作组名，单击“确定”，关闭对话框，即完成标识计算机名称或工作组的操作。

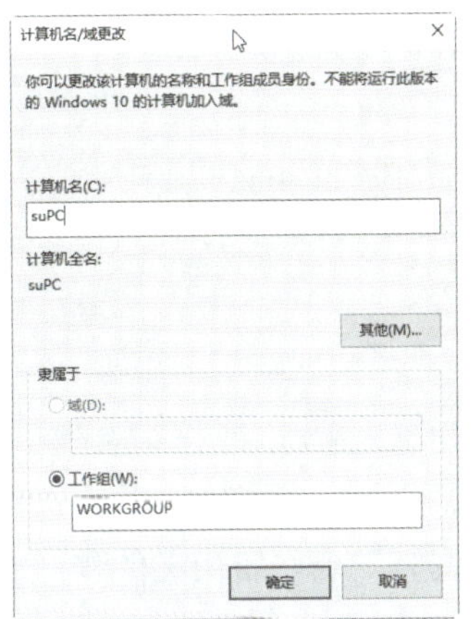

图2.31　“计算机名/域更改”对话框

2）设置和访问共享资源

①文件及打印机共享前期设置。

要进行文件及打印机共享，需要启动一些相应服务，启用网络发现、文件和打印机共享。以下操作以Win 10家庭版为例。

Ⅰ.右键单击桌面“开始”或按组合键“WIN+X”，从其右键菜单中选择“计算机管理”，如图2.32所示。

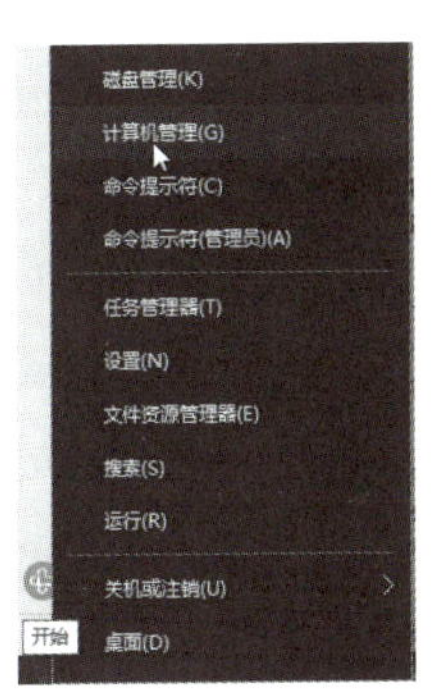

图2.32　“开始”菜单

Ⅱ.在“计算机管理”窗口中，展开“服务和应用程序”，再单击“服务”,如图 2.33 所示。

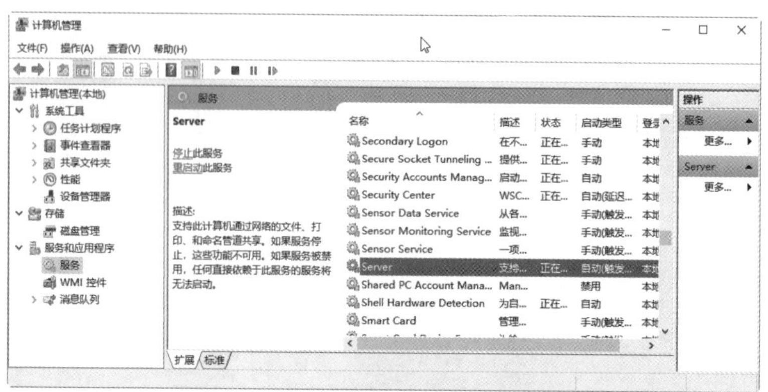

图 2.33 “计算机管理”对话框

Ⅲ. 找到并启动以下这些服务,启动方式由手动改为自动。

- Server
- Workstation
- Computer Browser
- DHCP Client
- Remote Procedure Call(RPC)
- Remote Procedure Call (RPC) Locator
- DNS Client
- Function Discovery Resource Publication
- UPnP Device Host
- SSDP Discovery
- TCP/IP NetBIOSHelper

Ⅳ. 鼠标右键单击桌面左下角的“开始”或按组合键“WIN+X”,从其右键菜单中选择“设置”,打开“网络和 Internet 设置”窗口;再单击“共享选项”,进入“高级共享设置”窗口;在“高级共享设置”窗口中,启用网络发现并启用文件和打印机共享,如图 2.34 所示。

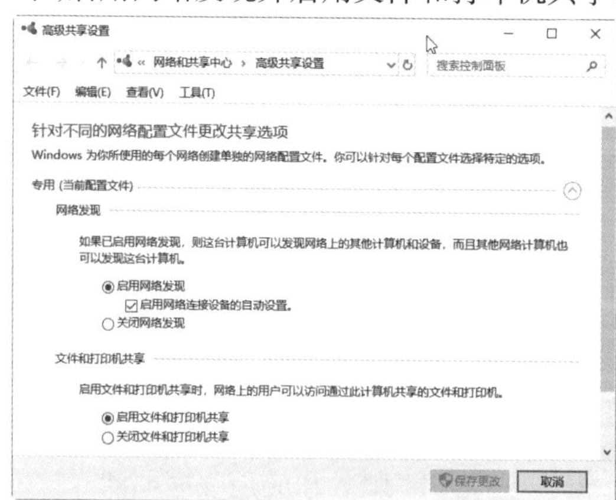

图 2.34 “高级共享设置”对话框

②设置打印机共享。

在安装有打印机的计算机上进行如下操作。

Ⅰ. 鼠标右键单击桌面上的“控制面板”，然后在“控制面板”窗口中选择“查看类别”，如图2.35所示。

图2.35 “控制面板”窗口

Ⅱ. 将查看类别更改为小图标，弹出“所有控制面板项”窗口，再单击“设备和打印机”，如图2.36所示。

图2.36 “所有控制面板项”窗口

Ⅲ. 在“设备和打印机”窗口中，右键单击需要共享的打印机，然后在菜单中选择“打印机属性”，如图2.37所示。

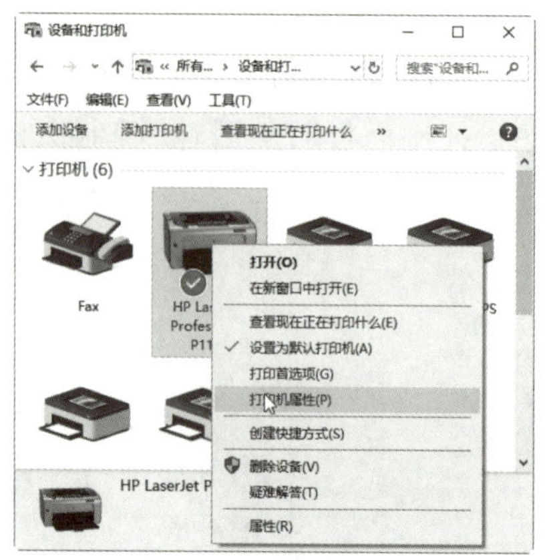

图 2.37 “设备和打印机”窗口

Ⅳ.单击进入对应的“打印机属性”对话框,单击“共享”选项卡,在“共享”选项卡里勾选“共享这台打印机”,并记住这台打印机的名字,然后单击“确定”,如图 2.38 所示。

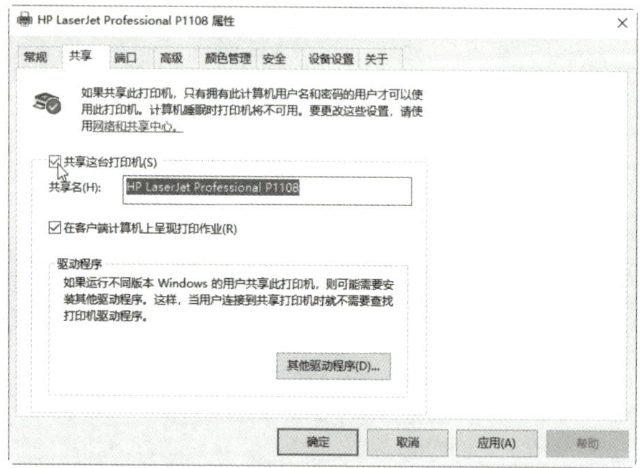

图 2.38 “打印机属性”对话框中的“共享”选项卡

③访问共享打印机。

共享打印机设置完成后,其他计算机想通过网络访问到这台共享打印机,操作步骤如下:

Ⅰ.右键单击“开始”→“设置”→“设备”→“打印机和扫描仪”,在弹出的“设置打印机和扫描仪”窗口中,单击“添加新的打印机和扫描仪”,如图 2.39 所示。

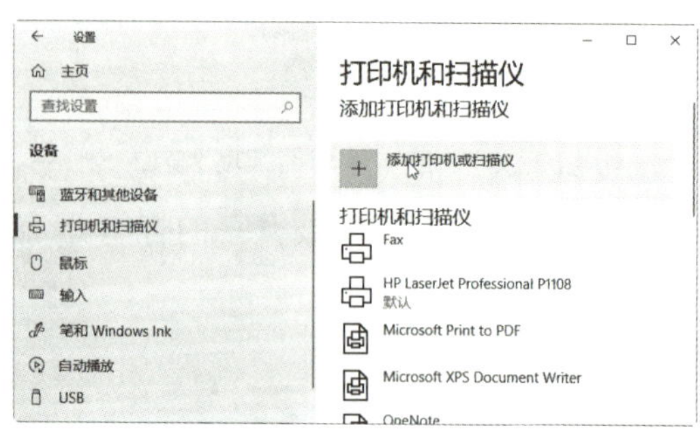

图 2.39 “打印机和扫瞄仪”窗口

Ⅱ.如果有共享打印机,选择即可;如果没有,则单击“我需要的打印机不在列表中”,选择“按名称选择打印机”,输入要连接的共享打印机名称,再单击“下一步”,如图 2.40 所示。

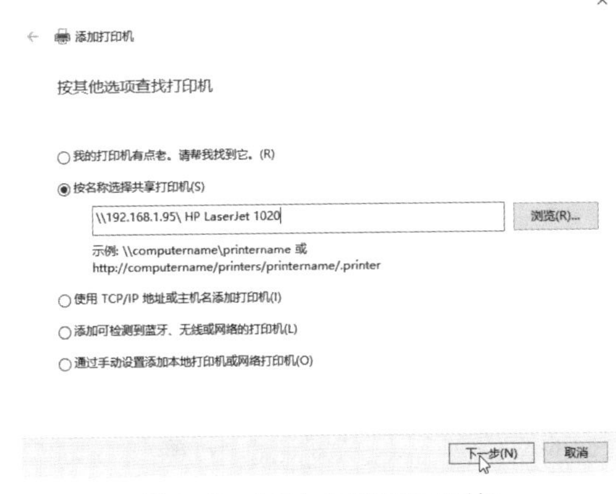

图 2.40 “添加打印机”对话框

共享打印机名称格式是计算机名称+打印机名称,也可以是 IP 地址+打印机名称。

这里的计算机名称或 IP 地址都是指连接了打印机的那台计算机。

比如:\\192.168.1.95\HP LaserJet 1020

Ⅲ.接下来安装打印机驱动即可,继续完成安装。可以打印测试页测试是否成功连接共享打印机。

④设置文件夹共享。

Ⅰ.首先,在“此计算机”或“资源管理器”窗口中,在需共享的文件夹上单击鼠标右键,在弹出的快捷菜单中选择“属性”命令,即可弹出相应文件夹的属性对话框;在“属性”对话框中勾选“共享”选项卡下的“共享(S)...”,如图 2.41 所示。

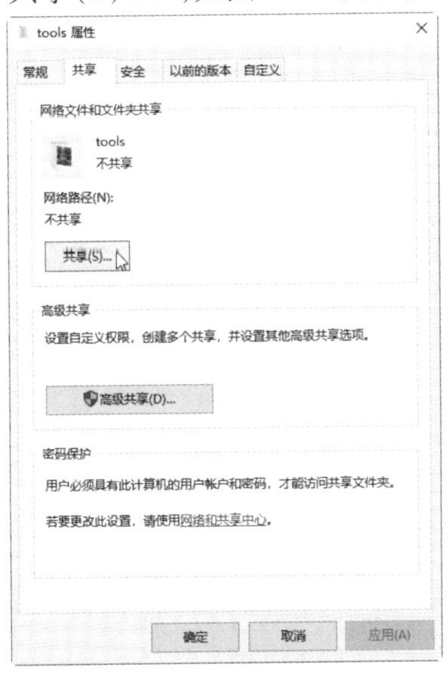

图 2.41 “tools 属性”对话框

Ⅱ.其次,在弹出的“网络访问”对话框中,选择要与其共享的用户,单击“添加(A)”后,再单击“共享(H)”,如图2.42所示。

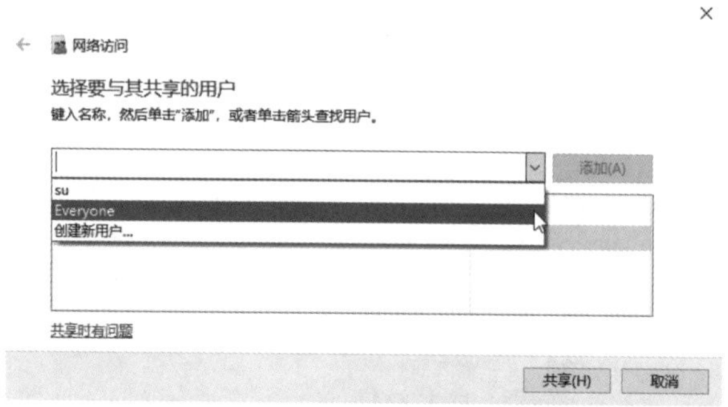

图2.42 “网络访问”对话框

Ⅲ.最后,在弹出的“你的文件夹已共享”对话框中,单击“完成”,如图2.43所示。

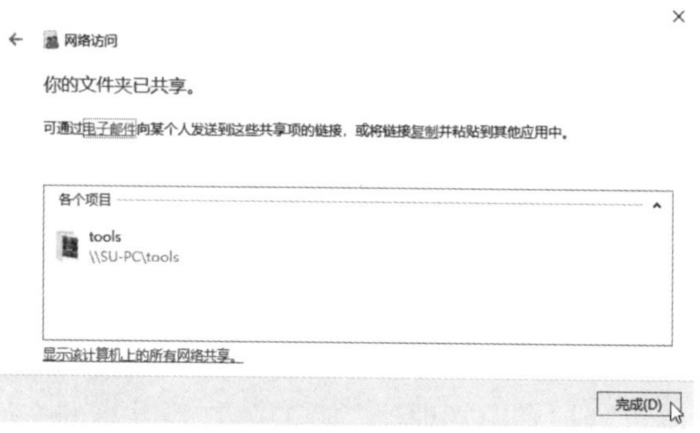

图2.43 “你的文件夹已共享”对话框

⑤访问共享文件夹。

方法一:在“此计算机”或“资源管理器”窗口中,单击屏幕左边底部的“网络”图标,则屏幕右边可以看到局域网里的共享资源,如图2.44所示。双击要访问的计算机,即可访问该计算机提供的共享文件夹。

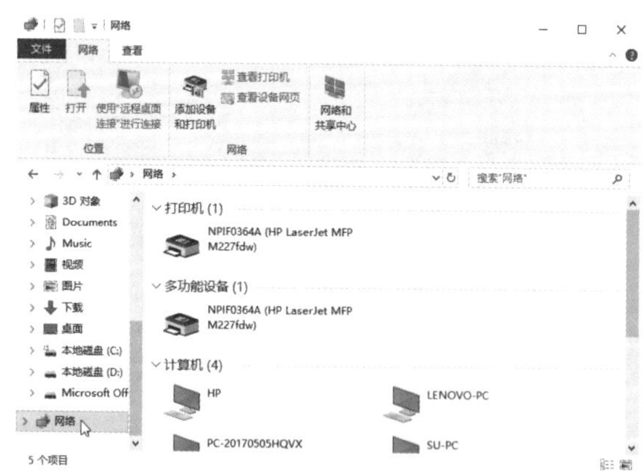

图2.44 “资源管理器”中的“网络”窗口

方法二:右键单击“开始”,选择“运行”命令,弹出“运行”对话框。在“打开”下拉列表框中先输入“\\”,再输入需访问的电脑 IP 地址或计算机名,如图 2.45 所示。按“Enter”键或单击“确定”按钮,即可在打开的窗口中看到所访问计算机中共享的资源。

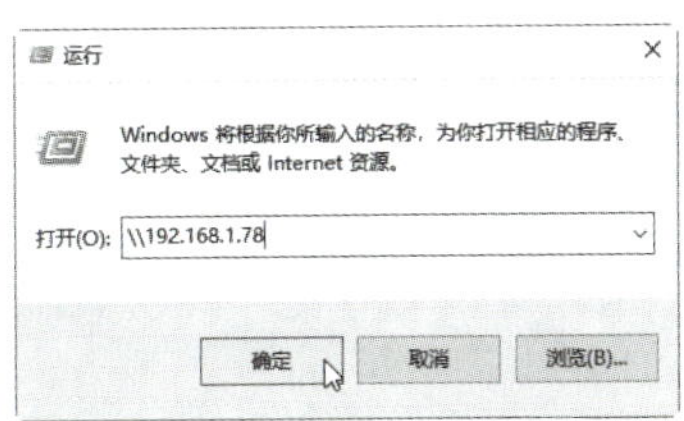

图 2.45　“运行”对话框

思考题

1. 网卡的主要功能有哪些?

2. 集线器、交换机、路由器及网关分别工作在 OSI 参考模型的哪一层?

3. 局域网中所使用的双绞线主要有哪两种类型? 它们各自有什么特点?

4. 直通线与交叉线有什么区别? 它们分别用在什么场合?

5. 当使用网线测试仪测试双绞线时,指示灯未正常显示,应如何解决?

6. 如果在使用“ping”命令测试网络连通性时出现问题,应如何解决?

7. 有哪些资源可以在局域网中进行共享?

8. 如何安装和使用网络打印机?

9. IP 地址 210.32.151.88 属于哪一类地址,采用这类地址的网络最多可以有多少个? 每个网络最多可以包含多少台主机?

10. Internet 保留了哪些私有 IP 地址?

11. IP 地址的子网掩码起什么作用?

项目3　企业网络组建

【学习目标】

1. 了解以太网帧结构。
2. 了解交换机文件系统。
3. 掌握交换机的工作原理、功能。
4. 掌握交换机应用技术及配置方法。
5. 掌握无线网络应用技术及无线网络组建方法。

【能力目标】

1. 熟练进行交换机基本配置。
2. 能根据需求实施网络扩展、链路聚合以及正确配置生成树协议。
3. 能根据需求正确划分 VLAN 并实施。
4. 能根据需求对交换机端口进行安全配置。
5. 能根据需求使用无线 AP 组件无线局域网。

混合式学习

扫码学习,讨论:

1. 交换机管理方式有哪几种?
2. 交换机主要有哪些文件,如何备份配置文件?

二维码 3.1　交换机文件备份与恢复

任务 3.1　交换机文件管理

3.1.1　任务要求

网络运行时,交换机故障时有发生,这将导致网络局部瘫痪,如图 3.1 所示。当故障发生时,需要对交换机进行重新配置。对大型网络来说,这是个很麻烦的事情。解决这个问题的最好办法是将组网时备份的该交换机的配置文件上传覆盖新交换机的配置文件。本任务要求将备份在服务器上的配置文件上传,并覆盖交换机的原配置文件。

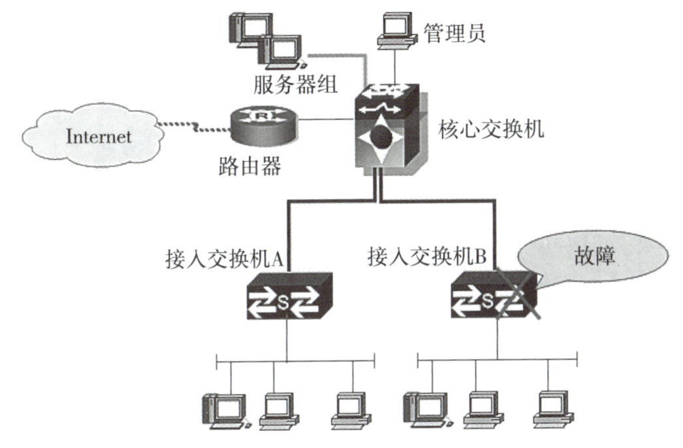

图3.1　交换机故障导致网络局部瘫痪

3.1.2　相关知识

交换机是交换式以太网的关键设备。熟练掌握交换机的基本配置、交换机文件的上传和下载是网络管理员、网络工程师的日常工作之一,也是网络管理员,网络工程师必需的技能。

1)交换机物理端口与逻辑端口

(1)交换机物理端口

交换机的物理端口可分为网络端口和管理端口。不同厂商生产的交换机其端口分布是不一样的。图3.2是Catalyst WS 2924-XL交换机前面板,图3.3为神州数码3926s交换机。交换机的网络端口和管理端口的区别是:常见的是网络端口一般为2行X列,而管理端口是单独的;网络端口有两个绿色小灯,而管理端口没有绿色小灯。

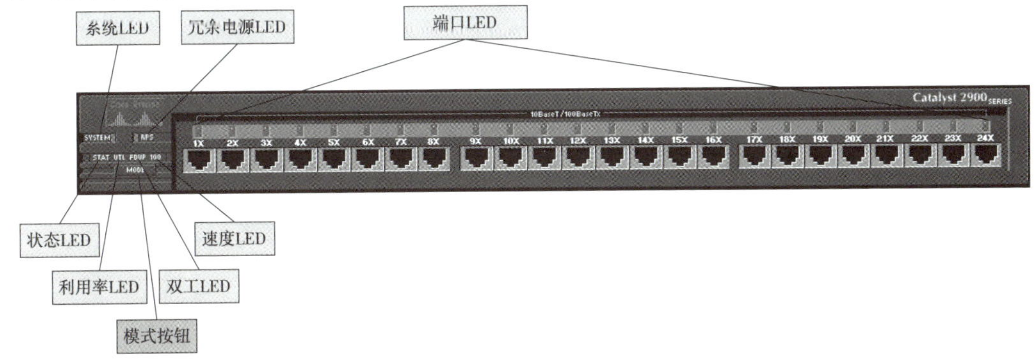

图3.2　Catalyst WS 2924-XL交换机前面板

图3.3　神州数码3926s交换机

（2）交换机逻辑端口

交换机的物理端口都有逻辑端口与之对应。在特权用户配制模式“Switch#”，使用“show running-config”命令查看交换机当前的配制文件，可见各逻辑端口，如：

```
Switch#show running-config
Building configuration...
Current configuration:1009 bytes
……
hostname Switch
interface FastEthernet 0/1
interface FastEthernet 0/2
……
interface FastEthernet 0/24
```

上面交换机的输出中，“FastEthernet 0/1”即为第一个以太网端口逻辑端口。“FastEthernet 0/1”中的“FastEthernet”表示这是1个快速以太网接口，即100 M接口；“0/1”中“/”之前的0表示交换机上的第1个模块，模块号从0开始编号，若模块号为1，则表示第2个模块，依此类推；“/”之后的1表示此模块上的编号为1的网络端口。“0/1”表示用户使用的是交换机第一个网络端口模块上的第1个网络端口。

2）交换机配置模式

交换机配置模式有Setup模式、一般用户模式、特权用户模式及全局配置模式4种，其中全局配置模式可分为接口配置及VLAN配置模式，如图3.4所示。特定的配置管理需要在特定的配置模式下进行。

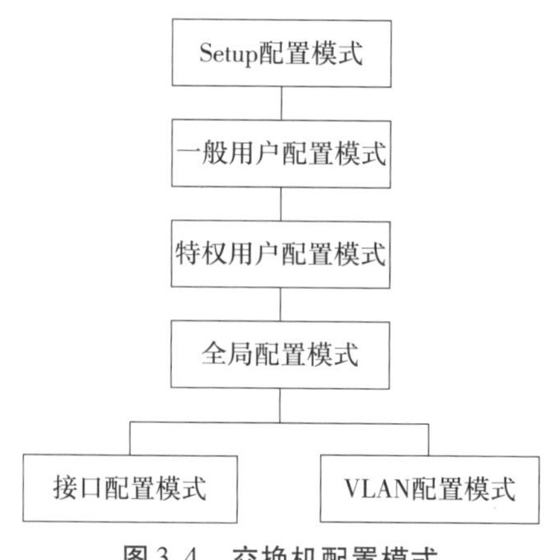

图3.4　交换机配置模式

交换机启动时，会进入一般用户模式。在一般用户配置模式下，使用“enable”命令，可以进入特权用户配制模式“Switch#”，再用“config”命令可进入全局配置模式，使用“exit”命令可返回上级菜单。不同的模式可完成不同的配置任务。以下为不同配置模式间的切换：

```
Switch>                         \\用户模式提示符为“>”
Switch >enable                  \\进入特权模式
Switch#                         \\特权模式提示符为“#”
Switch#config terminal          \\进入全局模式
Switch (config)#                \\全局模式提示符为“config#”
Switch (config)#exit            \\返回上一级模式
Switch#                         \\回到了特权模式
Switch#exit                     \\返回上一级模式
Switch >                        \\回到了用户模式
```

3）**交换机管理模式**

交换机管理模式有带外管理和带内管理两种模式。

（1）带外管理

带外管理，即不占用带宽，直接用Console线连接交换机的Console口和计算机的串口，利用超级终端对交换机进行配置，如图3.5所示。

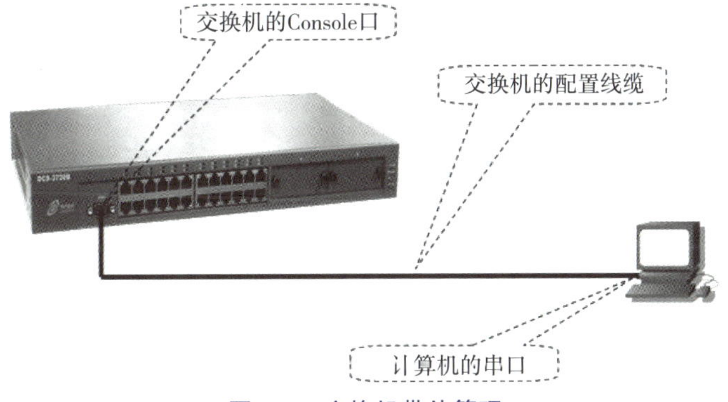

图3.5　交换机带外管理

（2）带内管理

带内管理是用网线利用telnet或http协议对交换机进行管理。条件是事先要给用户授权，并且管理机能够访问到交换机，如图3.6所示。

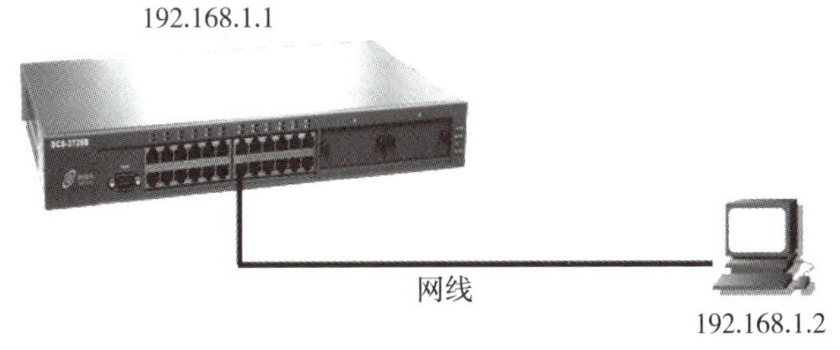

图3.6　交换机带内管理

①通过 telnet 方式管理交换机(以 catalyst2960 为例)。

Ⅰ.配置交换机的 IP 地址:

```
Switch>enable                                              \\进入特权模式
Switch#conf terminal                                       \\进入全局模式
Enter configuration commands, one per line. End with CNTL/Z.
Switch(config)#interface VLAN 1                            \\进入虚拟接口 VLAN 1
Switch(config-if)#ip address 192.168.1.1 255.255.255.0     \\设置交换机的 IP 地址
Switch(config-if)#end                                      \\返回全局模式
```

Ⅱ.设置交换机授权 telnet:

如果没有预先配置 Telnet,任何远程用户都无法进入交换机的 CLI 配制界面。以 catalyst2960 为例,以下为设置进入特权模式的密码的配置方法:

```
Switch(config)#line vty 0 4
                    \\VTY 是虚拟终端,“0 4”表示 VTY 0—VTY 4,共计 5 个虚拟终端
Switch(config-line)#password cisco
                    \\设置 Telnet 的登录口令为“cisco”
Switch(config-line)#login
                    \\要求 Telnet 登录验证。注意:如不输入此命令则登录时不需要密码
Switch(config-line)#exit
Switch(config)#enable password cisco
                    \\设置进入特权模式的密码
Switch(config)#end
```

Ⅲ.配制主机的 IP 地址,注意要与交换机的 IP 地址同在一个网段,如图 3.7 所示。

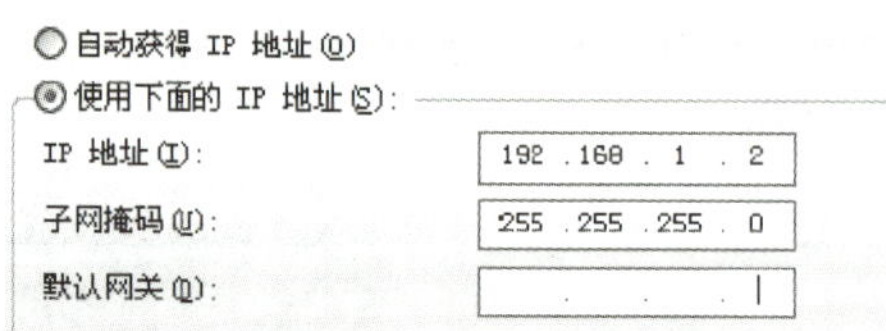

图 3.7　计算机的 IP 地址配置

Ⅳ.在主机上执行“ping 192.168.1.1”命令,显示“ping”通。

a.视窗系统运行。

打开微软视窗系统,单击“开始”/“运行”,运行 Windows 自带的 Telnet 客户端程序,并指定 Telnet 的目的地址,如图 3.8 所示。

图 3.8　登录交换机

b. 命令提示符下运行。

除了上述在"开始"/"运行"下打开 Telnet 程序的方法，用户也可以在"cmd"命令提示符下启动 Telnet 程序。如图 3.9 所示，登录到 Telnet 界面后，需要输入正确的口令"cisco"，就可进入交换机的 CLI 配置界面，对交换机进行配制了。

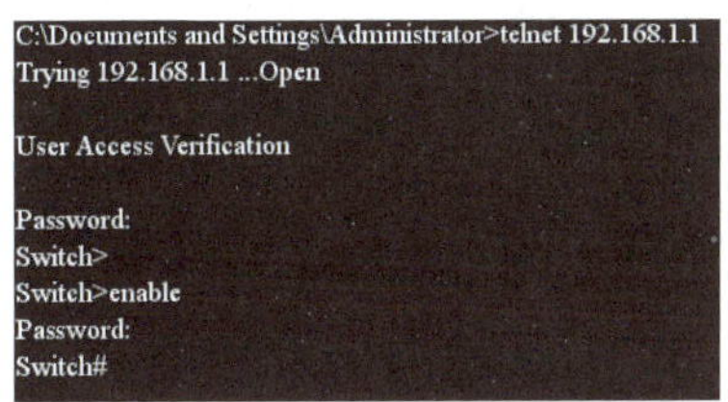

图 3.9　远程登录配置界面

②通过 HTTP 管理交换机。

通过 HTTP 协议管理交换机要求配置交换机 IP 地址、用户名和认证密码；使用命令"ip http server"启动 WEB 服务；并设置计算机 IP 使之与交换机能够通信。满足条件后，用户只需在 IE 浏览器地址栏输入交换机的 IP 地址，即可访问交换机。

利用 WEB 方式管理交换机，比用户通过 GUI 界面配置交换机更为直观、方便。但是，对于专业的网络技术人员，从命令行入手学习交换机配置更重要，对交换机的理解会更深入。

4）交换机文件系统

交换机的结构与 PC 有相似之处，也有中央处理器（CPU）及存储介质，其启动过程与计算机近似。交换机的存储介质及文件系统，如图 3.10 所示。BootROM 与 PC 的只读存储器（ROM）相当，存放交换机设备启动版本，不可更新删除，用于错误恢复等操作；SDRAM 与 PC 的随机访问存储器（RAM）相当，存放交换机 Running-config 文件，断电时文件内容会丢失；FLASH 存放当前运行的操作系统；NVRAM 存放 Startup-config 文件；FLASH 和 NVRAM 存放的内容断电后不会丢失。

交换机加电检测通过后，从 BootROM 将启动代码调入 SDRAM，完成后再从 FLASH 将当前运行的操作系统（NOS）调入 SDRAM，最后从 NVRAM 将 Startup-config 文件调入 SDRAM 完成启动。

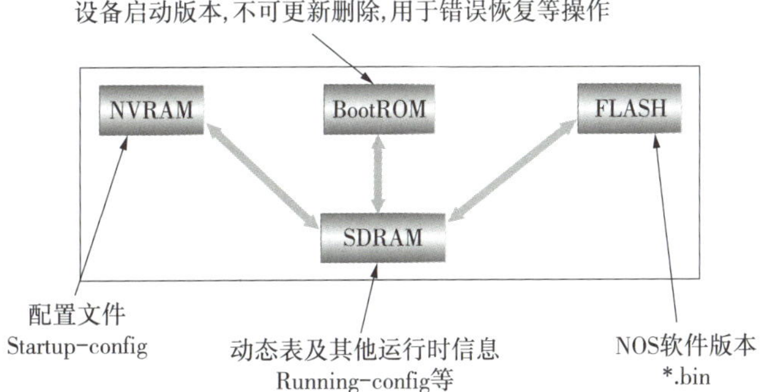

图 3.10　交换机的存储介质及文件系统

在特权用户配制模式下输入“show flash”命令,可以查看当前存储的配制文件和操作系统文件名。以 catalyst3650 为例,其文件如下:

```
Switch#show flash
Directory of flash:/

    2   -rwx        1212   Mar 7 2010 09:45:17+08:00   config.text
    5   drwx        192    MaR1 1993 00:11:33+00:00 c3560-ipbase-mz.122-35.SE5
```

上面的输出中,.SE5 文件为操作系统文件,config.text 为配制文件。

3.1.3 任务实施

1)实施环境

某校园网络管理员接到用户不能上网的故障报告电话,经过排查,发现是位于教工楼2单元的一台交换机发生了故障。为使网络畅通,需用一台备用新交换机替代故障交换机,并将原交换机的配置文件备份上传,并覆盖新交换机的配置文件。原交换机的配置文件备份保存在管理员的计算机上,文件名为“jiaogong2-config”。

2)实施设备

Catalyst2950 交换机 1 台、安装 TFTP 服务器软件的 PC 机 1 台、Console 线 1 条、双绞线 1 条。

3)操作步骤

(1)物理连接及规划

按图 3.11 所示,拓扑用 Console 线把算机的 COM 口和交换机 Console 口连接,用双绞线把计算机的网卡和交换机上的任意一个以太网接口连接,上传文件。规划网络地址见表 3.1。

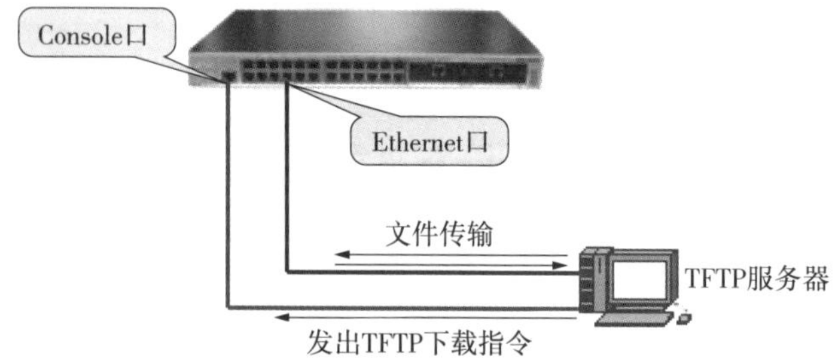

图 3.11 文件上传拓扑图

表 3.1 规划网络地址

设备	接口	IP	描述
交换机	Interface VLAN1	192.168.1.1/24	连接在交换机的任意一个以太网接口
TFTP 服务器	网卡	192.168.1.10/24	计算机上安装 TFTP 服务器软件

(2)交换机 IP 地址配置

①用超级终端连接交换机。

打开 Windows 中的【开始】/【程序】/【附件】/【通信】菜单下的“超级终端”,出现如图3.12 所示的界面,输入一个连接名称,如“Switch”;单击确定后出现如图 3.13 所示界面,在“连接时使用”处选择“COM 1 口”(实际工作时要查看 Console 线连接哪个 COM 口),单击“确定”。

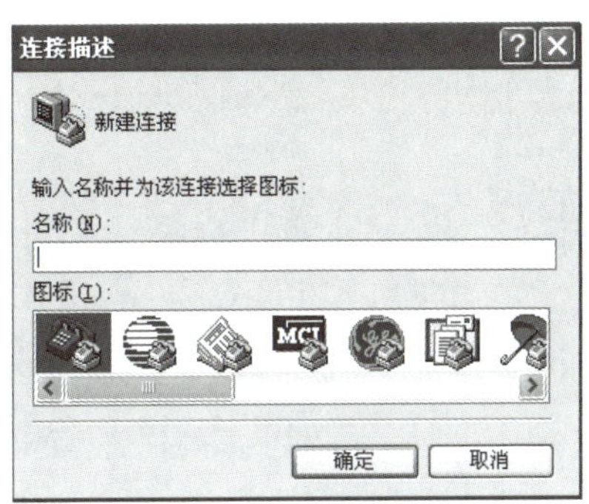

图 3.12　超级终端端口

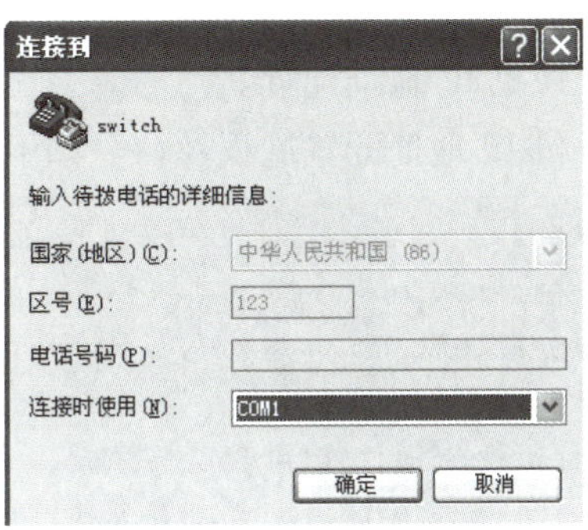

图 3.13　选择 COM 口

如图 3.14 所示,出现 COM 1 属性界面。这里需要设置 Console 口的通信波特率为9600bps,或者单击“还原为默认值”按钮。最后单击“确定”。

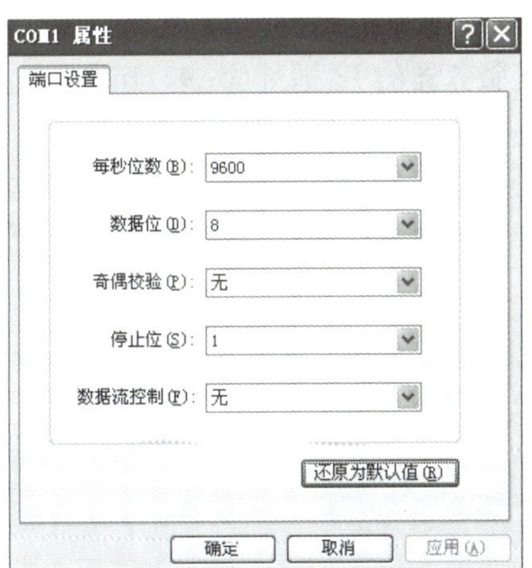

图 3.14　设置通信参数

在弹出“超级终端”的主界面后,按回车键,即出现“Switch>”提示符,如图 3.15 所示,显示超级终端已成功连接交换机。

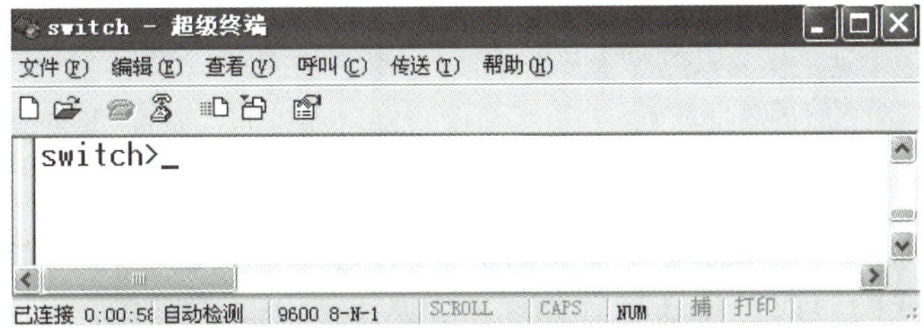

图 3.15　超级终端连接交换机成功界面

②交换机恢复出厂设置。

交换机恢复出厂设置命令如下：

```
Switch#delete config.text
Delete filename [config.text]?
Delete flash: config.text? [confirm]
Switch#reload
Proceed with reload? [confirm]
```

③交换机 IP 地址配置。

交换机 IP 地址配置过程及命令如下：

```
Router>                                                 \\用户模式
Router>enable
Router#config t
Router(config)#                                         \\全局模式
Switch(config)#interface VLAN 1                         \\进入虚拟接口 VLAN 1
Switch(config-if)#ip address 192.168.1.1 255.255.255.0
                                                        \\设置交换机的 IP 地址
Switch(config-if)#end                                   \\返回全局模式
```

(3)配置 TFTP 服务器

①服务器的 IP 地址配置。

按照表3.1的规划，配置服务器的 IP 地址为192.168.1.1。

②TFTP 服务器软件安装。

在计算机 PC 上安装一个 TFTP 软件就成了一个简单的 TFTP 服务器。TFTP 服务器是 FTP 服务器的简化版本，特点是小而灵活。Cisco TFTP Server 是一个常用的 TFTP 软件。

图3.16　TFTP 服务器主界面

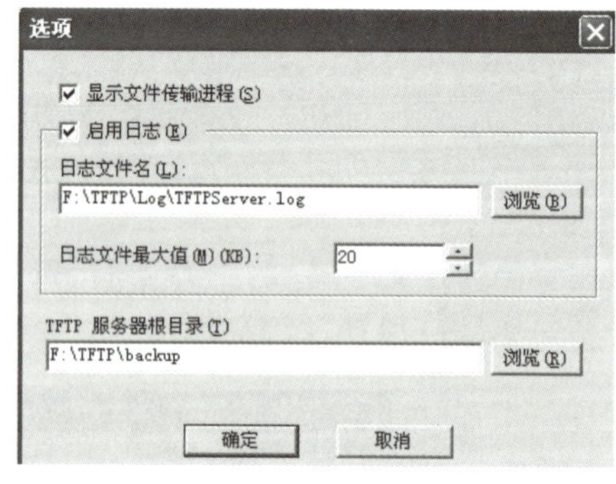

图3.17　设置 TFTP 服务器根目录

③TFTP 服务器配置。

运行“TFTP”，在 TFTP 服务器主界面(图3.16)选“查看/选项”，在选项主界面中设置文件存放的目录为“F:\TFTP\backup”(图3.17)。这里指定 F:\TFTP\backup 目录为 TFTP

服务器的根目录，将原交换机的备份文件"jiaogong2-config"复制在此目录下。

④测试服务器与交换机的连通性。

用"Ping"命令测试交换机是否可以和计算机正常通信。

```
C:\>ping 192.168.1.1
Pinging 192.168.1.1 with 32 bytes of data:
Reply from 192.168.1.1:bytes=32time=63 ms TTL=255
Reply from 192.168.1.1:bytes=32time=31 ms TTL=255
Reply from 192.168.1.1:bytes=32time=16 ms TTL=255
Reply from 192.168.1.1:bytes=32time=31 ms TTL=255
```

以上输出显示了计算机可与交换机已经连通。

(4)上传配置文件

①查看交换机的原有文件。

```
Switch#show flash
Directory of flash:/
5drwx 192 MaR1 1993 00:11:33+00:00c3560-ipbase-mz.122-35.SE5
```

此时交换机仅有操作系统文件：c3560-ipbase-mz. 122-35. SE5。

②上传配置文件。

在超级终端上键入交换机文件复制命令，以下是相关命令及过程：

```
Switch#copy tftp: startup-config
                    \\copy 用于复制，这里将文件从 tftp 服务器复制到交换机的 startup-config
Address or name of remote host [ ]? 192.168.1.10
                                        \\回答远程主机地址，斜体部分为用户的输入
Destination filename ( )? Jiaogong2-config
                                            \\回答文件名，斜体部分为用户的输入
[OK -953 bytes]
953 bytes copied in 0.119secs (8000 bytes/sec)
User Access Verification
```

③查看交换机的现有文件。

```
Switch#show flash
Directory of flash:/
    2-rwx 1216 Mar 7 2010 10:25:17+08:00 config.text
    5drwx 192 MaR1 1993 00:11:33+00:00 c3560-ipbase-mz.122-35.SE5
```

此时，新交换机的配置文件和原交换机上的配置文件已经一样了。重启交换机，并连接到原交换机所在的网络位置，加电启动即可替代原交换机。

重启交换机的命令为：

```
Switch#reload
Proceed with reload? [confirm]
```

交换机重启后，会加载"startup-config"文件到 SDRAM 中运行，即成为新的"running-config”文件,从而完全替代原交换机工作。

混合式学习
扫码学习,讨论: 1. 交换机有哪些主要功能? 2. 交换机是如何维护一个正确高效的MAC地址表的?

二维码3.2　交换机地址学习过程

任务3.2　办公网络扩展

3.2.1　任务要求

随着公司的业务的发展,早期组建的简单办公室网络已满足不了公司对信息化的需求:一方面,入网计算机的数量随员工增加而增加;另一方面,网络流量的剧增对网络性能提出了更高的要求。因此公司决定选用交换机作为主要的网络设备,将网络的规模适当扩大,同时也提供更为高效、可靠的网络服务。

3.2.2　相关知识

1)交换机工作原理

(1)以太网帧结构

交换式以太网的主要网络设备是交换机。按交换机在OSI体系工作的层次,可以分为二层交换机和三层交换机。二层交换机处理的是以太网帧。IEEE 802.3帧结构如图3.18所示:

7字节	1字节	6字节	6字节	2字节	46—1500字节	4字节
前导	SFD	目的MAC	源MAC	长度	DATA	FCS

图3.18　IEEE 802.3帧结构

①前导码:由0、1间隔代码组成,10101010…1010作为同步信号使用,可以通知目标站作好接收准备。IEEE 802.3帧的前导码占用7个字节。

②帧首定界符(SFD):IEEE 802.3帧中的定界字节,以两个连续的代码1结尾,10101011,表示一帧的实际开始。

③目标和源地址:表示发送和接收的工作站的地址,各占6个字节。其中,目标地址可以是单址,也可以是多点传送或广播地址。

④长度:表示紧随其后的以字节为单位的数据的长度。DIX 以太网版本 2 规范中该字段是类型,也占用 2 个字节,指定接收数据的高层协议。目前企业网使用的网络技术绝大多数是以太网技术,网络构建中使用的网络设备最主要的是以太网交换机。

⑤数据(DATA):46～1 500 字节,IEEE 802.3 帧在数据段中对接收数据的上层协议进行规定。如果数据段过小,使帧的总长度无法达到 64 个字节的最小值,那么相应软件将会自动填充数据段,以确保整个帧的长度不低于 64 个字节。DIX 以太网版本 2 规范中,在经过物理层和逻辑链路层的整理之后,包含在帧中的数据将被传递给在类型段中指定的高层协议。虽然以太网版本 2 中并没有明确做出补齐规定,但是以太网帧中数据段的长度最小应当不低于 46 个字节。

⑥帧校验序列(FCS):该序列包含长度为 4 个字节的循环冗余校验值(CRC),由发送设备计算机产生,在接收方被重新计算以确定帧在传送过程中是否被损坏。

(2)以太网交换机的工作过程

交换机是交换式以太网的关键设备。交换机为每个端口提供专用带宽,网络总带宽是各端口带宽之和。与共享式以太网在某一时刻只允许一个节点占用共享信道的方式不同,是以太网交换机可以通过交换机端口之间的多个并发连接,实现多节点之间数据的并发传输。

典型的交换机结构与工作过程示意图如图 3.19 所示。图 3.19 中的交换机有多个端口,其中端口 1、5、6 分别连接了节点 A、节点 D 和节点 E。节点 B 和节点 C 以共享式以太网连入交换机的端口 3。于是,交换机“端口/MAC 地址映射表”就可以根据以上端口与节点 MAC 地址的对应关系建立起来。

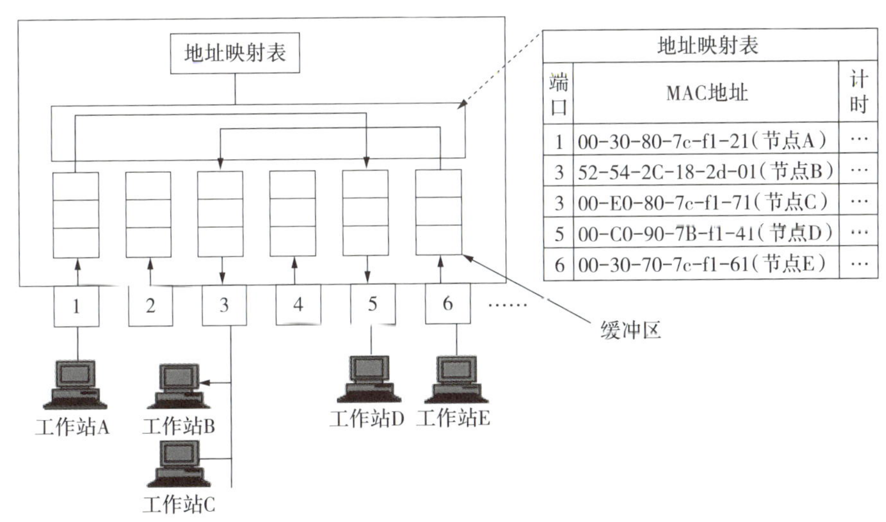

地址映射表

端口	MAC地址	计时
1	00-30-80-7c-f1-21(节点A)	…
3	52-54-2C-18-2d-01(节点B)	…
3	00-E0-80-7c-f1-71(节点C)	…
5	00-C0-90-7B-f1-41(节点D)	…
6	00-30-70-7c-f1-61(节点E)	…

图 3.19　典型的交换机结构与工作过程示意图

当节点 A 需要向节点 D 发送信息时,节点 A 首先将目的 MAC 地址指向节点 D 的帧发送交换机端口 1。交换机接收到该帧,并在检测到其目的 MAC 地址后,在交换机的“端口/MAC 地址映射表”中查找节点 D 所连接的端口号。一旦查到节点 D 所连接的端口号 5,

交换机将在端口1与端口5之间建立连接,将信息转发到端口5。

与此同时,节点E需要向节点B发送信息。于是,交换机的端口6与端口3也建立一条连接,并将端口6接收到的信息转发至端口3。

这样,交换机在端口1至端口5和端口6至端口3之间建立了两条并发的连接。节点A和节点E可以同时发送信息,节点D和接入交换机端口3的以太网可以同时接收到信息。根据需要,交换机的各端口之间可以建立多条并发连接。交换机利用这种并发连接,对通过交换机的数据信息进行转发和交换。

(3)数据交换与转发方式

交换机通过以下3种方式进行交换:

①直接交换。

在直接交换方式中,交换机边接收边检测。一旦检测到目的地址字段,就立即将该数据转发出去,而不管这一数据是否出错,出错检测任务由节点主机完成。这种交换方式的优点是:交换延迟时间短;缺点是:缺乏差错检测能力,不支持不同输入/输出速率的端口之间的数据转发。

②存储转发交换。

在存储转发方式中,交换机首先要完整地接收站点发送来的数据,并对数据进行差错检测。如果接收数据是正确的,在根据目的地址确定输出端口号,将数据转发出去。这种交换方式的优点是:具有差错检测能力,并能支持不同的输入/输出速率端口之间的数据转发;缺点是:交换延迟时间相对较长。

③改进的直接交换。

改进的直接交换方式将直接交换与存储转发交换结合起来,在接收到数据的前64字节之后,判断数据的头部字段是否正确,如果正确则转发出去。这种方法对于短数据来说,交换延迟与直接交换方式比较接近;而对于长数据来说,由于它只对数据前部的主要字段进行差错检测,交换延迟将明显减少。

(4)交换机的功能

①地址学习。

"端口/MAC地址映射表"是以太网交换机进行信息交换的依据,地址映射表一旦出现问题,就可能造成信息转发错误。因此,"端口/MAC地址映射表"的建立和维护相当重要。交换机中的地址映射表是怎样建立和维护的呢?

建立和维护交换机中的地址映射表要解决两个问题,一是交换机如何知道哪台计算机连接到哪个端口;二是当计算机在交换机的端口之间移动时,交换机如何维护地址映射表。通过人工解决这两个问题是不切合实际的,交换机应该自动建立地址映射表。

以太网交换机是利用"地址学习"法来动态建立和维护"端口/MAC地址映射表"的。而以太网交换机的地址学习是通过读取帧的源地址并记录帧进入交换机的端口进行的。当得到MAC地址与端口的对应关系后,交换机将检查地址映射表中是否已经存在该对应关系。如果不存在,交换机就将该对应关系添加到地址映射表;如果已存在,交换机就将更新该表项。因此,在以太网交换机中,地址是动态学习的。只要某个节点发送了信息,交换机就能捕获到它的 MAC 地址与其所在的端口之间的对应关系。

在每次添加或更新地址映射表的表项时,添加或更改的表项都被赋予一个计时器,使得该端口与 MAC 地址的对应关系能够存储一段时间。如果在计时器溢出之前没有再次捕获到该端口与 MAC 地址的对应关系,该表项将被交换机删除。这样,通过移走陈旧的表项,交换机维护了一个精确且有用的地址映射表。

②转发/过滤。

当交换机某个接口上收到数据帧,首先进行地址学习,然后查看目的 MAC,并检查 MAC 地址表,根据不同情况做出转发/过滤决定。

Ⅰ. 如果 MAC 地址表当中不存在目的 MAC 地址,则将数据帧转发给除源 MAC 所在的端口外的其它所有端口。

Ⅱ. 如果 MAC 地址表中存在目的 MAC,且和源 MAC 不在同一个端口,则转发数据帧给目的 MAC 所在的端口。

Ⅲ. 如果 MAC 地址表中存在目的 MAC,和源 MAC 在同一个端口,则过滤数据帧。

数据帧在交换机中的传输过程如图 3.20 所示。

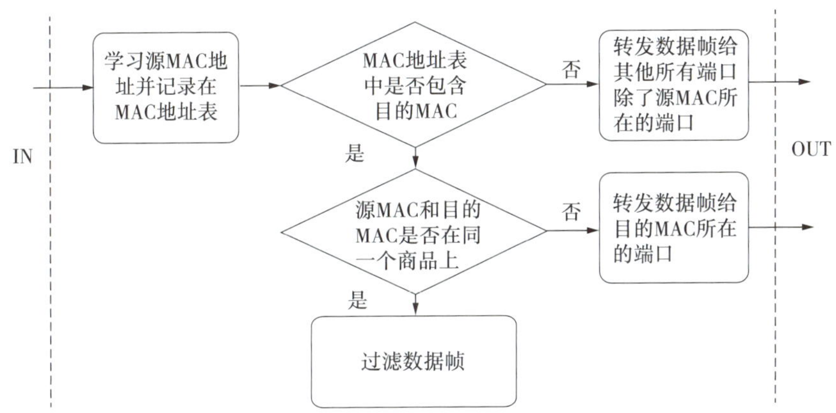

图 3.20　数据帧在交换机中的传输过程

图 3.21(a)显示了两个以太网和两台计算机通过以太网交换机相互连接的示意图。通过一段时间的地址学习,交换机形成了图 3.21(b)所示的端口/MAC 地址映射表。

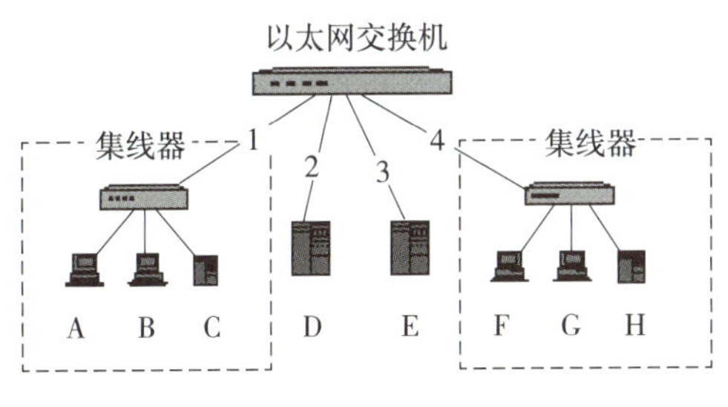

(a)以太网交换机相互连接

地址映射表		
端口	MAC地址	计时
1	00-30-80-7c-f1-21(节点A)	…
1	52-54-2C-18-2d-01(节点B)	…
1	00-E0-80-7c-f1-71(节点C)	…
2	00-C0-90-7B-f1-41(节点D)	…
4	00-30-70-7c-f1-61(节点F)	…
4	00-30-70-7E-f1-61(节点H)	…

(b)端口/MAC地址映射表

图 3.21　交换机的通信过滤

假设站点A要向站点F发送数据,因为站点A通过集线器连接到交换机的端口1,所以,交换机从端口1读入数据,并通过查询地址映射表决定将该数据转发到哪个端口。在图3.21所示的地址映射表中,站点F与端口4相连。于是,交换机将信息转发到端口4,不再向端口1、端口2和端口3转发。

假设站点A需要向站点C发送数据,交换机同样在端口1接受数据。通过搜索地址映射表,交换机发现站点C与端口1相连,与发送的源站点处于同一端口。遇到这种情况,交换机不再发送,简单地将信息抛弃,数据信息被限制在本地流动。

以太网交换机的通信过滤的功能,隔离了本地信息,避免了网络上不必要的数据流动。这也是它与集线器截然不同的地方。集线器需要在所有端口上重复所有的信号,每个与集线器相连的网段都将收到局域网上的所有信息流。而交换机所连的网段只收到发给它们的信息流,从而减少了局域网上的总的通信负载,因此提供了更多的带宽。

但是,如果站点A需要站点G发送信息,交换机在端口1读取信息后检索地址映射表,结果发现站点G在地址映射表中并不存在。此时,为了保证信息能够到达正确的目的地,交换机将向除端口1之外的所有端口转发信息。当然,一旦站点G发送信息,交换机就会捕获到它与端口的连接关系,并将得到的关系存储到地址映射表中。

③避免环路功能。

交换机可以通过启用生成树协议来使物理上有环路的网络拓扑变成逻辑上没有环路的网络拓扑,避免因环路引起广播风暴或MAC地址失效而造成网络瘫痪。

2)交换机级联与堆叠技术

当单一交换机提供的端口数量不能满足需求时,就必须使用两台以上的交换机,这也就要涉及到交换机之间的连接问题。交换机之间的连接有两种方式:级联和堆叠。

(1)级联技术

交换机级联是使用普通网线,通过普通端口或Uplink口把多个交换机连接起来。带宽通常为100 M/1 000 M,下级的所有工作站只能共享级联端口的带宽,级联层数较多时,层次越低,带宽将越小,性能就越差,如图3.22所示。级联技术有以下特点:

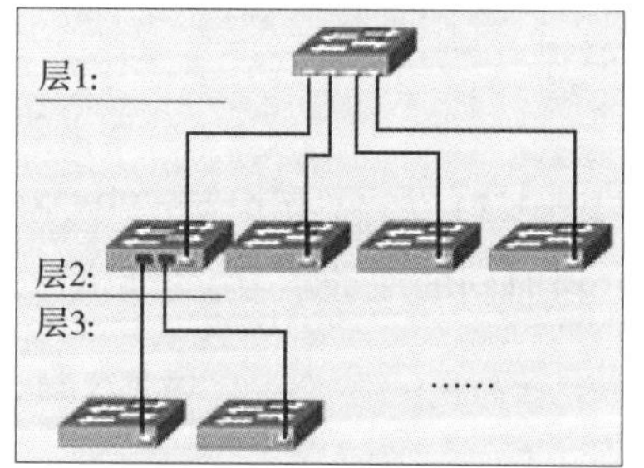

图3.22　交换机级联

①级联的设备在逻辑上是独立的,如果想要网管这些设备,就必须依次连接到每个设备。

②使用Uplink端口和普通端口级联;光纤端口没有堆叠的能力,只能用于级联。

③多个设备级联会产生级联瓶颈。

④级联还有一个堆叠达不到的目的,是增加连接距离。

(2)堆叠技术

堆叠是用专用端口把多个交换机连接起来,连在一起的交换机可当作一个交换机使用。堆叠实际上是把每台交换机的母板总线连在一起,堆叠接口具有很高的带宽,一般在1Gbps 以上,堆叠交换机处于同一层次。堆叠数目较多时,堆叠口是瓶颈。图 3.23 为 8 台交换机堆叠使用的情形。

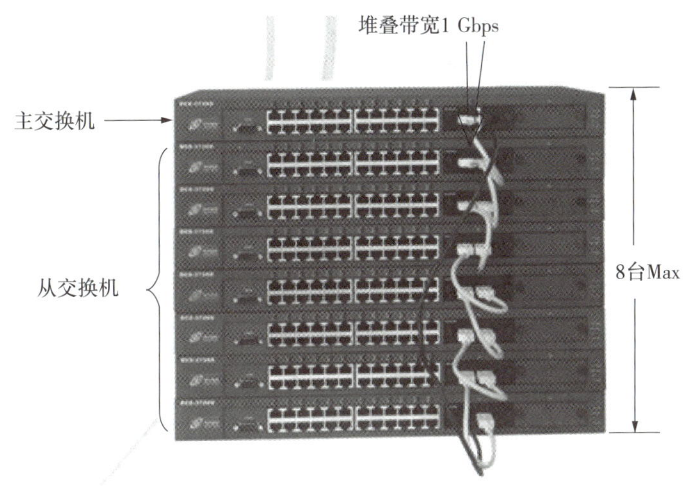

图 3.23　8 台交换机堆叠使用的情形

目前堆叠方式有菊花链式堆叠和星型堆叠两种方式。

Ⅰ. 菊花链式堆叠。

菊花链式堆叠可分为使用一个高速端口的单链菊花式堆叠和使用两个高速端口的双链菊花式堆叠。

a. 单链单向菊花链式堆叠。

单链单向菊花链式堆叠使用一个高速端口。高速端口有两个收发口,一个收发口只收不发,另一个收发口只发不收,如图 3.24 所示。

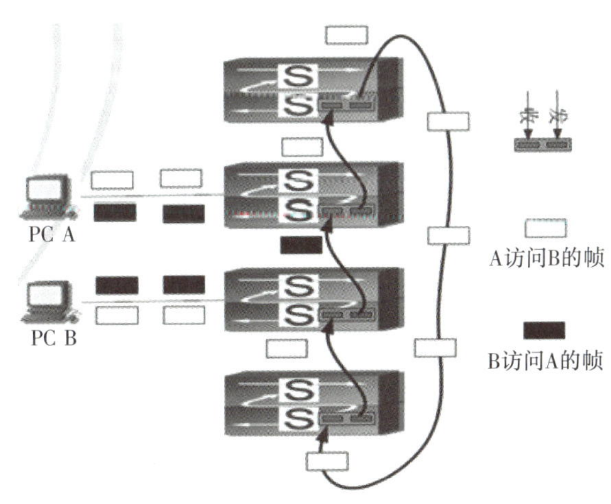

图 3.24　单链单向菊花链式堆叠

在使用一个高速端口的模式下,同一个端口收发分别上行和下行,最终形成一个环形结构,任何两台成员交换机之间的数据交换都需要绕环一周,经过所有交换机的交换端口,效率较低。尤其是在堆叠层数较多时,堆叠端口会成为系统的瓶颈。

b. 单链双向菊花链式堆叠。

单链双向菊花链式堆叠也使用一个高速端口。但高速端口包含的两个收发口是双向的,既可以发送也可以接收数据,形成双向数据传输。

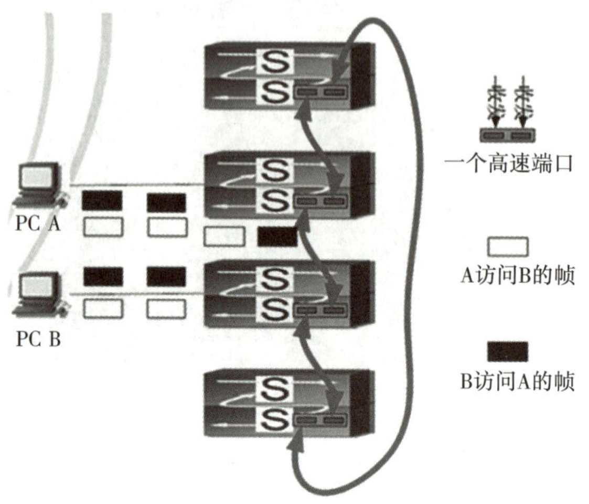

图 3.25 单链双向菊花链式堆叠

图3.25 为单链双向菊花链式堆叠,PC A 与 PC B 可以直接通信,不用绕环;相邻交换机断开时,有冗余链路存在。

c. 双链菊花链式堆叠。

使用两个高速端口实施菊花链式堆叠,形成双链菊花链式堆叠。由于占用更多的高速端口,交换机可以实现环形冗余。双链菊花链式堆叠图 3.26 所示。

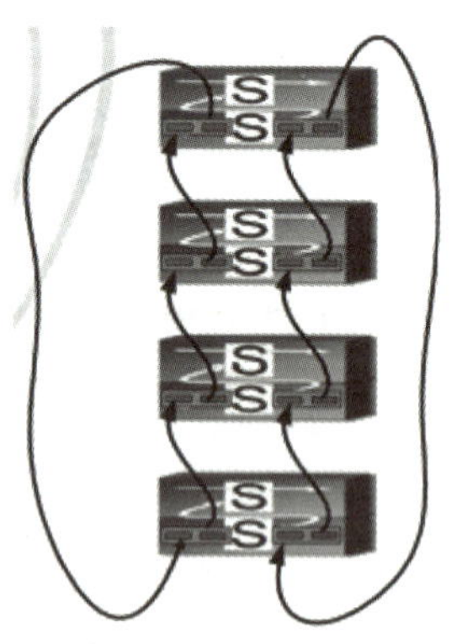

图 3.26 双链菊花链式堆叠

Ⅱ. 星型堆叠。

星型堆叠技术是一种高级堆叠技术,对交换机而言,需要提供一个独立的或者集成的核心矩阵(堆叠中心)。所有的堆叠主机通过专用的高速堆叠端口连接到核心矩阵上,核心矩阵是一个基于 ASIC 的硬件交换单元,如图 3.27 所示。

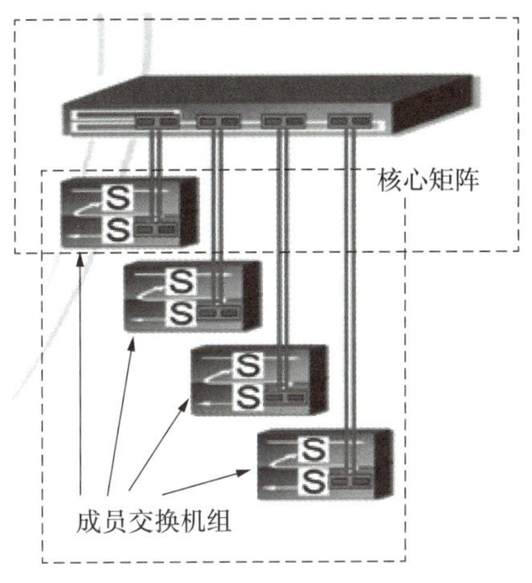

图 3.27　星型堆叠

星型堆叠技术使任何两个端节点之间的转发需要经过 3 次交换,与菊花链式结构相比,它可以显著地提高堆叠成员之间数据的转发速率,克服菊花链式堆叠模式多层次转发的高延时影响,但需要高带宽的核心矩阵,成本较高。

3)交换机链路聚合技术

(1)链路聚合技术

链路聚合(Port-Channel)又称端口捆绑或端口聚合。Port-Channel 技术可以在不改变现有网络设备以及原有布线的条件下,将交换机的多个低带宽交换端口捆绑成一条高带宽链路,通过几个端口进行链路负载平衡,避免链路出现拥塞现象,就像超市为了加快收款速度而多设置几个收银台一样。

(2)链路聚合技术的使用场合

链路聚合主要用在交换机与交换机、交换机与服务器、高速服务器之间的通信,以增加网络带宽及提高网络的可靠性,如图 3.28 所示。

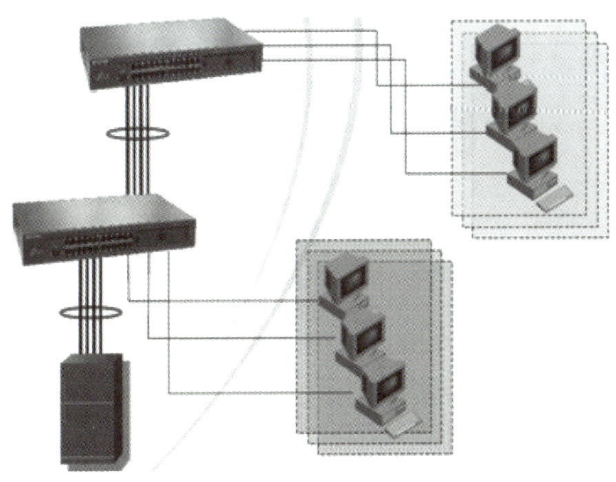

图 3.28　链路聚合技术的使用场所

4)交换机生成树协议

(1)冗余路径

为了保证网络的可靠性,有些设备之间需要准备两条以上的冗余连接,这将形成环路,如图3.29所示。

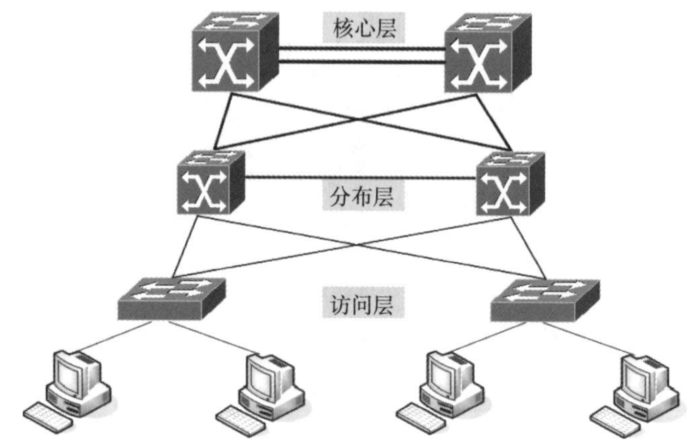

图3.29 交换机间冗余拓扑结构

(2)环路产生的问题

环路的存在将引起广播风暴、MAC地址失效、重复帧等问题,这些问题最终导致整个网络瘫痪。

①广播风暴。

如图3.30所示,当工作站发出一个广播帧后(例如ARP广播),交换机A的E1口和交换机B的E3端口都几乎同时接收到它。交换机A从E1口接收到广播帧后,将它转发到所有其他端口。最后,这个广播帧会从E2出去,从E4进入交换机B。

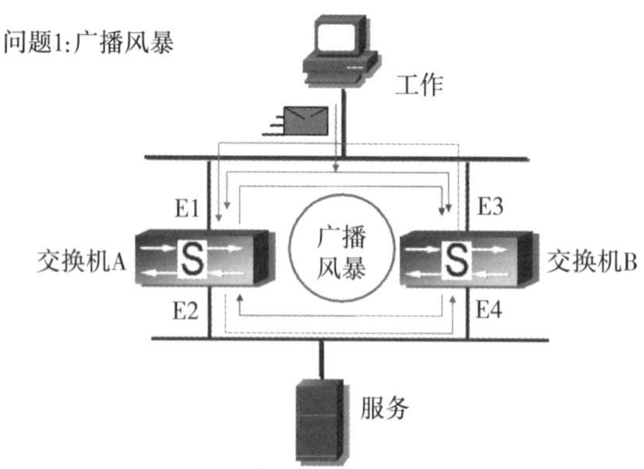

图3.30 广播风暴的形成

交换机B并不知道该数据帧是由交换机A转发过来的,因为数据帧上没有任何迹象表明它曾经被交换机处理过,基于此,以太网交换机也称为透明(Transparent)网桥(对于数据的接收端来说是透明的,它看不到路径中经由的交换机,它认为数据是从发送端直接到达目的地的）。交换机 B 收到该广播帧后查阅地址表，没有找到任何匹配的地址条目，只好将该帧向其他所有端口转发，该广播帧紧接着被 E3 转发出去，交换机 A 又从 E1 收到它并执行前面的过程，如此往复。与此同时，交换机 B 也进行着方向相反的相同过程。

广播帧在环路中无休止地传播，形成广播风暴，最终造成网络瘫痪。

②MAC 地址失效。

环路还会造成交换机的 MAC 地址系统失效。如图 3.31 所示，工作站发出的数据帧，交换机 A 的 E1 口和交换机 B 的 E3 端口几乎同时接收到它，两台交换机的地址学习功能都将学习到各自的地址记录。以交换机 A 为例，此时源 MAC 对应的端口为 E1。由于环路存在，由交换机 B 的 E4 端口转发过来相同源 MAC（都为工作站的 MAC）的数据帧又从 E2 进入，此时源 MAC 对应的端口变为了 E2，交换机以最新信息为准，修改 MAC 地址表；而很快由 E2 出发，由 E4 进入，由 E3 转发过来的数据帧又从 E1 进入，交换机又要修改 MAC 地址表。如此往复，交换机主要精力是用在修改 MAC 地址表上，而无法进行数据转发。这就是 MAC 地址失效。

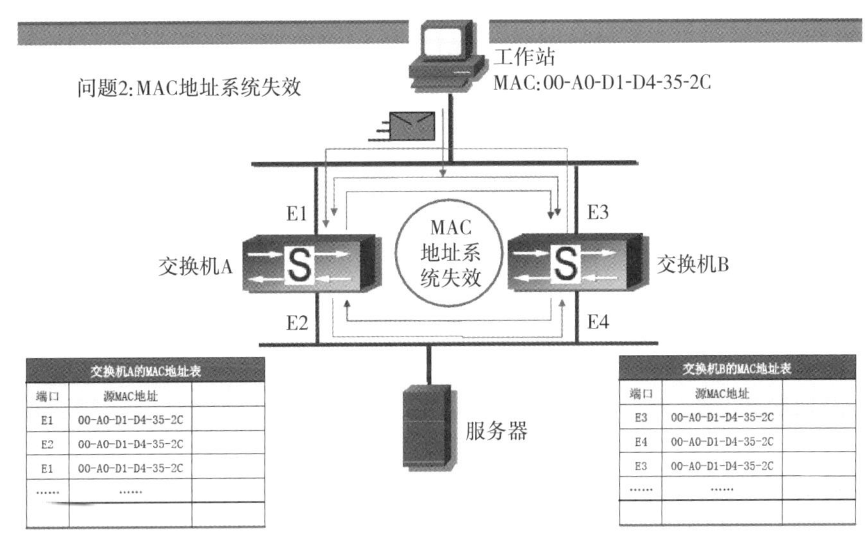

图 3.31　MAC 地址失效

（3）生成树协议

解决环路的方法之一就是运行生成树协议。生成树协议能按照生成树算法，通过阻断某些端口，将物理上有环路的网络变成一个没有环路的逻辑树型网络，如图 3.32 所示。

在启用了生成树协议的网络拓扑中，不论网桥（交换机）之间采用怎样物理联接，交换机能够自动发现一个没有环路的拓扑结构的网路，这个逻辑拓扑结构的网路必须是树型的。生成树协议还能够确定有足够的连接通向整个网络的每一个部分。所有网络节点要么进入转发状态，要么进入阻塞状态，这样就建立了整个局域网的生成树。当首次连接网桥或者网络结构发生变化时，网桥都将进行生成树拓扑的重新计算，为稳定的生成树拓扑结构选择一个根桥。从一点传输数据到另一点，出现两条以上路径时只能选择一条距离根桥最短的活动路径。生成树协议这样的控制机制可以协调多个网桥（交换机）共同工作，使

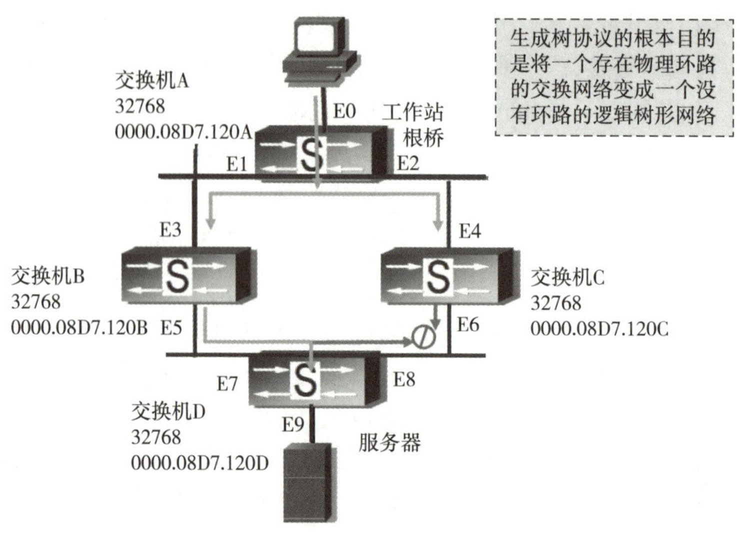

图 3.32 运行生成树协议

计算机网络可以避免因为一个接点的失败导致整个网络联接功能的丢失,而且冗余设计的网络环路不会出现广播风暴。

混合式学习

扫码学习,讨论:

1. 生成树协议的功能是什么,它是如何工作的?
2. 链路聚合主要用在什么场合,如何实现?

二维码 3.3 聚合链路配置

3.2.3 任务实施

1)实施环境

为了满足 40 台 PC 的接入,现用两台 24 口交换机通过普通以太网接口级联来实现。两台交换机之间用 2 个端口进行捆绑,并形成一条聚合链路解决通信瓶颈问题。如图 3.33 所示,PC1 和 PC2 用于模拟连接在不同交换机上的两台计算机,IP 地址规划见表 3.2。

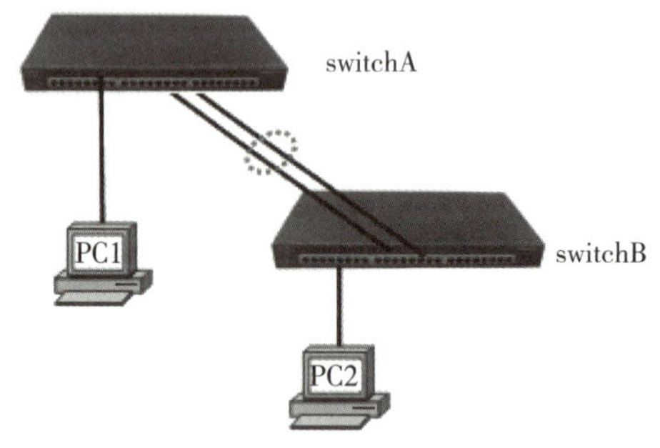

图 3.33 聚合链路

表 3.2　链路聚合规划 IP 地址

交换机	接口	连接到	IP	描述
SwitchA	任意 1—22	PC1	192.168.1.1/24	模拟交换机 A 上的一台 PC
	23—24	SwitchB	N/A	形成聚合链路组
SwitchB	任意 1—22	PC2	192.168.1.2/24	模拟交换机 B 上的一台 PC
	23—24	SwitchA	N/A	形成聚合链路组

2)实施设备

Catalyst2950 交换机 2 台、测试用 PC 机 2 台,双绞线及 Console 线若干条。

3)操作步骤

(1)启动生成树协议

①交换机 A 生成树协议配置。

```
SwitchA>enable
SwitchA#config
SwitchA(config)#spanning-tree mode pvst                    ! 启用生成树
```

②交换机 B 生成树协议配置。

交换机 B 的配置同 A。

【小贴士】

PVST+是一个支持 IEEE 802.1Q 中继的协议。PVST+的功能与 PVST 相同,其中也含有 Cisco 专有的 STP 扩展。非 Cisco 设备不支持 PVST+。

(2)连接交换机

生成树协议启动后,用 2 条 UTP 线缆将俩交换机的 23-24 口连接起来。生成并运行树协议后再连接交换机,是为了避免环路形成之后产生广播风暴。

(3)聚合链路配置

①交换机 A 配置。

```
Switch>enable
Switch#config
Switch(config)#hostname SwitchA                ! 配置主机名
SwitchA(config)#Interface port-channel 1      ! 创建 port-channel 1
SwitchA(config-if)#interface range f0/23-24
                              ! 用 23-24 口建立聚合链路,也可以在链路中加入更多的接口
SwitchA(config-if-range)#port-channel 1 mode active
                                     ! mode active 是无条件激活 LACP 用于聚合通道
SwitchA(config-if-range)#exit
```

②交换机B配置。

```
Switch>enable
Switch#config
Switch(config)#hostname SwitchB                              ！配置主机名
SwitchB(config)#Interface port-channel 1                     ！创建 port-channel 1
SwitchB(config-if)#interface range f0/23-24
                       ！用 23-24 口建立聚合链路,也可以在链路中加入更多的接口
SwitchB(config-if-range)#port-channel 1 mode active
                             ！mode active 是无条件激活 LACP 用于聚合通道
SwitchB(config-if-range)#exit
```

③查看生成的聚合组 port-channel 1。

```
Switch#show interface ether-channel
                    ……
Port-channel1:Port-channel1    (Primary aggregator)
Age of the Port-channel=00 d:00 h:10 m:24 s
Logical slot/port   =2/1          Number of ports=2
HotStandBy port = null
Port state          =
Protocol            =  1
Port Security       = Disabled
Ports in the Port-channel:
Index     Load     Port     EC state     No of bits
------+------+------+---------+---------
  0        00     Fa0/23    Active         0
  0        00     Fa0/24    Active         0
```

ether-channel已经形成,Fa0/23和Fa0/24为此聚合组的成员端口。

(4)测试

两台PC的IP地址分别配置为192.168.1.10/24和192.168.1.20/24,用"ping"命令测试它们的连通性。

```
C:\>ping 192.168.1.20
Pinging 192.168.3.10 with 32 bytes of data:
Reply from 192.168.3.10:bytes=32time=23 ms TTL=125
Reply from 192.168.3.10:bytes=32time=23 ms TTL=125
Reply from 192.168.3.10:bytes=32time=23 ms TTL=125
Reply from 192.168.3.10:bytes=32time=23 ms TTL=125
Ping statistics for  192.168.4.10:
    Packets:Sent=4,Received=4,Lost=0 (0%  loss),
Approximate round trip times in milli-seconds:
    Minimum=23 ms, Maximum=25 ms, Average=23 ms
```

验证结果是:经过扩展后的网络可以实现两台交换机间的PC通信。

任务3.3　网络性能优化

3.3.1　任务要求

某公司有技术部和市场部两个部门，分别在写字楼的一楼的102室和103室，两个部门有各自的VLAN，互相不能访问各自数据。随着业务发展壮大，现在公司决定在写字楼二楼为市场部和技术部各增加一个办公室，同样要求部门内可互访，部门间不能互访。写字楼的一、二楼有各自的交换机VLAN应用环境如图3.34所示。本任务要求通过交换机配置实现企业需求。

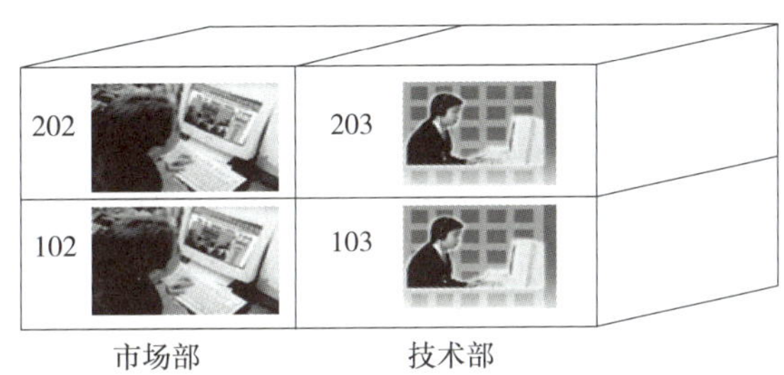

图3.34　VLAN应用环境示意图

3.3.2　相关知识

1）VLAN技术概述

虚拟局域网的概念

虚拟局域网（Virtual LAN，VLAN）是交换技术的高级应用。

虚拟局域网是指一组逻辑上的设备或用户，这些逻辑组的划分不用考虑设备或用户所处的物理位置，而是只考虑设备或用户功能、部门、应用等因素。通常，通过以太网交换机就可以配制VLAN。但是，VLAN没有形成一个标准，需要特定交换机厂商的相应软件来支持。

在传统的局域网中，通常一个网段可以是一个逻辑工作组。工作组与工作组之间通过交换机（或路由器）等互联设备交换数据，如图3.35（a）所示。逻辑工作组的组成受到了站点所在网段物理位置的限制。逻辑工作组或物理位置的变动都需要重新进行物理连接。

虚拟局域网（VLAN）建立在交换机之上，它以软件方式实现逻辑工作组的划分与管理，逻辑工作组的站点组成不受物理位置的限制，如图3.35（b）所示。同一逻辑工作组的成员可以不必连接在同一个物理网段上，只要交换机是互联的，它们既可以连接在同一交换机

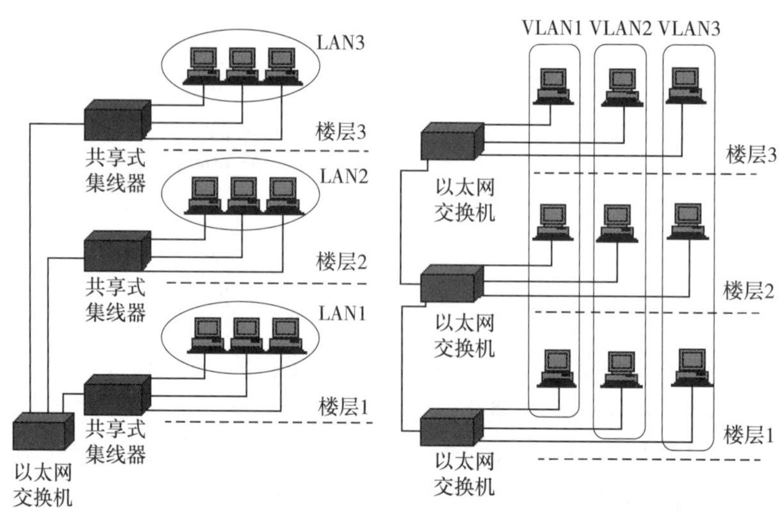

(a)传统局域网的工作组　　(b)虚拟局域网(VLAN)中的工作组

图3.35　共享式以太网与VLAN

上,也可以连接在不同的交换机上。当一个站点从一个逻辑工作组转移到另一个逻辑工作组时,只需要通过软件重新设定,而不需要改变它在网络中的物理位置;当一个站点从一个物理位置移动到另一个物理位置时(例如二楼的计算机需要移动到一楼),只要将该计算机接入另一台交换机(例如一楼的交换机),通过交换机软件设置,这台计算机还可以成为原工作组的一员。同一个逻辑工作组的站点可以分布在不同的物理网段上,但是它们之间的通信就像在同一个物理网段上一样。

VLAN的优点如下:

Ⅰ.制广播活动。

一个VLAN中的广播流量不会传输到该VLAN之外,邻近的端口和VLAN也不会收到其他VLAN产生的任何广播信息,也就是说一个VLAN是一个广播域。大型网络中有大量的广播信息,如果不加以控制,会使网络性能急剧下降,甚至产生广播风暴,使网络阻塞。因此需要采用VLAN将网络分割成多个广播域,将广播信息限制在每个广播域内,从而降低整个网络的广播流量,提高其性能。

二维码3.4　VLAN的广播过程

Ⅱ.供较好的网络安全性。

在网络应用中,经常有机密、重要的数据在局域网传递隐患。机密数据通过对存取加以限制来实现其安全性。网上任一节点都需要侦听共享信道上的所有信息,只需通过插接到集线器的一个活动端口,用户就可以获得该段内所有流动的信息。因而,网络规模越大,安全性就越差。

VLAN上的信息流(不论是单播信息流还是广播信息流)不会流入另一个VLAN,基于此,提高安全性的一个经济实惠和易于管理的技术就是利用VLAN将局域网分成多个广播域。因此,通过适当地配置VLAN和该VLAN与外界的连接,就可以提高网络的安全性。

Ⅲ.减少网络管理开销。

部门重组和人员流动是网络管理员最头疼的事情之一,也是网络管理的最大开销之一。在有些情况下,部门重组和人员流动不但需要重新布线,而且需要重新配置网络设备。

VLAN 技术为控制这些改变和减少网络设备的重新配置提供了一个行之有效的方法。当 VLAN 的站点从一个位置移到另一个位置时,只要它们还在同一个 VLAN 中并且仍可以连接到交换机端口,则这些站点本身就不用改变。位置的改变只要简单地将站点插到另一个交换机端口并对该端口进行配置即可。

2)VLAN **的组网方法**

VLAN 的划分可以只根据功能、部门或应用而不用考虑用户的物理位置。以太网交换机的每个端口都可以分配一个 VLAN。分配给同一个 VLAN 的端口共享广播域(一个站点发送希望所有站点接受的广播信息,同一 VLAN 中的所有站点都可以听到),分配给不同的 VLAN 的端口不共享广播域,其间不能直接通信,这将全面提高网络的性能。

VLAN 划分有以下几种方式:

(1)基于端口的 VLAN

基于端口的 VLAN 就是以交换机的端口作为划分 VLAN 的操作对象,将交换机中的若干个端口定义为一个 VLAN,同一个 VLAN 中的站点同一个子网里,不同的 VLAN 之间进行通信需要通过路由器。这种 VLAN 方式的不足之处是灵活性不好。例如,当一个网络站点从一个端口移动到另外一个新端口时,如果新端口与旧端口不属于同一个 VLAN,用户必须对该站点重新进行网络地址配置,否则,该站点将无法进行网络通信。

在图 3.36 中,以太网交换机配置有 VLAN 100 和 VLAN 200。VLAN 100 由 1、2、6 端口组成,VLAN200 由端口 3、4、5 组成。同一 VLAN 的站点在同一 VLAN 的端口内移动时,不需重新配置仍可通信,如右侧 1 和 6 的对换;端口 VLAN 属性改变时则要进行重新配置才能通信,如右侧 2、3 端口的变化。

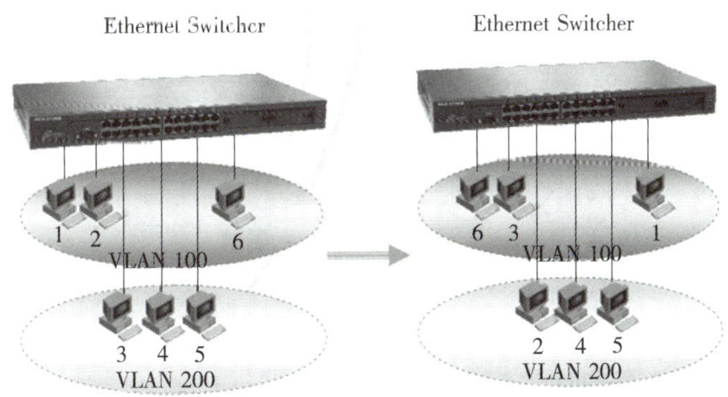

图 3.36　基于端口的 VLAN

由于基于端口的 VLAN 有良好的安全性,而且配置简单并可以直接监控,尽管静态 VLAN 需要网络管理员通过配置交换机软件来改变其成员的隶属关系,但仍很受网络管理人员的欢迎。特别是站点设备位置相对稳定时,应用基于端口的 VLAN 是一种最佳选择。

(2)基于MAC地址的VLAN

基于MAC地址的VLAN是以网络设备的MAC地址(物理地址)为划分VLAN的操作对象,将某一组MAC的成员划分为一个VLAN。这种VLAN方式,不管站点连接到交换机的哪个端口,它都属于设定的VLAN。这样,如果计算机从一个位置移动到另一个位置,连接的端口从一个换到另一个,只要计算机的MAC地址不变(计算机使用的网卡不变),它仍将属于原VLAN的成员,无须网络管理员对交换机软件进行重新配置,如图3.37所示。这种VLAN技术的不足之处是在站点入网时,需要对交换机进行比较复杂的手工配置,以确定该站点属于哪一个VLAN。

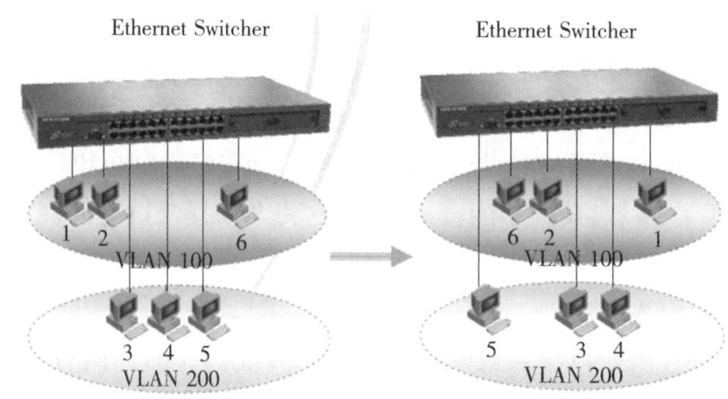

图3.37　基于MAC地址的VLAN

3)VLAN **中继**

(1)帧标记法(IEEE802.1Q)

帧标记法IEEE802.1Q标准作为802.1D桥接规范的一部分,通过给数据帧分配一个唯一的标记方法使不同厂家的交换机之间传递VLAN信息成为可能。

帧标记法是为适应特定的交换技术而发展起来的。当数据帧在网络主干上转发时,在每一帧的头部加上唯一的标识,每一台交换机在将数据帧广播或发送给其他交换机、路由器或终端之前,都要对该标记进行分析和检查。当数据帧离开网络主干时,交换机在把数据帧发送给目的地之前清除该标识。

(2)IEEE802.1Q帧结构

IEEE802.1Q的帧结构如图3.38所示。IEEE802.1Q使用了4-byte的标记头来打Tag(标记),4-byte的Tag头包括了2-byte TPID和2-byte TCI。

2-byte TPID是固定的数值0x8100。这个数值标识了该数据帧承载了802.1Q的Tag信息。

2-byte TCI包含以下的组件:3 bit用户优先级;1 bit CFI (Canonical Format Indicator),缺省值为0;12 bitVIDVLAN标识符。

在IEEE802.1Q中,有两种动作行为:

①Tagging:将802.1Q VLAN的信息加入数据包的包头。具有加标记能力的端口将会执行Tagging操作,将VID、优先级和其他VLAN信息加入到所有从该端口转发出去的

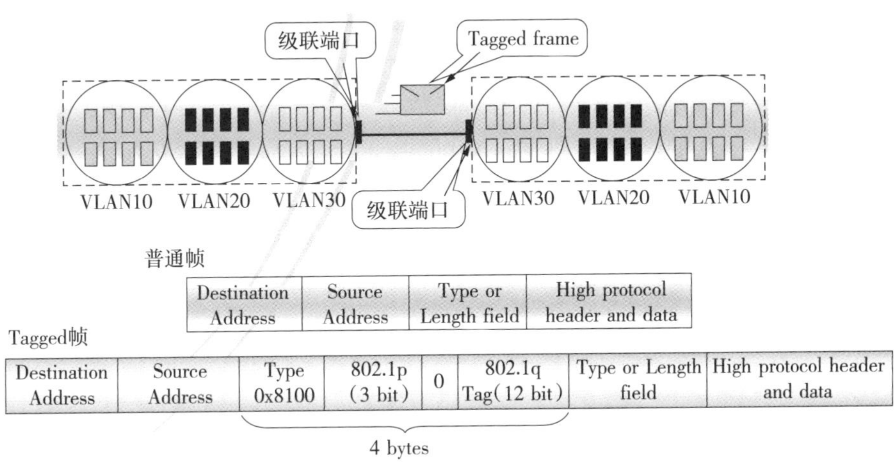

图 3.38　IEEE802.1Q 的帧结构

数据包内。

②Untagging:将 802.1Q VLAN 的信息从数据包的包头去掉的操作。具有去标记能力的端口将会执行 Untagging 操作。将 VID、优先级和其他 VLAN 信息从所有从该端口转发出去的数据包头中去掉。

交换机的端口也分为两种:

①Tagged 端口:从 Tagged 端口转发出去的数据帧一定是已经打上 Tag 的数据帧。Tagged 数据帧经过 Tagged 端口,端口对数据帧不做任何动作;Untagged 数据帧经过 Tagged 端口,数据帧在出端口的时候,端口执行 Tagging 操作,把数据帧所在 VLAN 的 VID 作为 Tag 打在数据帧上。

②Untagged 端口:从 Untagged 端口转发出去的数据帧一定是已经去掉 Tag 的数据帧。Tagged 数据帧经过 Untagged 端口,数据帧在出端口的时候,端口执行 Untagging 操作,把数据帧中的 Tag 标记去除;Untagged 数据帧经过 Untagged 端口,端口对数据帧不做任何动作。

(3)VID 与 PVID

①VID: VLAN ID,表示端口所处的 VLAN 编号,是 VLAN 属性。

②PVID: Port VLAN ID,表示缺省端口的 VLAN 编号,是端口属性。

在设置 PVID 和 VID 时,要保持 PVID 和 VID 的一致,譬如:一个端口属于几个 VLAN,那么这个端口就会具有好几个 VID,但是只能有一个 PVID,并且 PVID 号应该是 VID 号中的一个,否则交换机不识别。

如图 3.39 所示,PC1 要想发送数据给 PC2,必须跨过两台交换机。当 PC1 发送数据时,在进入交换机端口之前,数据的头部没有被加入 Tag 标识,当该数据进入交换机端口之后,该数据的头部首先被加入该端口的 PVID 值信息,又因为 PVID 和 VID 是一一对应的关系,那么该数据要想找到目的地地址,必须要在 VID=PVID 值=100 的 VLAN(即 VLAN100)中进行广播,以便找到出口。

但是第 1 台交换机没有连接 PC2,该数据只能发往通往目的地的潜在的级联端口。该端口是一个 Tagged 端口,当从 Tagged 端口转发出去的时候,被加入了 Tag 标识(Tag=100),此时由 PC1 发出的数据帧在流出第一台交换机的级联端口后,已经被加入了 Tag 标识。接着,数据流向第 2 台交换机的级联端口,因为该数据已经被打入了 Tag 标识,它就会在第 2 台交换机 VID=Tag=100 的 VLAN(即 VLAN100)中广播,因为第 2 台交换机的级联端口和连接 PC2 的端口都属于 VLAN100,所以连接 PC2 的端口也能收到该广播。当它收到该广播后,它就处理并接收该数据,将 Tag 去掉,转发该数据帧到 PC2,完成通信。

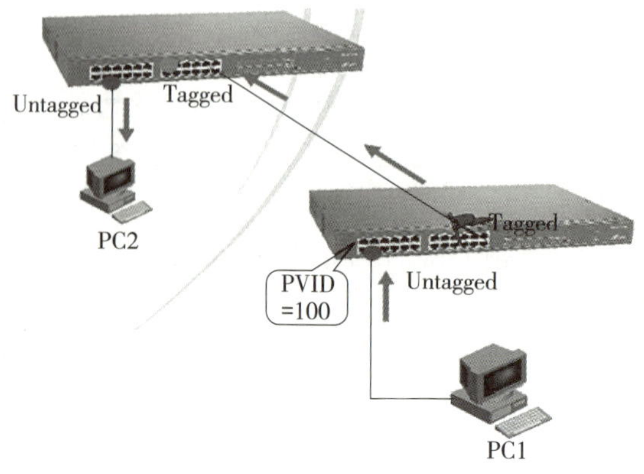

图 3.39　跨交换机的 VLAN 通信

混合式学习

扫码学习,讨论:

1. 为什么要划分 VLAN? 划分 VLAN 主要依据什么?
2. 如何实现 VLAN 划分?

二维码 3.5　VLAN 的配置与管理

3.3.3　任务实施

1)实施环境

SwitchA 为2 楼交换机,SwitchB 为 1 楼交换机,两台交换机上均有市场部和技术部的计算机接在相应的 VLAN 成员端口上,如图 3.40 所示。本任务通过跨交换机 VLAN 配置,使部门内的计算机可以通信,部门间的计算机不能通信。

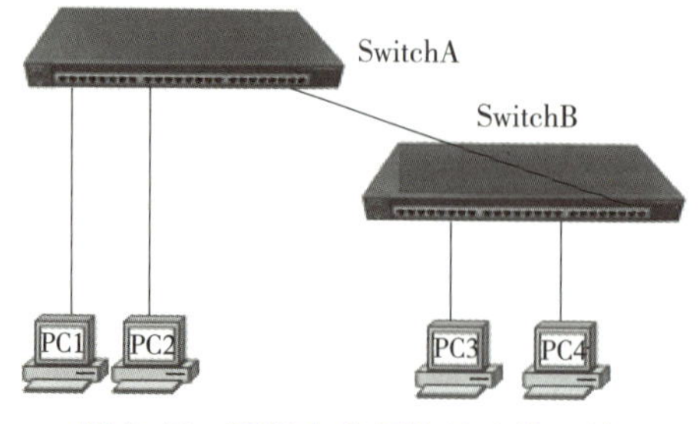

图 3.40　隔离办公网络的实施环境

2)实施设备

Catalyst 2950 交换机 2 台、PC 机 4 台、交换机 Console 线缆 1 ~ 2 条、双绞线 5 条。

3)操作步骤

(1)规划 VLAN

按表 3.3 对交换机进行了基于端口的 VLAN 规划,两台交换机通过端口 24 级联。

表 3.3 VLAN 的规划

部门	VLAN	VLAN 名	端口	PC	IP 地址	备注
市场部	VLAN 100	Market	1—10	PC1	192.168.1.10/24	模拟市场部 PC
				PC3	192.168.1.30/24	模拟市场部 PC
技术部	VLAN 200	Technique	11—20	PC2	192.168.1.20/24	模拟技术部 PC
				PC4	192.168.1.40/24	模拟技术部 PC

(2)交换机 VLAN 配置

①SwitchA 配置其命令及过程如下:

```
Switch>enable
Switch#config terminal
Switch(config)#Hostname SwitchA
SwitchA(config)#VLAN 100                          ! 建立 VLAN 100
SwitchA(config-VLAN)#name Market                  ! VLAN 100 命名为 Market
SwitchA(config-VLAN)#VLAN 200                     ! 建立 VLAN 200
SwitchA(config-VLAN)# name Technique              ! VLAN 200 命名为 Technique
SwitchA(config-VLAN)#exit
SwitchA(config)#interface range f0/1-10
SwitchA(config-if-range)#Switchport access VLAN 100
! 设置端口 1-10 的 PVID 为 VLAN 100
SwitchA(config-if-range)#interface range f0/11-20
SwitchA(config-if-range)#Switchport access VLAN 200
! 设置端口 11-20 的 PVID 为 VLAN 200
SwitchA(config-if-range)#exit
```

②SwitchB 配置。

SwitchB 与 SwitchA 配置相同。

(3)交换机 Trunk 口配置

①SwitchA 配置。

将 24 口设置为 Trunk 口模式,并允许 VLAN 100 和 200 可以通过。

```
SwitchA(config)#interface F 0/24
SwitchA(config-if)#Switchport mode trunk                ! 设置 24 口为 Trunk 模式
```

```
SwitchA(config-if)#Switchport trunk native VLAN 1
                                                    ! 设置 24 口 PVID 值为 1
SwitchA(config-if)#Switchport trunk allowed VLAN 100,200
                                                    ! 允许 VLAN 100 和 200 可以通过
```

②SwitchB 配置。

SwitchB 与 SwitchA 配置相同。

(4)查看交换机的 VLAN

```
    SwitchA#show VLAN
VLAN Name                  Status        Ports
-----------------------------------------------------------------
1    default               active        Fa0/21,Fa0/22,Fa0/23
100  Market                active        Fa0/1,Fa0/2,Fa0/3,Fa0/4
                                         Fa0/5,Fa0/6,Fa0/7,Fa0/8
                                         Fa0/9,Fa0/10
200  Technique             active        Fa0/11,Fa0/12,Fa0/13,Fa0/14
                                         Fa0/15,Fa0/16,Fa0/17,Fa0/18
                                         Fa0/19,Fa0/20
          ……
```

(5)验证

将 PC1 和 PC3 分别接在两台交换机的 VLAN100 的成员端口上,PC2 和 PC4 分别接在两台交换机的 VLAN 200 的成员端口上,为了测试 4 台 PC 之间的通信情况,可以让 4 台 PC 互相“ping”,验证结果见表 3.4。

表 3.4　VLAN 的端口划分

Ping	PC1	PC2
PC3	通	不通
PC4	不通	通

任务 3.4　企业网全网互通

3.4.1　任务要求

公司的业务规模越来越大,已成立了 4 个部门,并有自己的服务器群,网络由 1 台三层交换机和 2 台二层交换机组成。为了提高网络性能、方便管理,公司除按部门划分 VLAN

外,服务器群也给了 1 个 VLAN。本任务要求通过交换机配置实现所有 VLAN 互相通信。

3.4.2　相关知识

VLAN 间路由

(1) VLAN 间通信

计算机网络有许多广播存在,它们可以穿透二层交换机,如 ARP 广播等。VLAN 技术通过控制广播域来提高网络性能;VLAN 是广播的边界,一个广播只有同一个 VLAN 的成员才能收到,提高了网络的安全性。但 VLAN 划分后,不同 VLAN 间成员不能直接通信,即 VLAN 孤岛,如图 3.41 所示。

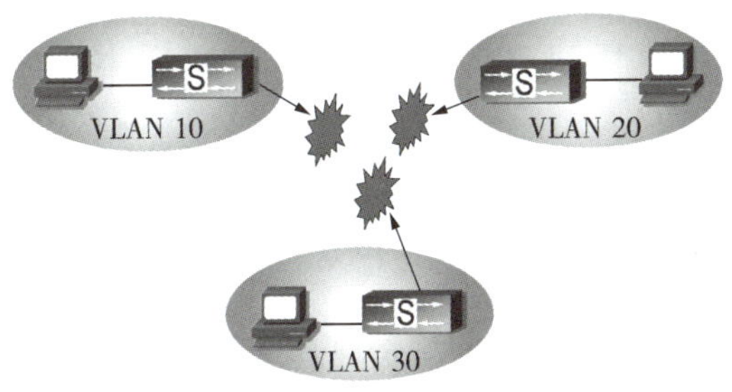

图 3.41　VLAN 孤岛

VLAN 孤岛不是组网者希望的,VLAN 间需要通信,而 VLAN 间通信则需要 VLAN 间路由。实现 VLAN 间路由的设备通常有两种:路由器和三层交换机,如图 3.42 所示。

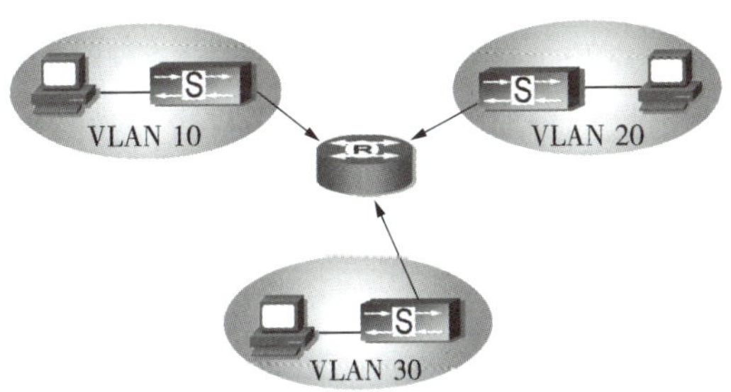

图 3.42　VLAN 间路由

VLAN 间路由是使用路由器从 1 个 VLAN 向另 1 个 VLAN 转发网络流量的过程。虚拟局域网技术使得网络流量可以按照业务需求被隔离开,为了实现网络规划的一致性,二层的 VLAN 通常与网络中唯一的 IP 子网相关联。子网的这种配置为实现多 VLAN 环境中的路由过程提供了依据。由于 VLAN 与 1 个 IP 子网相关联,通过路由器进行 VLAN 间路由时,路由器接口可连接到不同的 VLAN,VLAN 中的设备通过路由设备向其他 VLAN 发送流量。

(2) 单臂路由

传统网络通过多个 VLAN 将网络流量分割为不同的逻辑广播域。在这种情况下,不同的路由器物理接口被连接到不同的交换机物理端口,从而实现路由(图3.43),交换机端口以接入模式连接到路由器;接入模式中,各端口或接口需分配不同的静态 VLAN。各交换机接口所分配的静态 VLAN 必须不同。这样,各路由器接口就能接收来自所连接的交换机接口的相关 VLAN 流量,而流量也能发送到与其它接口相连的其他 VLAN。

通过路由器进行 VLAN 间路由时,路由器接口可连接到不同的 VLAN。但这就要求路由器接口的数量和 VLAN 的数量一一对应,各接口必须连接到一个独立网络,并配置不同的子网。在 VLAN 数量较大的情况下,多接口的路由器需要耗费的成本较高。

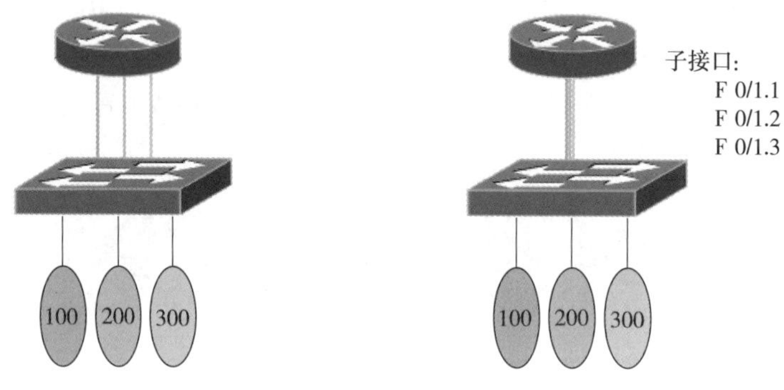

图3.43　路由器多接口路由　　图3.44　路由器单臂路由

单臂路由就是通过单个物理接口的子接口在网络中的多个 VLAN 之间发送流量的路由器配置,如图3.44所示。路由器接口被配置为中继链路,并以中继模式连接到交换机端口。通过接收中继接口上来自相邻交换机的 VLAN 标记流量,以及通过子接口在 VLAN 之间进行内部路由,路由器便可实现 VLAN 间路由。随后,路由器会将发往目的 VLAN 的 VLAN 标记流量从同一物理接口转发出去。

子接口是与同一物理接口相关联的多个虚拟接口。这些子接口在路由器的软件中配置(子接口单独配置有 IP 地址和分配的 VLAN),以便在特定的 VLAN 上运行。根据各自的 VLAN 分配,子接口被配置到不同的子网,以便在数据帧被标记 VLAN 并从物理接口发送回之前进行逻辑路由。

(3)三层交换技术

三层交换机采用"一次路由,多次交换"的原理,基于 IP 地址转发数据包。三层交换机的性能非常高,既有三层路由的功能,又具有二层交换的网络速度。它使用硬件实现路由,解决了传统路由器软件路由的速度问题,提高了网络的速度,是网络骨干中的重要设备。

用路由器来实现局域网内不同部门的计算机之间的通信,数据包的每次转发都要经过三层的数据单元解封装、查路由表、封装、转发的过程,数据转发的延迟过大,因此在 VLAN 间通信方面,交换机的高速转发性能得不到充分的发挥。而使用三层交换机来完成路由,则可以大大提高 VLAN 间路由速度。在企业的交换网络中,通常以三层汇聚交换机作为网络的中心节点存在,二层接入交换机则以星型拓扑接在汇聚层交换机上。三层交换机与路由器的区别见表3.5。

表3.5　三层交换机与路由器的区别

三层交换机	路由器
广域网口少,局域网口多	广域网口接口多
支持路由协议较少	支持路由协议较多
依靠 VLAN 隔绝广播	可以隔绝广播
网络号是赋给 VLAN 的	网络号是赋给端口的

在大型园区网中,出于安全和网络性能的考虑,常按部门或地域等因素来划分 VLAN。VLAN 划分后,VLAN 间通信则需要路由,但由于路由器用软件实现路由,速度慢,远远满足不了大型局域网内部数据的高速转发,而三层交换机采用硬件结合,“一次路由,多次交换”正好满足大型局域网内部数据的高速转发要求。

下面通过一个简单的网络案例来了解三层交换机的工作过程:

使用 IP 的设备 A 和 B 通过三层交换机连接在一起。

如 A 要给 B 发送数据,已知目的 IP,那么 A 将用子网掩码取得网络地址,判断目的 IP 是否与自己同在一个网段。

如果在同一网段,但不知道转发数据所需的 MAC 地址,A 就发送一个 ARP 请求,B 返回其 MAC 地址,A 用此 MAC 地址封装数据包发送给交换机,交换机启用二层模块,查找 MAC 地址表,将数据包转发到相应的端口。

如果目的 IP 地址显示不是同一网段,那么 A 要实现和 B 的通信,在流缓存条目中没有对应 MAC 地址条目,就将一个正常数据包发送向一个缺省网关,这个缺省网关一般在操作系统中已经设好,对应第三层路由模块。所以对于不是同一子网的数据,最先在 MAC 地址表中放的是缺省网关的 MAC 地址;然后就由三层模块接收到此数据包,查询路由表以确定到达 B 的路由,将构造一个新的帧头,其中以缺省网关的 MAC 地址为源 MAC 地址,以主机 B 的 MAC 地址为目的 MAC 地址,通过一定的识别触发机制,确立主机 A 和 B 的 MAC 地址及转发端口的对应关系,并记录到流缓存条目表,以后的 A 和 B 数据,就直接交由二层交换模块完成。这就是通常所说的一次路由多次交换。

混合式学习

扫码学习,讨论:

1. 三层交换机与二层交换机有何区别?
2. 如何使用三层交换实现 VLAN 通信?

二维码3.6　三层交换机实现 VLAN 间通信

3.4.3 任务实施

1)实施环境

如图3.45所示,在二层交换机 Switch A 上为3个部门划分了3个 VLAN:VLAN100、VLAN 200 和 VLAN300;在二层交换机 Switch B 上也为3个部门划分了3个 VLAN:VLAN 100、VLAN200 和 VLAN400;在三层交换机 Switch C 上划分了1个 VLAN:VLAN500。每个 VLAN 中的计算机各分配一个子网,具体分配情况见表3.6。本任务要求配置交换机,使得各个部门 VLAN 间的计算机可以跨网段通信。

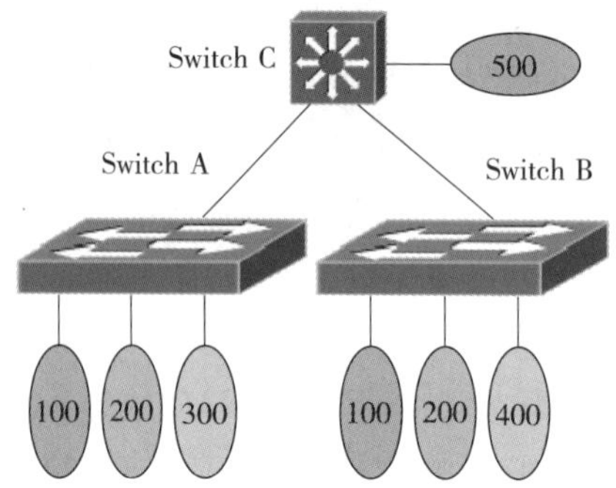

图3.45 三层交换机实现 VLAN 间的通信

表3.6 VLAN 间路由的 VLAN 规划

设备	VLAN	端口	IP 地址		描述
Switch A	VLAN100	1—5	PC1	192.168.1.10/24	VLAN100 成员
	VLAN200	6—10	PC2	192.168.2.10/24	VLAN200 成员
	VLAN300	11—23	PC3	192.168.3.10/24	VLAN300 成员
	Trunk	24	无		连接 Switch C
Switch B	VLAN100	1—5	PC4	192.168.1.10/24	VLAN100 成员
	VLAN200	6—10	PC5	192.168.2.10/24	VLAN200 成员
	VLAN400	11—23	PC6	192.168.4.10/24	VLAN400 成员
	Trunk	24	无		连接 Switch C
Switch C	VLAN100	无	192.168.1.1/24		VLAN100 网关
	VLAN200	无	192.168.2.1/24		VLAN200 网关
	VLAN300	无	192.168.3.1/24		VLAN300 网关
	VLAN400	无	192.168.4.1/24		VLAN400 网关
	VLAN500	21—24	PC7	192.168.5.10/24	VLAN500 成员
			192.168.5.1/24		VLAN500 网关
	Trunk	1—2	无		

2)实施设备

Catalyst 3560 1 台,Catalyst 2960 2 台,PC 7 台,双绞线多条。

3)操作步骤

(1)物理连接

①按图 3.45 所示的拓扑结构连接二层交换机和三层交换机,交换机 A 的 F0/24 口连接三层交换机 C 的 F0/1 口,交换机 B 的 F0/24 口连接三层交换机 C 的 F0/2 口。

②分别将 PC1 ~ PC7 按照表 3.6 的规划连接在各个 VLAN 的成员接口上。

③按照表 3.6 的规划设置 7 台 PC 的 IP 地址和默认网关。

(2)交换机的二层配置

①参考表 3.6,在交换机 A 上划分 VLAN,并添加相应的成员端口;然后将 F0/24 口设置为 Trunk 模式。

```
Switch(config)#hostname SwitchA            \\改名
SwitchA(config)#VLAN 100                    \\建立 VLAN 100
SwitchA(config-VLAN)#VLAN 200               \\建立 VLAN 200
SwitchA(config-VLAN)#VLAN 300               \\建立 VLAN 300
SwitchA(config-VLAN)#exit
SwitchA(config)#interface range F 0/1-5                 \\批量进入接口范围 F 0/1-5
SwitchA(config-if-range)#Switchport mode access               \\设置为 Access 模式
SwitchA(config-if-range)#Switchport access VLAN 100
                                          \\将批量接口 F 0/1-5 加入到 VLAN 100
SwitchA(config-if-range)#exit
SwitchA(config)#interface range F 0/6-10
SwitchA(config-if-range)#Switchport mode access               \\设置为 Access 模式
SwitchA(config-if-range)#Switchport access VLAN 200
                                         \\将批量接口 F 0/6-10 加入到 VLAN 200
SwitchA(config-if-range)#exit
SwitchA(config)#interface range F 0/11-23
SwitchA(config-if-range)#Switchport mode access               \\设置为 Access 模式
SwitchA(config-if-range)#Switchport access VLAN 300
                                        \\将批量接口 F 0/11-23 加入到 VLAN 300
SwitchA(config-if-range)#exit
SwitchA(config)#interface F0/24
SwitchA(config-if)#Switchport mode trunk                        \\设置为 Trunk 模式
SwitchA(config-if)#Switchport trunk allowed VLAN 100,200,300,400,500
                                   \\设置 Trunk 链路允许 5 个 VLAN 的数据都通过
```

②在交换机 B 上划分 VLAN,并添加相应的成员端口;然后将 F0/24 口设置为 Trunk 模式。

```
Switch(config)#hostname SwitchB                                  \\改名
SwitchB(config)#VLAN 100                                         \\建立 VLAN 100
SwitchB(config-VLAN)#VLAN 200                                    \\建立 VLAN 200
SwitchB(config-VLAN)#VLAN 400                                    \\建立 VLAN 400
SwitchB(config-VLAN)#exit
SwitchB(config)#interface range F 0/1-5                          \\批量进入接口范围 F 0/1-5
SwitchB(config-if-range)#Switchport mode access                  \\设置为 Access 模式
SwitchB(config-if-range)#Switchport access VLAN 100
                                                   \\将批量接口 F 0/1-5 加入到 VLAN 100
SwitchB(config-if-range)#exit
SwitchB(config)#interface range F 0/6-10
SwitchB(config-if-range)#Switchport mode access                       \\设置为 Access 模式
SwitchB(config-if-range)#Switchport access VLAN 200
                                                  \\将批量接口 F 0/6-10 加入到 VLAN 200
SwitchB(config-if-range)#exit
SwitchB(config)#interface range F 0/11-23
SwitchB(config-if-range)#Switchport mode access                       \\设置为 Access 模式
SwitchB(config-if-range)#Switchport access VLAN 400
                                                 \\将批量接口 F 0/11-23 加入到 VLAN 400
SwitchB(config-if-range)#exit
SwitchB(config)#interface F0/24
SwitchB(config-if)#Switchport mode trunk                               \\设置为 Trunk 模式
SwitchB(config-if)#Switchport trunk allowed VLAN 100,200,300,400,500
                                             \\设置 Trunk 链路允许 5 个 VLAN 的数据都通过
```

③在交换机 C 上划分 VLAN,并添加相应的成员端口;然后将 F0/1-2 口设置为 Trunk 模式。

```
Switch(config)#hostname SwitchC                        \\改名
SwitchC(config)#VLAN 100                               \\建立 VLAN 100
SwitchC(config-VLAN)#VLAN 200                          \\建立 VLAN 200
SwitchC(config-VLAN)#VLAN 300                          \\建立 VLAN 300
SwitchC(config-VLAN)#VLAN 400                          \\建立 VLAN 400
SwitchC(config-VLAN)#VLAN 500                          \\建立 VLAN 500
SwitchC(config-VLAN)#exit
SwitchC(config)#interface range F 0/21-24                  \\批量进入接口范围 F 0/21-24
SwitchC(config-if-range)#Switchport mode access                      \\设置为 Access 模式
SwitchB(config-if-range)#Switchport access VLAN 500
                                                \\将批量接口 F 0/21-24 加入到 VLAN 500
SwitchB(config-if-range)#exit
SwitchB(config)#interface range F0/1-2
SwitchB(config-if-range)#Switchport mode trunk                        \\设置为 Trunk 模式
SwitchB(config-if-range)#Switchport trunk allowed VLAN
100,200,300,400,500
                                             \\设置 Trunk 链路允许 5 个 VLAN 的数据都通过
```

(3)交换机的三层配置

①三层交换机C配置VLAN接口地址。

```
SwitchC(config)#ip routing                                     \\开启IP路由功能
SwitchC(config)#interface VLAN 100                             \\进入VLAN 100虚拟接口
SwitchC(config-If-VLAN100)#ip address 192.168.1.1 255.255.255.0
SwitchC(config-If-VLAN100)#exit
SwitchC(config)#interface VLAN 200                             \\进入VLAN 200虚拟接口
SwitchC(config-If-VLAN200)#ip address 192.168.2.1 255.255.255.0
SwitchC(config-If-VLAN200)#exit
SwitchC(config)#interface VLAN 300                             \\进入VLAN 300虚拟接口
SwitchC(config-If-VLAN200)#ip address 192.168.3.1 255.255.255.0
SwitchC(config-If-VLAN200)#exit
SwitchC(config)#interface VLAN 400                             \\进入VLAN 400虚拟接口
SwitchC(config-If-VLAN200)#ip address 192.168.4.1 255.255.255.0
SwitchC(config-If-VLAN200)#exit
SwitchC(config)#interface VLAN 500                             \\进入VLAN 500虚拟接口
SwitchC(config-If-VLAN200)#ip address 192.168.5.1 255.255.255.0
SwitchC(config-If-VLAN200)#exit
```

②查看三层交换机的路由表。

```
SwitchC#show ip route
Codes:C - connected, S - static, I - IGRP, R - RIP, M - mobile, B - BGP
      D - EIGRP, EX - EIGRP external, O - OSPF, IA - OSPF inter area
      N1- OSPF NSSA external type 1,N2-OSPF NSSA external type 2
      E1- OSPF external type 1,E2-OSPF external type 2,E - EGP
      ……
Gateway of last resort is not set
C      192.168.1.0/24 is directly connected, VLAN100
C      192.168.2.0/24 is directly connected, VLAN200
C      192.168.3.0/24 is directly connected, VLAN300
C      192.168.4.0/24 is directly connected, VLAN400
C      192.168.5.0/24 is directly connected, VLAN500
```

【小贴士】

从三层交换机的路由表可以看出,目标网络192.168.1.0/24直接与VLAN 100对应,192.168.2.0/24直接与VLAN 200对应……从而使得三层交换机可以快速将IP数据包路由到目标VLAN,实现更高效的VLAN间路由。

(4)计算机配置

参考表3.6对PC机配置TCP/IP参数。

(5)结果验证

正确配置各 PC 后,PC 机可以相互连接,网络畅通。

任务 3.5 增强网络接入层安全

3.5.1 任务要求

随着公司的内部网络的发展和用户的多元化,网络所面临的威胁也日益增加。为了防止非授权用户对交换机进行恶意访问,需要对交换机控制台设置安全口令;为对入网计算机进行有效管理,可以把端口与 MAC 地址或 IP 地址绑定。本任务要求实现交换机控制台安全口令设置及端口与 MAC 地址,以确保网络的安全运行。

3.5.2 相关知识

1)交换机控制台安全

在信息安全日显重要的今天,网络上的每一个设备都必须受到严格的安全保护,而保护交换机应先从防止它们受到未经授权的访问开始。

利用控制台可以对交换机进行各项配置,如果未正确保护控制台端口,恶意用户就可能破坏交换机配置。为防止控制台端口受到未经授权的访问,可以使用"password <password>线路配置模式"命令在控制台端口上设置口令。使用"line Console 0"命令可以从全局配置模式切换到控制台0的线路配置模式,控制台0是 Cisco 交换机的控制台端口。提示符更改为"(config-line)#",表示交换机现在处于线路配置模式。在线路配置模式下,可以通过输入"password<password>"命令来设置控制台口令。要确保控制台端口的用户必须输入口令才能访问,请使用"login"命令。如果不发出"login"命令,即使定义了口令,交换机仍不会要求用户输入口令。

【小贴士】

使用"no password"命令可以从控制台线路上移除口令。如果未定义任何口令,而仍然要求登录,则将用户无法访问控制台。

使用"no login"命令取消在登录控制台线路时输入口令的要求。

2）交换机端口与 MAC 地址绑定

端口绑定就是把交换机的端口和终端的 MAC 地址或 IP 地址绑定，以达到防止 IP 地址冲突及提高网络安全性的目的。

有些场合，如网络教室、办公室，其大部分网络终端的 IP 地址是内部私有的，由网络管理员来分配。有时用户无意间把自己的 IP 地址修改为另外一个正在使用的 IP 地址，结果将产生地址冲突。而这种冲突往往会产生很严重的后果，轻则使另一台终端无法接入网络，重则如果被修改的 IP 是整个网络的代理网关或共享打印机的 IP，则整个网络瘫痪，共享打印机也不能使用。最好的解决办法就是把交换机的端口和终端的 MAC 地址或 IP 地址绑定，网络管理员静态地指定每个交换机的端口所对应的终端，终端的 MAC 或 IP 地址在交换机里存储下来，用户改变了 MAC 或 IP 后，其连接就会被拒绝。当一个非授权的终端接入到交换机上时，也同样会被拒绝。

交换机的端口安全功能可用于限制非法 MAC 地址设备接入。

未提供端口安全性的交换机，有可能被攻击者乘虚而入连接到交换机上已启用端口，并执行信息收集或攻击。因此在部署交换机之前，应保护所有交换机端口或接口。MAC 地址存储在网卡的 EEPROM 中，而且网卡的 MAC 地址是唯一确定的。端口安全性可以限制端口上所允许的有效 MAC 地址的数量。为安全端口分配了安全 MAC 地址后，当数据包的源地址不是已定义地址组中的地址时，端口不会转发这些数据包。

如果将端口安全 MAC 地址的数量限制为1个，并与特定的 MAC 地址进行了绑定，那么只有特定的 MAC 地址的终端才能从该端口成功接入网络，其他设备无法从该端口接入网络。

Cisco 交换机支持三种 MAC 地址绑定方式：

①静态安全 MAC 地址绑定。

静态 MAC 地址是使用"Switchport port-security mac-address MAC（主机的 MAC 地址）"命令手动配置的。以此方法配置的 MAC 地址存储在地址表中，并添加到交换机的运行配置中。

②动态安全 MAC 地址绑定。

动态 MAC 地址是动态获取的，并且仅存储在地址表中。以此方式配置的 MAC 地址在交换机重新启动时将被移除。

③粘滞安全 MAC 地址绑定。

可以将端口配置为动态获得 MAC 地址，然后将这些 MAC 地址保存到运行配置中。

端口绑定的优点在于：一是避免了地址冲突；二是提高了网络的安全性；三是当网络出现故障时能帮助管理员快速定位源点，排除故障，但端口绑定也会使网络的灵活性变差。

如图3.46所示，交换机有1、2、3…N个端口，网络管理员静态地把这些端口将要连接的设备设置在交换机上，结果1、2、3…N只能且只能连接到相应的端口。

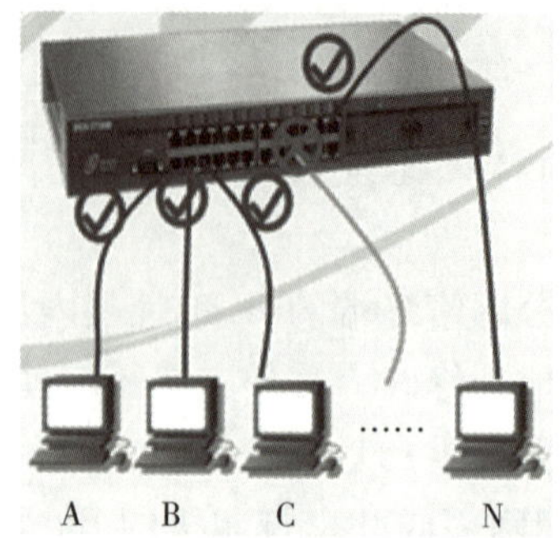

端口号	MAC地址	
1	01-9E-D1-4D-3F-2C	
2	01-9E-F1-4D-3C-E1	
3	01-9E-D1-4D-3D-11	
N	01-9E-D1-4D-31-BF	

图 3.46　端口与 MAC 地址绑定

3.5.3　任务实施

1)实施环境

为了防止非授权用户对交换机进行恶意访问,需要对交换机控制台设置安全口令;为对入网计算机进行有效管理,可以把端口与 MAC 地址绑定。本任务要求实现交换机控制台安全口令设置及 MAC 地址绑定,如图 3.47 所示。

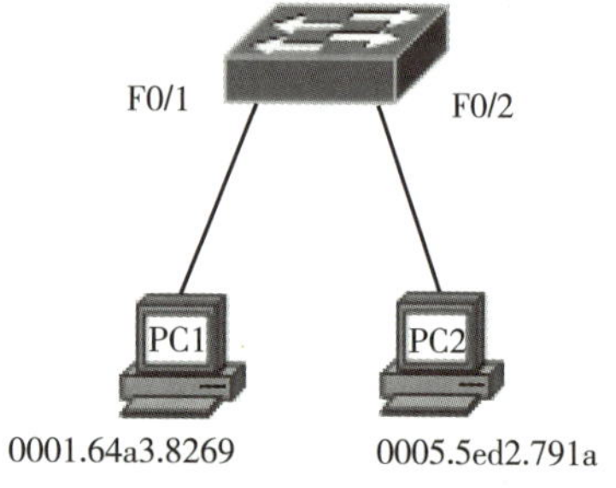

图 3.47　端口绑定 MAC 地址

2)实施设备

Catalyst 2950 交换机 1 台、PC 机 2 台,双绞线 2 条,Console 线 1 根。

3)操作步骤

(1)物理连接

用双绞线按图 3.47 所示,把拓扑结构连接好。

(2)交换机控制台安全口令设置

用 Console 线将交换机与一台 PC 机连接起来,用超级终端进行控制。设置交换机控制台安全口令的命令及过程如下:

```
Switch(config)#line console 0
                                        ! 切换到控制台 0 的线路配置模式
Switch(config-line)#password admin
                                        ! 设置控制台 0 的线路的口令为"admin"
Switch(config-line)#login
                                        ! 将控制台线路设置为需要输入口令后才会允许访问
Switch(config-line)#exit
```

经上述配置后,用户若试图用 Console 口对交换机做配置,必须提供控制台口令才能够获得授权。

(3)交换机的端口安全配置

①查看 PC 的 MAC 地址。

Ⅰ. PC1 的 MAC 地址。

```
PC>ipconfig/all
Physical Address............:0001.64a3.8269
......
```

Ⅱ. PC2 的 MAC 地址。

```
PC>ipconfig/all
Physical Address............:0005.5ed2.791a
......
```

PC 的 MAC 地址存储在网卡的 EEPROM 中,而且网卡的 MAC 地址是唯一确定的。

②查看交换机上的 MAC 地址表。

```
Switch#show mac-address-table
          Mac Address Table
-------------------------------------------
VLAN    Mac Address       Type       Ports
----    -------------     ------     ------
  1     0001.64a3.8269    DYNAMIC    Fa0/1
  1     0005.5ed2.791a    DYNAMIC    Fa0/2
```

上面显示了交换机上的 MAC 地址列表,由此看出,在交换机运行状态下,PC 的 MAC 地址与交换机端口的对应关系。其中,Type 一列的 DYNAMIC 说明交换机是端口动态学习 MAC 地址。

③交换机的端口安全配置。

静态安全 MAC 地址的配置:配置的 MAC 地址存储在地址表中,并添加到交换机的运行配置中。

```
Switch(config)#interface f0/1
Switch(config-if)#shutdown
Switch(config-if)#Switchport mode access
Switch(config-if)#Switchport port-security
Switch(config-if)#Switchport port-security maximum 1
Switch(config-if)#Switchport port-security mac-address 0001.64a3.8269
Switch(config-if)#Switchport port-security violation shutdown
```

【小贴士】

交换机接口安全有三种违规模式,这三种模式基于违规发生后的动作:

①Protect——当安全 MAC 地址的数量达到端口允许的额度时,未知源地址的包将被

丢弃,直到一定数量的安全MAC地址被删除,或者最高可允许地址的额度增加为止。在这种模式下,用户不会得到安全违规通知。

②Restrict——当安全MAC地址的数量达到端口允许的额度时,源地址不明的包将被丢弃,直到一定数量的安全MAC地址被删除,或者最高可允许地址的额度增加为止。在这种模式下,用户会得到安全违规通知。

③Shutdown——在这种模式下,如果发生了端口安全违规,接口将立即因出错而关闭,端口LED将熄灭。

(4)验证

交换PC1和PC2所连接的交换机端口,观察现象。

结果是,当PC2连接到F0/1口后,由于此端口的安全MAC地址仅有1个,且已经静态配置为0001.64a3.8269,而PC2的MAC地址是0005.5ed2.791a,这一地址立刻会触发端口安全违规,导致F0/1接口关闭。

任务3.6 组建报告厅无线网络

3.6.1 任务要求

公司计划在会议报告厅内为用户提供网络接入服务,由于进入报告厅的用户多为自己携带笔记本的移动用户,企业使用有线网络连接很不方便,而且有时室内的某些位置进行布线会影响美观。为了解决这一问题,公司决定在报告厅内使用无线设备为用户提供网络接入服务。本任务要求实现报告厅内无线网络接入服务。

3.6.2 相关知识

1)无线网络概述

无线网络是计算机网络与无线通信相结合的产物。无线网络的数据链路层以及物理层与传统网络相差是最大的。

(1)无线局域网历史

无线网络的初步应用,可以追溯到第二次世界大战期间,当时美国陆军就采用了无线电信号做资料的传输,他们研发出了一套无线电传输技术,并且采用非常高的加密技术。1971年,夏威夷大学(University of Hawaii)的Norman Abramson及其同事研制了一个名为

ALOHA系统的无线电网络，它是第一个基于封包式技术的无线电通讯网络，这是最早的无线局域网络。这个无线局域网(Wireless LAN, WLAN)包括了7台计算机，采用双向星型拓扑横跨四座夏威夷的岛屿，中心计算机放置在瓦胡岛(Oahu Island)上。从这时开始，无线局域网可以说是正式诞生了。

随着计算机技术的发展，真正具有现代意义的无线局域网出现于20世纪80年代末期。当时，各厂商的无线局域网不能互联，于是国际电子电器工程师协会(IEEE)于1990年启动了802.11项目，正式开始了无线局域网的标准化工作。1997年，IEEE改进了802.11协议的国际互通标准；1999年，IEEE批准了802.11b和802.11a两个无线网络的通信标准；2001年，IEEE对QoS和无线局域网安全性草案作出了明确表述；2002年，已经有超过130家参与公司成为标准投票成员。

(2)IEEE802.11拓扑结构

在802.11中，独立网络和基础设施网络被称为基本服务集(Basic Service Set, BSS)的基本组织形式，如图3.48所示。

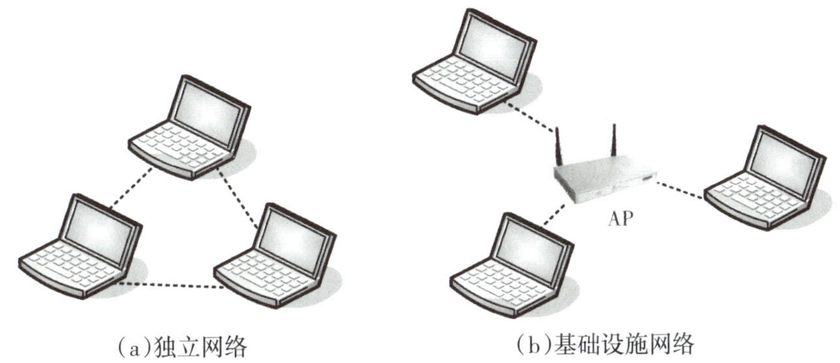

图3.48　独立网络和基础设施网络示意图

在独立网络(简称BSS网络)中，每台无线站点都直接与其他的站点通信。而在基础设施网络中，任意的两台站点通信，必须要通过AP来进行中转；802.11协议规定，每台无线站点必须仅能属于一个AP。因此，独立网络与基础设施网络最主要的区别就在于网络中站点间数据的传输是否通过了AP的中转。

通过BSS组建起来的网络范围是非常小的，只适合家庭、办公室的小型的场合。如果想要使无线网络覆盖范围更大，那么可以使用扩展服务集网络(Extended Service Set, ESS)。ESS网络是指由多个BSS网络以及使这些BSS网络互联起来的网络所构成的网络。通常，我们使用以太网来把这些BSS网络以及Internet连接成一个较大型的网络。为了使站点能够连接到一个BSS网络中，必须为这个BSS网络起个名字，那么在BSS中的AP也必须设置一个同网络名相同的SSID(Service Set Identifier)。

(3)802.11协议

IEEE 802协议是国际电气电子工程师协会IEEE关于电子工程和计算机领域的标准。在无线网络领域，IEEE 802.11是关于无线局域网的一族协议。在OSI模型中看802.11协议，主要还是定义在OSI模型的物理层和MAC子层，如图3.49所示。

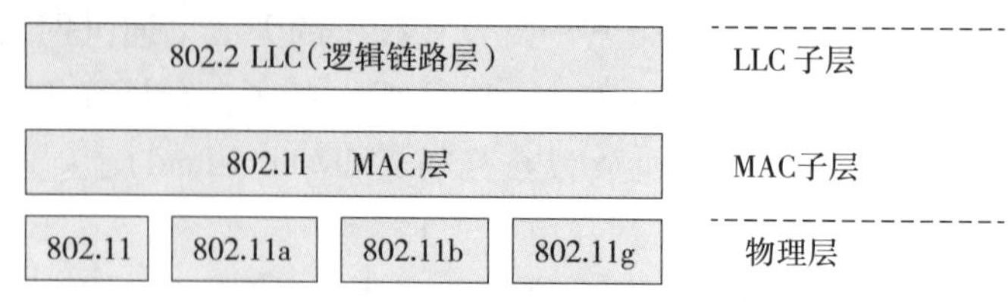

图3.49 在OSI模型中看802.11协议

从图3.49中可以看到,无线局域网802.11协议族中有多个子协议:802.11、802.11a、802.11b和802.11g、802.11n,其中802.11n的传输速率可以达到100 Mbps以上。除此以外,还有关于网络安全的相关协议802.1x、802.11i以及对应于不同国家的一些专用的对以上协议改进的无线局域网协议,如:802.11j是相对于日本802.11a的协议。

2)无线网络设备

(1)无线网卡

WLAN的基本组件是连接到接入点、继而连接到网络基础架构的客户站。让客户站能够收发射频信号的设备是无线网卡。

与以太网网卡相同,无线网卡的配置会指定它使用何种调制技术将数据流编码为射频信号。无线网卡通常用于移动设备,例如在20世纪90年代,笔记本计算机所用的无线网卡是插入到PCMCIA插槽中的卡。如今,许多制造商已经在笔记本计算机中内置无线网卡。为了能够在移动或桌面PC中快速安装无线网卡,目前USB无线网卡已成为主流。

(2)无线AP

无线AP(Access Point)即无线接入点,它是用于无线网络的无线交换机,也是无线网络的核心。无线AP是移动计算机用户进入有线网络的接入点,主要用于宽带家庭、大楼内部以及园区内部,典型距离覆盖几十米至数百米,目前主要技术为802.11系列。大多数无线AP还带有接入点客户端模式(AP client),可以和其他AP进行无线连接,延展网络的覆盖范围。

无线AP按照协议标准本身来说,IEEE 802.11b和IEEE 802.11g的覆盖范围是室内100 m、室外300 m。这个数值仅是理论值,在实际应用中,会碰到各种障碍物,其中以玻璃、木板、石膏墙对无线信号的影响最小,而混凝土墙壁和铁对无线信号的屏蔽最大。所以通常实际使用范围是:室内30 m、室外100 m(没有障碍物)。因此,作为无线网络中重要的环节无线接入点(Access Point),其作用类似于有线网络的集线器。在需要大量AP来进行大面积覆盖的公司使用得比较多,所有AP通过以太网连接起来并互相独立。

(3)无线天线

当计算机与无线AP或其他计算机相距较远时,随着信号的减弱,或者传输速率明显下降,或者根本无法实现与AP或其他计算机之间通讯。此时,就必须借助于无线天线对所接收或发送的信号进行增益(放大)。

无线天线有多种类型,常见的有两种:一种是室内天线,优点是方便灵活,缺点是增益小,传输距离短;另一种是室外天线。室外天线的类型比较多,其中常用的有锅状的定向天线和棒状的全向天线。室外天线的优点是传输距离远,比较适合远距离传输。

(4)无线路由器

无线路由器是 AP 与宽带路由器的一种结合体,它借助于路由器功能,可实现家庭无线网络中的 Internet 连接共享,实现 ADSL 和小区宽带的无线共享接入。另外,无线路由器可以把通过它进行无线和有线连接的终端都分配到一个子网,这样子网内的各种设备交换数据就非常方便。

二维码 3.7 无线局域网

无线路由器在 SOHO 的环境中使用得比较多,无线路由器一般包括了网络地址转换(NAT)协议,以支持无线局域网用户的网络连接共享。大多数无线路由器包括 1 个有四个端口的以太网转换器,可以连接几台有线的 PC。这对于管理路由器或者把一台打印机连上局域网来说非常方便。

3.6.3 任务实施

1)实施环境

公司将用无线 AP 在报告厅内组建一个可以供笔记本用户接入的无线网络,并将此无线网络和现有的有线网络连接起来,如图 3.50 所示。

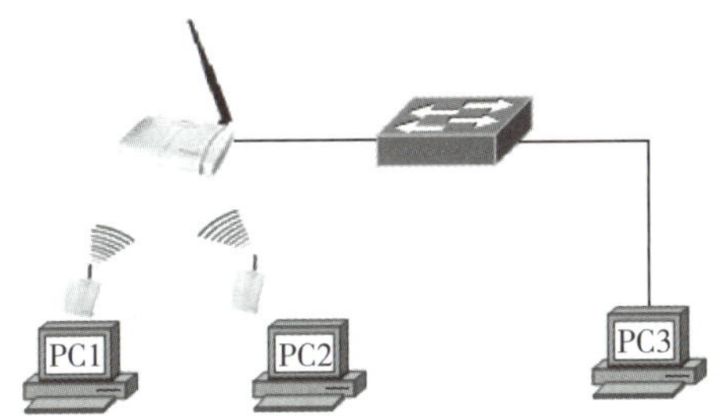

图 3.50 使用无线 AP 接入网络拓扑图

2)实施设备

无线 AP 设备 1 台,交换机 1 台,PC 机若干台、双绞线若干。

3)操作步骤

(1)实验准备

①将无线网卡插入 PC1、PC2,并安装无线网卡的驱动程序。或者使用内置无线网卡的笔记本电脑代替。

②按照图 3.50 所示的拓扑图连接各设备和 PC。

(2)配置 AP

①配置 PC3 的本地网络连接的 TCP/IP 属性。

DCWL-3000AP 的出厂默认 IP 地址为 192.168.1.100,因此,配置 PC3 的本地网络连接 IP 地址为同一网段,如 192.168.1.10。

②通过 IE 的 Web 浏览器界面对 AP 设备实现单个设备的远程管理配置。在 IE 地址栏输入 http:\\192.168.1.100,登录界面如图 3.51 所示。

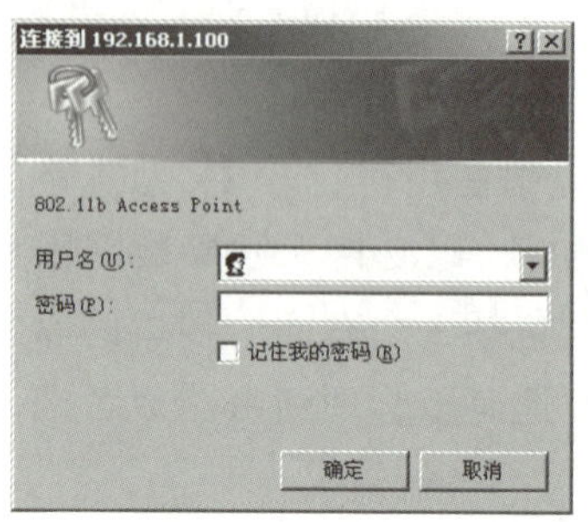

图 3.51　登录界面

③输入默认的用户名“admin”,密码“admin”,出现管理界面;进入“设定”页面,如图 3.52 所示。

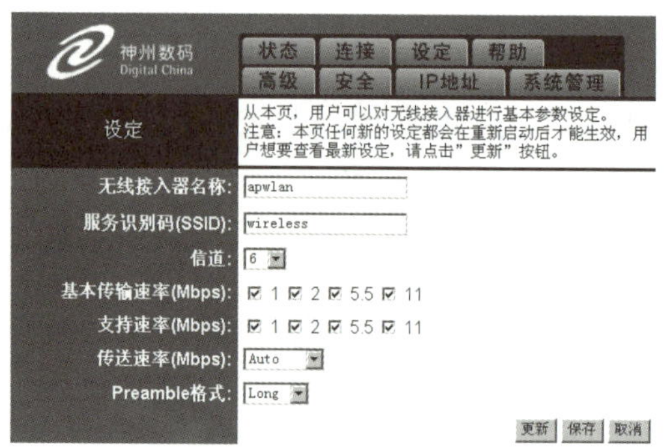

图 3.52　设置 SSID 和 AP 的名称

④设置无线接入器的名称和服务识别码,这里设置无线接入器的名称为“apwlan”;服务识别码为“wireless”,如图 3.53 所示。

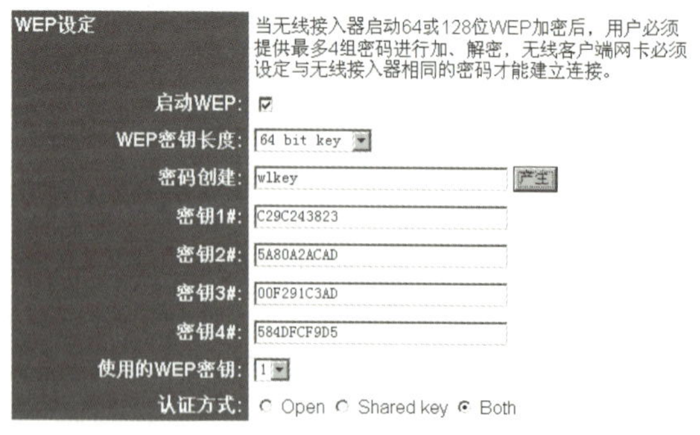

图 3.53　启动 WEP

⑤进入“安全”页面,在密码创建栏输入“wlkey”并单击“产生”按钮。

⑥如果要修改以太网接口地址,则进入“IP 地址”页面,如图 3.54 所示。修改 IP 地址

为192.168.1.111/24。

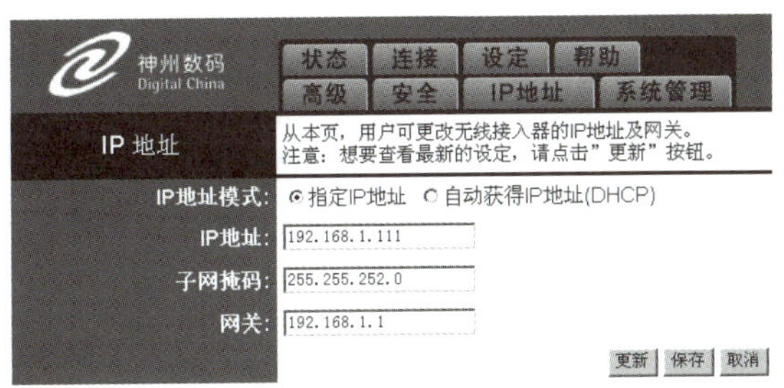

图3.54　修改AP的IP地址

⑦保存配置并重启设备。

(3)设置PC1和PC2的无线连接

①设置PC1和PC2无线连接TCP/IP属性的IP地址分别为192.168.1.1和192.168.1.2。

②选择"无线网络配置"选项卡，在"高级"属性中选择"任何可用的网络"，如图3.55所示。PC1和PC2做同样的配置。

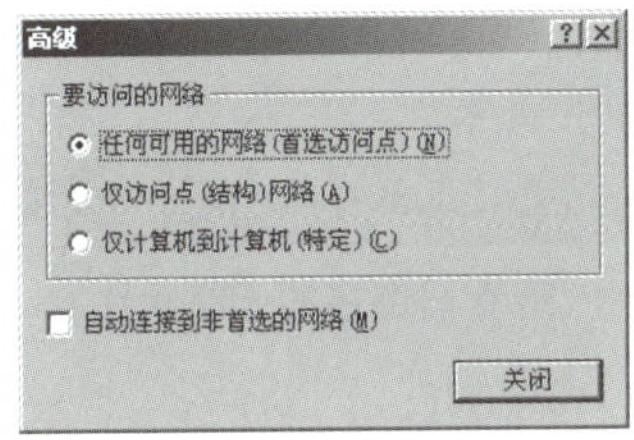

图3.55　PC的无线连接设置

③在PC1和PC2的"网络连接属性"中单击查看可用的无线网络，如图3.56所示。

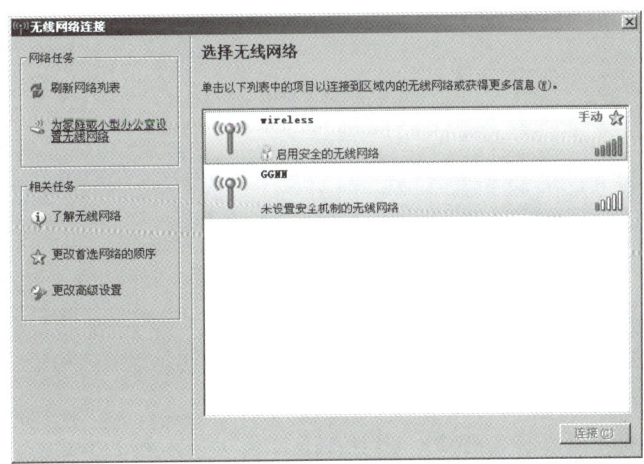

图3.56　查看可用的无线网络

④双击"wireless"，输入密钥"wlkey"连接，如图3.57所示。

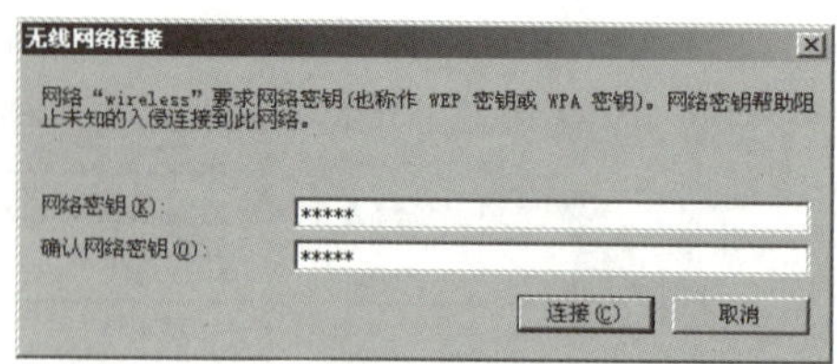

图 3.57　输入密钥连接到“wireless”

⑤成功连接后,查看已连接的无线网络,如图 3.58 所示。

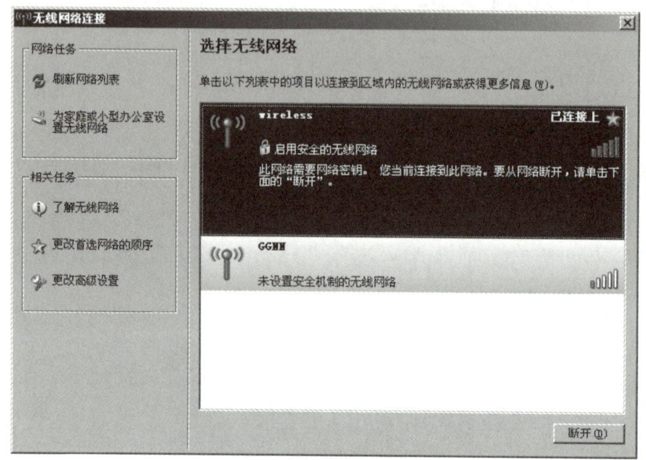

图 3.58　查看已连接的无线网络“wireless”

⑥PC2 做同样的连接。

⑦用“ping”测试 PC1、PC2 正常通信。

思考题

1. 如何恢复交换机出厂设置?
2. 如何备份交换机配置文件?
3. 交换机有什么功能?与集线器的本质区别是什么?
4. 简述交换机的工作原理。
5. 交换机的交换方式有哪几种?简要说明各自的特点。
6. 交换机的级联与堆叠有什么不同?
7. 什么是 VLAN?它有什么优点?划分 VLAN 的方法有哪几种?
8. 简述冗余链路产生的原因。
9. STP 协议的原理是什么?
10. 常见的无线网络设备有哪些?它们有什么作用?
11. 分析在小型办公室或家庭 WLAN 建设中,选用无线 AP 和无线路由器的优缺点。

项目 4　企业网络互联

【学习目标】

1. 了解 IP 数据报格式及网络层相关协议。
2. 掌握路由的原理和路由器的基本功能。
3. 掌握路由器的同步串行接口协议。
4. 掌握静态路由的特点。
5. 掌握 RIP 协议的原理。
6. 掌握 OSPF 协议的原理。

【能力目标】

1. 熟悉路由器基本配置。
2. 熟练配置路由器同步串行接口协议。
3. 熟练配置静态路由。
4. 熟练配置 RIP 协议。
5. 熟练配置 OSPF 协议。

任务 4.1　路由器文件管理

4.1.1　任务要求

某学校校园网利用一台路由器接入 Internet。某天，校园网的用户都无法访问 Internet，工程师经过排查，发现是接入 Internet 的路由器出现故障。现在工程师需要用备用路由器来替换故障路由器。本任务要求对备用路由器进行相关配置，恢复校园网 Internet 接入。

4.1.2 相关知识

1)网络互联的基本概念

计算机网络互联是指利用网络互联设备(路由器)和相应的技术措施把两个以上的计算机网络互联起来,实现计算机网络之间的连接。计算机网络互联的目的是使一个网络上的用户能够访问其他网络上的资源,使不同网络上的用户能够相互通信和交流信息。

利用互联设备(路由器)将两个或多个物理网络相互连接而形成的单一大网就称为互联网络(internetwork),简称互联网(internet),如图4.1所示。在互联网上的所有用户只要遵循相同协议,就能相互通信,共享互联网上的全部资源。国际互联网Internet就是由几千万个计算机网络通过路由器互联起来的、全世界最大的、覆盖面积最广的计算机互联网。

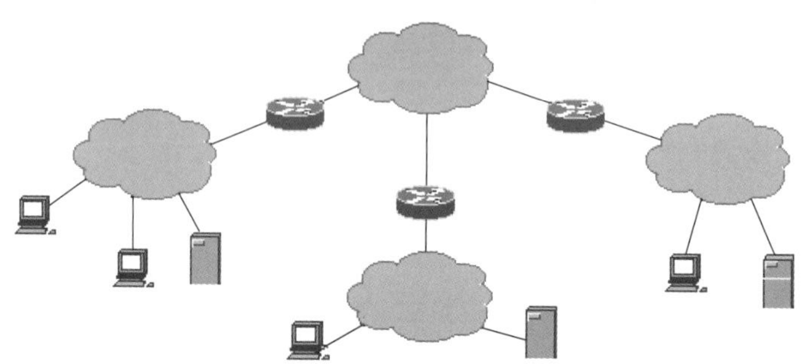

图4.1 用路由器连接多个物理网络形成互联网

(1)网络互联的形式

计算机网络互联有4种形式:

①LAN-LAN ——局域网到局域网互联。

②LAN-WAN ——局域网到广域网互联。

③WAN-WAN ——广域网到广域网互联。

④LAN-WAN-LAN ——局域网通过广域网互联。

(2)网络互联准则

网络互联不仅在同类网之间进行,也需要在异构网之间进行。为了达到各类网络互联的目的,在网络互联时,应遵循如下准则。

①网络互连除了应当提供各个物理网络之间的网络通路之外,还应采取措施屏蔽或者容纳这些差异。

世界上存在着各种各样的网络,由于不同的网络具有不同的体系结构、不同的协议和不同的特性,它们之间在寻址机制、分组最大长度、协议规范、服务类型等方面存在着很大差异。网络互联应当屏蔽各个物理网络的差异,隐藏各个物理网络的实现细节,不修改各物理网络原有的结构和协议,为用户提供通用的通信服务。

②为网络之间的通信提供路径选择和数据交换功能。

在互联网环境中，不同的网络之间通信，可能需要经过许多个网间互连设备。当在网络之间传送信息时，网间互联设备（路由器）必须知道往哪儿转发这些信息，即必须具有路径选择功能。互连设备从一个网络接口接收数据包，并对数据包进行分析，根据源和目的地址（互联网全局地址）进行路径选择。然后，根据路由表指示的路径，把数据包转发到下一个网间互联设备，数据被一级一级地转发下去，直到把数据传送到目的端主机，完成互联网上的任意两台计算机之间的通信。

③使用相同的网间互连协议。

网间互联协议是专为网络互联而设计的。网间互联协议旨在屏蔽物理网络的差异，不管是异构网还是异种机，它们都可以通过网间互联协议得到统一。在互联网上的用户都必须使用相同的协议，相互之间才能通信。

2）IP 数据报

在网络层，数据传输是以数据报的形式进行的。在 IPv4 协议中，一个 IP 数据报由首部和数据两部分组成，如图 4.2 所示。首部的前一部分是固定长度，共 20 字节，是所有 IP 数据报必须具有的。在首部固定部分的后面是一些可选字段，其长度是可变的。

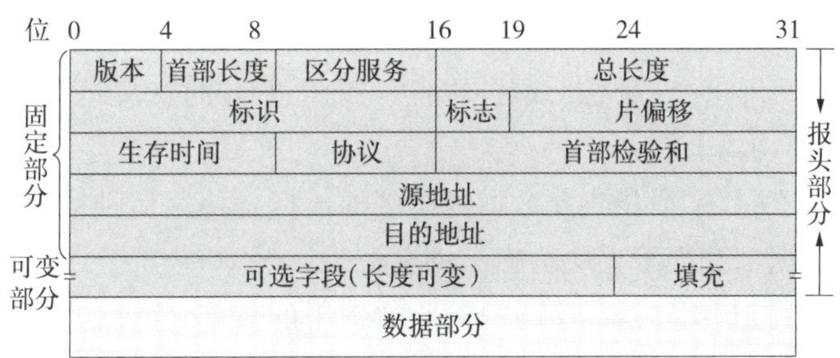

图 4.2　IP 数据报格式

IP 首部的可变部分是一个选项字段，用来支持排错、测量以及安全等措施，内容很丰富。选项字段的长度可变，从 1 个字节到 40 个字节不等，取决于所选择的项目。增加首部的可变部分是为了增加 IP 数据报的功能，但这同时也使得 IP 数据报的首部长度成为可变的。这就增加了每一个路由器处理数据报的开销。实际上这些选项很少被使用。

各字段内容分别如下：

①版本：占 4 位，指 IP 协议的版本。通信双方使用的 IP 协议版本必须一致。目前广泛使用的 IP 协议版本号为 4（即 IPv4）。

②首部长度：占 4 位，可表示的最大十进制数值是 15。这个字段所表示数的单位是 32 位字长（1 个 32 位字长是 4 字节），因此，当 IP 的首部长度为 1010 时（即十进制的 10），首部长度就达到 40 字节。

③区分服务：占 8 位，用来获得更好的服务。这个字段在旧标准中叫作服务类型，但实际上一直没有被使用过。1998 年 IETF 把这个字段改名为区分服务 DS（Differentiated Services）。只有在使用区分服务时，这个字段才起作用。

④总长度：总长度指首部和数据之和的长度，单位为字节。总长度字段为 16 位，因此数

据报的最大长度为 $2^{16}-1=65\ 535$ 字节。

⑤标识:占16位。IP软件在存储器中维持一个计数器,每产生一个数据报,计数器就加1,并将此值赋给标识字段。但这个"标识"并不是序号,因为IP是无连接服务,数据报不存在按序接收的问题。当数据报由于长度超过网络的MTU而必须分片时,这个标识字段的值就被复制到所有的数据报的标识字段中。相同的标识字段的值使分片后的各数据报片最后能正确地重装成为原来的数据报。

⑥标志:占3位,但目前只有2位有意义。

Ⅰ.标志字段中的最低位记为MF(More Fragment)。MF=1即表示后面"还有分片"的数据报。MF=0表示这已是若干数据报片中的最后一个。

Ⅱ.标志字段中间的一位记为DF(Don't Fragment),意思是"不能分片"。只有当DF=0时才允许分片。

⑦片偏移:占13位。片偏移指出:较长的分组在分片后,某片在原分组中的相对位置。也就是说,相对用户数据字段的起点,该片从何处开始。片偏移以8个字节为偏移单位。这就是说,每个分片的长度一定是8字节(64位)的整数倍。

⑧生存时间:占8位,生存时间字段的英文缩写是TTL(Time To Live),表明是数据报在网络中的寿命。TTL字段值的单位是跳数。路由器在转发数据报之前就把TTL值减1,若TTL值减少到零,就丢弃这个数据报,不再转发。因此,TTL的意义是指明数据报在网络中最多可经过多少个路由器。

⑨协议:占8位,协议字段指出此数据报携带的数据是使用何种协议,以便使目的主机的IP层知道应将数据部分交给上层的相应协议处理。

⑩首部检验和:占16位。这个字段只检验数据报的首部,但不包括数据部分。这是因为数据报每经过一个路由器,路由器都要重新计算一下首部检验和(一些字段,如生存时间、标志、片偏移等都可能发生变化)。不检验数据部分可减少计算的工作量。

⑪源地址:占32位,发送方的IP地址。

⑫目的地址:占32位,接受方的IP地址。

3)IP 编址

在基于类的地址系统中,每个A类网络最大的IP地址数为16 777 214个,每个B类网络最大的IP地址数为65 534个,最小的C类网络每个网络可用的IP地址数也达254个,可分配的IP地址空间很大。而实际应用中,由于微机普及,计算机网络应用广泛,小型网络大量涌现。这些网络多则拥有几十台主机,少则拥有两、三台主机,但不管大小,它们都需要一个网络号,这将导致大量IP地址浪费。一方面,物理网络的数量远远超过可分配的网络地址数目,造成网络地址不够用。另一方面,对于这样一些小型规模网络,即使分配一个C类网络地址也没有那么多的主机入网,造成IP地址浪费。为了解决这个问题,TCP/IP引入了子网的概念,对原有的网络划分为一些子网段。方法是采取借用主机位的方式,从主机位最高位开始借若干主机位作为子网位,余下的部分则仍为主机位。这样,IP地址的主机号部分被分成子网部分和主机部分。IP 地址的结构由原来的二级结构变为三级结构,即网络位、子网位和主机位,如图4.3所示。

网络号	主机号		类IP
网络号	子网号	主机号	子网IP

图4.3 子网地址结构

(1)子网掩码

子网技术由子网掩码实现,子网掩码是指定子网的工具,它是32位二进制数值。具有两大功能:一是指出 IP 地址中哪些部分是网络地址,哪些是主机地址;二是可将网络进一步划分为若干子网段。

在子网掩码中,用"1"表示网络位,用"0"的位表示主机位。如子网掩码:11111111 11111111 11111111 11000000 表示该 IP 地址网络号占26位,主机位占6位。采用子网掩码后,不能简单地再用 IP 地址类的定义来决定 IP 地址中的网络 ID。子网掩码可采用带点十进制符号或前缀长度表示法来表示。

缺省的子网掩码用于传统的 IP 地址类。表4.1列出了采用带点十进制符号表示和前缀长度表示法表示的缺省子网掩码。

表4.1 缺省子网掩码

地址类	子网掩码位	子网掩码(十进制)	子网掩码(前缀)
A类	11111111 00000000 00000000 00000000	255.0.0.0	/8
B类	11111111 11111111 00000000 00000000	255.255.0.0	/16
C类	11111111 11111111 11111111 00000000	255.255.255.0	/24

例:IP 地址 192.9.168.210,子网掩码 255.255.255.240。则它的网络地址和主机地址可按如下方法得到:

将 IP 地址 192.168.9.210 转换为二进制:11000000 10101000 00001001 11010010

将子网掩码 255.255.255.240 转换为二进制:11111111 11111111 11111111 11110000

将两个二进制数按位进行逻辑与(AND)运算后得出的结果即为网络地址。

11000000 10101000 00001001 11010010
AND 11111111 11111111 11111111 11110000
11000000 10101000 00001001 11010000

结果为 192.168.9.208,即网络地址为 192.168.9.208。

将子网掩码取反再与 IP 地址进行按位逻辑与(AND)后得到的结果即为主机地址。

11000000 10101000 00001001 11010010
AND 00000000 00000000 00000000 00001111
00000000 00000000 00000000 00000010

结果为 0.0.0.2,即主机号为 0.0.0.2。

(2)子网划分

要将一个网络划分成多个子网段,可以从类地址的主机号部分的最高位开始借位变为新的子网位,所剩余的部分则仍为主机位。只要主机号部分能够剩余两位,子网地址可以借用主机部分的任何位数。

划分子网步骤如下:先决定子网占用的主机位数并确定子网掩码,然后列出所有子网的网络地址,最后对每个子网列出它的 IP 地址范围。

①决定子网占用的主机位数并确定子网掩码。

在决定子网占用的主机位数时应考虑要划分的子网数和每个子网需要容纳的主机数。占用的主机位越多,你能拥有的子网就越多,但子网内的主机数就越少。若占用的主机位较少,将允许你增加主机的数目,但同时又限制了子网数目。

例如:一个 C 类网络,它用 8 位表示主机号,可以容纳的主机数为 254 台。当利用这个 C 类网络创建子网时,如果要分成 4 个子网,则由于 $2^2=4$,则需占用 2 位作为子网号,每个子网可容纳 $2^6-2=62$ 台主机。若要划分为 6 个子网,则由于 $2^3=6$,故需借用 3 位作为子网位,但每个子网可以容纳的主机数也就减少到 $2^5-2=30$ 台。

另外还要注意网关或路由器也需要占用有效的 IP 地址。例如:对一个 C 类网络进行子网规划时,如果子网需要容纳 14 台主机,则这个子网就需要 14+1+1+1=17 个 IP 地址。(注意加的第一个 1 是指这个网络连接时所需的网关地址,接着的两个 1 分别是指网络地址和广播地址)。由于 $2^4=16<17$,$2^5=32>17$。所以我们只能分配具有 32 个地址(32 等于 2 的 5 次方)空间的子网。需要 5 位用作主机位,因此可用 8-5=3 位作子网位。

如果决定了占用的主机位数,则可按以下方法得到子网掩码。

假如子网位要占用的主机位数为 M,将原缺省子网掩码中表示主机号部分的高 M 位置 1 转换为十进制,即为最终确定的子网掩码。如要占用 3 位作子网位,M 为 3 则是 11100000,转换为十进制为 224。如果是 C 类网,则子网掩码为 255.255.255.224;如果是 B 类网,则子网掩码为 255.255.224.0;如果是 A 类网,则子网掩码为 255.224.0.0。

对 C 类网络 ID 进行子网划分可参考表 4.2。

表 4.2 C 类网络 ID 子网划分

需要的子网数	子网位数	子网掩码	每个子网的主机数
1 ~ 2	1	255.255.255.128 or/25	126
3 ~ 4	2	255.255.255.192 or/26	62
5 ~ 8	3	255.255.255.224 or/27	30
9 ~ 16	4	255.255.255.240 or/28	14
17 ~ 32	5	255.255.255.248 or/29	6
33 ~ 64	6	255.255.255.252 or/30	2

如果是对 B 类网络进行子网规划,则可参照表 4.3。

表4.3　B类网络ID子网划分

需要的子网数目	子网位数	子网掩码	每个子网的主机数
1～2	1	255.255.128.0 or/17	32 766
3～4	2	255.255.192.0 or/18	16 382
5～8	3	255.255.224.0 or/19	8 190
9～16	4	255.255.240.0 or/20	4 094
17～32	5	255.255.248.0 or/21	2 046
33～64	6	255.255.252.0 or/22	1 022
65～128	7	255.255.254.0 or/23	510
129～256	8	255.255.255.0 or/24	254
257～512	9	255.255.255.128 or/25	126
513～1 024	10	255.255.255.192 or/26	62
1 025～2 048	11	255.255.255.224 or/27	30
2 049～4 096	12	255.255.255.240 or/28	14
4 097～8 192	13	255.255.255.248 or/29	6
8 193～16 384	14	255.255.255.252 or/30	2

②列出所有子网的网络地址。

例如,将私有网络地址192.168.1.0划分为8个子网,用上面的方法可决定子网占用的主机地址位数为3位,子网掩码是255.255.255.224或/27。子网位所有可能的组合是000,001,010,011,100,101,110,111。则所有子网的网络地址见表4.4。

表4.4　对网络ID 192.168.1.0进行子网划分

子网	二进制表示	子网的网络地址
1	11000000.10101000.00000000.00000000	192.168.1.0/27
2	11000000.10101000.00000000.00100000	192.168.1.32/27
3	11000000.10101000.00000000.01000000	192.168.1.64/27
4	11000000.10101000.00000000.01100000	192.168.1.96/27
5	11000000.10101000.00000000.10000000	192.168.1.128/27
6	11000000.10101000.00000000.10100000	192.168.1.160/27
7	11000000.10101000.00000000.11000000	192.168.1.192/27
8	11000000.10101000.00000000.11100000	192.168.1.224/27

【注意】　早期的路由协议不支持子网位全为0或全为1的子网掩码。因此,在使用全零和全1子网之前,请检查主机和路由器对它们的支持。

③对每个子网列出它的 IP 地址范围。

以上面的第三个子网为例,子网的网络地址为 192.168.1.64/27,子网位占用了 3 位主机位,余下 5 位可用作主机位,将 5 个主机位全部置 1 就得到子网的直接广播地址:

11000000.10101000.00000000.01011111,转换成十进制数为 192.168.1.95。因此该子网可分配给主机的 IP 地址范围是 192.168.1.65 ~ 192.168.1.94。

实际上,从表 4.5 就可以看出每个子网的直接广播地址和 IP 地址范围。

表 4.5 对网络 ID 192.168.1.0 划分 8 个子网的地址分配表

子网	子网的网络地址	子网直接广播地址	主机地址范围
1	192.168.1.0/27	192.168.1.31	192.168.1.1/27 ~ 192.168.1.30
2	192.168.1.32/27	192.168.1.63	192.168.1.33/27 ~ 192.168.1.62
3	192.168.1.64/27	192.168.1.95	192.168.1.65 ~ 192.168.1.94
4	192.168.1.96/27	192.168.1.127	192.168.1.97 ~ 192.168.1.126
5	192.168.1.128/27	192.168.1.159	192.168.1.129 ~ 192.168.1.158
6	192.168.1.160/27	192.168.1.191	192.168.1.161 ~ 192.168.1.190
7	192.168.1.192/27	192.168.1.223	192.168.1.191 ~ 192.168.1.222
8	192.168.1.224/27	192.168.1.255	192.168.1.225 ~ 192.168.1.254

(3)可变长度子网掩码(VLSM)

子网划分最初的一个用法是将一区域内网络 ID 再分为一系列大小相同的子网。然而,划分子网是一个利用主机位来表示子网的通用的方法,并不需要子网的大小相同。实际上,一个组织的网络包含不同数量的主机,需要不同大小的子网以使 IP 地址的浪费最小。对一个网络 ID 进行不同大小的子网划分,可以采用可变长度子网掩码,即每个子网使用不同长度的子网掩码。例如,对一个 C 类网络 ID 进行子网划分时,有些子网内主机数为 20 台,另一些子网内的主机数为 10 台,则可将主机数为 20 台的子网的掩码设为 255.255.255.248,而主机数为 10 台的子网的掩码则设为 255.255.255.240。

(4)超网

子网编址在一定程度上减轻了 IP 地址空间紧张的压力,但是由于在 IP 地址分配初期考虑不周全,导致 A 类、B 类地址在初期大量分配,资源相当紧张,而一些中型网络又需要多于一个 C 类的地址,进而只能分配几个连续的 C 类地址块。为了减小 Internet 路由表的数量,就提出了超网的概念。

与子网把大网络分成若干小网络相反,超网是把一些小网络组合成一个大网络,打破了地址类型的划分。产生超网的方法与划分子网恰好相反,要把 IP 地址中网络地址位,借给主机部分使用。

假设,现在有 16 个 C 类网络,从 202.99.32.0 ~ 202.99.47.0,现要把它们组合成一个超网。把 32 和 47 转换成二进制即为:00100000 和 00101111,可以看到它们的前四位相同。

可将这四个主机位设为网络地址位，因为 11110000 的十进制数是 240，因此把子网掩码定为 255.255.240.0，就可以将这些连续的一组小网络合成一个超网 202.99.32.0/20。

4）地址解释

IP 互联网通过统一的 IP 地址格式来屏蔽各个物理网络地址的差异，给互联网上的每台主机分配一个 IP 地址后，就可以通过 IP 地址来访问所有的主机了。当数据报在网络层传输时，路由器只关心网络号，利用网络号最终会将数据报送达目标网络。IP 数据包到达目标网络后，要获取目标主机的 MAC 地址并将数据报封装成帧，才能最终送达目标主机。而此时，路由器并不一定知道目标主机的 MAC 地址，这就需要利用地址解释协议（Address Resolution Protocol，ARP）来解决这一问题了。

（1）地址解释协议 ARP

①ARP 协议的基本思想。

如图 4.4 所示，当主机 A 要与 IP 地址为 IB 的主机 B 通信，但主机 A 不知道主机 B 的物理地址，要查询主机 B 的物理地址 MB 时，主机 A 首先广播发送一个特殊的数据包（ARP 请求数据包），要求 IP 地址为 IB 的主机返回自己的物理地址 MB，包括主机 B 在内的所有主机都接收到这个查询请求。主机 B 识别出该请求信息，发送一个包含有它自己的 IP 地址 IB 和其物理地址 MB 的映射关系的 ARP 响应信息包给主机 A。A 得到 B 的物理地址后，就可以把数据包封装成帧直接发送给主机 B。

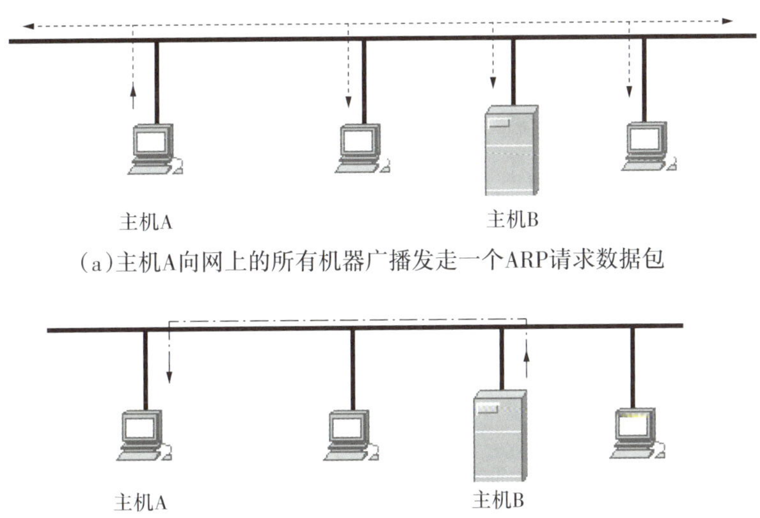

图 4.4　ARP 协议的基本思想

②ARP 工作过程。

如图 4.5 所示，假设在一个以太网上的两台计算机 A、B 通过 TCP/IP 协议进行通信，那么双方的数据链路层必须知道对方的 MAC 地址。每台计算机都要在各自的高速缓存区中存放一张 IP 地址到 MAC 地址的转换表，称 ARP 表。其中存放着最近用到的一系列和它通信的同一子网的计算机的IP地址和MAC地址的映射。在主机启动时,ARP表为空。现在源端计算机A(IP地址为192.168.3.1)要和IP地址为192.168.3.2的计算机B通信。在计算机A发送信息前,必须首先得到计算机B的IP地址与MAC地址的映射关系。ARP协议工作过程如下:

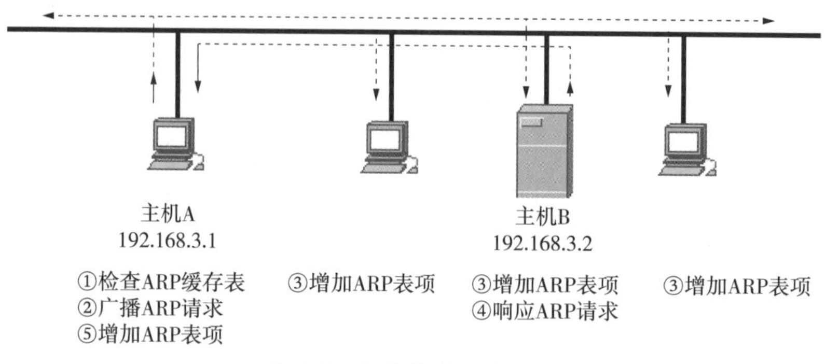

图4.5　ARP协议工作过程

二维码4.1　ARP协议原理

二维码4.2　不同层看数据流

Ⅰ.主机A首先查看自己的高速缓存中的ARP表,看其中是否有与192.168.3.2对应的ARP表项。如果找到此表项,则直接利用该ARP表项中的MAC值把IP数据包封装成帧发送给主机B。

Ⅱ.主机A如果在ARP表中找不到对应的地址项,则创建一个ARP请求数据包,并以广播方式发送(把以太帧的目的地址设置为FF-FF-FF-FF-FF-FF)。该数据包中有需要查询的计算机的IP地址(192.168.3.2),以及主机A自己的IP地址和MAC地址。

Ⅲ.包括计算机B在内的属于192.168.3.0网络上的所有计算机都收到A的ARP请求数据包,然后将计算机A的IP地址与MAC地址的映射关系存入各自的ARP表中。

Ⅳ.计算机B创建一个ARP响应包,在包中填入自己的MAC地址,直接发送给主机A。

Ⅴ.主机A收到响应后,从响应包中提取出所需查询的IP地址及其对应的MAC地址,添加到自己的ARP表中,并根据该MAC地址所需要发送的数据包封装成帧发送出去。

ARP表的内容是定期更新的,如果一条ARP表项很久没有使用了,它将从ARP表中被删除。

(2)反向地址解释协议(RARP)

反向地址解释协议(Reversed Address Resolution Protocol, RARP)用MAC地址来求IP地址。

无盘工作站因为没有硬盘,无法事先存储 IP 地址。当一台无盘工作站启动时,它首先要使用 RARP 协议得到自己的 IP 地址,才能与其他服务器通信。

无盘工作站的启动是通过网络由服务器引导的,它的 IP 地址保留在服务器上,如图 4.6 所示。当无盘工作站加电时,ROM 模块中驻留的软件以广播的方式发出携带本结点物理地址的 RARP 请求,具有此项服务功能的服务器予以响应,返回该结点的 IP 地址,保存在无盘工作站的内存中。

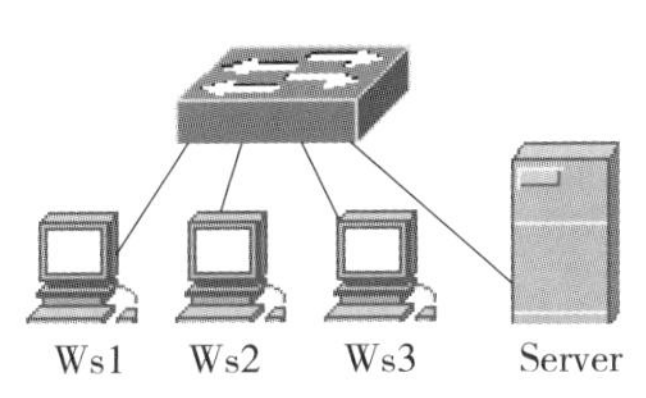

服务器上的配置表:

站名	MAC地址	IP地址
Ws1	0A2D348A664F	192.168.3.11
Ws1	0A2D348A664F	192.168.3.11
Ws1	0A2D348A664F	192.168.3.11
……		

图 4.6　无盘工作站使用 RARP 协议获得 IP 地址

5)网际控制报文协议

IP 协议尽力发送并不表示数据包一定能够投递到目的地,IP 协议本身没有内在的机制以获取差错信息并进行相应的控制,而基于网络的差错可能性很多,如:通信线路出错、路由器或主机出错、目的地机不可到达、生存时间到、系统拥塞等。为了能够反映数据包的投递情况,互联网中增加了 ICMP 协议(Internet Control Message Protocol, ICMP)。

ICMP 协议主要用于网络设备和结点之间的控制和差错报告报文的传输。它能检查并报告一些基本的差错,在一定程度上给出出错原因,将网络环境中出现的问题告知源主机,还可以让一个路由器向其他路由器或主机发送差错或控制数据包。

IP 协议与 ICMP 协议是相互依赖的:当遇到差错时,IP 协议需要调用 ICMP,而 ICMP 协议使用 IP 数据包来发送自己的消息。如图 4.7 所示,ICMP 报文需封装在 IP 数据包中进行传输。

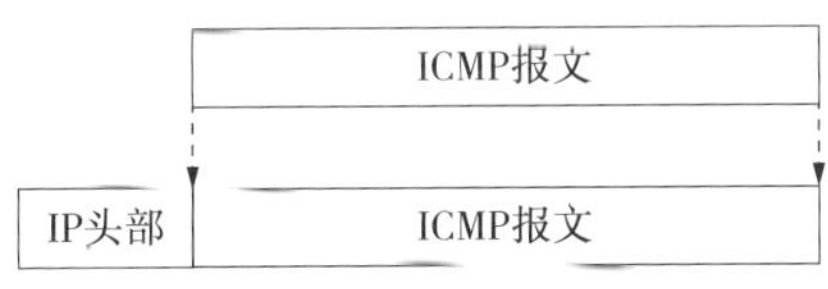

图 4.7　ICMP 报文的封装

ICMP 报文类型主要有如下几种。

(1)源抑制(Source Quench)

当大量的数据涌入一台路由器的某个端口时,路由器可能会因为处理能力或网络带宽等问题而来不及处理,出现拥塞的情形。为了控制拥塞,IP 协议采用源抑制机制来控制源端发送数据的速率,以此来缓解网络的拥塞情况。源抑制过程如下:

首先,路由器对每个接口进行密切监视,一旦发现拥塞,立即向相应的源主机发送 ICMP 源抑制数据包,使源端主机降低数据的发送速率。

其次,源端收到源抑制数据包后,以一定的比例降低往指定目的地发送数据包的速率。

最后,在降低速率后一定时间间隔内,即使收到新的源抑制数据包,也保持该速率不变。在间隔之后,如果还收到源抑制数据包,则要继续降低速率。

(2)数据包超时(Time Exceeded)

在IP互联网中,路由器对每个IP数据包根据本地的路由表进行路径选择。如果路由表发生错误,可能会出现路由环,造成数据包在网上无休止地循环传输。为了减少这种情况对整个网络的影响,IP协议在包头中加入了一个生存期(TTL)字段,一个IP数据包一旦到达生存期(TTL字段减为0),路由器立即将其丢弃。并且产生一个ICMP超时数据包,发送给源端。

(3)目的地不可达(Destination Unreachable)

路由器的主要功能是进行数据包的路由选择和转发,但是路由器的路由选择和转发并不是总能成功的。在路由选择或转发出错的情况下,路由器便发出目的地不可达数据包,同时丢弃该数据包。

另外,目的地不可达可分为网络不可达、主机不可达等多种情况,根据每一种不可达的具体原因,路由器发出相应的ICMP目的地不可达数据包。

(4)重定向(Redirect)

在IP互联网中,路由选择主要由网络中的路由器来承担。最初,主机只是知道很少的路由信息,但经过的路径不一定是最优的。路由器一旦检测到某IP数据包不是沿最优路径进行传输,它把数据包转发出去的同时,向源端主机发送一个ICMP重定向数据包,告诉它去往目的地的最优路径。这样,主机不断地积累学习,得到一个最优的路由表。

【注意】 ICMP重定向机制只能用于同一网络上的路由器和主机之间,对路由器之间的路由刷新无能为力。

(5)ICMP回送请求/应答(Echo Request/Reply)

ICMP回送请求/应答数据包主要用于测试目的主机或路由器的可达性。任何主机都可以向某个目的地发送一个包含任选数据区的ICMP回送请求数据包,收到请求的主机或路由器必须回送一个应答给最初的发送者,应答数据包中包含请求数据包中数据的拷贝。

常用命令"ping"就是典型的使用ICMP请求/应答数据包来实现对网络进行测试的工具。因为ICMP的请求和应答数据包都是封装在IP数据包中进行传输的,所以如果请求者能正确地收到应答,则说明中间的传输系统和目的主机(或路由器)的IP协议栈都能正常工作;反之,则说明有故障。

6)IPv6简介

目前,互联网上广泛使用IP协议版本是IPv4,其地址长度是4个字节,32个二进制位。理论上可以有40多亿个IP地址。但实际使用中可用的主机地址的数量因各种原因而大打折扣,如分类的IP地址。地址空间资源不足已成为限制IPv4继续发展的瓶颈。2011年2月,IANA将最后5个A类网络地址分配给全球五大区域地址分配机构,标志着全球IPv4地址总库已完全耗尽。

随着网络应用的广泛发展,新型电子设备大量进入人们的日常生活,将来可能身边的每一样东西都需要连入因特网,这将需要大量的 IP 地址,以标识入网设备。为解决 IPv4 发展的瓶颈,IPv6 应运而生。

IPv6 是"Internet Protocol Version 6"的简写。它是互联网工程任务组(Internet Engineering Task Force, IETF)设计的用于替代现行 IP 协议 IPv4 版本的下一代 IP 协议,IPv6 的地址是由 128 位二进制数组成的。

(1)IPv6 优势

与 IPV 4 相比,IPV 6 具有以下几个优势:

①IPv6 的地址空间更大。

在 IPv4 中,IP 地址长度由 32 个二进制位组成,最大地址个数为 2^{32};而 IPv6 的 IP 地址长度由 128 个二进制位组成,即最大地址数为 2^{128} 个。假设整个地球表面都覆盖着计算机,那么 IPv6 允许每平方米拥有 7×1 023 个 IP 地址。如果地址分配速率是每微秒分配 100 万个地址,则需要 1 019 年的时间才能将所有可能的地址分配完毕。可见,IPv6 的地址空间是不可能用完的。地址的丰富将完全消除在 IPv4 互联网应用的很多限制。如 IP 地址,每一个电话、每一个带电的东西都可以拥有一个 IP 地址。

②IPv6 使用更小的路由表。

IPv6 的地址分配一开始就遵循聚类(Aggregation)的原则,这使得路由器能在路由表中用一条记录(Entry)表示一片子网,这使路由器中路由表的长度大大减小,提高了路由器转发数据包的速度。

③IPv6 增加了增强的组播(Multicast)支持以及对流的控制(Flow Control)。

这使得网络上的多媒体应用有了长足发展的机会,为服务质量(Quality of Service, QoS)控制提供了良好的网络平台。

④IPv6 加入了对支持自动配置(Auto Configuration)的。这是对 DHCP 协议的改进和扩展,使得网络(尤其是局域网)的管理更加方便和快捷。

⑤IPv6 具有更高的安全性。

在 IPv6 网络中,用户可以对网络层的数据进行加密并对 IP 报文进行校验,在 IPv6 中的加密与鉴别选项提供了分组的保密性与完整性。这极大地增强了网络的安全性。

⑥IPv6 允许扩充。

如果新的技术或应用需要时,IPv6 允许协议进行扩充。

⑦IPv6 有更好的头部格式。

IPv6 数据报的头部与 IPv4 数据报的关系不同,它使用新的头部格式。如图 4.8 所示,其选项与基本头部分开,如果需要,可将选项插入到基本头部与上层数据之间。这就简化和加速了路由选择过程,因为大多数的选项不需要由路由选择。

(2)IPv6 编址

IPv6 最重要的特点是拥有巨大的地址空间。由于地址长度从 32 位扩展到了 128 位,必须提供妥善的编址方案以方便对其进行管理,同时也为今后发展留出空间。

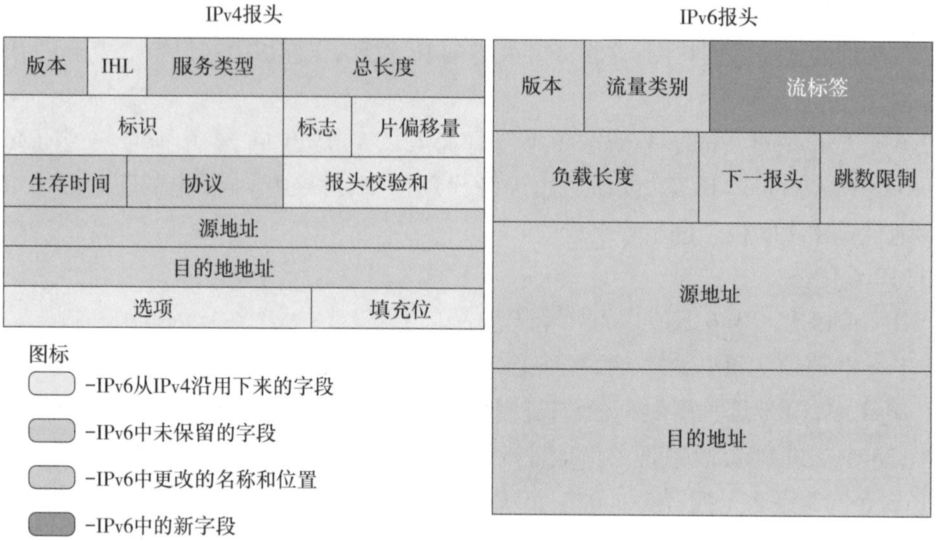

IPv4报头

版本	IHL	服务类型	总长度
标识		标志	片偏移量
生存时间	协议	报头校验和	
源地址			
目的地地址			
选项		填充位	

IPv6报头

版本	流量类别	流标签
负载长度	下一报头	跳数限制
源地址		
目的地址		

图标

-IPv6从IPv4沿用下来的字段

-IPv6中未保留的字段

-IPv6中更改的名称和位置

-IPv6中的新字段

图4.8　IPv4与IPv6数据报的头部比较

①IPv6地址表示方法。

由于IPv6地址过长,采用IPv4所用的点分十进制记法也不够方便。为了使地址再稍简洁些,IPv6使用冒号十六进制记法(Colon Hexadecimal Notation,简写为colon hex),它把每个16位的值用十六进制值表示,各值之间用冒号分隔,分为8组,每组以4位十六进制方式表示。例如:2001:0db8:85a3:08d3:1319:8a2e:0370:5344是一个合法的IPv6地址。

Ⅰ.格式。

x:x:x:x:x:x:x:x,

x是一个16位十六进制字段,十六进制A、B、C、D、E和F不区分大小写。

为进一步简化表示,可以采用"零压缩"表示法,其规则如下:

a.字段中的前导零可以省略。

b.连续的零字段可表示为"::",每个地址只能用一次。

Ⅱ.示例。

地址:2032:0000:230F:0000:0000:09C0:876A:130B

可表示为2032:0:230f::9c0:876a:130b,不能表示为2031::230f::9c0:876a:130b

FF01:0:0:0:0:0:0:1可表示为FF01::1

0:0:0:0:0:0:0:1可表示为::1

0:0:0:0:0:0:0:0可表示为::

地址:FF01:0000:0000:0000:0000:0000:0000:1

可表示为FF01:0:0:0:0:0:0:1

也可表示为FF01::1

地址:E3D6:0000:0000:0000:51F4:00C8:C0A8:6420

可表示为E3D6::51 F4:C8:C0A8:6420

地址:3FAE:0501:0008:0000:0260:87FF:FE40:EFAB

可表示为 3FAE:501:8:0:260:87FF:FE40:EFAB

也可表示为 3FAE:501:8::260:87FF:FE40:EFAB

②IPv6 地址的分类。

IPv6 地址的编制借鉴了 IPv4 的特点，总的来说可分为三大类：单播地址、任意播地址和组播地址。

Ⅰ. 单播地址。

单播地址标识一个网络接口。协议会把送往该地址的数据包投送给该接口。IPv6 的单播地址可以有一个代表特殊地址名字的范畴，如 link-local 地址和唯一区域地址（Unique Local Address, ULA）。单播地址包括可聚类的全球单播地址、链路本地地址等。

a. 全球单播地址。

IPv6 使用的地址格式能向上聚合，最终到达 ISP。全球单播地址通常由 48 位全球路由前缀和 16 位子网 ID 组成，如图 4.9 所示。各组织可以使用 16 位子网字段创建自己的本地编址架构。此字段允许组织使用最多 65 535 个子网。

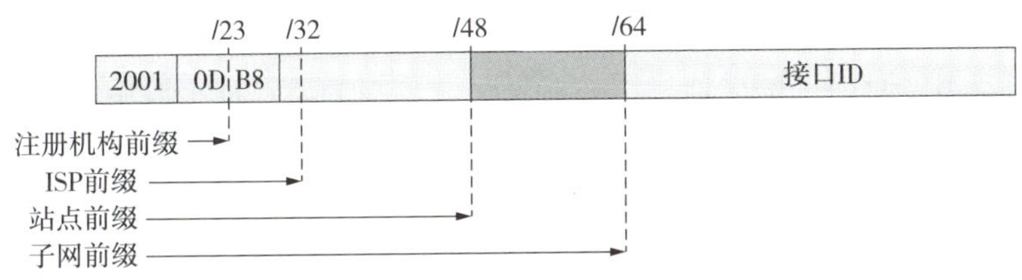

图 4.9　全球单播地址结构

从图 4.9 中，可以看出如何使用注册机构前缀、ISP 前缀和站点前缀将附加架构添加到 48 位全球路由前缀中。

目前的全球单播地址由 IANA 分配，使用的地址范围是从二进制值 001（2000::/3）开始，它占全部 IPv6 地址空间的 1/8，是最大的一块分配地址。IANA 将 2001::/16 范围内的 IPv6 地址空间分配给五家 RIR 注册机构（ARIN、RIPE、APNIC、LACNIC 和 AFRINIC）。

b. 保留地址。

IETF 保留了一部分 IPv6 地址空间供现在及将来的各种用途使用。保留的地址占全部 IPv6 地址空间的 1/256。一些其他类型 IPv6 地址就是来自这一地址块。

c. 私有地址。

与 IPv4 一样，IPv6 也将一块地址保留为私有地址。这些私有地址只是对特定链路或站点来说具有本地意义，因此绝不会路由到公司网络之外。私有地址的十六进制记法中第 1 个二进制八位数值为“FE”，后 1 个十六进制数字为 8 到 F 之间的值。

根据其范围，这些地址又被再分为两类：

一是本地站点地址：这些地址与当今 IPv4 中 RFC 1918“私有 Internet 地址分配”规定的地址相似。这些地址的使用范围是整个站点或组织。不过，本地站点地址的使用很成问题，2003 年发布的“RFC 3879”已不赞成使用此类地址。用十六进制表示的本地站点地址以“FE”开始，第 3 个十六进制数字是“C”到“F”之间的值。因此，这些地址以“FEC”“FED”

"FEE"或"FEF"开始。

二是链路本地地址:不同于网络层使用的IP编址概念。这些地址的范围比本地站点地址要小,只涉及特定的物理链路(物理网络)。路由器根本不会使用本地链路地址转发数据报,甚至在组织内也不会,它们仅供特定物理网段上的本地通信使用。这些地址用于链路通信,例如自动地址配置、相邻设备发现和路由器发现等。许多IPv6路由协议也使用本地链路地址。本地链路地址以"FE"开始,第3个十六进制数字是"8"到"B"之间的值。因此,这些地址以"FE8""FE9""FEA"或"FEB"开始。

d.环回地址。

与IPv4一样,IPv6也提供了特殊环回地址以供测试使用,发送到此地址的数据报会环回到发送设备。不过,IPv6中用于此功能的地址只有1个,而不是1个地址块。环回地址为0:0:0:0:0:0:0:1,一般用零的压缩形式表示为"::1"。

e.不特定地址。

IPv4中,全零IP地址有特殊意义。它是指主机本身,当设备不知道其自身地址时使用。IPv6已将此概念规范化,将全零地址(0:0:0:0:0:0:0:0)命名为"不特定"地址。当设备要求配置自身IP地址时,该地址将用在所发送数据报的源地址字段中。因为该地址为全零,对此地址可以应用地址压缩,可简单地记为"::"。

Ⅱ.任意播(anycast)地址。

Anycast是IPv6特有的数据传送方式,它像是IPv4的Unicast(单点传播)与Broadcast(多点广播)的综合。IPv4支持单点传播和多点广播,单点广播在来源和目的地间直接进行通信;多点广播存在于单一来源和多个目的地进行通信。而Anycast则在以上两者之间,它像多点广播(Broadcast)一样,会有一组接收节点的地址栏表,但指定为Anycast的数据包,只会传送给距离最近或传送成本最低(根据路由表来判断)的其中一个接收地址。当该接收地址收到数据包并进行回应,且加入后续的传输,该接收列表的其他节点,会知道某个节点地址已经回应了,它们就不再加入后续的传输作业。以目前的应用为例,Anycast地址只能分配给路由器,不能分配给电脑使用,且不能作为发送端的地址。

Ⅲ.多播(multicast)地址。

多播地址也称组播地址。多播地址也被指定到一群不同的接口,送到多播地址的数据包会被传送到所有的地址。多播地址由皆为1的字节起始,即它们的前置为FF00::/8。其第2个字节的最后4个比特用以标明"范畴"。

一般有Node-Local(0x1)、Link-Local($0x^2$)、Site-Local($0x^5$)、Organization-Local($0x^8$)和Global(0xE)。多播地址中的最低112位会组成多播组群识别码,不过因为传统方法是从MAC地址产生,故只有组群识别码中的最低32位有使用。定义过的组群识别码有用于所有节点的多播地址0x1和用于所有路由器的$0x^2$。

另一个多播组群的地址为"Solicited-Node多播地址",是由前置FF02::1:FF00:0/104和剩余的组群识别码(最低24位)所组成。这些地址允许经由邻居发现协议(NDP,Neighbor Discovery Protocol)来解译链接层地址,因而不用干扰到在区网内的所有节点。

(3)IPv6 过渡策略

在从 IPv4 过渡到 IPv6 时,并不要求同时升级所有节点。许多过渡机制都能平滑地集成 IPv4 与 IPv6,还可以使用其他一些允许 IPv4 节点与 IPv6 节点通信的机制。IPv6 可根据不同情况要求采取不同的策略,如图 4.10 所示。

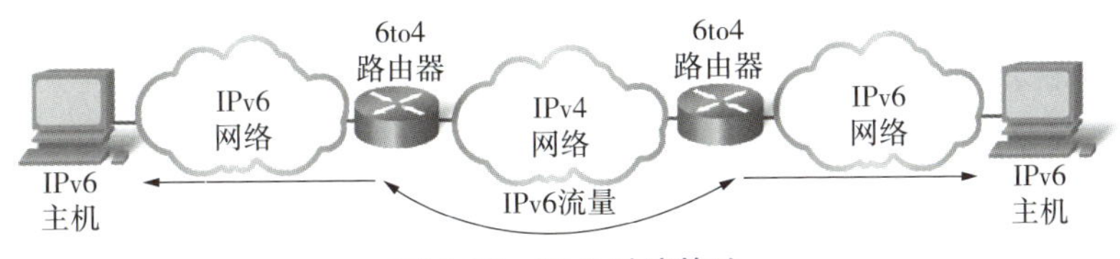

图 4.10 IPv6 过渡策略

①双协议栈。

双协议栈是指在完全过渡到 IPv6 之前,使一部分主机(或路由器)装有两个协议栈,一个 IPv4 和一个 IPv6。双协议栈是一种集成方法,利用该方法,节点既能实施和连接 IPv4 网络,也能实施和连接 IPv6 网络。这是推荐使用的方法,需要同时运行 IPv4 和 IPv6,路由器和交换机配置为同时支持这两种协议,并将 IPv6 作为优先协议。双协议栈主机在和 IPv6 主机通信时是采用 IPv6 地址,而和 IPv4 主机通信时就采用 IPv4 地址。

②隧道技术。

隧道技术在 IPv6 数据报要进入 IPv4 网络时,将 IPv6 数据报封装成为 IPv4 数据报,当 IPv4 数据报离开 IPv4 网络中的隧道时再把数据部分交给主机的 IPv6 协议栈。

隧道技术常用有两种。

Ⅰ.手动 IPv6-over-IPv4 隧道技术。

将 IPv6 数据包被封装在 IPv4 协议中,此方法需要双协议栈路由器支持。

Ⅱ.动态 6to4 隧道技术。

通过 IPv4 网络(通常是 Internet)自动建立各 IPv6 岛的连接。它会把有效的、唯一的 IPv6 前缀自动应用到各 IPv6 岛,这样便能在企业网络中快速部署 IPv6,而无需从 ISP 或注册机构获得地址。

7)路由器的基本功能

(1)路由器工作原理

路由器又称选径器。它的主要目的是在网络之间提供路由选择,进行数据包转发及协议转换,它与网桥有着本质的区别。网桥工作在 OSI 参考协议的第二层(数据链路层),完成数据帧(Frame)的转发,因此只能连接相同或相似的网络(相同或相似结构的数据帧),如以太网之间、以太网与令牌环(Token Ring)之间的互连,对于不同类型的网络(数据帧结构不同),如以太网与 X.25 之间,网桥就无能为力了。路由器工作在第三层(网络层),用网桥互连的网络是一个单一的逻辑网,而路由器互连的是多个不同的逻辑网(即子网)。每个逻辑子网具有不同的网络地址(逻辑地址,如 IP 地址)。路由器连接的物理网络可以是同类网络,也可以是异类网络。多协议路由器能够支持不同的网络层协议(如 IP、IPX、DECNET

等)。路由器能够很容易地实现LAN-LAN、LAN-WAN、WAN-WAN和LAN-WAN-LAN等多种网络连接形式。

目前TCP/IP网络,大多数是通过路由器互连起来的,Internet就是成千上万个网络通过路由器互连起来的国际性网络。

路由器可以采用专用的路由器,也可以由安装有多块网卡的主机充当。

(2)路由器的基本功能

路由器在网络层实现网络互联,主要完成网络层的功能。路由器负责将数据包(Packet)从源主机经最佳路径传送到目的端主机。为此,路由器必须具备两个最基本的功能:路由选择和数据转发。

①路由选择。

路由就是通过互联的网络把信息从源地址传输到目的地址的活动。路由选择是指选择一条从源地址传输到目的地址发送数据包的最佳路径。路由选择的实现方法是:路由器通过路由选择算法,建立并维护一张路由表,其中每一条都包含目标接收方地址和下一站路由器的地址等信息。因为网络环境的状况随时随地都在发生变化,数据包在传送过程中所经过的完整路径很难事先预知,所以不可能在路由表中罗列出所有的路径信息。因此,路由表一般只给出可以到达数据包目的地址的下一站路由器的路径。路由器从路由表中选择一条合适的路由,将数据包转发给下一站路由器,通过一级一级地把数据包转发到下一站路由器的方式,最终把数据包传送到目的地。

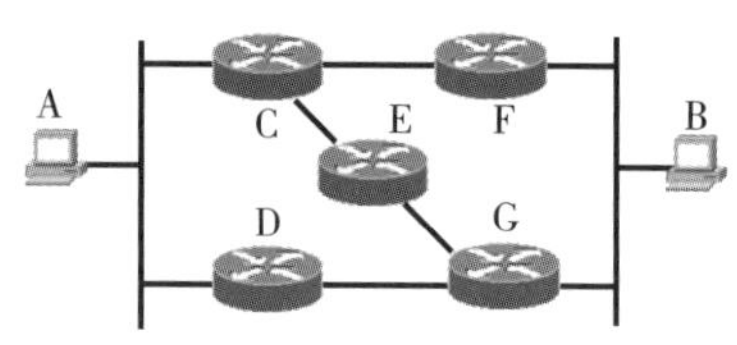

图4.11 路由器与路由选择示意图

图4.11中,主机A要发送一个数据包到主机B,主机A首先要进行路由选择。根据路由协议选择是将数据包发送给路由器C还是路由器D,假如选择路由器C作为数据包下一站的目标地址将数据包发送出去,路由器C收到数据包后通过路由选择将数据包转发到路由器F,路由器F收到数据包后发现数据包的目标网络是自己直连的网络,则将数据包直接投递到主机B。

②数据转发。

数据转发也称数据交换。多数情况下,某主机(源端)要向另一个主机(目标端)发送一个数据包,通过指定缺省路由等方法,源主机将带有目标端主机网络层协议地址的数据包封装成帧,将指定路由器的物理地址(MAC)放入帧的头部作为帧的目标物理地址交给数据链路层发送给指定路由器。路由器接收到帧后进行拆封,还原数据包,查看数据包的网络层协议目标地址,再根据路由表确定是否知道如何转发该包,如果路由器不知道如何转发,通常就将之丢弃。如果路由器知道如何转发,它将执行同样的步骤,把目的物理地址变成下一跳的物理地址并向前发送。当数据包在网络中流动时,它的目的物理地址在改变,但其网络层协议地址始终不变。路由器在转发数据包时,使用的是网络层地址,但是在计算机与路由器之间或路由器与路由器之间的信息传送,仍然依赖于数据链路层完成,需要使用物理地址。因此,路由器在具体传送过程中需要进行地址转换并改变目的物理地址。数据转发操作流程如图4.12所示。

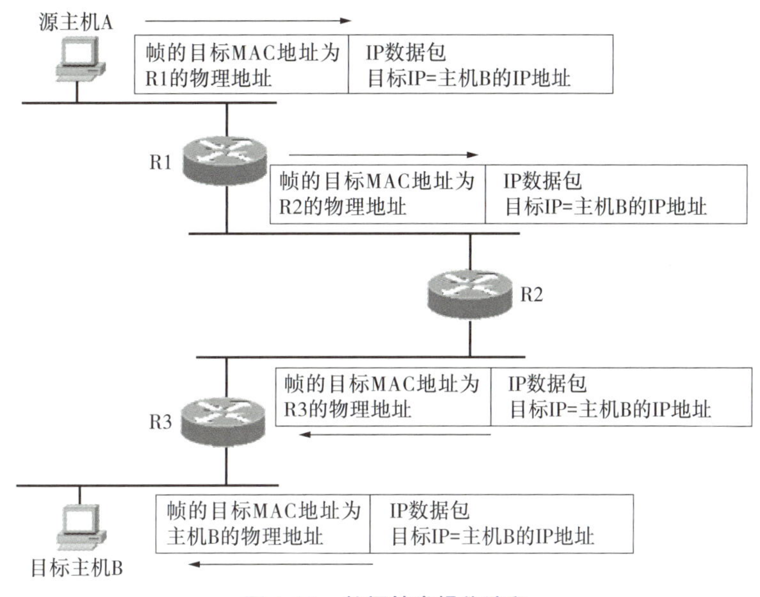

图4.12 数据转发操作流程

③协议转换。

路由器可以连接不同结构的网络。不同结构的网络互联需要进行协议转换,如以太网局域网与广域网互联就要进行协议转换。路由器具有协议转换功能。

(3)路由器的主要特点

由于路由器工作在网络层,它比网桥具有更强的异种网互连能力、更好的隔离能力、更强的流量控制能力、更好的安全性和可管理性。其主要特点如下:

①路由器可以互连不同的MAC协议、不同的传输介质、不同的拓扑结构和不同的传输速率的异种网,它有很强的异种网互连能力。

②路由器也是用于广域网互连的存储转发设备,它有很强的广域网互连能力,被广泛应用于LAN-WAN-LAN的网络互连环境。

③路由器互连不同的逻辑子网,每一个子网都是一个独立的广播域,路由器的端口为广播域的边界。

④路由器具有流量控制、拥塞控制功能,能对不同速率的网络进行速度匹配,以保证数据包的正确传输。

⑤路由器工作在网络层,它与网络层协议有关。多协议路由器支持多种网络层协议(如TCP/IP、IPX、DECNET等),转发多种网络层协议的数据包。

⑥路由器检查网络层地址,转发网络层数据包。因此,路由器能够基于IP地址进行包过滤,具有包过滤的初期防火墙功能。路由器还可以过滤应用层的信息,限制某些子网或站点访问某些信息服务。

⑦对大型网络进行微段化,将分段后的网段用路由器连接起来。这样可以达到提高网络性能,提高网络带宽的目的。

⑧路由器不仅可以在中、小型局域网中使用,也适合在广域网和大型、复杂的互联网环境中使用。

8)路由器的硬件组成

(1)路由器的存储器

与PC相似,路由器也包含有中央处理器(CPU),随机访问存储器(RAM)和只读存储器(ROM)。

CPU执行操作系统指令,如系统初始化、路由功能和交换功能。

RAM存储CPU所需执行的指令和数据,RAM是易失性存储器,如果路由器断电或重新启动,RAM中的内容就会丢失。

RAM用于存储以下组件:

①操作系统。

启动时,操作系统会将Cisco IOS (Internetwork Operating System)复制到RAM中。

②运行配置文件。

这是存储路由器IOS当前所用的配置命令的配置文件。除几个特例外,路由器上配置的所有命令均存储于运行配置文件,此文件也称为running-config。

③IP路由表。

此文件存储着直连网络以及远程网络的相关信息,用于确定转发数据包的最佳路径。

④ARP缓存。

此缓存包含IPv4地址到MAC地址的映射,类似于PC上的ARP缓存。ARP缓存用在有LAN接口(如以太网接口)的路由器上。

⑤数据包缓冲区。

数据包到达接口之后以及从接口送出之前,都会暂时存储在缓冲区中。

ROM是一种永久性存储器。Cisco设备使用ROM来存储:“bootstrap”指令、基本诊断软件和精简版IOS。

ROM使用的是固件,即内嵌于集成电路中的软件。固件包含一般不需要修改或升级的软件,如启动指令。许多类似功能(包括ROM监控软件)将在后续课程讨论。如果路由器断电或重新启动,ROM中的内容不会丢失。

NVRAM(非易失性RAM)在电源关闭后不会丢失信息。这与大多数普通RAM(如DRAM)不同,后者需要持续的电源才能保持信息。NVRAM被Cisco IOS用作存储启动配置文件(Startup-Config)的永久性存储器。所有配置更改都存储于RAM的“Running-Config”文件中(有几个特例除外),并由IOS立即执行。要保存这些更改以防路由器重新启动或断电,必须将“Running-Config”复制到NVRAM,并在其中存储为“Startup-Config”文件。即使路由器重新启动或断电,NVRAM也不会丢失其内容。

(2)路由器接口

路由器有多个接口,用于连接多个网络。通常,这些接口连接到多种类型的网络,也就是说需要各种不同类型的介质和接口。路由器一般需要具备不同类型的接口。例如,路由器一般具有快速以太网接口,用于连接不同的 LAN;还具有各种类型的 WAN 接口,用于连接多种串行链路(其中包括 T1、DSL 和 ISDN)。

图 4.13 显示了路由器面板上的各类接口。

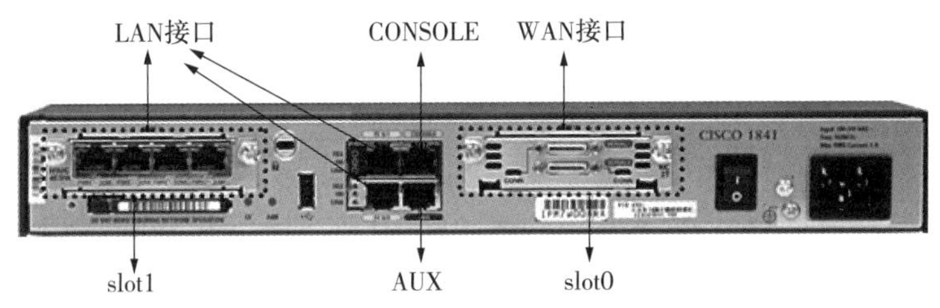

图 4.13 路由器面板的接口

①管理端口。

路由器用于管理路由器的物理接口称为管理端口。与以太网接口和串行接口不同,管理端口不用于转发数据包。最常见的管理端口是控制台端口,即 Console 口。控制台端口用于连接终端(多数情况是运行终端模拟器软件的 PC),从而在无需通过网络访问路由器的情况下配置路由器。对路由器进行初始配置时,必须使用控制台端口。

另一种管理端口是辅助端口(AUX),但并非所有路由器都有辅助端口。有时,辅助端口的使用方式与控制台端口类似,此端口也可用于连接调制解调器。

②LAN 接口。

顾名思义,LAN 接口用于将路由器连接到 LAN,如同 PC 的以太网网卡用于将 PC 连接到以太网 LAN 一样。类似于 PC 以太网网卡,路由器以太网接口也有第 2 层 MAC 地址,且其加入以太网 LAN 的方式与该 LAN 中任何其他主机相同。例如,路由器以太网接口会参与该 LAN 的 ARP 过程。路由器会为对应接口提供 ARP 缓存、在需要时发送 ARP 请求,以及根据要求以 ARP 回复作为响应。

路由器以太网接口通常使用支持非屏蔽双绞线(UTP)网线的 RJ-45 接口。当路由器与交换机连接时,使用直通电缆。当两台路由器直接通过以太网接口连接,或 PC 网卡与路由器以太网接口连接时,使用交叉电缆。

③WAN 接口。

WAN 接口用于连接路由器与外部网络,这些网络通常分布在距离较为遥远的地方。WAN 接口的第 2 层封装可以是不同的类型,如 PPP、帧中继和 HDLC(高级数据链路控制)。与 LAN 接口一样,每个 WAN 接口都有自己的 IP 地址和子网掩码,这些可将接口标识为特定网络的成员。

9)路由器的配置及管理

(1)路由器的配置模式

与配置交换机一样,路由器也有自己的 IOS,用户可以用命令行界面(CLI)配置路由器。路由器配置模式有一般用户模式、特权用户模式及全局模式 3 种。不同的配置模式,可以不同级别的配置。

①一般用户模式。

提示符为“>”,在用户模式下,只能查看路由器很少的信息,如时间等,不能对路由器进行配置。

②特权用户模式。

提示符为“#”,在特权用户模式下,可以查看路由,对文件进行删除、复制等操作。

③全局模式。

提示符为“(config)#”,在全局模式下,可能对路由器进行接口、路由等配置。

不同的配置模式能作的操作,可在其模式下健入“?”来查询,退回上级模式可用“exit”命令。

(2)路由器的管理方式

与交换机管理方式一样,路由器的管理也有带外管理和带内管理两种方式。

①带外管理。

带外管理是通过 Console 口用 Console 线来管理路由器。由于路由器没有基本的输入输出设备,用户在配置路由器时需要借助计算机的键盘和显示器来实现。因此,在进行路由器初始配置时,可通过 Console 线缆连接计算机的 COM 通信口和路由器的 Console 口相连,并在计算机上打开超级终端软件,通过超级终端向路由器输入指令并接受路由器的输出。

由于其所传输的命令未占用路由器转发一般网络数据包的带宽,所以这种管理方式被称为带外管理。

②带内管理。

带内管理是通过 Telnet 或 Web 方式来配置路由器。这种管理方式所传输的流量占用了转发一般网络数据包的带宽。

Telnet 方式允许管理员不在路由器的现场,可通过网络远程配置路由器,大大方便了管理。这要求用户计算机和路由器之间可以进行正常的网络通信,因此管理员需要事先在路由器上配置 IP 地址和 Telnet 用户及密码。路由器一般支持多人同时 Telnet,而每一个用户的连接被称为一个 VTY,即虚拟终端。

混合式学习

扫码学习,讨论:

1. 路由器有几种管理模式?
2. 如何备份路由器配置文件?

二维码 4.3　路由器基础配置

4.1.3 任务实施

1)实施环境

学校校园网的用户突然都无法访问 Internet。工程师经过排查发现是接入 Internet 的路

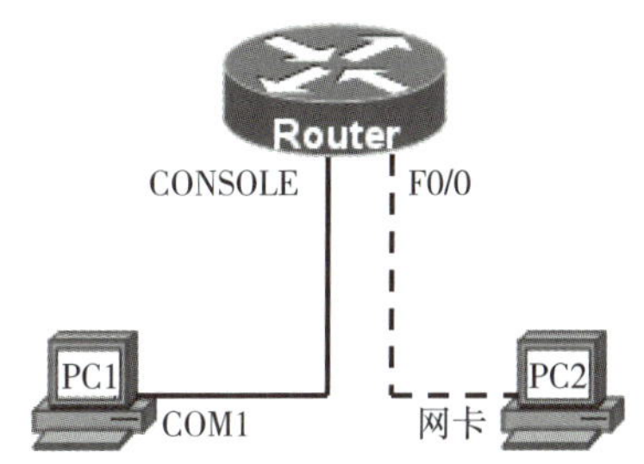

图4.14　路由器基本配置

由器出现故障。于是,工程师需要使用一台新的备用路由器来替换故障路由器。为了快速完成新路由器配置,工程师计划将以前备份在计算机上名为"Router-Config"的路由器配置文件上传到备用路由器上,覆盖新路由器的配置文件,使用户访问 Internet。本任务要求实现以上操作。

路由器基本配置如图4.14所示,PC1通过COM1口用Console线连接Console口,可实现带外管理;在经过基本配置之后,可通过PC2进行Telnet带内管理以及文件的上传和下载。

2)实施设备

Cisco 2811路由器1台、路由器Console线缆1条、UTP交叉线1条、PC 2台。

3)操作步骤

(1)物理连接

用Console线连接计算机的COM口与路由器的Console口,见表4.6。

表4.6　路由器和计算机地址规划

设备	接口	IP地址	子网掩码
路由器	F0/0	192.168.1.1	255.255.255.0
PC2	网卡	192.168.1.10	255.255.255.0

(2)路由器基本配置

一台未经任何配置的新路由器是不能直接工作的。工程师在将新路由器接入到网络之前必须对其进行配置。在初次配置路由器的时候,必须用带外管理的方式进行。在进行了一些初始配置之后,方可用远程Telnet进行带内管理。

①用超级终端连接路由器。

用超级终端连接路由器的方法与连接交换机相同。参考项目3中任务一介绍的方法,打开Windows下的超级终端,选择COM 1口,并设置Console口的通信波特率为9 600bps。

②进入全局配置模式。

下面的配置将路由器提示符将从">"更改为"#",并进入全局配置模式,修改主机名。

```
Router>                              \\用户模式
Router>enable
Router#                              \\特权模式
Router#config t
Router(config)#                      \\全局模式
Router(config)#hostname R1
                                     \\为路由器设置唯一的主机名
```

③配置路由器的口令。

接下来配置一个口令,用于稍后进入特权执行模式。

```
Router(config)#enable secret admin
```

然后,将控制台和Telnet的口令配置为cisco。"login"命令用于对命令行启用口令检查。如果不在控制台命令行中输入"login"命令,那么用户无需输入口令即可获得命令行访问权。

```
R1(config)#line console 0          \\进入控制台 Console 口
R1(config-line)#password cisco     \\设置口令为 cisco
R1(config-line)#login              \\要求口令认证
                      \\注意:若不输入此命令,那么用户无需输入口令即可获得命令行访问权
R1(config-line)#exit
```

④使用"show"命令。

在特权模式下,用户需要经常用"show"命令来查看路由器的各种信息或验证路由器的配置。

用"show running-config"查看路由的运行时配置:

```
Router#show running-config
Building configuration...

Current configuration: 548 bytes
!
version 12.4
no service timestamps log datetime msec
no service timestamps debug datetime msec
no service password-encryption
!
hostname Router
```

(3)设置Telnet

要通过Telnet访问路由器,需要事先在路由器上配置IP地址和Telnet密码。路由器的任何一个接口的IP地址都可以作为Telnet的目标IP,这里用Fast Ethernet 0/0接口作为例子。

①对计算机和路由器F0/0接口的IP设定如下:

```
Router>en
Router#conf t
Router(config)#inter f 0/0              \\进入接口模式
Router(config-if)#ip address 192.168.1.1 255.255.255.0
                                        \\设置接口的 IP 地址
Router(config-if)#no shutdown
                           \\打开接口。注意:Cisco 路由器接口的缺省状态是关闭的
```

②完成路由器Fast Ethernet 0/0接口IP地址配置后,接下来配置路由器的VTY。

```
Router(config)#line vty 0 4
                              \\VTY 是虚拟终端,"0 4"表示 VTY 0—VTY 4,共计 5 个虚拟终端
Router(config-line)#password cisco
                                             \\Telnet 的登录口令为"cisco"
Router(config-line)#login                    \\要求口令认证
Router(config-line)#exit
Router(config)#enable password cisco
                                             \\进入特权模式的口令为"cisco"
Router(config)#exit
Router#
```

③配置好路由器的 IP 以及 VTY 的验证口令之后,在计算机上配置网卡的 IP 地址为 192.168.1.10/255.255.255.0,并用"ping"命令测试计算机和路由器的连通性如下:

```
C:\>ping 192.168.1.1
Pinging 192.168.1.1 with 32 bytes of data:
Reply from  192.168.1.1:bytes=32  time=63ms TTL=255
Reply from  192.168.1.1:bytes=32  time=31ms TTL=255
……
```

④成功"ping"通路由器之后,说明计算机与路由之间的通信没有问题,可以进行 Telnet 连接,如下:

```
C:\>telnet 192.168.1.1
Trying 192.168.1.1...Open
User Access Verification
Password:                 \\这里输入 Telnet 的登录口令"admin"
Router>en
Password:                 \\这里输入特权模式口令"cisco"
Router#
```

(4)文件上传

对路由器的文件备份与恢复要用到 TFTP 服务器软件。TFTP 服务器的安装及设置方法在项目 3 任务 3.1 中介绍过,这里不再赘述。

在 TFTP 服务器中指定 F:\TFTP 目录为 TFTP 服务器的根目录。将原路由器的备份文件"Router-Config"复制在此目录下,执行以下操作:

```
Router#copy tftp: startup-config
                     \\这里将文件从 tftp 服务器复制到路由器的 startup-config
Address or name of remote host []? 192.168.1.10
                                  \\回答远程主机地址,黑斜体部分为用户的输入
Destination filename [Router-confg]? Router-config
                                      \\回答文件名,黑斜体部分为用户的输入
!!
[OK -503 bytes]
503 bytes copied in 0.062secs (8000 bytes/sec)
User Access Verification
```

【小贴士】

使用"copy"命令不仅可以复制 Running-Config, Startup-Config 等配置文件,也可以复制路由器的操作系统文件 IOS。而对 IOS 的操作通常用可以来备份、还原操作系统,还可以对操作系统文件进行升级。

任务4.2 路由器同步串行接口 PPP 配置

4.2.1 任务要求

某大学主校区设在北京,后来在珠海建立了分校。现在,学校需要把北京校区的校园网与珠海校区的校园网能够远程连接。远程互联过程中需要选择数据链路层的封装协议,以实现从一个局域网到另一个局域网的数据链路连通性。此外,为了保证远程连接的安全性,所选择的协议要能够提供安全验证。本任务要求模拟实现两校区的远程连接。

4.2.2 相关知识

路由器的同步串行接口可以封装的协议通常有 HDLC、PPP、Frame-relay、X.25 等,各种协议的数据格式、差错控制能力以及封装上层数据的能力都有差别。缺省情况下,路由器的串行接口封装的是 HDLC 协议。

PPP 是为在同等单元之间传输数据包这样的简单链路设计的数据链路层协议,包括了出错检验和纠正以及分组验证,并实现接入者的身份认证的安全特性。因此,PPP 协议是目前广域网上最广泛的协议之一。

1)HDLC

高级数据链路控制(High-Level Data Link Control, HDLC)是一个在同步网上传输数据、面向比特的数据链路层协议。它是由国际标准化组织(ISO)根据 IBM 公司的同步数据链路控制(Synchronous Data Link Control, SDLC)协议扩展开发而成的。

HDLC 是面向比特的数据链路控制协议的典型代表,该协议不依赖于任何一种字符编码集;数据报文可透明传输,用于实现透明传输的"0 比特插入法"易于硬件实现;全双工通信,有较高的数据链路传输效率;所有帧采用 CRC 检验,对信息帧进行顺序编号,可防止漏收或重份,传输可靠性高;传输控制功能与处理功能分离,具有较大灵活性。

HDLC 不能提供验证,缺少对链路的安全保护。如果需要对链路的安全进行验证保护,则可以使用 PPP 协议。

2)PPP

(1)PPP 协议

点到点协议(Point-to-Point Protocol, PPP)是在同等单元之间传输数据包这样的简单链路设计的链路层协议。这种链路提供全双工操作,并按照顺序传递数据包。设计目的主要是用来通过拨号或专线方式建立点对点连接发送数据,使其成为各种主机、网桥和路由器之间简单连接的一种共通的解决方案。

PPP 协议中提供了一整套方案来解决链路建立、维护、拆除、上层协议协商、认证等问题。PPP 协议包含这样几个部分:链路控制协议(Link Control Protocol, LCP);网络控制协议(Network Control Protocol, NCP)。LCP 负责创建,维护或终止一次物理连接。NCP 是一族协议,负责解决物理连接上运行什么网络协议,以及解决上层网络协议发生的问题。

最常用的认证协议包括口令验证协议(Password Authentication Protocol, PAP)和挑战握手验证协议(Challenge-Handshake Authentication Protocol, CHAP)。

(2)PPP 协议认证方式

①口令验证协议(PAP)。

PAP 是一种简单的明文验证方式。网络接入服务器(Network Access Server, NAS)要求用户提供用户名和口令,PAP 以明文方式返回用户信息。很明显,这种验证方式的安全性较差,第三方可以很容易地获取被传送的用户名和口令,并利用这些信息与 NAS 建立连接获取 NAS 提供的所有资源。所以,一旦用户密码被第三方窃取,PAP 无法提供避免受到第三方攻击的保障措施。

②挑战—握手验证协议(CHAP)。

CHAP 是一种加密的验证方式,能够避免建立连接时传送用户的真实密码。NAS 向远程用户发送一个挑战口令(Challenge),其中包括会话 ID 和一个任意生成的挑战字串(Arbitrary Challengestring)。远程客户必须使用 MD 5 单向哈希算法(One-Way Hashing Algorithm)返回用户名和加密的挑战口令,会话 ID 以及用户口令,其中用户名以非哈希方式发送。

CHAP 对 PAP 进行了改进,不再直接通过链路发送明文口令,而是使用挑战口令以哈希算法对口令进行加密。因为服务器端存有客户的明文口令,所以服务器可以重复客户端进行的操作,并将结果与用户返回的口令进行对照。CHAP 为每一次验证任意生成一个挑战字串来防止受到再现攻击(Replay Attack)。在整个连接过程中,CHAP 将不定时地向客户端重复发送挑战口令,从而避免第 3 方冒充远程客户(Remote Client Impersonation)进行攻击。

混合式教学

扫码学习,讨论:

1. 路由器的同步串行接口可以封装的协议通常有哪些?
2. 如何实现挑战-握手验证协议(CHAP)认证?

二维码4.4 PPP封装与CHAP认证配置

4.2.3 任务实施

1)实施环境

北京主校区需要和珠海分校区建立远程连接,用于连接广域网的接口需要封装恰当的数据链路层协议。由于HDLC不支持安全验证,为了保障数据传输的安全性,工程师选择了PPP协议。

在现实环境的WAN连接中,用户驻地设备(CPE)(通常是一台路由器)是数据终端设备(DTE)。该设备通过数据链路终端设备(DCE)连接到服务提供商,数据链路终端设备通常是调制解调器或通道服务单元(CSU)/数据服务单元(DSU)。该设备用于将来自DTE的数据转换成WAN服务提供商可接受的格式。

本任务使用背对背连接的DTE-DCE电缆来模拟构成WAN网云的设备,同步串行接口配置拓扑图如图4.15所示。

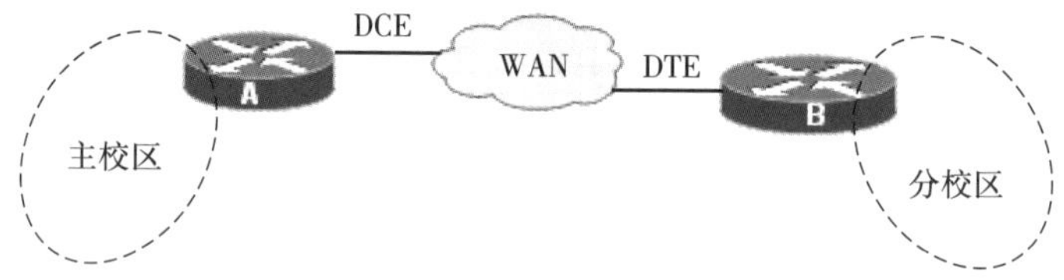

图4.15 同步串行接口配置拓扑图

2)实施设备

Cisco 2811路由器2台、V.35 DCE电缆1根、V.35 DTE电缆1根

3)操作步骤

(1)物理连接与地址规划

①按图4.15所示连接各设备。

【注意】 RouterA的serial 0/0/0口所连接的是V.35 DCE端,RouterB serial 0/0/0口所连接的是V.35 DTE端。

②参照表4.7对路由器的接口地址做如下规划。

表 4.7　路由器的接口地址规划

ROUTER	接口	IP	类型
A	S0/0/0	192.168.2.1/24	DCE
B	S0/0/0	192.168.2.2/24	DTE

(2)路由器同步串口基本配置

①分别对 RouterA 的 serial 0/0/0 和 RouterB serial 0/0/0 做如下配置。

RouterA：

```
RouterA(config)#interface s 0/0/0                          \\进入接口模式
RouterA(config-if)# ip address 192.168.1.1 255.255.255.0   \\配置接口的 IP
RouterA(config-if)# clock rate 64000                       \\配置 DCE 时钟速率
```

RouterB：

```
RouterB(config)interface s 0/0/0                           \\进入接口模式
RouterB(config-if)#ip address 192.168.1.2 255.255.255.0    \\配置接口的 IP
```

②查看当前接口的状态。

```
RouterA#show interface s 0/0/0                             \\查看 s 0/0/0 接口状态
serial0/0/0 is up, line protocol is up (connected)
Hardware is HD64570
Internet address is 192.168.2.1/24
MTU 1500 bytes, BW 1544 Kbit, DLY 20000 usec,
  reliability 255/255,txload 1/255,rxload 1/255
Encapsulation HDLC, loopback not set, keepalive set (10sec)
  …
  …
```

从上述输出可以看出，在缺省的情况下，路由器的同步串行接口封装了 HDLC 协议。

(3)封装 PPP 协议并配置 CHAP 验证

①规划 CHAP 认证的验证信息。对两台路由器之间 CHAP 认证所使用的验证信息设定见表 4.8。

表 4.8　用于 CHAP 认证的账号/密码

ROUTER	建立的账号/密码	发送的账号/密码
A	RouterB	RouterA
B	Cisco	Cisco

②配置 PPP-CHAP 之前，先将路由器恢复出厂设置。

```
RouterA#erase startup-config                               \\删除 Startup-config
RouterA#reload                                             \\重启
```

将 RouterB 也恢复出厂设置,方法同上。

③配置同步串口,封装 PPP 协议。

RouterA 配置如下:

```
RouterA(config)#username RouterB password 0 Cisco        \\建立账号和密码
RouterA(config)#interface s 0/0/0                        \\进入接口模式
RouterA(config-if)#ip address 192.168.1.1 255.255.255.0  \\配置接口的 IP
RouterA(config-if)#clock rate 64000                      \\配置 DCE 端时钟速率
RouterA(config-if)#encapsulation ppp                     \\封装 PPP 协议
RouterA(config-if)#ppp authentication chap               \\设置 Chap 认证方式
RouterA(config-if)#no shutdown
```

RouterB 配置如下:

```
RouterB(config)username RouterA password 0 Cisco         \\建立账号和密码
RouterB(config)interface s 0/0/0                         \\进入接口模式
RouterB(config-if)#ip address 192.168.1.2 255.255.255.0  \\配置接口的 IP
RouterB(config-if)#encapsulation ppp                     \\封装 PPP 协议
RouterA(config-if)#ppp authentication chap               \\设置 Chap 认证方式
RouterA(config-if)#no shutdown
```

④配置完成后,查看接口状态。

RouterA 的同步串口 S 0/0/0 状态:

```
RouterA#Show interface s 0/0/0
Serial0/0/0 is up, line protocol is up (connected)
Hardware is HD64570
Internet address is 192.168.2.1/24
MTU 1500 bytes, BW 1544 Kbit, DLY 20000 usec,
  reliability 255/255,txload 1/255,rxload 1/255
Encapsulation PPP, loopback not set, keepalive set (10sec)
LCP Open
Open: IPCP, CDPCP
……
……
```

以上输出显示,S0/0/0 口封装了 PPP 协议,而且处于 UP 状态。

⑤用"ping"命令测试串行链路的连通性。

```
RouterA#ping 192.168.1.2
Type escape sequence to abort.
Sending 5,100-byte ICMP Echos to 192.168.2.2, timeout is 2seconds:
!!!!!
Success rate is 100 percent (5/5), round-trip min/avg/max=31/31/32 ms
```

路由器 A 能够与 B 通信,说明运行 PPP 协议的串行链路通信正常。

任务 4.3　用静态路由连通园区网络

4.3.1　任务要求

在任务 4.2 中,工程师用 PPP 协议将位于北京的主校区和珠海的分校区远程连接起来,实现了链路的畅通。要让两个校区的用户可以互相通信,还必须解决路由选择问题,即位于北京校区和珠海校区的路由器必须有到达对方网络地址的路径信息,这样才能实现两个校区的网络互联。本任务要求用静态路由连通两校区网络。

4.3.2　相关知识

1)路由表与路由原理

路由表中存储了与该路由器直接相连的网络以及远程网络的相关信息。路由表通过送出接口或下一跳与每个网络关联。路由器使用送出接口来把数据发送至离目的地更接近的位置。而下一跳则是相连路由器上的一个接口,同样用来把数据发送至离最终目的地更接近的位置。

路由器根据路由表中的项目来选择路由。路由表的结构见表 4.9。

表 4.9　路由表的结构

子网掩码	数据包的目的地址	下一站路由器
255.255.255.0	201.66.37.0	直接投递
255.255.255.0	201.66.39.0	直接投递
255.0.0.0	73.0.0.0	201.66.37.254
255.255.255.255	127.0.0.1	127.0.0.1
0.0.0.0	0.0.0.0	201.66.39.254

路由器按如下算法选择路由、转发数据包:

①如果数据包的目的地址所处的网络与路由器直接连接,则在该网络上直接投递。

②如果数据包是转发给远程网络的,则按“最长子网掩码优先原则”逐一取出路由表中的子网掩码,跟数据包的目的地址逐位求“与”,若结果与路由表中相应的目的地址域相同,则将数据包发往指定的路由器。若无匹配的表项,则丢弃该数据包。

因此,路由器在路由表中搜索与数据包目标地址最匹配的路由表项时,其优先次序以下:

①直接投递。

②主机路由。

③与目标地址的网络 ID 匹配的路由(网络路由)。

④默认路由。

如果没有找到匹配的路由,则丢弃该数据包。

例:假设某路由器中的路由表见表4.10。

表4.10 某路由器中的路由表

子网掩码	数据包的目的地址	下一站路由器
255.255.255.0	192.168.1.0	直接投递
255.255.255.0	192.168.2.0	直接投递
255.255.255.0	192.168.3.0	192.168.2.254
255.255.255.255	192.168.3.4	192.168.1.254
255.255.0.0	192.168.0.0	192.168.1.254
0.0.0.0	0.0.0.0	192.168.2.254

如果数据包的目的地址是192.168.2.33,则路由器将数据包在网络192.168.2.0上直接投递。如果数据包的目的地址是192.168.3.4,则路由器会选择第四条路由,将数据包转发到192.168.1.254,原则是选择具有最长(最精确)的子网掩码。类似地,发往192.168.3.5的数据包则选择第3条路由,将数据包转发到192.168.2.254。若数据包的目的地址为192.168.5.6,则选择第5条路由,路由器将数据包发往192.169.1.254。

二维码4.5 直接交付与间接交付

2)**静态路由**

由系统管理员事先设置好、固定的路由称为静态(Static)路由。静态路由一般是在系统安装时根据网络的配置情况预先设定,不会随未来网络结构的改变而改变。

为了在路由表中建立路由条目,静态路由是最简单明了的一种方法。静态路由可满足特定的网络需求。根据网络的物理拓扑,静态路由可用于流量控制。

在一些企业网络中,小型的分支机构只有一条通往其他网络的路径。在这种情况下,就没有必要使用路由更新加重末梢网络的负担,也没有必要采用动态路由协议增加系统开销。因此,采用静态路由是最好的选择。

例:假如有如图4.16所示的静态路由网络结构:

则 CISCO 路由器 A 到达网络172.16.1.0只有唯一的一条路径,最好使用静态路由、将

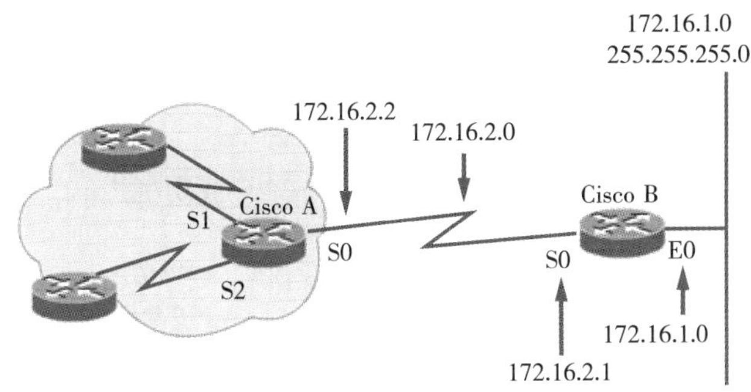

图4.16　静态路由网络结构

它的下一站地址设为路由器B的S0接口地址，即172.16.2.1。

某些企业路由器也会依据各自的部署和功能而采用静态路由。比如，边界路由器使用静态路由来为ISP提供安全稳定的路径。

配置静态路由的全局命令是“ip route”，后接目的网络地址、子网掩码和所需路径。命令为：

Router(config)#ip route [network-address][subnet mask][address of next hop OR exit interface]

在企业网络中，通过送出接口配置的静态路由适用于点对点的连接，比如边界路由器和ISP之间的连接。

混合式学习

扫码学习，讨论：

1. 静态路由有什么优缺点？
2. 如何实现静态路由？

二维码4.6　静态路由配置

4.3.3　任务实施

1)实施环境

在任务4.2中，通过串行链路配置完成了两地校区的广域网远程连接，路由器的各个接口以及所连接的每条链路都是激活状态，此时的路由器可以获得与各自直接相连的直连路由。但北京主校区的路由器A的路由表并没有达到珠海校区的局域网地址的路由，珠海校区的路由器B也没有达到北京校区的局域网地址的路由，位于两地的计算机之间仍然不能正常通信。

要使得路由器能够转发目的地址为非直连网段的数据包，必须为路由表添加相应的路由条目。在一个相对简单的网络结构中，静态路由是最直接、高效的一种路由技术。本任务通过配置静态路由使得北京校区、珠海校区两地的计算机之间实现相互通信，如图4.17所示。

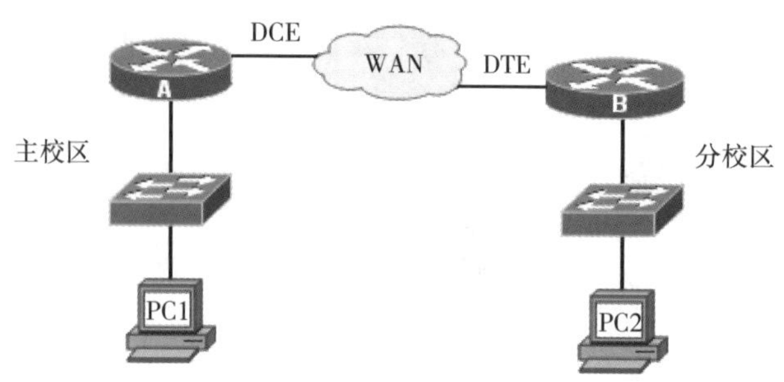

图 4.17　实施静态路由

北京和珠海两个校区的 IP 地址规划见表 4.11。

表 4.11　北京、珠海两个校区的 IP 地址规划

校区	设备	接口	IP	描述
北京	主校区 Router A	S0/0/0 DCE	192.168.1.1/24	连接 WAN 远程网络
		F0/0	192.168.0.1/24	连接北京主校区局域网
	PC1	网卡	192.168.0.10	用于测试
珠海	分校区 Router B	S0/0/0 DTE	192.168.1.2/24	连接 WAN 远程网络
		F0/0	192.168.2.1/24	连接珠海分校区局域网
	PC2	网卡	192.168.2.10	用于测试

2)实施设备

Cisco 2811 路由器 2 台、V.35 DCE 电缆 1 根、V.35 DTE 电缆 1 根,交换机 2 台,PC 2 台。

3)操作步骤

(1)物理连接与 PC 地址配置

①按图 4.17 所示拓扑结构,连接路由器与计算机。

②按表 4.11 的规划,配置各台 PC 的 IP 地址与网关。

(2)路由器接口配置

①配置各路由器的接口,保证所有接口都是 up 状态。具体配置如下。

配置 RouterA:

```
RouterA(config)#interface s 0/0/0
RouterA(config-if)#ip address 192.168.1.1 255.255.255.0
RouterA(config-if)#clock rate 64000              \\配置 DCE 时钟速率
RouterA(config-if)#no shutdown
RouterA(config)#interface f0/0
RouterA(config-if)# ip add 192.168.0.1 255.255.255.0
RouterA(config-if)#no shutdown
```

配置 RouterB:

```
RouterB(config)interface s 0/0/0
RouterB(config-if)#ip address 192.168.1.2 255.255.255.0
RouterB(config-if)#no shutdown
RouterB(config)interface F 0/0
RouterB(config-if)#ip add 192.168.2.1 255.255.255.0
RouterB(config-if)#no shutdown
```

②查看此时路由器的路由表。

RouterA 的路由表：

```
RouterA#show ip route
Codes:C -connected, S -static, I -IGRP, R -RIP, M -mobile, B -BGP
      D -EIGRP, EX -EIGRP external, O -OSPF, IA -OSPF inter area
      N1-OSPF NSSA external type 1,N2-OSPF NSSA external type 2
      ……
Gateway of last resort is not set
C   192.168.0.0/24 is directly connected, F0/0
C   192.168.1.0/24 is directly connected, Serial0/0/0
```

RouterB 的路由表：

```
RouterB#show ip route
Codes:……
                                              \\这里省略掉路由类型简码
Gateway of last resort is not set
C   192.168.1.0/24 is directly connected, Serial0/0/0
C   192.168.2.0/24 is directly connected, F0/0
```

从以上输出可见,此时每个路由器都有了直连路由,各链路均处于 up 状态。保证路由器的各个接口都处于 up 状态,各网段畅通,是接下来进行静态路由配置的先决条件。

(3)配置静态路由并查看新的路由表

①添加静态路由。

在 RouterA 上添加到达分校区 192.168.2.0/24 的静态路由：

```
RouterA(config)#ip route 192.168.2.0 255.255.255.0 192.168.1.2
```

在 RouterB 上添加到达分校区 192.168.0.0/24 的静态路由：

```
RouterB(config)#ip route 192.168.0.0 255.255.255.0 192.168.1.1
```

【小贴士】

在上述静态路由的配置中,由于 A、B 两台路由器到达对方的网络均只有一个出口,所以缺省路由可以在这里使用。路由器 A 可输入 Ip route 0.0.0.0 0.0.0.0 192.168.1.2 取代上述静态路由条目,路由器 B 则可输入 Ip route 0.0.0.0 0.0.0.0 192.168.1.1 取代上述静态路由条目。

查看 RouterA 的路由表:

```
RouterA#show ip route
Codes:……
                                                    \\这里省略掉路由类型简码
Gateway of last resort is not set
C   192.168.0.0/24 is directly connected, FastEthernet0/0
C   192.168.1.0/24 is directly connected, Serial0/0/0
S   192.168.2.0/24 [1/0] via 192.168.1.2
```

RouterB 的路由表:

```
RouterB#show ip route
Codes:……
                                                    \\这里省略掉路由类型简码
Gateway of last resort is not set
C   192.168.1.0/24 is directly connected, Serial0/0/0
C   192.168.2.0/24 is directly connected, F0/0
S   192.168.0.0/24 [1/0] via 192.168.1.1
```

以上输出分别显示了两台路由器的路由表,与添加静态路由条目之前相比,可以发现,两台路由器的路由表都增加了一条标记为“s”的路由,即静态路由。

②测试。

PC1ping PC2:

```
C:\>ping 192.168.2.10
Pinging 192.168.2.10 with 32 bytes of data:
Reply from 192.168.2.10:bytes=32 time=23 ms TTL=125
Reply from 192.168.2.10:bytes=32 time=23 ms TTL=125
Reply from 192.168.2.10:bytes=32 time=23 ms TTL=125
Reply from 192.168.2.10:bytes=32 time=23 ms TTL=125
Ping statistics for  192.168.4.10:
    Packets: Sent=4,Received=4,Lost=0 (0%  loss),
Approximate round trip times in milli-seconds:
    Minimum=23 ms, Maximum=25 ms, Average=23 ms
```

PC1 与 PC2 能够通信,即跨路由的通信正常。

在跨网段通信时,不同网段的 PC 会把发往其他网络的数据投递到网关,即路由器。为路由器配置了静态路由,路由器就可以根据路由表选择最优路径将数据包进行转发,如此一来,不同网段的计算机也可以正常通信了。

任务 4.4　用动态路由协议 RIP 连通园区网络

4.4.1　任务要求

随着珠海校区的招生规模逐渐扩大,珠海校区的网络扩展了一个新网络区域。为了能够实现统一管理,学校迫切需要将多个分散校区及区域的网络连接起来。此时,校园网需要路由器来互联更多的网络,并希望路由的配置能够适应网络的进一步发展和变化,而静态路由已经不太适应解决这一变化的需求。本任务要求用动态路由协议 RIP 连通各园区网络。

4.4.2　相关知识

1)**动态路由协议**

静态路由方便快捷,可信度高。网络工程师确实可以通过手工的方法来为路由表建立它所应有的路由条目,以适应网络环境的要求。但在企业网络中,随着网络规模的不断扩大和网络结构的复杂化,路由条目急剧增长,寻找通往目的主机的最佳路径变得十分困难。此外,网络的不稳定性也会随时影响到路由路径的可用性,靠人工操作的静态路由实时性必定很差。可见,使用静态路由很难适应有一定规模的网络环境。

使用路由选择算法根据实测或估计的距离、延迟和网络拓扑结构等度量权值,自动计算最佳路径并建立路由表,而且能自动适应网络结构的变化,实时、动态地更新路由表,这样的路由选择称为动态路由。

动态路由实现了路由表的动态更新,适用于网络规模大、网络拓扑复杂的网络环境。当然,各种动态路由协议会不同程度地占用网络带宽和 CPU 资源。

路由选择算法使用了许多种不同的度量标准去决定最佳路径。复杂的路由选择算法可能采用多种度量值(Metric)来选择路由,通过一定的加权运算,将它们合并为单个的复合度量、再填入路由表中,作为寻径的标准。度量值越小,说明这条路径越好。

常用的 Metric 如下:

①跳数:跳数指数据包在从源到目的的路途中必须经过的路由器个数。跳数越少,路由越好。

②可靠性:可靠性指网络连接的可依赖性(通常以位误率描述)。

③延迟:延迟指数据包从源端通过网络到达目的端所花的时间。

④带宽:带宽指链接可用的流通容量。

⑤负载:负载指网络资源(如路由器)的繁忙程度。

⑥通信代价:通信代价是另一种重要的度量值,通常可以根据带宽、建设费用、维护费用、使用费用等因素由网管指定。

2)距离矢量路由选择算法

距离矢量路由选择算法是让路由器维护一个路由表,路由表中存放着到达每个目的网络已知的最佳距离和路径。通过与相邻路由器周期性地相互交换各自的路由表备份,实现路由表的动态更新。

在图4.18中,每一个路由器从与之直接相邻的路由器处获得对方的路由表。例如,路由器B从路由器A和C获得路由信息后,对自己的路由表进行更新,更新后的路由表再传送给路由器A和C。路由器通过这种方法不断地积累路由信息,直到最终收敛为止。

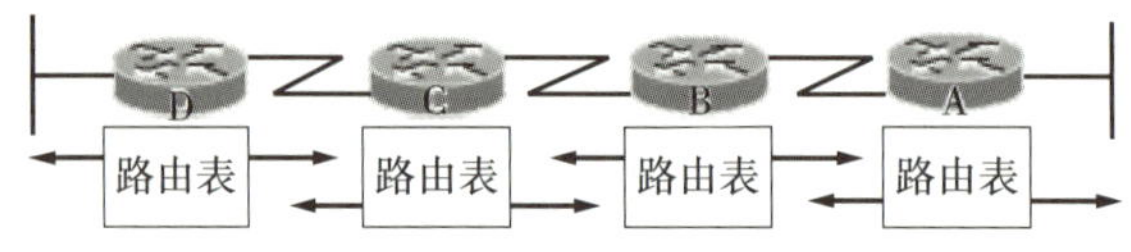

图4.18　路由表传递示意图

距离矢量路由选择算法最基本的要素是距离和向量。距离是距离矢量路由选择算法选择最佳路径的度量标准,通常用“跳数”表示。向量是指从源路由器到达目的网络的路径,这里的路径指的是它的下一跳路由器。

下面通过实例对距离-矢量算法进行具体描述,如图4.19所示。

路由表A		
10.1.0.0	E0	0
10.2.0.0	S0	0
10.3.0.0	S0	1
10.4.0.0	S0	2

路由表B		
10.2.0.0	S0	0
10.3.0.0	S1	0
10.4.0.0	S1	1
10.1.0.0	S0	1

路由表C		
10.3.0.0	S0	0
10.4.0.0	E0	0
10.2.0.0	S0	1
10.1.0.0	S0	2

图4.19　距离-矢量算法示意图

在图4.19中,有3个路由器:A、B和C。路由器A的两个网络接口E0和S0分别连接在10.1.0.0和10.2.0.0网段上;路由器B的两个网络接口S0和S1分别连接在10.2.0.0和10.3.0.0网段上;路由器C的网络接口S0和E0分别连接在10.3.0.0和10.4.0.0网段上。

如图4.19中各路由器路由表的前两行所示,通过路由器的网络接口到与之直接相连的网段的网络连接,其向量距离设置为0。这即是最初的路由表。

当路由器B和A以及B和C之间相互交换路由信息后,它们会更新各自的路由表。例如,路由器B通过网络端口S1收到路由器C的路由信息(10.3.0.0,S0,0)和(10.4.0.0,E0,0)后,在自己的路由表中增加一条(10.4.0.0,S1,1)路由信息。该信息表示:通过路由器B的网络接口S 1可以访问到10.4.0.0网段,其向量距离为1,该向量距离是在路由器C

的基础上加1获得的。同理,路由器B还会产生一条(10.1.0.0,S0,1)路由,这条路由是通过网络端口S0从路由器A获得的。如此反复,直到最终收敛,形成图4.19所示的路由表。

概括地说,距离矢量路由选择算法要求每一个路由器把它的整个路由表发送给与它直接连接的其他路由器。路由表中的每一条记录都包括目标逻辑地址、相应的网络接口和该条路由的向量距离。当一个路由器从它的邻居处收到更新信息时,它会将更新信息与本身的路由表相比较。如果该路由器比较出一条新路由或是找到一条比当前路由更好的路由时,它会对路由表进行更新:将从该路由器到邻居之间的向量距离与更新信息中的向量距离相加作为新路由的向量距离。

距离矢量路由选择算法的优点是简单、易于实现,但它要求所有路由器都参与路由信息交换,而且不管网络是否发生变化,路由表是否需要更新,它都定期向相邻的所有路由器发送整个路由表。网络规模越大,传送的路由信息就越多。每次路由表的更新都是在相邻路由器之间进行,然后再由相邻路由器向它的相邻路由器传送,这样一级一级地传送下去,最终完成互联网所有路由器的路由更新。因此,距离矢量路由选择算法更新过程慢,交换信息量大、收敛速度慢,不适合变化频繁的大型网络环境。

3)RIP 路由协议

路由信息协议(Routing Information Protocol, RIP)是应用最早、使用较普遍的内部网关协议(Interior Gateway Protocol, IGP),适用于小型同类网络。它采用距离矢量路由选择算法,以从源端到目的端所经过的路由器个数作为唯一的度量标准,即以路由器的跳数(Hop)计算最佳路径,跳数最小的路径为最佳路径。

二维码4.7　RIP路由形成过程

RIP协议规定路由表的更新周期为30 s,每个路由器每隔30 s把本地路由表拷贝发送给它的邻居路由器,以完成互联网上的所有路由器的路由表更新。

RIP协议还规定,如果在180 s的时间内一直没有收到关于某路径的刷新信息,则将该路径标记为不可用,说明该路径已经崩溃,需要将它从路由表中删除。

RIP协议以跳数作为衡量最佳路径的标准,但是,在实际的网络环境中,路由器跳数最小的不一定就是最佳路径。例如,图4.20中,从路由器R1到网络B,跳数为1的56 Kb/s串行链路比跳数为2的1.5 Mb/s串行链路慢很多,但RIP协议将选择56 Kb/s链路而不是1.5 Mb/s链路。

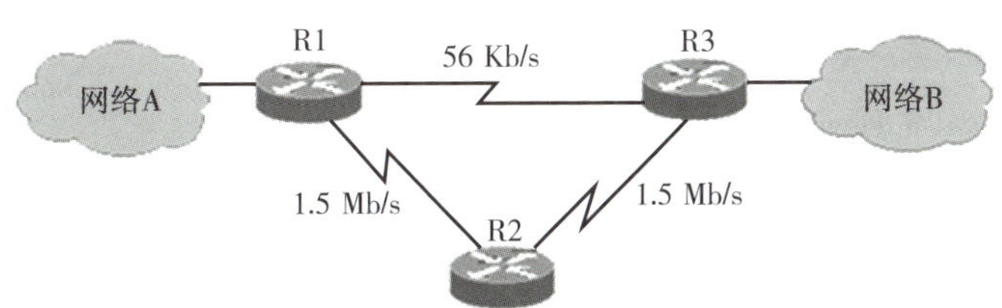

图4.20　跳数小的路径不一定是最佳路径

目前有两个RIP版本,RIPV1.0和RIPV2.0(RIPⅡ),但是RIP的第一个版本使用标准的IP地址,不支持子网路由。

4)慢收敛问题及对策

所谓收敛,是指直接或间接交换路由信息的一组路由器在网络的拓扑结构方面或者说在网络的路由信息方面达成一致。

RIP协议存在一个严重问题,即:路由器不知道网络的全局情况,必须依靠相邻路由器来获取网络的可达信息。由于路由选择更新信息在网络上传播慢,因此,RIP协议存在一个慢收敛问题,这个问题将导致不一致性产生。下面举例讲述慢收敛问题的产生原因。

在图4.21中,假设网络A失去连接。

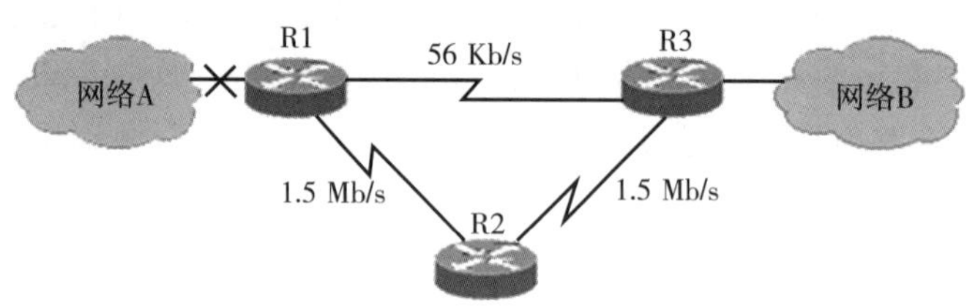

图4.21 慢收敛问题示意图

路由器R1检测到故障后产生一个触发更新送往路由器R2和路由器R3。这个更新信息告诉路由器R2和路由器R3,路由器R1不再有到达网络A的路径。这个更新信息传输到路由器R2被推迟了(CPU忙、链路拥塞等),但到达了路由器R3。路由器R 3从路由表中去掉到网络A的路径。

Ⅰ.路由器R2仍未收到路由器R1的触发更新信息,并发出它的常规路由选择更新信息,通告网络A以1跳的距离可达。路由器R 3收到这个更新信息,认为出现了一条新路径到网络A。

Ⅱ.路由器R3告诉路由器R1它能以2跳的距离到达网络A。

Ⅲ.路由器R1告诉路由器R2它能以3跳的距离到达网络A。

这个循环将一直进行下去,直到跳数为无穷。

这样一来,路由器R1、R2、R3都认为通过其他的路由器存在着一条通往网络A的路径,结果导致发往网络A的数据包在这三个路由器之间来回地传递,从而造成一条路由环路。

尽管路径的"距离"会越来越大,但该路由信息不会从R1、R2和R3的路由表消失。这就是慢收敛问题产生的原因。

RIP协议采用如下对策解决慢收敛问题。

Ⅰ.水平分割(Split Horizon)。

水平分割规则如下:路由器不向路由收到的方向回传此路由。当打开路由器接口后,路由器记录路由是从哪个接口来的,并且不向此接口回传此路由。

Ⅱ.定义一个最大值。

定义一个向量距离的最大值,可以在一定程度上防止形成路由环路,RIP 协议定义规定"距离"的最大值为 16。距离等于或超过 16 的路由为不可达路由。因此,在使用 RIP 协议的互联网中,每条路径经过的路由器数目不应超过 15 个,这也是 RIP 协议不适合在大型互联网环境中应用的主要原因。

Ⅲ.保持定时器(Hold-Down Timers)。

保持定时器防止路由器在路由从路由表中删除后一定的时间内接受新的路由信息。例如在图 4.21 中,由于路由更新信息被延迟,路由器 R2 向路由器 R3 发出错误信息。使用保持计时器这种情况将不会发生,因为路由器 R3 将在 180 秒内不接受通向网络 A 的新的路由信息。

Ⅳ.毒性逆转(Poison Reverse)。

水平分割是路由器用来防止把一个接口得来的路由又从此接口传回而导致问题的解决方案。水平分割方案忽略在更新过程中从一个路由器获取的路由又传回该路由器。有毒性逆转的水平分割的更新信息中包括这些路径,但这个处理过程把这些路径的度量设为 16(无穷大)。

通过把跳数设为无穷(16)并把这条路径告诉源路由器,有可能立刻解决路由选择环路。否则,不正确的路由将在路由表中驻留到超时为止。毒性逆转的缺点是它增加了路由更新的数据大小。

Ⅴ.触发更新(Trigged Update)。

有毒性逆转的水平分割将任何两个路由器构成的环路打破。三个或更多路由器构成的环路仍会发生,直到无穷(16)时为止。触发式更新想加速收敛时间,当某个路由器的路中表发生变化时,路由器立即发出更新信息,不管是否到达常规信息更新时间。

混合式教学

扫码学习,讨论:

1. RIP 是如何生成和维护路由表的?

2 如何实现 RIP 协议?

二维码 4.8　RIP 协议配置

4.4.3　任务实施

1)实施环境

珠海校区的网络新增了一个区域,为了使得新加入的网络能够与北京校区的网络通信,网络上的所有路由器必须更新各自的路由表以获得达到新增网络的路径信息。

当网络规模较大的时候,用静态路由更新路由表的工作量就越来越大了,而且静态路由的路由表是不会自动适应网络的变化的。因此,本任务通过配置动态路由 RIP,使得路由

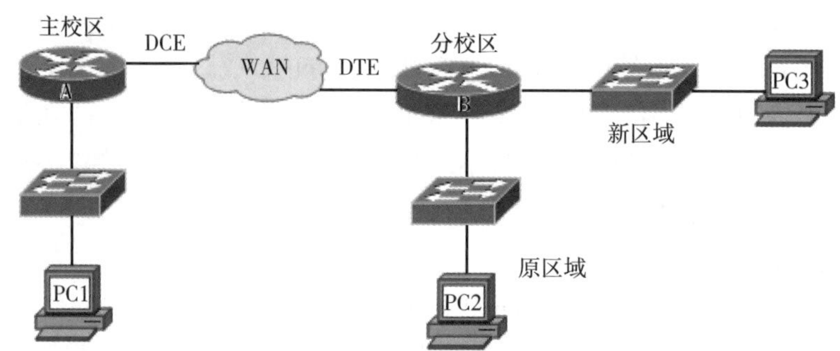

图4.22 实施RIP路由

器能够自动发现新网络并更新路由表。如图4.22所示。

图4.22中,路由器B的F0/0口连接的是珠海校区的原有网络,而F0/1口连接了新增的网络区域,这一区域使用了192.168.3.0/24这一网段。

增加区域后网络IP地址的规划见表4.12。

表4.12 增加区域后网络IP地址规划

校区	设备	接口	IP	描述
北京	主校区 Router-A	S0/0/0 DCE	192.168.1.1/24	连接WAN远程网络
		F0/0	192.168.0.1/24	连接北京主校区局域网
	PC1	网卡	192.168.0.10	用于测试
珠海	分校区 Router-B	S0/0/0 DTE	192.168.1.2/24	连接WAN远程网络
		F0/0	192.168.2.1/24	连接珠海分校区原区域
		F0/1	192.168.3.1/24	连接珠海分校区新区域
	PC2	网卡	192.168.2.10	用于测试
	PC3	网卡	192.168.3.10	用于测试

2)实施设备

Cisco 2811路由器2台、V.35 DCE电缆1根、V.35 DTE电缆1根,交换机3台,PC 3台。

3)操作步骤

(1)物理连接与PC地址配置

①按照图4.22连接各路由器与计算机。

②按照表4.12的规划,配置各台PC的IP地址与网关。

(2)路由器接口配置

①配置各路由器的接口,保证所有接口都是up状态。具体配置如下。

配置RouterA:

```
RouterA(config)#interface s 0/0/0
RouterA(config-if)#ip address 192.168.1.1 255.255.255.0
```

```
RouterA(config-if)#clock rate 64000                    \\配置 DCE 时钟速率
RouterA(config-if)#no shutdown
RouterA(config)#interface f0/0
RouterA(config-if)# ip add 192.168.0.1 255.255.255.0
RouterA(config-if)#no shutdown
```

配置 RouterB：

```
RouterB(config)interface s 0/0/0
RouterB(config-if)#ip address 192.168.1.2 255.255.255.0
RouterB(config-if)#no shutdown
RouterB(config)interface F 0/0
RouterB(config-if)#ip add 192.168.2.1 255.255.255.0
RouterB(config-if)#no shutdown
RouterB(config)interface F 0/1
RouterB(config-if)#ip add 192.168.3.1 255.255.255.0
RouterB(config-if)#no shutdown
```

②查看此时路由器的路由表。

RouterA 的路由表：

```
RouterA#show ip route
Codes:……
                                                 \\这里省略掉路由类型简码
Gateway of last resort is not set
C    192.168.0.0/24 is directly connected, F0/0
C    192.168.1.0/24 is directly connected, Serial0/0/0
```

RouterB 的路由表：

```
RouterB#show ip route
Codes:……
                                                 \\这里省略掉路由类型简码
Gateway of last resort is not set
C    192.168.1.0/24 is directly connected, Serial0/0/0
C    192.168.2.0/24 is directly connected, F0/0
C    192.168.3.0/24 is directly connected, F0/1
```

可见此时每个路由器都有了直连路由，各链路均处于 up 状态。保证路由器的各个接口都处于 up 状态，各网段畅通。此时的路由表，仅有直连路由。

(3)配置 RIP 路由

①在两台路由器上均配置动态路由 RIP 协议。

配置 RouterA 如下：

```
RouterB(config)#router rip                    \\启用 rip
RouterB(config-router)#network 192.168.0.0    \\在 RIP 中通告 192.168.0.0 网段
RouterB(config-router)#network 192.168.1.0    \\通告 192.168.1.0 网段
```

配置 RouterB 如下:

```
RouterB(config)#router rip                          \\启用 rip
RouterB(config-router)#net 192.168.1.0              \\通告 192.168.0.0 网段
RouterB(config-router)#net 192.168.2.0              \\通告 192.168.1.0 网段
RouterB(config-router)#net 192.168.3.0              \\通告 192.168.2.0 网段
```

②过一段时间之后(约30 s),查看新的路由表。

RouterA 的路由表:

```
RouterA#show ip route
Codes:……
                                                    \\这里省略掉路由类型简码
Gateway of last resort is not set
C   192.168.0.0/24 is directly connected, FastEthernet0/0
C   192.168.1.0/24 is directly connected, Serial0/0/0
R   192.168.2.0/24 [120/1]via 192.168.1.2,00:00:05,Serial0/0/0
R   192.168.3.0/24 [120/1]via 192.168.1.2,00:00:05,Serial0/0/0
```

RouterB 的路由表:

```
RouterB#show ip route
Codes:……
                                                    \\这里省略掉路由类型简码
Gateway of last resort is not set
R   192.168.0.0/24 [120/1]via 192.168.1.1,00:00:23,Serial0/0/0
C   192.168.1.0/24 is directly connected, Serial0/0/0
C   192.168.2.0/24 is directly connected, FastEthernet0/0
C   192.168.3.0/24 is directly connected, FastEthernet0/1
```

使用"show ip route"命令可检验路由器从 RIP 邻居处接收的路由是否已添加到路由表中。输出中的"R"表示 RIP 路由。因为该命令将显示整个路由表(包括直连路由和静态路由),所以在检查收敛情况时,一般首先使用此命令。一旦所有路由器上的路由都得到正确配置,则"show ip route"命令将反映出每台路由器都有完整的路由表,其中包含到达拓扑结构中每个网络的路由。

(4)测试

PC1、PC2 和 PC3 之间任意两台计算机均可以通信,实现了不同网段的 PC 也可以正常通信。

任务4.5　用动态路由协议 OSPF 连通园区网络

4.5.1　任务要求

由于 RIP 路由协议性能和可靠性等缺陷的存在,已无法满足日益增长的大规模网络的需要。与距离矢量路由协议相比,链路状态路由协议有许多优势。本任务要求用链路状态路由协议 OSPF 协议实现网络互联。

4.5.2　相关知识

1)链路状态路由协议

链路状态路由选择算法

链路状态指的是路由器连接的网络及其邻居路由器的工作状态。

链路状态路由选择算法,有时也称为最短路径优先算法(SPF, Shortest Path First)。其基本思想是:互联网上的每个路由器周期性地发送描述自己链路状态的信息给出其他路由器,以使每个路由器都能建立并维护一个网络拓扑结构资料数据库,根据网络拓扑结构资料数据库和最短路径优先算法,路由器就可以计算出自己到达各个网络的最短路径。

链路状态路由选择算法的操作过程,如图 4.23 所示。

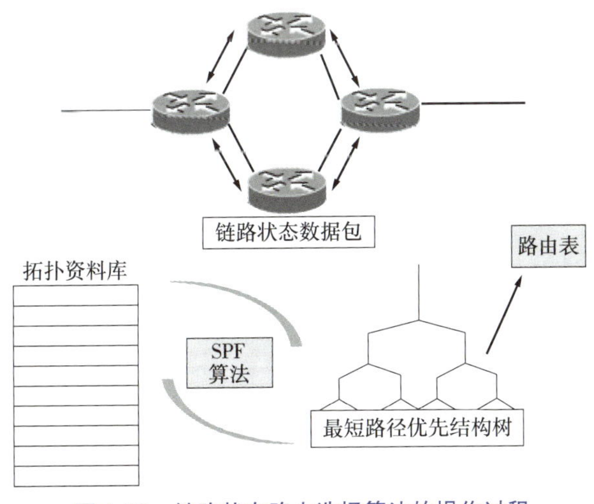

图 4.23　链路状态路由选择算法的操作过程

①每个路由器周期性地主动向相邻路由器发送链路状态询问报文(Hello),以发现邻居路由器,相邻路由器应返回一个应答告知它是谁,同时返回有关它的链路状态信息。

②通过发送 Echo 数据包测量线路的开销,如延迟时间等。

③每个路由器根据反馈信息组织 LSP(链路状态数据包),将之发送给网络上其他的路由器。LSP 的内容包括该路由器通过哪些网络与哪些路由器直接连接,以及相应连接的传输代价。

④每台路由器根据收到的 LSP 逐步地构建起网络拓扑结构资料数据库。

⑤路由器根据网络拓扑结构资料数据库,按照最短路径优先算法计算出以自己为根的最短路径优先结构树(即 SPF 树,树的根接点为该路由器本身)。

⑥路由器根据 SPF 树生成路由表。

链路状态路由选择算法的主要优点是没有跳数的限制;计算最短路径考虑了带宽因素;收敛速率快;由于每台路由器仅发送少量的、描述自己链路状态的信息,所以在更新路由表时,链路状态路由选择算法只需要在路由器之间交流少量的信息。因此,链路状态路由选择算法更适合网络变化频繁的大型互联网环境。

2)OSPF **路由协议**

开放式最短路径优先协议(Open Shortest Path First, OSPF)是采用链路状态路由选择算法的一个内部网关协议。OSPF 采用分级路由选择、具有层次结构。它把一个自治系统划分为多个区域(Area),一个区域内的路由器只需要保存和处理本区域的网络拓扑和路由,区域之间的路由信息交换由区域边界路由器完成,这种层次结构,可以减少路由信息的流量,如图 4.24 所示。若本自治系统连接了外部自治系统,则可通过 AS 边界路由器完成与外部自治系统的路由信息交换。该功能需要使用外部网关协议(如 BGP4)。

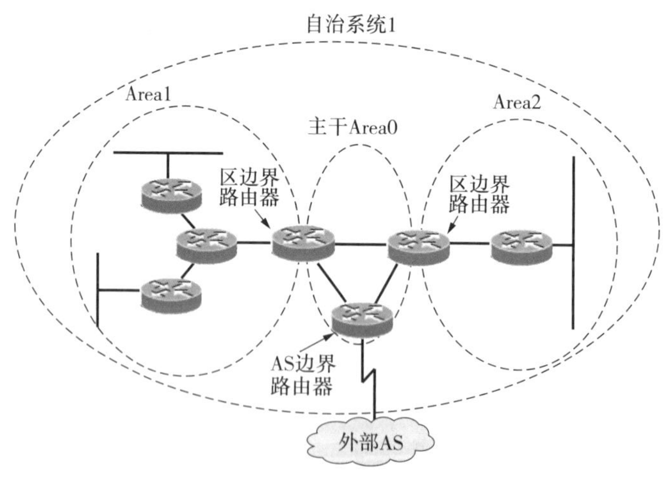

图 4.24　OSPF 的层次结构

OSPF 协议只发送少量的链路状态信息给互联网上的一些路由器,而不是整个路由表,因而 OSPF 协议收敛速度快。另外,OSPF 没有路由器跳数的限制,支持子网路由,提供负载均衡和身价认证等功能，非常适合在规模庞大、环境复杂的互联网环境中使用。

由于 OSPF 协议比较复杂，因此在采用 OSPF 协议时，应当考虑以下两方面的因素。

(1)路由器的存储空间和处理能力

由于采用链路状态路由选择算法时，路由器不但要保存来自其他路由器的链路状态数据包，而且还要保存网络的拓扑结构和路由表，所以其存储空间一定要大。另外，根据 SPF 树计算最短路径的算法较为复杂，因此要求路由器的处理能力要强。

(2)带宽

在建立 SPF 树的最初阶段，有大量的链路状态数据包需要通过网络进行传输，这对网络带宽的要求较高。如果带宽不够，不仅影响路由器收敛的速度，而且会影响正常的数据传输。

混合式学习

扫码学习，讨论：

1. OSPF 协议的形成机制。
2. 如何实现 OSPF 协议？

二维码 4.9　OSPF 协议配置

4.5.3　任务实施

1)实施环境

针对任务 4.4 中同样的场景(图 4.22)，本任务采用 OSPF 取代 RIP 来实现网络的互联。

2)实施设备

Cisco 2811 路由器 2 台、V.35 DCE 电缆 1 根、V.35 DTE 电缆 1 根，交换机 3 台，PC 3 台。

3)操作步骤

(1)物理连接与 PC 地址配置

①按照图 4.22 所示拓扑结构，连接各路由器与计算机。

②按照表 4.12 的规划，配置各台 PC 的 IP 地址与网关。

(2)路由器接口配置

①配置各路由器的接口，保证所有接口都是 up 状态。具体配置如下。

配置 RouterA：

```
RouterA(config)#interface s 0/0/0
RouterA(config-if)#ip address 192.168.1.1 255.255.255.0
RouterA(config-if)#clock rate 64000                          \\配置 DCE 时钟速率
```

```
RouterA(config-if)#no shutdown
RouterA(config)#interface f0/0
RouterA(config-if)# ip add 192.168.0.1 255.255.255.0
RouterA(config-if)#no shutdown
```

配置 RouterB:

```
RouterB(config)interface s 0/0/0
RouterB(config-if)#ip address 192.168.1.2 255.255.255.0
RouterB(config-if)#no shutdown
RouterB(config)interface F 0/0
RouterB(config-if)#ip add 192.168.2.1 255.255.255.0
RouterB(config-if)#no shutdown
RouterB(config)interface F 0/1
RouterB(config-if)#ip add 192.168.3.1 255.255.255.0
RouterB(config-if)#no shutdown
```

②查看此时路由器的路由表。

RouterA 的路由表:

```
RouterA#show ip route
Codes:……
                                                  \\这里省略掉路由类型简码
Gateway of last resort is not set
C    192.168.0.0/24 is directly connected, F0/0
C    192.168.1.0/24 is directly connected, Serial0/0/0
```

RouterB 的路由表:

```
RouterB#show ip route
Codes:……
                                                  \\这里省略掉路由类型简码
Gateway of last resort is not set
C    192.168.1.0/24 is directly connected, Serial0/0/0
C    192.168.2.0/24 is directly connected, F0/0
C    192.168.3.0/24 is directly connected, F0/1
```

此时查看路由表,仅有直连路由。

(3)配置 OSPF 路由

①在两台路由器上均配置动态路由 OSPF 协议。

配置 RouterA:

```
RouterA(config)#router ospf 1
RouterA(config-router)#network 192.168.0.0 0.0.0.255 area 0
RouterA(config-router)#network 192.168.1.0 0.0.0.255 area 0
```

配置 RouterB：

```
RouterB(config)#router ospf 1
RouterB(config-router)#network 192.168.1.0 0.0.0.255 area 0
RouterB(config-router)#network 192.168.2.0 0.0.0.255 area 0
RouterB(config-router)#network 192.168.3.0 0.0.0.255 area 0
```

②查看新的路由表。

RouterA 的路由表：

```
RouterA#show ip route
C   192.168.0.0/0/04   is directly connected, FastEthernet0/0
C   192.168.1.0/0/04   is directly connected, Serial0/0/0
O   192.168.2.0/0/04   [110,1601]via 192.168.2.2(on Serial0/0/0)
O   192.168.3.0/0/04   [110,1610]via 192.168.2.2(on Serial0/0/0)
```

RouterB 的路由表：

```
RouterB#show ip route
O   192.168.0.0/0/04   [110,1601]via 192.168.2.1(on Serial0/0/0)
C   192.168.1.0/0/04   is directly connected, Serial0/0/0
C   192.168.2.0/0/04   is directly connected, FastEthernet0/0
C   192.168.3.0/0/04   is directly connected, Ethernet0/1
```

"show ip route"命令用于检验路由器是否通过 OSPF 接收到新路由。每条路由开头的"O"表示路由来源为 OSPF。从以上的输出可以发现,A、B 路由器均使用 OSPF 协议获得了到其他网络的路由。

(4)测试

PC1、PC2 和 PC3 之间任意两台计算机均可以通信,实现了不同网段的 PC 也可以正常通信。

思考题

1. 网络互连有哪几种形式?

2. 一个 C 类网络地址 192.168.0.0,如何利用子网掩码将其划分出 6 个逻辑子网。

3. 现需要对一个局域网进行子网划分,其中第 1 个子网有 50 台计算机,第 2 和第 3 个子网各有 20 台计算机。如果分配给该局域网一个 C 类的网络地址 202.45.9.0,请写出 IP 地址分配方案。

4. 什么是路由器?它的主要功能是什么?

5. 路由器是怎样完成路径选择的?有哪两种常用的路由选择算法?

6. 简述 ARP 协议的工作原理。

7. 试叙述路由器转发数据的过程。

8. 什么是静态路由? 什么是动态路由?

9. 什么是 RIP? 什么是 OSPF? 请比较它们的优缺点。

10. 在如图4.25所示的互联网络结构图中,路由器R1、R2和R3使用静态路由。请写出路由器R1、R2和R3的静态路由表。

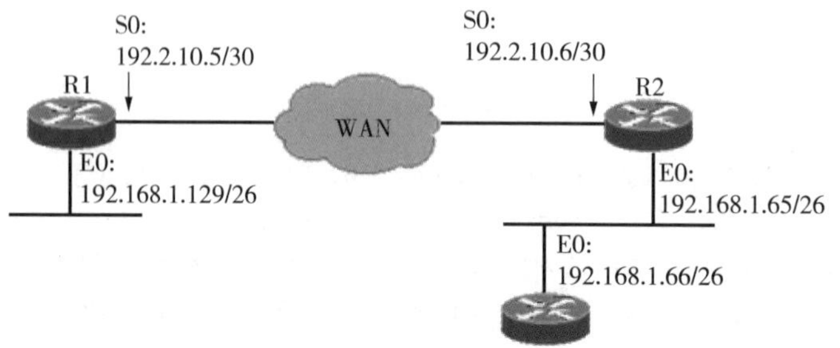

图4.25 互联网络结构图

11. 如何备份路由器配置文件?

12. 请指出地址分别属于哪种类型?

(1)FE80::12

(2)FEC0::24A2

(3)FF02::0

(4)0::01

13. 试把以下的IPv6地址用零压缩方法写成简洁形式:

(1)0000:0000:0F53:6382:AB00:67DB:BB27:7332

(2)0000:0000:0000:0000:0000:0000:004D:ABCD

(3)0000:0000:0000:AF36:7328:0000:87AA:0398

(4)2819:00AF:0000:0000:0000:0035:0CB2:B271

14. 试把以下零压缩的IP地址写成原来的形式:

(1)0::0

(2)0:AA::0

(3)0:1234::3

(4)123::1:2

15. 从IPv4过渡到IPv6的方法有哪些?

项目5 网络服务器配置与管理

【学习目标】

1. 掌握 Windows Server 2012 系统管理方法和技巧。
2. 掌握 DHCP 服务器工作原理。
3. 掌握域名结构以及 DNS 完整的查询过程。
4. 掌握 Web 服务的概念以及服务原理。
5. 掌握 FTP 的工作原理。

【能力目标】

1. 掌握用户账户、组账户的创建和管理。
2. 掌握共享权限设置。
3. 掌握 DHCP 服务器的配置。
4. 掌握 DNS 服务器的安装和配置。
5. 掌握 IIS 的安装以及 Web 服务器的配置。
6. 掌握 FTP 服务器的配置。

任务5.1 用户管理

5.1.1 任务要求

某公司有办公室、销售部、财务部和技术部,每部门都有几名员工。各部门的资料都存放在以部门名称命名的文件夹中并集中在同一台服务器上,各部门成员只能访问自己部门的资料。

5.1.2 相关知识

1)用户与域组账户管理

账号可以对用户进行授权访问,域组可以对用户进行分类管理和授权,通过对不同用户授予不同的权限和制订相应的资源管理策略实现对共享资源的高效管理与控制。

(1)用户账户

每一个想要访问网络的用户都必须有一个账户,以便利用该账户来登录到域,并访问网络上的资源。用户账户是记录用户的用户名和口令、所属的组、可以访问的网络资源以及用户的个人文件和设置的网络对象。

①用户账户的类型。

Windows Server 2012 的用户账户有域用户账户和本地用户账户两种类型。

Ⅰ.域用户账户。

域用户账户建立在域控制器的 Active Directory 数据库内。用户可以利用域用户账户在任一计算机上登录到域,并访问域中的资源。

当用户利用域用户账户来登录时,由域控制器来检查用户所输入的账号名称与密码是否正确。

Ⅱ.本地用户账户。

本地用户账户建立于本地的安全数据库内。用户利用本地用户账户只能登录到本机,并且只能使用本机的资源。

②内置的用户账户。

当 Windows Server 2012 安装完毕后,它将默认自动建立一些内置的账户,其中常见的两个账户是:

Ⅰ.Administrator(系统管理员)。

Administrator 拥有不受限制的权限,可以管理计算机与域内的设置,例如建立、修改、删除用户与组账户、设置用户与组账户的权限、设置安全策略等。

Ⅱ.Guest(来宾)。

Guest 是供临时访问计算机的用户使用的账户,只有少部分的访问权限。默认情况下,该账户是禁止登录的,如果要使用,必须修改其属性。

③用户账户命名的注意事项。

用户账户由"用户名"来标识,Windows Server 2012 R2 操作系统的用户账户命名有以下注意事项。

Ⅰ.用户名不区分大小写字母。

Ⅱ.用户登录名最长只能包含 20 个字符。

Ⅲ.在用户名中不能使用<、>、/、\、;、:、+、=、"、?、* 。

Ⅳ. 用户登录名在整个活动目录中必须唯一。

Ⅴ. 在用户名中不能全是圆点“.”。

④创建具有强保密性的密码。

Windows Server 2012 R2 操作系统的用户账户密码最长可以达到 127 个字符。为增强用户账户的安全性,使用户密码具有强保密性且难以破解,应该采用如下密码策略。

Ⅰ. 采用长密码,至少有 7 个字符。

Ⅱ. 不能包含用户名,不能是普通的单词或名称。

Ⅲ. 和以前使用的密码有明显的不同。

Ⅳ. 采用大小写字母、数字和特殊符号组合密码。

Ⅴ. 在第 2 到第 6 个位置中至少应有一个特殊符号。

(2)域组

在 Windows Server 2012 网络中,通过组可以对网络的多个对象进行管理。组是管理用户的策略。组可以包含用户、计算机以及其他组。管理员可以将具有相同权限的用户划分到一个组中,通过使用组,同时向这一组用户分配权限,故可简化对用户账户的管理。如图 5.1 所示,如果设置某个组对某个文件具备“读取”的权限,则该组所有成员都具备“读取”的权限。

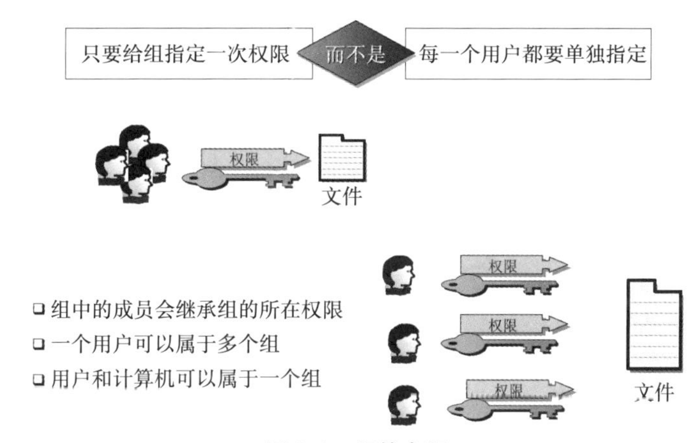

图 5.1　组的介绍

①域组的类型。

Windows Server 2012 中域组的类型有两种:安全组和通信组。可以使用通信组创建电子邮件通信组列表,使用安全组给共享资源指派权限。

Ⅰ. 安全组:安全组可以用来设置网络中的访问权限。

Ⅱ. 通信组:通信组不能设置网络中的访问权限,而只能用在与安全(权限的设置等)无关的任务上。例如,将电子邮件发送给某个分布式组。

②组的作用域。

在 Windows Server 2012 域内,每个安全组和通信组均具有 3 种不同的作用域:全局、本地域和通用。

Ⅰ.全局组。

成员:只能够包含该组所属的域内的用户账户与全局组。

权限:全局组可以访问任何一个域内的资源。

Ⅱ.本地域组。

成员:任何一个域内的用户账户、通用组、全局组;同一个域内的本地域组。

权限:本地域组只能够访问同一个域内的资源。

Ⅲ.通用组。

成员:任何一个域内的用户账户、通用组、全局组。

权限:可以访问任何一个域内的资源。

2)NTFS 权限管理

微软公司从 Windows NT 开始使用了一种新的文件系统 NTFS(New Technology File System, NTFS)文件系统,NTFS 对网络系统的安全性有着至关重要作用。当多人使用一台微机时,若希望每人仅能访问自己的资料,对同一机器上的他人的资料没有权限,在该机上可实施 NTFS 文件系统,由用户自己设置权限。

NTFS 卷上分配权限的实质是为每个文件或目录设置与用户相关的访问控制列表(Access Control List, ACL),即关于谁在文件上有权限的列表。当用户试图访问文件或文件夹时,该文件或文件夹上的 ACL 就被访问。如果用户不在该 ACL 列表上,就会终止用户的访问;如果用户在该列表上,就会迅速完成查询以核实该用户具有何种权限,如图 5.2 所示。

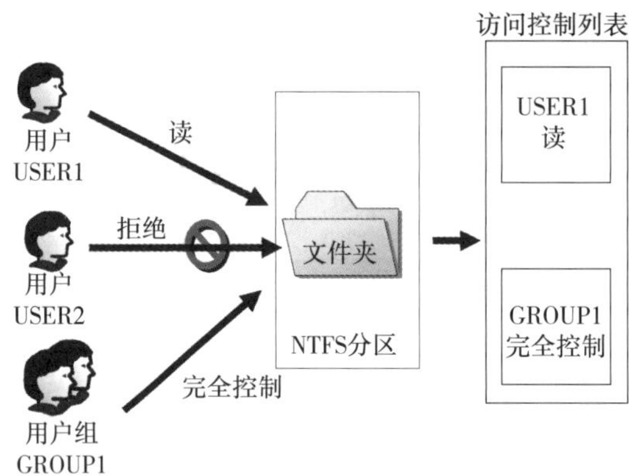

图 5.2 NTFS 权限

(1)文件夹权限

完全控制:用户可能执行下列全部职责,包括两个附加的高级属性。

修改:用户可以写入新的文件,新建子目录和删除文件及文件夹,用户也可以查看哪些其他用户在该文件夹上的权限。

读取及运行:用户可以阅读和执行文件。

列出文件夹目录:用户可以查看在目录中的文件名。

读取:用户可以查看目录中的文件和查看还有谁拥有权限。

写入:用户可以写入新文件并查看还有谁拥有文件。

(2)文件权限

完全控制:用户可能执行下列全部职责,包括两个附加的高级属性。

修改:用户可以修改、重写或删除任何现有文件,用户也可以查看还有哪些其他用户在该文件上有权限。

读取及运行:用户可以阅读文件,查看谁有访问权并运行可执行文件。

读取:用户可以阅读文件和查看还有谁有访问权限。

写入:用户可以重写入文件并查看还有谁有访问权限。

混合式学习

扫码学习,讨论:

1. 如何创建、管理用户和组?
2. 如何给文件夹设置用户权限?

二维码 5.1　Windows Sever 2012 用户管理

5.1.3　任务实施

1)实施环境

如图 5.3 所示的网络拓扑,完成域控制器和客户机的物理互连。其中,一台计算机安装 Windows Server 2012,由其充当域控制器角色,另一台计算机安装 Windows 7,充当域中的客户机角色。

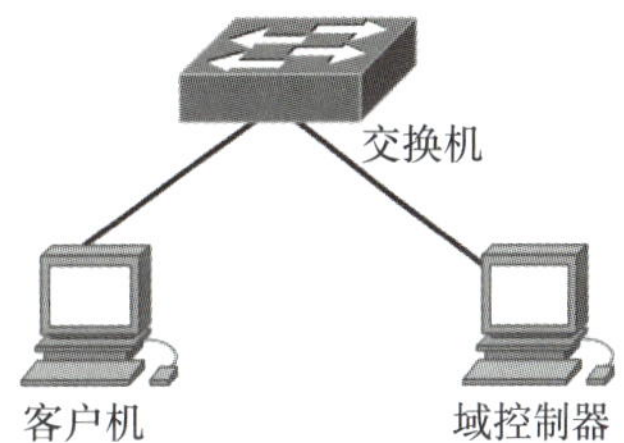

图 5.3　用户管理环境图

2)实施设备

两台计算机,用户管理的配置见表 5.1。

表 5.1　用户管理的配置

内容	要点	参考建议
域控制器、客户机的 IP 设置	域控制器与客户机的 IP 设置	域控制器 IP 设置:192.168.1.2/24 客户机的 IP 设置:192.168.1.11/24
Active Directory 及域控制器的安装	1. 域控制器类型 2. 域的 DNS 名称 3. 管理员账号与密码	1. 域控制器类型:域控制器 2. 域的 DNS 名称:glutnn.cn 3. 管理员账号:administrator,密码:Admin_123456

3)操作步骤

(1)活动目录用户和计算机控制台的使用

活动目录用户和计算机控制台,用于增加、修改、删除、管理 Windows Server 2012 用户和计算机账户、组和组织单位等对象,并可在目录上发布和管理资源。

可依次选择“开始”→“管理工具”→“Active Directory 用户和计算机”,以此打开“Active Directory 用户和计算机”控制台窗口,如图5.4所示。

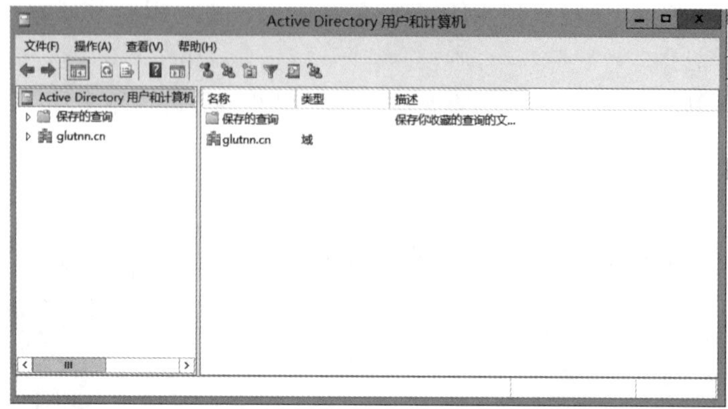

图5.4 “Active Directory 用户和计算机”窗口

可以展开域节点,在窗口左边的控制台树中显示一些文件夹,选择“查看”菜单的“筛选器选项”命令,打开“筛选器选项”对话框,可以显示所需要的信息。

(2)组织单位的管理

活动目录服务把域又细分成组织单位。组织单位是一个逻辑单位,是可将用户、组、计算机、文件、打印机资源等对象放入其中的 Active Directory 容器。

①添加组织单位。

可依次选择“开始”→“管理工具”→“Active Directory 用户和计算机”,打开“Active Directory 用户和计算机”控制台窗口。在控制台窗口的目录树中,双击域节点以打开节点,右击域节点或可添加组织单位的文件夹节点,选择“新建”→“组织单位”,打开“新建对象—组织单位”对话框,在“名称”框中输入组单位的名称,单击“确定”按钮,如图5.5所示。

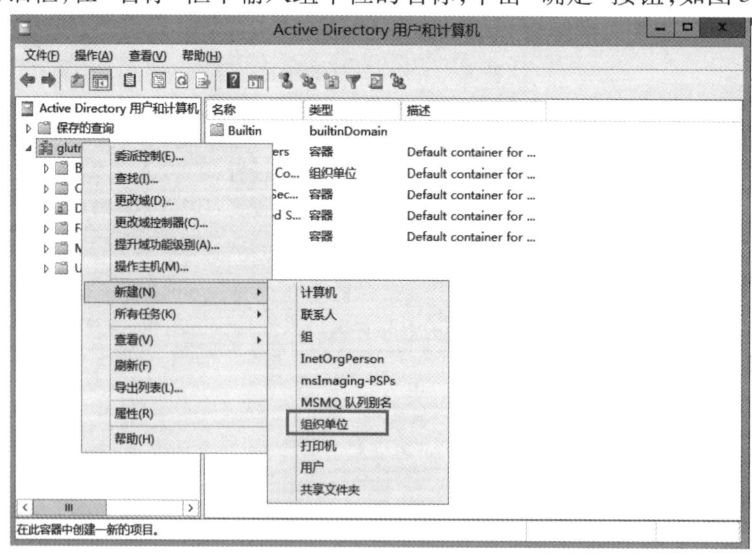

图5.5 添加组织单位

②删除组织单位。

可依次选择“开始”→“管理工具”→“Active Directory 用户和计算机”，打开“Active Directory 用户和计算机”控制台窗口。在控制台窗口的目录树中，双击域节点以打开节点，右击要删除的组织单位，选择“删除”命令，系统会打开确认框，单击“是”即可删除组织单位，如图 5.6 所示。

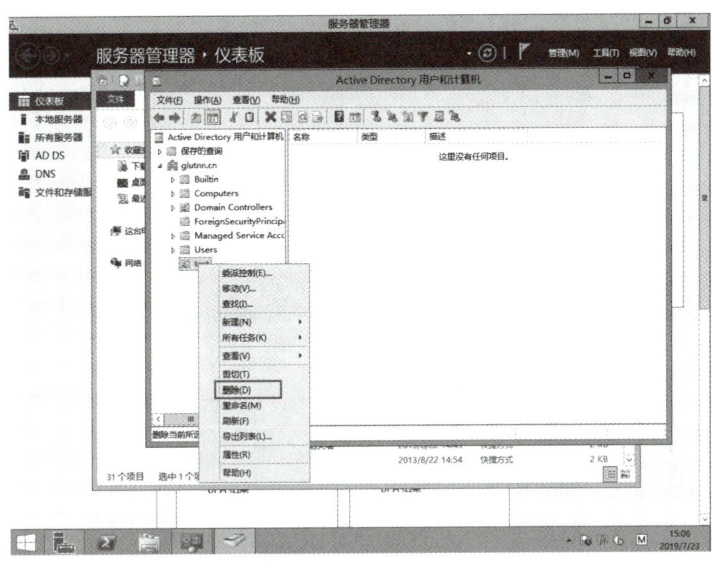

图 5.6　删除组织单位

③设置组织单位的属性。

组织单位被添加之后，如果不根据需要设置其属性，就很难发挥其管理的方便性和安全性。通过设置组织单位的属性，不但可以指定组织单位的管理人和常规属性，也可为组织单位创建组策略。要设置组织单位的属性，可参照下面的步骤：

依次选择“开始”→“管理工具”→“Active Directory 用户和计算机”，打开“Active Directory 用户和计算机”控制台窗口。在控制台窗口的目录树中，双击域节点以打开节点，右击要设置属性的组织单位，并从弹出的快捷菜单中选择“属性”命令，打开该组织单位的属性对话框。分别选择“常规”“管理者”标签，按需要设置，如图 5.7 所示。

图 5.7　组织单位属性设置

(3)用户账户的管理

①建立域用户账户。

Ⅰ. 依次选择“开始”→“管理工具”→“Active Directory 用户和计算机”打开“Active Directory 用户和计算机”控制台窗口。

Ⅱ. 在控制台窗口的目录树中，双击域节点(glutnn. cn)以打开节点→右击“User”组织单位，再从弹出的快捷菜单中选择“新建”→“用户”的命令，如图5.8所示。

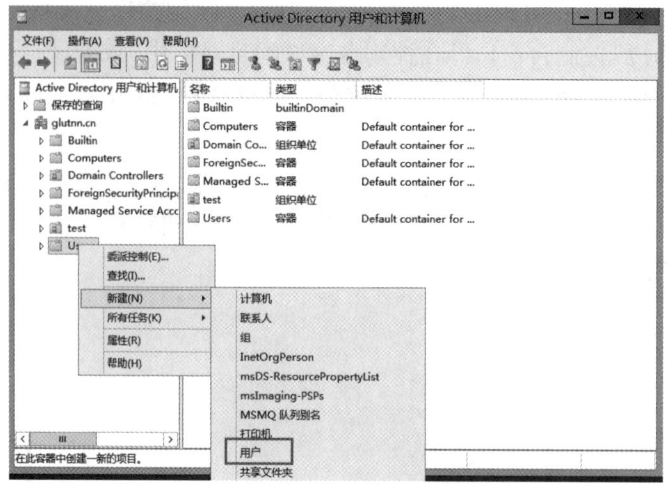

图5.8　新建用户

Ⅲ.出现“新建对象-用户”,输入“姓”“名”及“用户登录名”,至少在“姓”与“名”这两个文本框之一输入信息;“用户登录名”是用户用来登录域所使用的名称,必须输入,而且在活动目录内,这个名称必须是唯一的,如图5.9所示。

图5.9　“新建对象-用户”对话框

Ⅳ.单击“下一步”按钮,进行如下设置:输入用户账户的密码,也可以密码留空;根据需要在“用户下次登录时须更改密码”“用户不能更改密码”“密码永不过期”“账户已停用”复选框中进行选择,如图5.10所示。

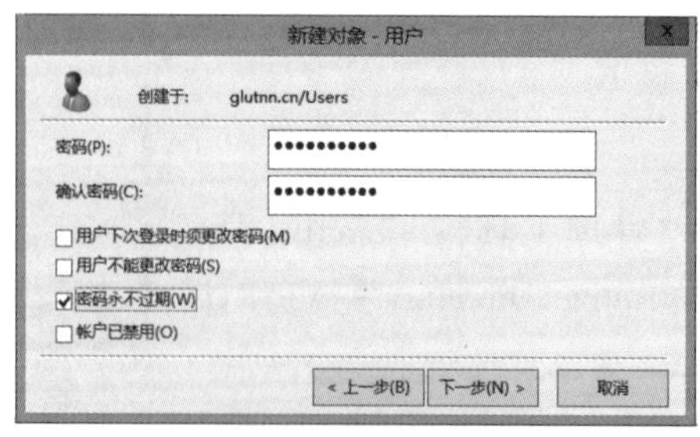

图5.10　密码设置

Ⅴ. 单击“下一步”按钮，单击“完成”按钮，完成一个用户账户的创建，如图 5.11 所示。

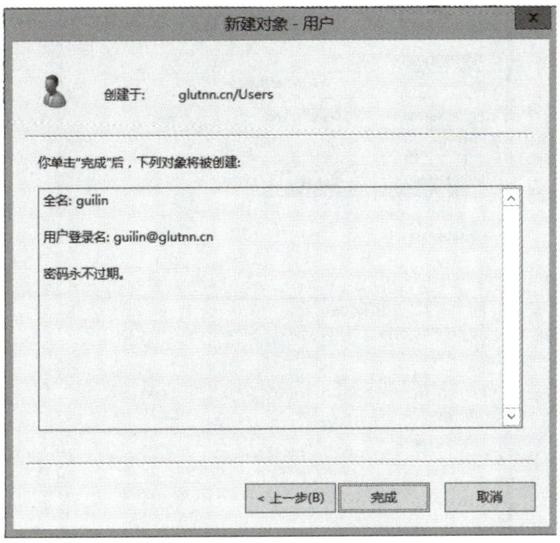

新建对象 - 用户
创建于:　glutnn.cn/Users
你单击"完成"后，下列对象将被创建:
全名: guilin
用户登录名: guilin@glutnn.cn
密码永不过期。
< 上一步(B)
完成
取消

图 5.11　完成创建用户

②域用户账户的属性设置。

Ⅰ. 依次选择“开始”→“管理工具”→“Active Directory 用户和计算机”，打开“Active Directory 用户和计算机”控制台窗口。在控制台窗口中，用鼠标右键单击要设置属性的用户账户，选择“属性”命令（图 5.12），打开如图 5.13 所示的用户属性窗口，按实际需要设置。

Active Directory 用户和计算机
文件(F)　操作(A)　查看(V)　帮助(H)
Active Directory 用户和计算机
保存的查询
glutnn.cn
Builtin
Computers
Domain Controllers
Users
test
名称
类型
描述
Administrator
Guest
guilin
Protected Users
RAS and IAS Servers
复制(C)...
添加到组(G)...
禁用帐户(S)
重置密码(E)...
移动(V)...
打开主页(O)
发送邮件(A)
所有任务(K)
剪切(T)
删除(D)
重命名(M)
属性(R)
帮助(H)

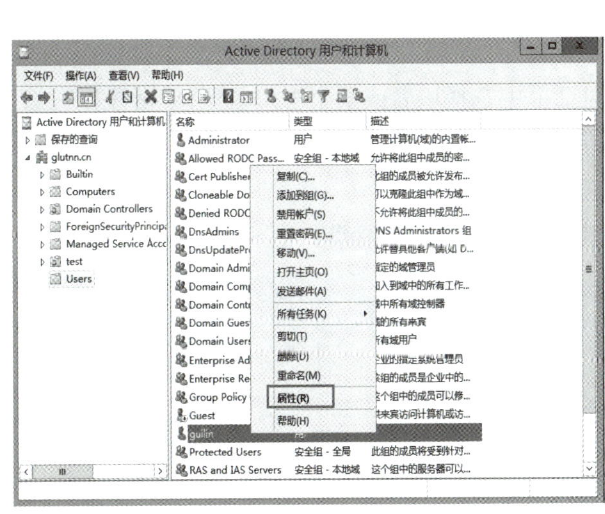

图 5.12　右键属性设置

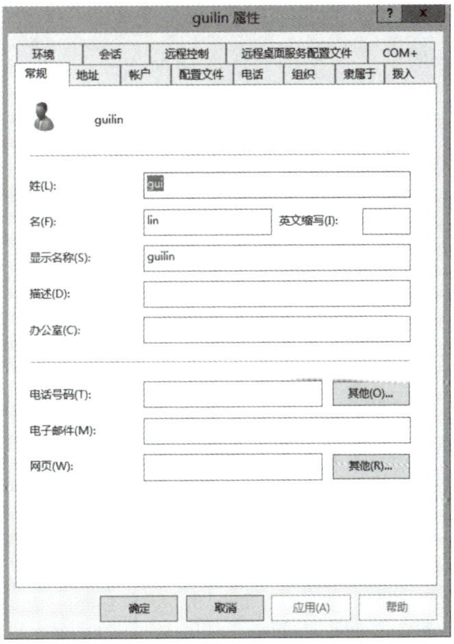

guilin 属性
环境　会话　远程控制　远程桌面服务配置文件　COM+
常规　地址　帐户　配置文件　电话　组织　隶属于　拨入
guilin
姓(L):　gui
名(F):　lin
英文缩写(I):
显示名称(S):　guilin
描述(D):
办公室(C):
电话号码(T):
其他(O)...
电子邮件(M):
网页(W):
其他(R)...
确定　取消　应用(A)　帮助

图 5.13　“用户属性”对话框

Ⅱ. 在“常规”和“地址”选项卡中输入“用户个人信息”（姓名、英文缩写、办公室、电话号码、电子邮件、网页、地址等）。

Ⅲ. 选择“账户”选项卡，如图 5.14 所示，进行账户信息设置。

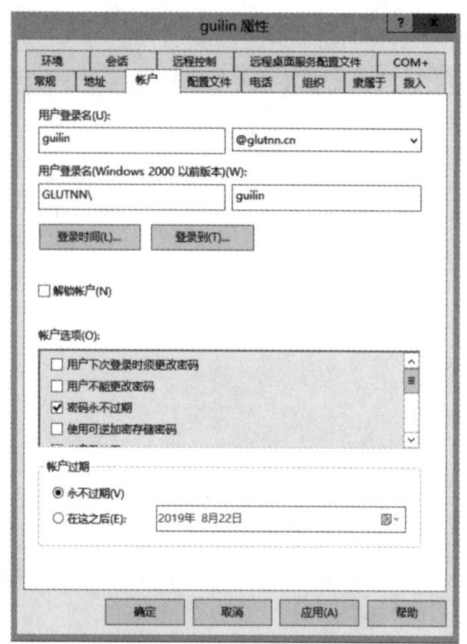

图 5.14　账户信息设置

在"用户登录名"中可修改用户登录名;在"账户过期"中可以设定用户使用期限;在"账户选项"中设定用户密码的使用情况;单击"登录时间"按钮设置允许用户登录的时段,默认是用户可以在任何时段登录域;单击"登录到"按钮设置允许用户登录到域的计算机,系统默认为用户可以从任何一台计算机登录域,也可以限制用户只能从某些计算机登录域。

(4)域组的管理

①域组的添加、删除与更名。

在"Active Directory 用户和计算机"对话框中选择域名或某个组织单位,单击鼠标右键,从弹出的快捷菜单中选择"新建"→"组"命令,输入组名,单击"确定"建立一个组,如图 5.15 所示。

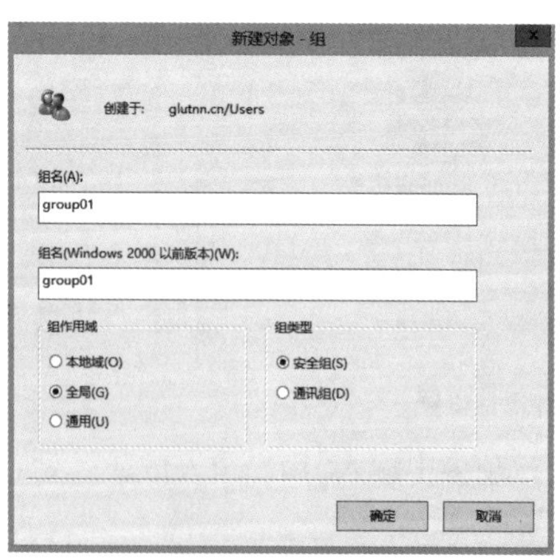

图 5.15　新建域组

在"Active Directory 用户和计算机"对话框中选择域名或某个组织单位,单击鼠标右键,从弹出的快捷菜单中选择“删除”命令，将删除组。

在“Active Directory 用户和计算机”对话框中选择域名或某个组织单位，单击鼠标右键，从弹出的快捷菜单中选择“重命名”命令，将更改组的名称（显示的名称被改而登录名没有被改）。

②添加域组的成员。

在“Active Directory 用户和计算机”对话框中选择并双击域名或某个组织单位，并在所选择的域组上单击鼠标右键，从弹出的快捷菜单中选择“属性”命令，打开组属性对话框，选择“成员”选项卡，单击“添加”→“高级”，如图5.16、图5.17 所示。

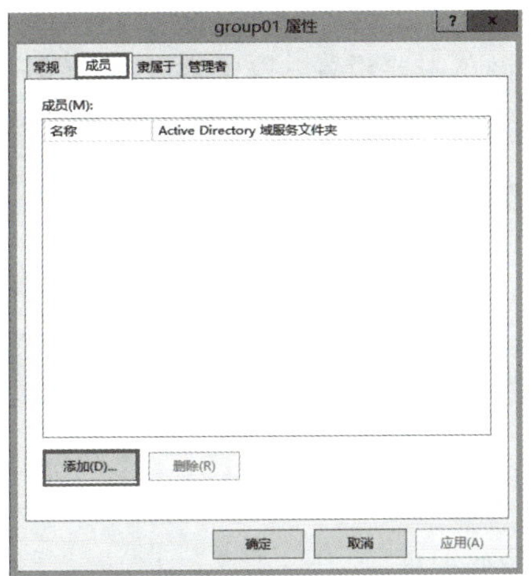

图5.16　添加

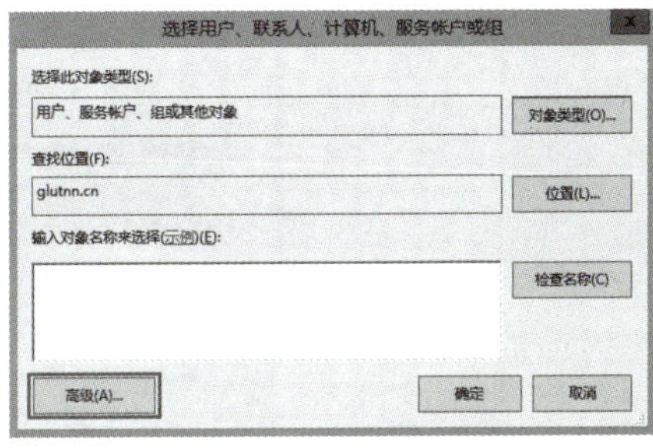

图5.17　高级

然后单击“立即查找”→选中用户→连续单击“确定”，如图5.18、图5.19、图5.20 所示。

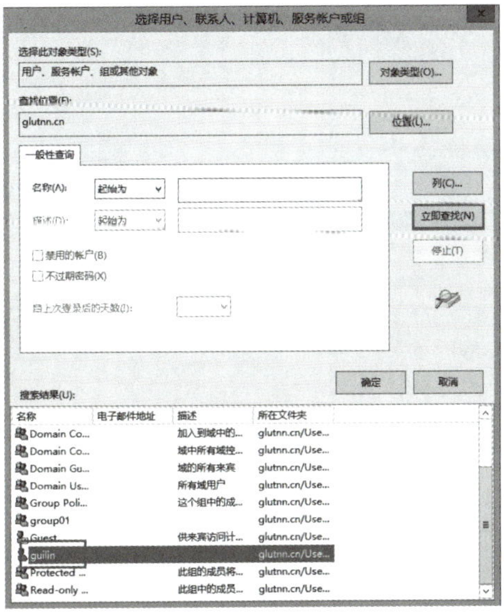

图5.18　查找用户

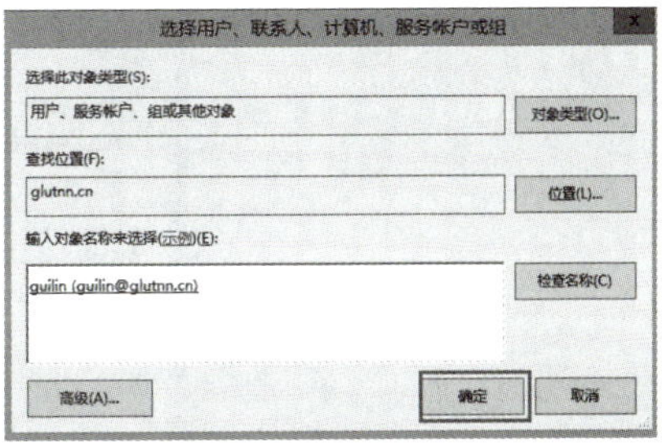

图5.19　确定

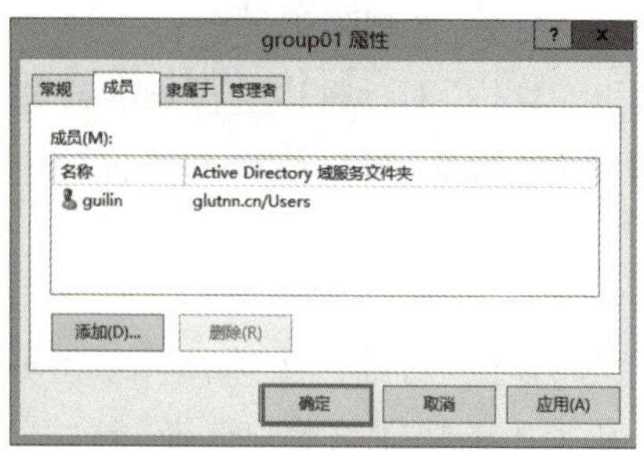

图5.20　确定完成

(5)共享资源的管理

①打开“计算机”,双击“本地磁盘C”,用鼠标右键单击要设置共享的文件夹“text”,从弹出的快捷菜单中选择“共享”→“特定用户”命令,显示文件共享窗口,如图5.21所示。

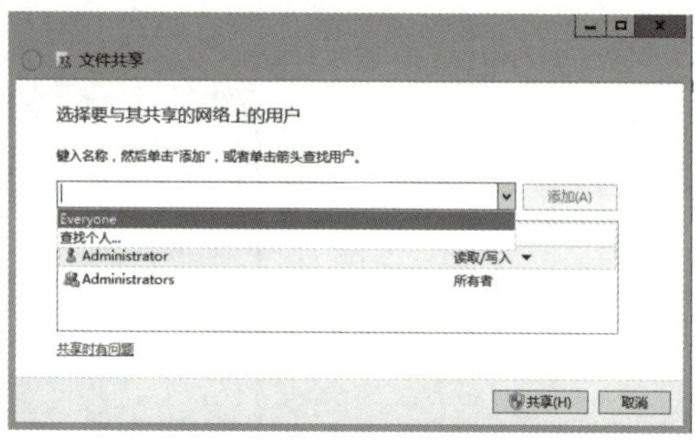

图5.21　文件共享窗口

②对于不同的组或用户,可以设置对于该共享文件夹不同的访问权限。如仅给予某些用户读取的权限,给予某些用户修改的权限等。用鼠标右键共享文件夹“text”,从快捷菜单中选择“属性”,显示“text属性”对话框,选择“安全”选项卡,如图5.22所示。

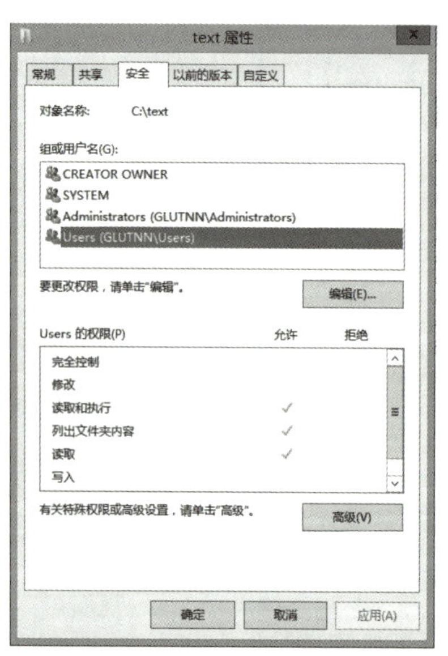

图5.22　“text属性”对话框

③选择要设置文件夹共享权限的组或用户名，单击“编辑”按钮，设定用户的访问权限，如图 5.23 所示。

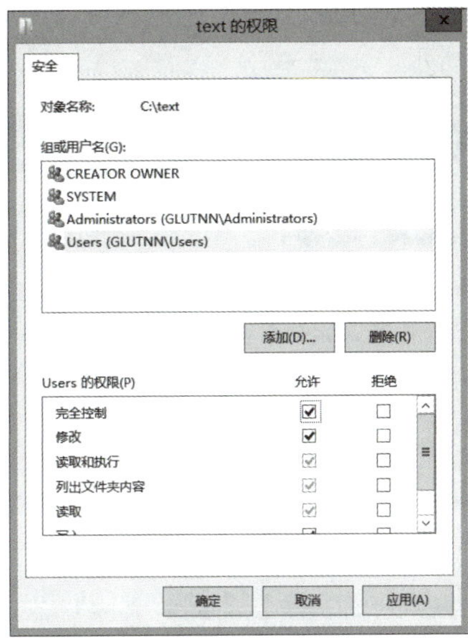

图 5.23　权限设置

④访问网络资源。若用户在网络上共享资源时，需要频繁访问网上的某个共享文件夹，为了便捷，可为它设置一个驱动器号——网络驱动器。通过映射网络驱动器来连接共享文件夹，利用映射的网络驱动器访问共享文件夹内的文件与子文件。映射网络驱动器的步骤如下：

Ⅰ.单击“开始”→“网络”，打开“网络”窗口，可以看到局域网中的计算机。选择资源所在的计算机，找到需要映射驱动器的文件夹，单击鼠标右键，在快捷菜单中选择“映射网络驱动器”选项，如图 5.24 所示。

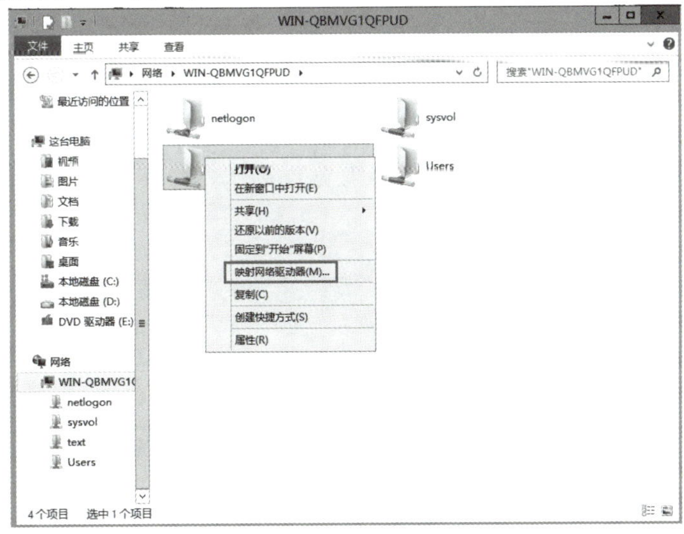

图 5.24　“映射网络驱动器”选项

Ⅱ. 出现映射网络驱动器对话框,选择要表示该共享文件夹的网络驱动器盘符。直接输入共享文件夹的路径(如\\server\share),或者单击“浏览”按钮来选择计算机和共享名,单击“完成”按钮,完成映射网络驱动器的设置,用户就可以通过此驱动器代号来访问共享文件夹内的数据,如图5.25所示。

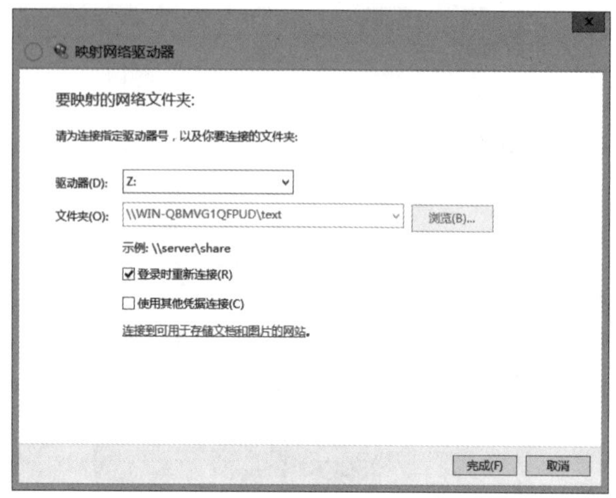

图5.25 选择映射网络驱动器

⑤将共享文件夹发布到Active Directory。

将共享文件夹发布到活动目录,以便网络用户能够通过活动目录找到和访问这个共享资源,而不需要知道共享文件夹的物理路径。具体步聚如下:

Ⅰ. 先将文件夹设为共享文件夹。

Ⅱ. 打开“Active Directory用户和计算机”控制台,用鼠标右键单击要将共享文件夹发布到其中的组织单位,选择“新建”→“共享文件夹”命令,如图5.26所示。

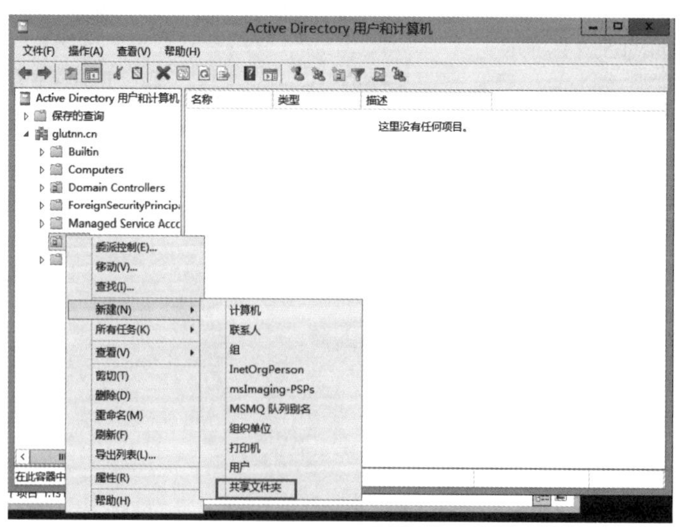

图5.26 新建共享文件夹

Ⅲ. 显示“新建对象-共享文件夹”对话框,在“名称”文本框中为其在活动目录内设置一个共享名,然后输入该共享文件夹所在的 UNC 路径(\\wlzjsjh\site)。单击“确定”按钮,将共享文件夹发布到活动目录,如图 5.27 所示。

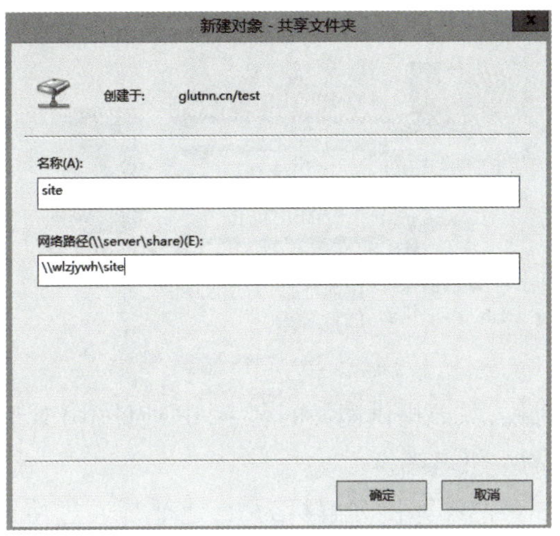

图 5.27　“新建对象-用户”对话框

任务 5.2　DNS 服务器构建

5.2.1　任务要求

某公司建有企业内部网,拥有办公计算机 300 台,组建有 Web 服务器发布公司信息、邮件,服务器方便员工收发电子邮件、FTP,服务器方便员工上传/下载资料。企业在组建内部网的基础上,还可以通过租用运营商的广域网接入服务器、接入 Internet;面向企业内部人员开通了一系列基于 TCP/IP 的应用,向公众用户开通门户网站服务。此外,企业为了让用户访问计算机时不使用难记的 IP 地址,决定规划和部署相关的域名服务器。

5.2.2　相关知识

1)DNS **服务介绍**

DNS(Domain Name System)即域名系统,其功能是帮助客户机解析计算机名和 IP 地址,如图 5.28 所示。

当 DNS 客户端向 DNS 服务器提出 IP 地址的查询要求时,DNS 服务器可以从其数据库内寻找所需要的 IP 地址,并传给 DNS 客户端。

当DNS客户端向DNS服务器提出查询IP地址的要求后,DNS服务器首选从其数据库内寻找这个IP地址。若数据库没有DNS客户所需要的数据,此时,DNS服务器则必须向外界求助。

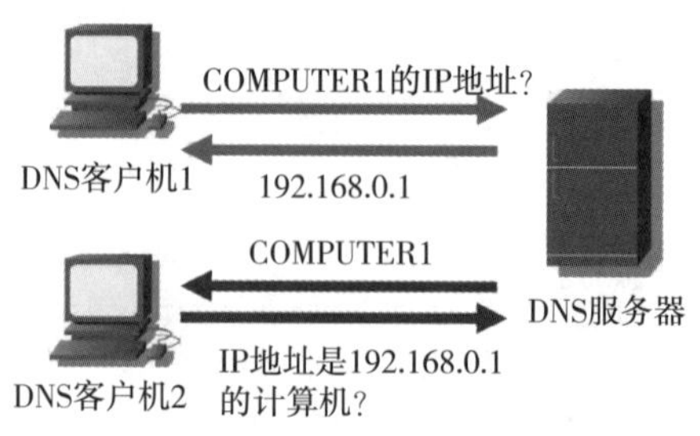

图5.28　DNS服务

在进行域名解析的时候,只要提供网站的名字,IP地址由DNS服务器负责解析出来。

(1)使用Hosts文件的主机名解析

1987年引入DNS之前,把计算机名解析为IP地址是通过使用称作主机文件(HOSTS File)的共享静态文件来进行。

HOSTS File中的每一条记录就是一个计算机名字和IP地址的对应关系。通过记事本打开\windows\system32\drivers\etc\hosts文件即可查看该文件的内容,如图5.29所示。

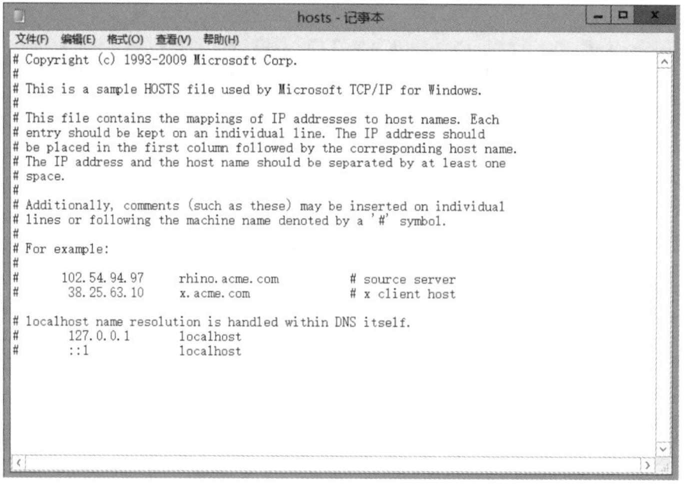

图5.29　Hosts文件的内容

使用HOSTS文件的优点是对用户来说它是可以定制的;而其缺点是文件中的记录需要手工更新,管理员的工作量太大,而且不能存储大量的主机名与IP地址之间的映射关系。

(2)DNS的功能

DNS是一组协议和服务,DNS协议的基本功能是在主机名与IP地址间建立映射关系。例如桂林理工大学的IP地址116.1.11.246,访问该网站时一般都是使用www.glite.edu.cn而不使用IP地址。当输入域名www.glite.edu.cn时,DNS服务器在数据库中找到对应的IP地址116.1.11.246,并作出反应,用户即可访问到相应的网站。

2)域名系统介绍

DNS(域名系统)是为TCP/IP网络提供的一套协议和服务,是由名字分布数据库组成,负责分配、改写、查询域名的综合性服务系统。

Windows Server 2012 域的 Active Directory 与 DNS 紧密结合在一起,Windows Server 2012 的计算机名称采用 DNS 的命令方式,而且必须依赖 DNS 服务器来寻找域控制器,因此,在 Windows Server 2012 域内必须要有 DNS 服务器。

DNS 建立了基于域名空间的逻辑树型结构。域名空间是给 DNS 中的每一部分命名(这种命名最好有一定的含义,方便记忆)。

DNS 的命名规范如下:可以使用字符:a ~ z、A ~ Z、0 ~ 9、-(减号),不能使用字符:\/. _(下划线)。DNS 域名空间的组成如图 5.30 所示。

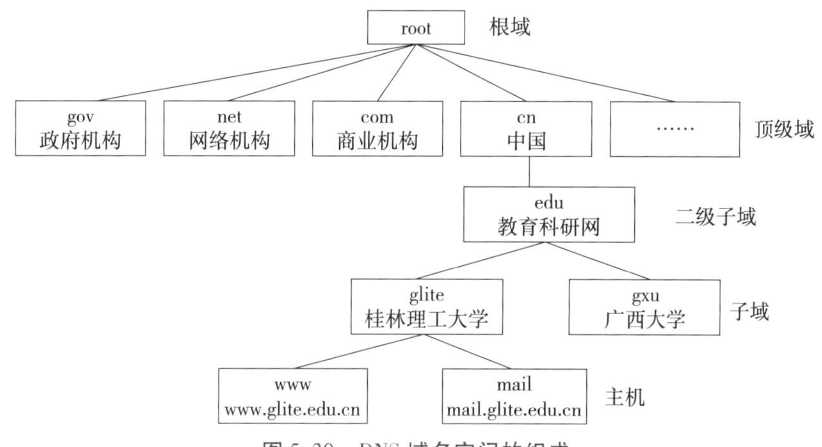

图 5.30　DNS 域名空间的组成

①根域。

代表域名空间的根,负责接受所有的 DNS 查询,由 Internet Network Center (InterNIC)管理,InterNIC 承担着划分域名空间和登记域名的职责。

②顶级域。

有的顶级域按组织来划分,如 com 代表商业组织、net 代表网络服务机构、edu 代表教育科研部门、gov 代表政府机构。有的顶级域按地理位置来划分,如 cn 代表中国、jp 代表日本。

③二级子域。

顶级域内的一个特定的组织,如 edu. cn 代表中国教育科研网。

④子域。

二级域下面所创建的域,如:glite. edu. cn 代表桂林理工大学。

⑤主机。

域名空间的最下面一层,如:mail. glite. edu. cn 是桂林理工大学的一台主机。

域名空间通过使用名字信息来管理(名字信息)存储在域名称服务器的分布式数据库中,每个域名称服务器中有一个数据库文件,其中包含了域名称中某个区域的记录信息。

【注意】 在DNS内域的划分完全按照组织来进行,而不是按物理位置,例如COM域是由来自全世界的商业性组织所组成。

3) DNS 工作原理与相关术语

(1) DNS的区域

区域(Zone)是指域名称空间树状结构的一部分,是一个特殊的域,是为了便于管理而将域名称空间分为较小的区段。区域内的主机数据,存储在DNS服务器内,用来存储这些数据的文件就是区域文件。一台DNS服务器可以存储一个或多个区域的数据,一个区域的数据也可以存储在多台DNS服务器。

为了将网络管理的工作负荷分散开来,可以将一个DNS域划分为多个区域,如图5.31所示,将域edu. cn划分为区域1和区域2,区域1包含子域glite. edu. cn,区域2包含子域gxu. edu. cn。

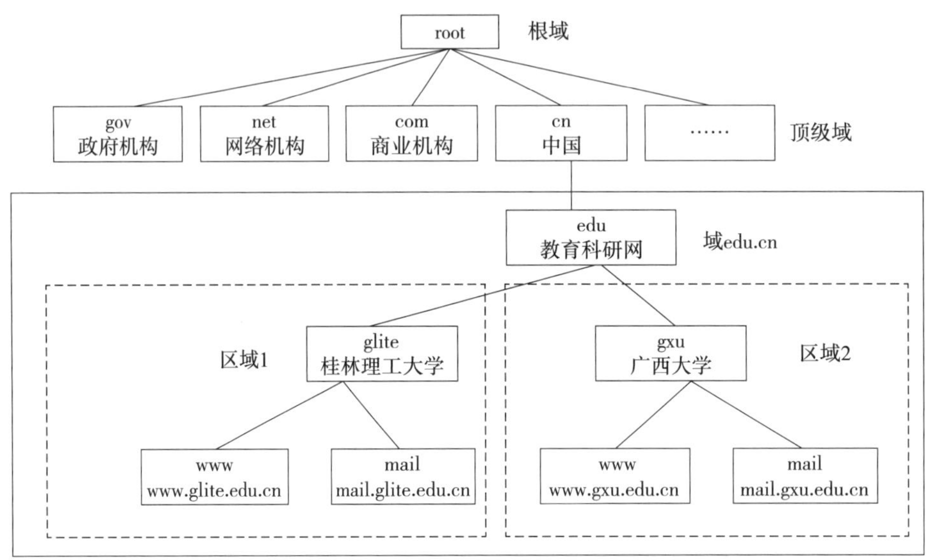

图5.31　将DNS域划分为多个区域

每个区域都有一个区域文件。区域1的文件内存储有子域glite. edu. cn内所有主机的数据;而区域2的文件内存储有子域gxu. edu. cn内所有主机的数据。这两个区域文件可以放在同一台DNS服务器内,也可以分别放在不同的DNS服务器内。当用户数较多时,可以由两个不同的系统管理员,分别管理这两个区域,不但便于工作上的分区,而且减轻管理上的负担。

【注意】 一个区域所包含的范围在一个域名称空间中是连续的,否则不能构成区域。

配置DNS服务器时必须在DNS服务器内创建区域与区域文件,以便将位于该区域的主机数据存储到区域文件内。

DNS服务器内有两种方向的查找区域:

①正向查找区域:正向查找区域可以通过计算机的DNS域名称查询IP地址。

②反向查找区域:反向查找区域可以让 DNS 客户端利用 IP 地址查询其主机名称。

正向或反向查找区域都支持以下三种区域类型:

①主要区域:用来存储此区域内所有主机数据的正本;区域内的数据可以新建、修改、删除。

②辅助区域:用来存储此区域内所有主机数据的副本,这份数据是从其主要区域利用区域转送的方式复制过来的,是不能修改的。

③存根区域:是一个区域副本,只包含标识该区域的权威域名系统(DNS)服务器所需的那些资源记录。

(2)域名称服务器(DNS Server)

DNS 名称服务器存储着域名称空间中部分区域的数据,它负责将 DNS 客户端所要查询的 IP 地址,提供给 DNS 客户端。在一台 DNS 服务器中可以存储一个或多个区域的数据,根据工作方式的不同,DNS 名称服务器有以下四种类型:

①主要名称服务器。

当在 DNS 服务器内创建一个主要区域与区域文件时,有关该区域的主机数据是直接输入到这台 DNS 服务器内,即该 DNS 服务器内所存储的是该区域的正本数据,则这个 DNS 服务器就是这个区域的主要名称服务器。

②辅助名称服务器。

若 DNS 服务器内所存放的数据是从另外一台 DNS 服务器复制过来的,而并不是直接输入的,即这个区域文件内的数据只是一份副本,这份数据是不能修改的,则该 DNS 服务器为该区域的辅助名称服务器。主 DNS 服务器和辅助 DNS 服务器如图 5.32 所示。

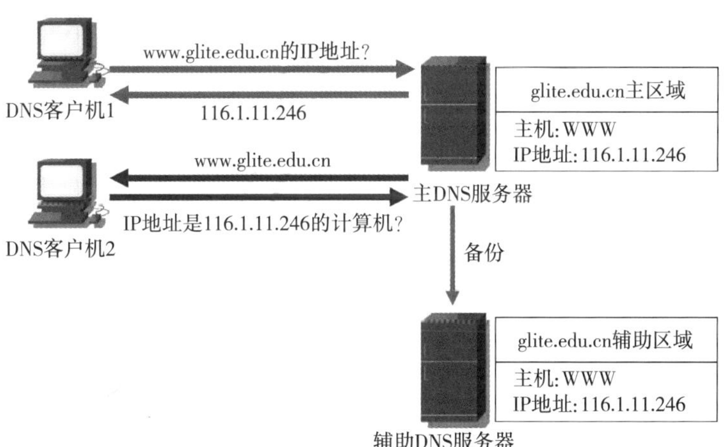

图 5.32 主 DNS 服务器和辅助 DNS 服务器

③主控名称服务器。

主控名称服务器是提供区域数据复制的 DNS 服务器,可以是主要名称服务器,也可以是辅助名称服务器。

④Cache—Only 名称服务器。

Cache—Only 名称服务器只负责查询数据,并将曾经查到的数据保存在高速缓存中。

(3)DNS工作原理

①主机名称解析过程如下:

Ⅰ.输入命令。

Ⅱ.查询是否是本机的名字。

Ⅲ.若不是,查询HOSTS File。

Ⅳ.若找不到向DNS服务器查询。

Ⅴ.若还找不到转到WINS服务器查询。

②DNS查询方式。

当客户机需要访问网络上某一主机时,首先向本地DNS服务器查询对方的IP地址,若找不到相应数据,本地DNS服务器则向另外一台DNS服务器查询,直到解析出所需访问主机的IP地址。

当DNS客户端向DNS服务器查询IP地址时,或当DNS服务器向另外一台DNS服务器查询IP地址时,有两种查询模式:

Ⅰ.递归查询(Recursive Query)。

客户机发出查询请求后,DNS服务器必须告诉客户机正确的数据(IP地址)或通知客户机找不到其所需数据。如果DNS服务器内没有需要的数据,则DNS服务器负责替客户端向其他的DNS服务器查询,直到查询到客户端所需的信息。客户机只需接触一次DNS服务器系统,就可得到所需的节点地址。

由DNS客户端所提出的查询要求属于递归查询。

Ⅱ.循环查询(Iterative Query)。

客户机送出查询请求后,若该DNS服务器中不包含所需数据,它会告诉客户机另外一台DNS服务器的IP地址,使客户机自动转向另外一台DNS服务器查询,依次类推,直到查到数据,否则由最后一台DNS服务器通知客户机查询失败。

DNS服务器与DNS服务器之间的查询属于循环查询。而DNS客户端利用自己的IP地址查询它的主机名称,则称为反向查询(Reverse Query)。

二维码5.2 域名解析过程

二维码5.3 用域名访问网站的过程

二维码5.4 DNS服务器配置

混合式学习

扫码学习,讨论:

1. 简述DNS解析过程。
2. 如何配置DNS服务器?

5.2.3　任务实施

1) 实施环境

选用两台计算机，如图 5.33 所示的网络拓扑，完成服务器和客户机的物理互连。对于其中充当 DNS 服务器的主机，安装 Windows Server 2012 操作系统。

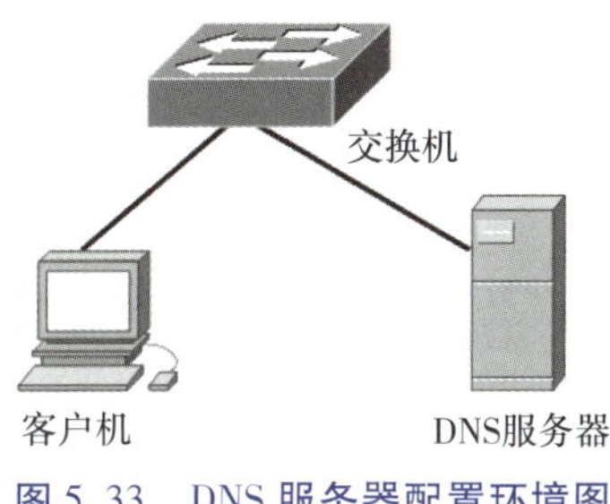

图 5.33　DNS 服务器配置环境图

2) 实施设备

两台计算机，一台安装 Windows 7，一台安装 Windows Server 2012 操作系统，DNS 服务的配置见表 5.2。

表 5.2　DNS 服务的配置

内容	要点	参考建议
服务器、客户机的 IP 设置	服务器与客户机的 IP 设置	服务器的 IP 设置：IP 地址/子网掩码为 192.168.1.2/24，首选 DNS 服务器为 192.168.1.2 客户机的 IP 设置：IP 地址/子网掩码为 192.168.1.11/24，首选 DNS 服务器为 192.168.1.2
DNS 服务器的规划与配置	1. 正向区域名 2. 反向区域的网络标识 3. 需添加的资源记录类型、记录数	1. 正向区域名 glutnn.cn 2. 反向区域的网络标识：192.168.1 3. 资源记录：Web 主机 需要一条记录：主机名为 www，对应的 IP 地址为 192.168.1.4，同时需要一条反向指针记录(PTR)
客户端测试	测试工具或方法	使用 nslookup

3) 操作步骤

(1) 安装 DNS 服务器

在安装 Active Directory 域服务器角色时，可以选择一起安装 DNS 服务器角色，或者可以在计算机 Windows Server 2012 系统上通过“服务器管理器”直接开始安装 DNS 服务器角色。具体步骤如下：

①以管理员账号登录到需要安装 DNS 服务器角色的计算机上,选择“开始”→“管理工具”→“服务器管理器”,在“服务器管理器”控制台中,单击“角色”节点,然后在控制右侧列表中单击“添加角色”按钮,打开“添加服务器角色”界面,如图 5.34 所示。在打开的“添加角色和功能向导”对话框中,选择“添加功能”。如图 5.35 所示。

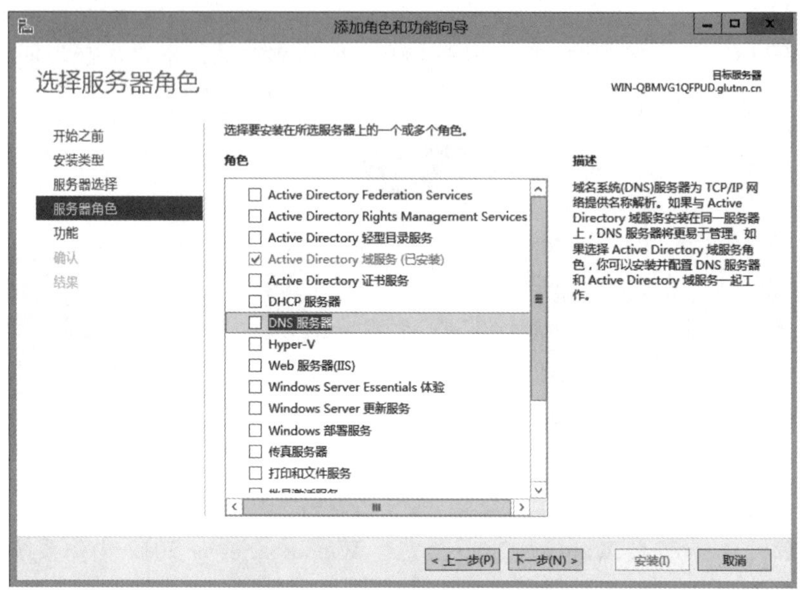

图 5.34 “添加服务器角色”界面

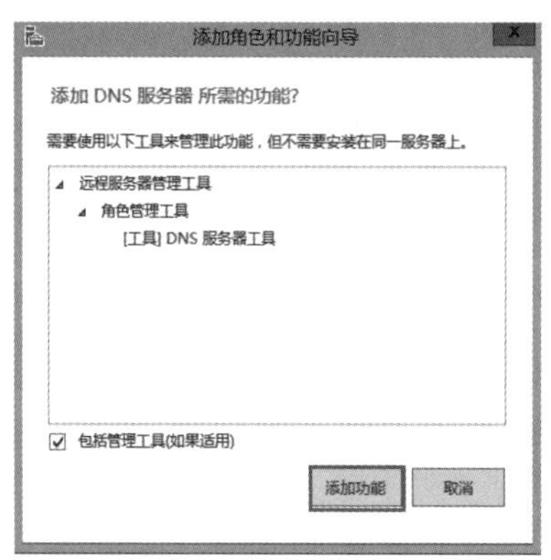

图 5.35 单击“添加功能”

②在“DNS 服务器”对话框,单击“下一步”,出现“确认安装选择”对话框,在域控制器上安装 DNS 服务器角色,区域将与 Active Directory 域服务器集成在一起,如图 5.36 所示。

③单击“安装”按钮,安装 DNS 服务器角色,如图 5.37 所示。

④完成安装后,依次单击“开始”→“管理工具”→“服务器管理器”,在“服务器管理器”控制台中的“角色”里可以看到 DNS 服务器。

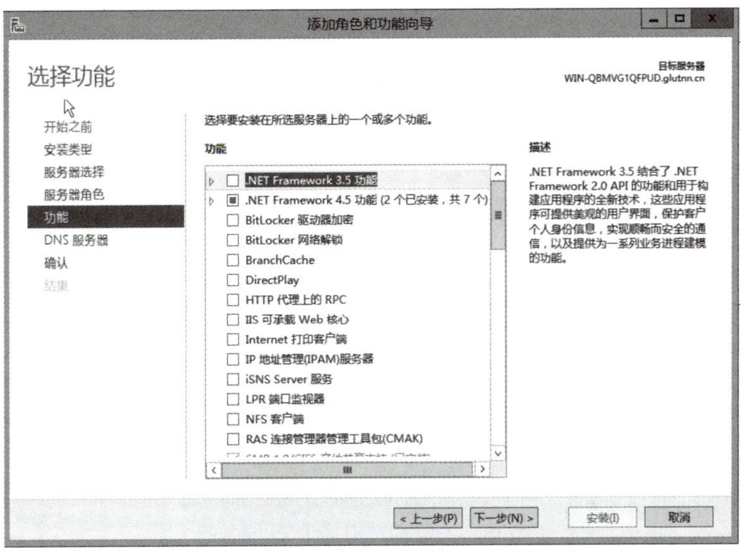

图 5.36　默认“下一步”

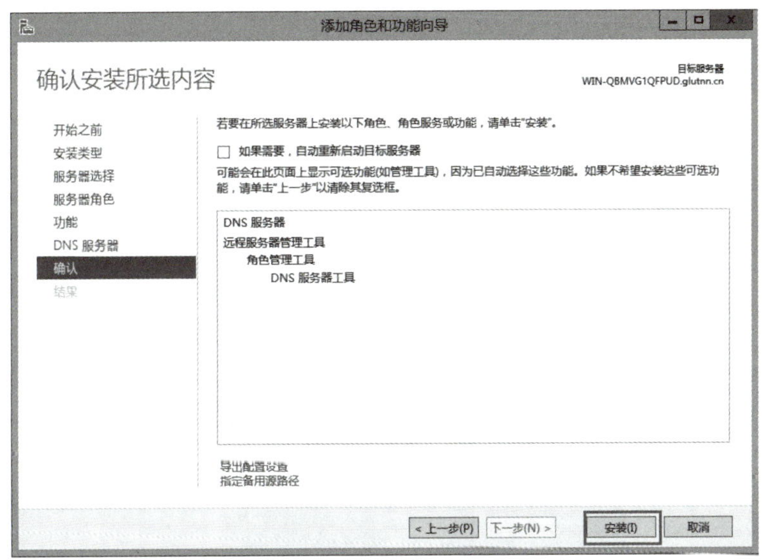

图 5.37　安装 DNS 服务器角色

(2) DNS 客户端的设置

在客户端计算机上，依次选择“开始”→“控制面板”→“网络连接”选项后，用鼠标右键单击“本地连接”，并从弹出的快捷菜单中选择“属性”→“Internet 协议(TCP/IP)”→“属性”命令。打开如图 5.38 所示的对话框，在“首选 DNS 服务器”文本框中输入 DNS 服务器的 IP 地址，如果还有其他的 DNS 服务器可供服务的话，在“备用 DNS 服务器”文本框中输入另外一台 DNS 服务器 IP 地址。

DNS 服务器本身也应该要采用相同的步骤，指定其 DNS 服务器的 IP 地址。

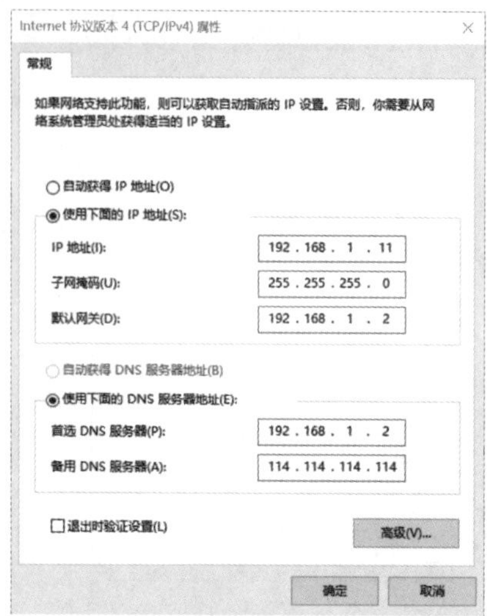

图 5.38　设置客户端的 DNS 服务器

(3)配置 DNS 服务器

①创建正向查找区域。

Ⅰ.依次单击"开始"→"管理工具"→"DNS"项，打开 DNS 管理器窗口，如图 5.39 所示。

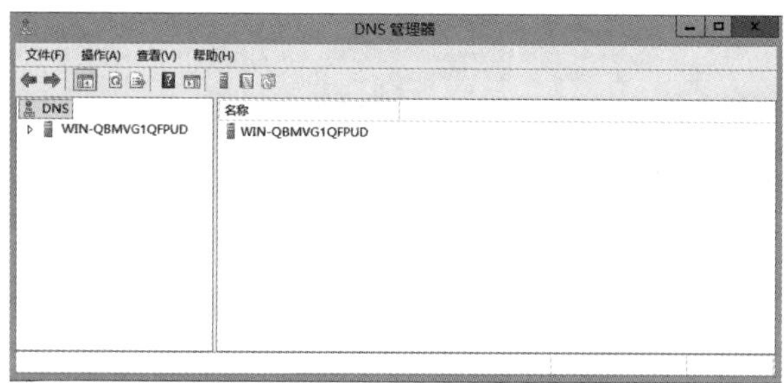

图 5.39　"DNS 管理器"窗口

Ⅱ.在"DNS"窗口中，用鼠标右键单击"正向查找区域"，选择"新建区域"选项，如图 5.40 所示。

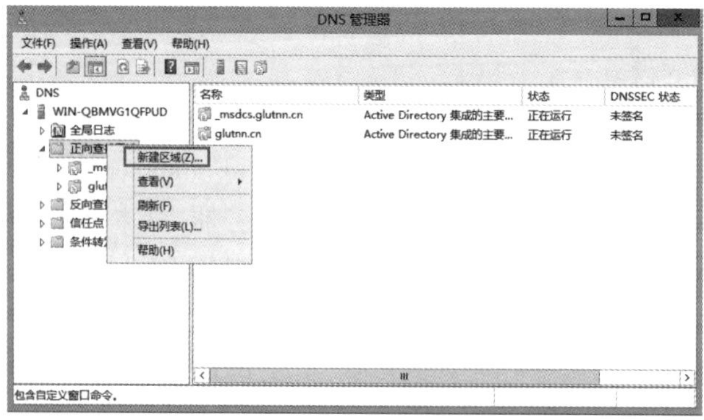

图 5.40　新建区域

Ⅲ.打开“新建区域向导”对话框，单击“下一步”按钮，弹出“区域类型”对话框，如图5.41所示。

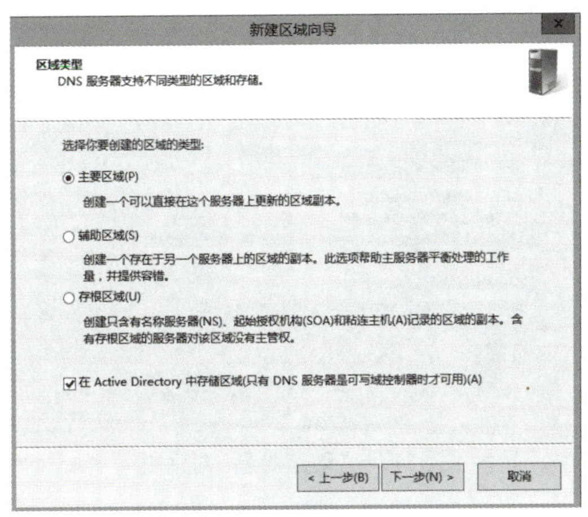

图5.41　“区域类型”对话框

Ⅳ.选择“主要区域”单选项，然后连续单击“下一步”按钮，出现“区域名称”对话框，如图5.42所示。

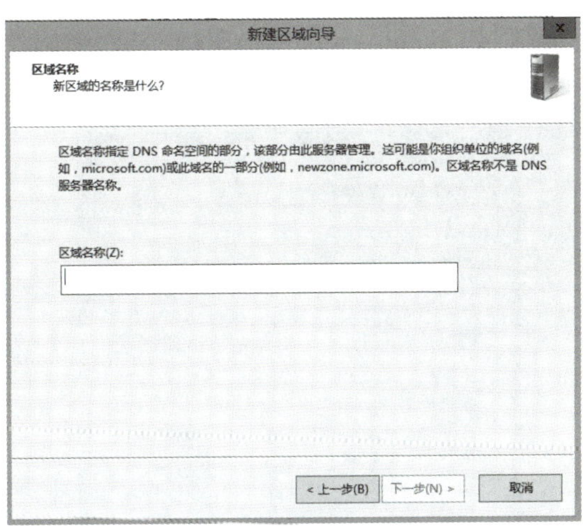

图5.42　“区域名称”对话框

Ⅴ.为此区域设置一个名称，在“区域文件”窗口直接单击“下一步”按钮，打开“动态更新”对话框，如果企业内部网没有连接到其他的网络，在确保安全的前提下，可以运行非安全的及安全的自动更新。如果网络并不安全，则设置不允许动态更新。这里选择“不允许动态更新”单选项，如图5.43所示，然后单击“下一步”按钮，再单击“完成”按钮即可完成正向查找区域的创建。

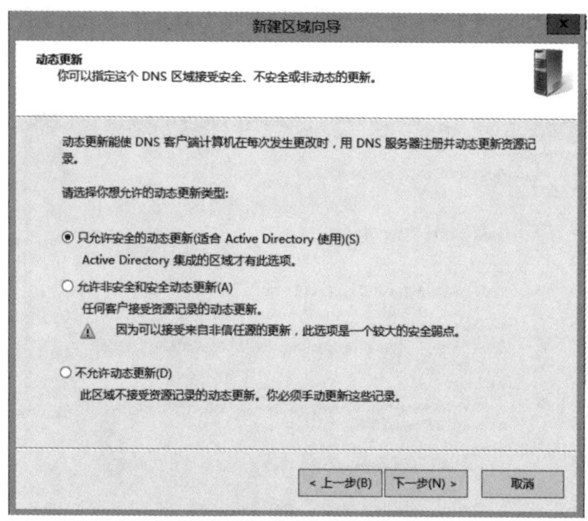

图 5.43 “动态更新”对话框

②创建主机记录。

创建主机记录是将主机的相关数据(主机名和 IP 地址)添加到 DNS 服务器的主要区域内，以满足 DNS 客户端查询主机名和 IP 地址的要求。具体步骤如下：

Ⅰ.依次单击“开始”→“管理工具”→“DNS”项，打开 DNS 窗口。

Ⅱ.选择已创建的主要区域(glutnn.cn)，单击鼠标右键，弹出快捷菜单，选择“新建主机”命令，出现“新建主机”对话框，如图 5.44 所示。

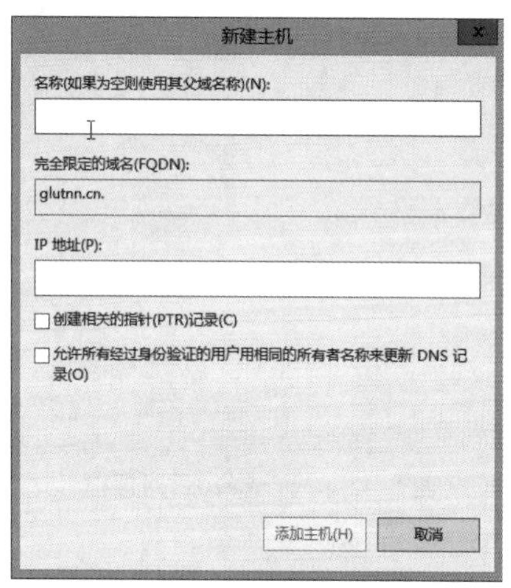

图 5.44 “新建主机”对话框

Ⅲ.输入该主机的主机名称与 IP 地址，然后单击“添加主机”按钮，出现“成功地创建了主机记录”的信息，表明已创建了一条主机记录。

Ⅳ.单击“确定”按钮后，返回如图 5.44 所示的对话框，重复以上步骤，可以创建其他的主机记录，完成后单击“完成”按钮。

③新建主机的别名。

如果区域内的一台主机是 Web 服务器，主机名称为 www.glutnn.cn，同时又是 FTP 服务

器,如需另外给它一个主机名称 ftp. glutnn. cn,可以通过建立别名来实现。建立主机别名的步骤如下:

Ⅰ. 打开 DNS 窗口。

Ⅱ. 选择已创建的主要区域(glutnn. cn),单击鼠标右键,弹出快捷菜单,选择“新建别名”命令,出现“新建别名”对话框,如图 5.45 所示。

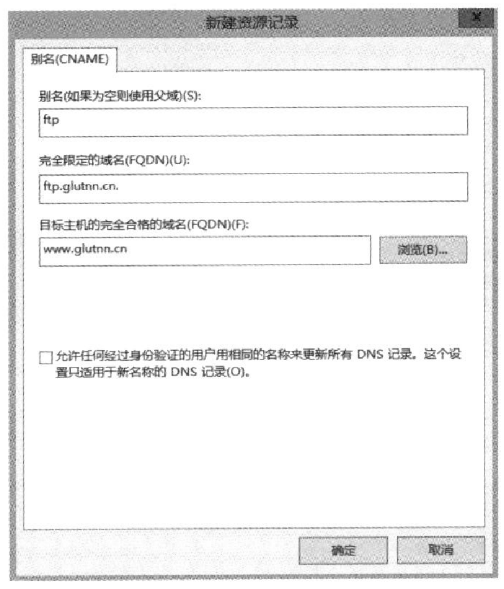

图 5.45　“新建别名”对话框

Ⅲ. 输入别名与该主机的主机名称,然后单击“确定”按钮,完成创建。

④创建反向查找区域。

Ⅰ. 在“DNS”窗口中,用鼠标右键单击“反向查找区域”,选择“新建区域”选项,打开“新建区域向导”对话框,单击“下一步”按钮,弹出“区域类型”对话框,如图 5.46 所示。

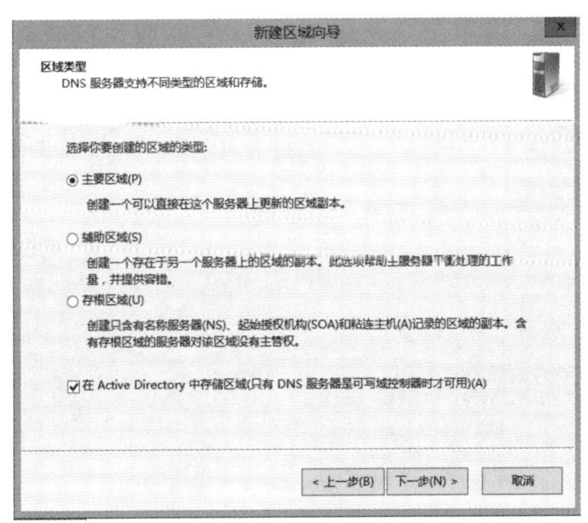

图 5.46　“区域类型”对话框

Ⅱ. 在“区域类型”对话框中选择“主要区域”单选项,然后连续单击“下一步”按钮,在此选择“IPv4 反向查找区域”单选框,如图 5.47 所示。

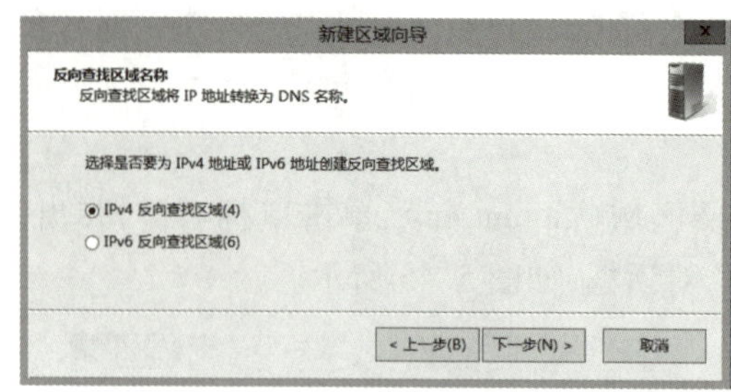

图 5.47 "IPv4 反向查找区域"单选框

Ⅲ. 单击"下一步"按扭,出现"反向查找区域名称"对话框,默认的文件名称是网络 ID 的倒叙形式,然后加上 in-addr. arpa,扩展名为. dns,如图 5.48 所示。

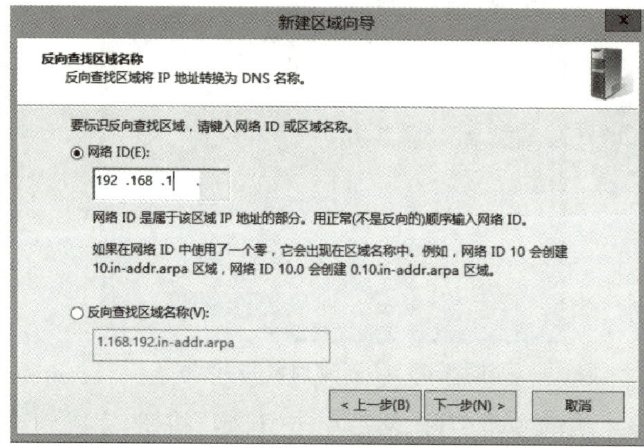

图 5.48 "反向查找区域名称"对话框

Ⅳ. 输入网络 ID "192.168.1",单击"下一步"按钮,在"区域文件"窗口直接单击"下一步"按钮,打开"动态更新"对话框,在"动态更新"对话框中,选择"不允许动态更新"单选项。然后单击"下一步"按钮,再单击"完成"按钮即可完成反向查找区域的创建,如图 5.49 所示。

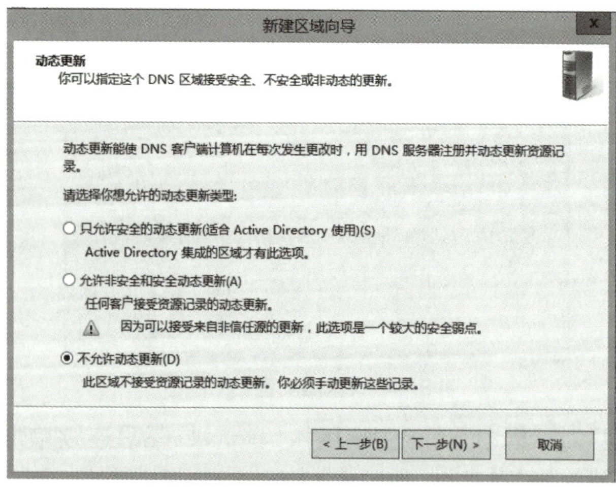

图 5.49 动态更新设置

⑤在反向区域内创建记录。

反向查找区域内必须有记录数据以便提供反向查询的服务，可以利用以下两种方式来创建反向区域的记录。

Ⅰ. 在正向查找区域创建主机记录时，选中“创建相关的指针（PTR）记录”，则在创建主机记录的同时，顺便在反向查找区域内创建一条反向记录。

Ⅱ. 用鼠标右键单击“反向查找区域”（1. 168. 192. in-addr. arpa），并从弹出的快捷菜单中选择“新建指针”命令，显示“新建资源记录”对话框，显示如图 5. 50 所示的对话框，在对话框中输入主机的 IP 地址的主机号与完整主机名称，单击“确定”按钮即可。

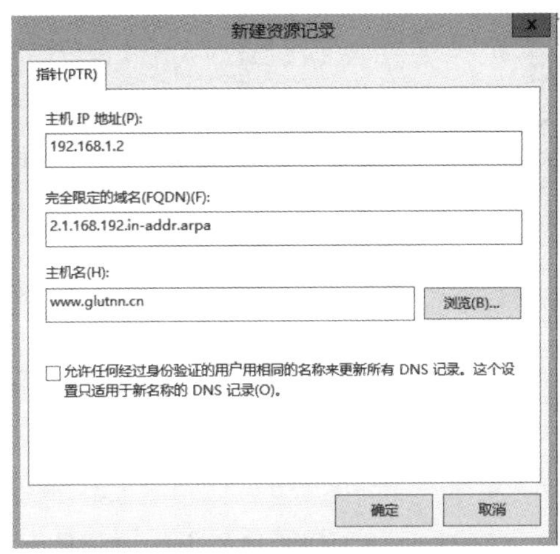

图 5. 50　“新建资源记录”对话框

（4）DNS 测试

①nslookup 实用程序的运行。

nslookup 是用来进行手动 DNS 查询的最常用工具，可以判断 DNS 服务器是否正常工作。在客户机或服务器上选择“开始”→“运行”选项，在打开的“运行”对话框中输入“cmd”命令打开 DOS 命令提示符窗口。在 DOS 命令提示符下输入“nslookup”，按回车键后，出现“>”提示符，表示已进入 nslookup 的交互模式，可进行有关 DNS 服务的测试。

②交互模式下的 nslookup 命令的使用。

在 nslookup 交互模式即“>”提示符下，分别输入下面的参数，观察执行结果。

- >help：显示相关帮助信息。
- >server IP：将默认的 DNS 服务器更改到指定的 DNS 服务器。IP 为指定 DNS 服务器的 IP 地址。
- >主机名：查询主机名所对应的 IP 地址。
- >IP 地址：查询 IP 地址所对应的主机名。
- >exit：退出 nslookup 程序。

③用 nslookup 进行 DNS 服务的测试。

在 nslookup 交互模式下，分别输入主机名或 IP 地址进行测试。如要查询 www.

glutnn.cn 对应的 IP 地址,查询结果显示 192.168.1.2;查询 IP 地址 192.168.1.2 所对应的主机名,查询结果显示 www.glutnn.cn;查询 ftp.glutnn.cn 对应的 IP 地址,查询结果显示 192.168.1.2。测试结果如图 5.51 所示。

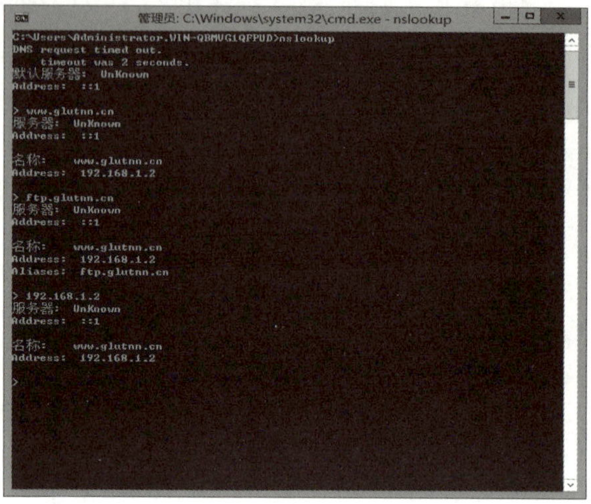

```
管理员: C:\Windows\system32\cmd.exe - nslookup
C:\Users\Administrator.WIN-QBMUG1QFPUD>nslookup
DNS request timed out.
    timeout was 2 seconds.
默认服务器:  UnKnown
Address:  ::1

> www.glutnn.cn
服务器:  UnKnown
Address:  ::1

名称:    www.glutnn.cn
Address:  192.168.1.2

> ftp.glutnn.cn
服务器:  UnKnown
Address:  ::1

名称:    www.glutnn.cn
Address:  192.168.1.2
Aliases:  ftp.glutnn.cn

> 192.168.1.2
服务器:  UnKnown
Address:  ::1

名称:    www.glutnn.cn
Address:  192.168.1.2

>
```

图 5.51　DNS 服务测试结果

任务 5.3　DHCP 服务器构建

5.3.1　任务要求

某公司建有企业内部网,拥有办公计算机 200 台,由一名网络管理员管理所有网络配置与设备维护。为了减少网络管理员的工作量,避免人为误操作而造成计算机 TCP/IP 参数配置错误,引起 IP 地址冲突,导致网络不畅,决定使用 DHCP 服务器自动完成客户机的 TCP/IP 参数配置。本任务为 Windows Server 2012 下配置 DHCP 服务器。

5.3.2　相关知识

1)DHCP 服务介绍

在 Windows Server 2012 网络中,每台计算机都必须有唯一的 IP 地址,并且通过该 IP 地址与网络上的其他计算机沟通。IP 地址的设置可以使用静态 IP 地址和动态 IP 地址两种方式。

(1)IP 地址的设置

①静态 IP 地址。

在小型网络中，可以使用静态 IP 地址，此时必须用手动输入的方式来分配 IP 地址。使用静态 IP 地址运行速度快、对服务器要求较低，占用网络的带宽较小。但容易出错。

②动态 IP 地址。

当网络中的计算机数较多时，要使用动态的 IP 地址，此时不必输入固定的 IP 地址，而由 DHCP 服务器自动分配。

(2)使用 DHCP 分配 IP 地址

动态主机配置协议，即 DHCP (Dynamic Host Configuration Protocol, DHCP)。采用 DHCP 服务的方式后，用户不再需要自行输入任何数据，而是由 DHCP 服务器来自动分配客户端所需要的 IP 地址。

DHCP 的任务是集中管理 IP 地址并自动配置 IP 地址的相关参数，如子网掩码、默认网关等。当 DHCP 客户端启动时，它会向 DHCP 服务器发出信息，要求 DHCP 服务器提供 IP 地址，而 DHCP 服务器在接收到 DHCP 客户端的请求后，则根据 DHCP 服务器端的设置，决定如何提供 IP 地址给客户端，如图 5.52 所示。使用 DHCP 分配 IP 地址一般有以下两种方式：

①永久租用。

当 DHCP 服务器向 DHCP 客户端提供一个 IP 地址后，这个 IP 地址就永远由这个 DHCP 客户端使用。当网络中有足够的 IP 地址可供给客户端使用时，就可以采用这种方式给客户端自动分配 IP 地址。

②限定租期。

当 DHCP 客户端从 DHCP 服务器获得 IP 地址后，DHCP 客户端可以使用这个地址一段时间。但当租约到期时，如果客户端没有重新租约，则 DHCP 服务器会收回这个 IP 地址，并将该 IP 地址提供给其他的 DHCP 客户端使用。当网络中的 IP 地址不够用时，可用这种方式给客户端自动分配 IP 地址。

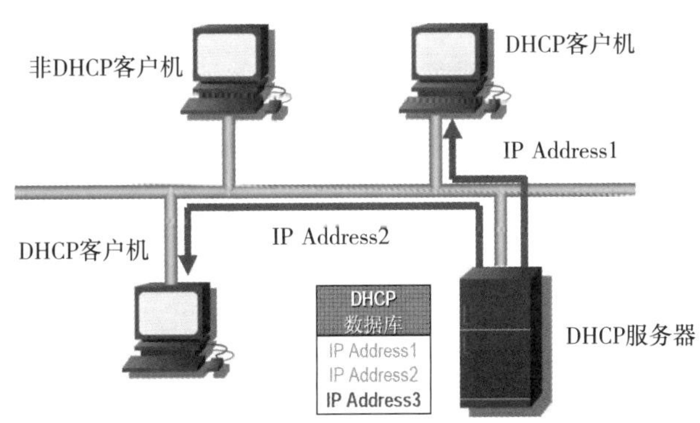

图 5.52　使用 DHCP 实现自动 IP 地址分配

2)客户机获得 IP 地址的过程

(1)DHCP 的工作原理

当 DHCP 客户端的计算机第一次启动时，它会与 DHCP 服务器沟通，向 DHCP 服务器索取 IP 地址、子网掩码等 TCP/IP 的设置参数。DHCP 客户端向 DHCP 服务器索取一个完整的 TCP/IP 配置需要经过以下几个过程:

①DHCP 发现(DHCP Discover)。

DHCP 发现也叫 IP 发现,当客户端第一次以 DHCP 客户端方式使用 TCP/IP 协议栈时,客户端向 DHCP 服务器发出索取新的 IP 地址的广播信息。

②DHCP 提供(DHCP Offer)。

当网络中的任何一个 DHCP 服务器收到 DHCP 客户端的发现信息后,该 DHCP 服务器若能提供 IP 地址,则从尚未分配的 IP 地址中挑选一个,然后利用广播的方式提供给客户端。在还没有将该 IP 地址正式租用给客户端之前,这个 IP 地址会暂时保留起来,以免再分配给其他的 DHCP 客户端。

③DHCP 请求(DHCP Request)。

DHCP 请求即 DHCP 客户端选择某台 DHCP 服务器提供的 IP 地址。如果网络上有多台 DHCP 服务器都收到 DHCP 客户端的发现信息,并且也都响应给该 DHCP 客户端,则 DHCP 客户端会选择第一个收到的提供信息。当 DHCP 客户端选择好第一个收到的提供信息后,它就利用广播的方式,发送一个请求信息给网络中所有的 DHCP 服务器。

④DHCP 应答(DHCP ACK)。

DHCP 应答即 DHCP 服务器确认所提供的 IP 地址。当被选择的 DHCP 服务器收到 DHCP 客户端的请求信息后,就将已保留的 IP 地址标识为已租用,然后利用广播的方式给 DHCP 客户端发出应答信息。该信息内包含着 DHCP 客户端所需的 TCP/IP 设置数据,如: IP 地址、子网掩码、默认网关、DNS 服务器等。

DHCP 客户端在收到 DHCP 应答信息后,就完成获得 IP 地址的过程,也就可以开始利用这个已租到的 IP 地址与网络上其他的计算机进行沟通,如图 5.53 所示。

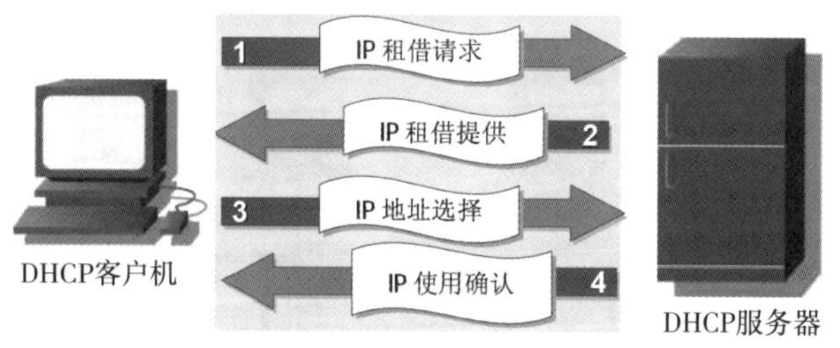

图 5.53 如何从 DHCP 服务器获得 IP 地址

(2)更新 IP 地址的租约

当一台 DHCP 客户端租到一个 IP 地址后,该 IP 地址不可能长期被它占用,它会有一个使用期,即租期。当租期已到时,DHCP 服务器会收回出租的 IP 地址,如果 DHCP 客户端要续租,则必须更新其 IP 地址租约。

当 DHCP 客户端重新启动或在 IP 租约期过一半时,客户端向 DHCP 服务器发送 DHCP 请求信息,请求继续租用原 IP 地址,如果得到允许,DHCP 服务器返回一个 DHCP 确认信息,客户端收到该信息后开始新的租约期。否则,因为租约还没有到期,DHCP 客户端仍然可以继续使用原来的 IP 地址，在租约期过 3/4、7/8 时，再发出续租请求。如果还得不到允许，则 DHCP 客户端立即放弃其正在使用的 IP 地址，以便重新从 DHCP 服务器租用一个新的 IP 地址。

此外，DHCP 客户端也可以利用"ipconfig/renew"命令和"ipconfig/release"命令来手动更新或释放 IP 租约。

二维码 5.5　DHCP 工作过程

二维码 5.6　DHCP 服务器配置

混合式学习

扫码学习，讨论：

1. 简述 DHCP 工作过程。
2. 如何配置 DHCP 服务器？

5.3.3　任务实施

1）实施环境

如图 5.54 所示的网络拓扑，完成服务器和客户机的物理互连。对于其中充当 DHCP 服务器的主机，需安装 Windows Server 2012 操作系统。另一台主机充当 DHCP 客户机，可选用 Windows 7 或 Windows 其他个人版操作系统。

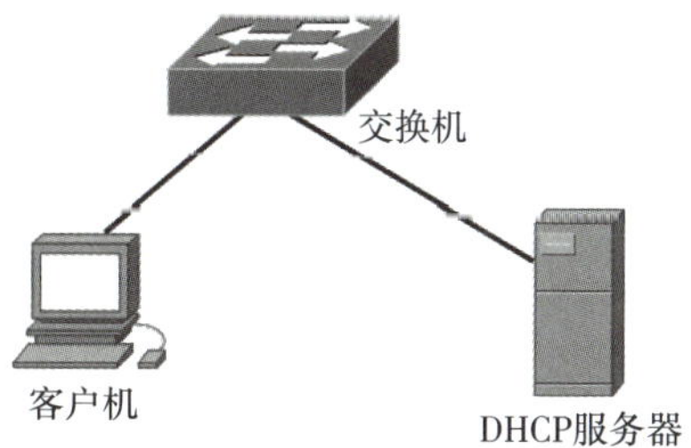

图 5.54　DHCP 服务器配置环境图

2）实施设备

2 台计算机，1 台安装 Windows 7，1 台安装 Windows Server 2012 操作系统。DHCP 服务的配置见表 5.3。

表5.3 DHCP服务的配置

内容	要点	参考建议
服务器、客户机的IP设置	服务器与客户机的IP设置	服务器IP设置:192.168.1.2/24 客户机设置为“自动获得IP地址”
DHCP服务器的规划与配置	1.作用域的范围 2.子网掩码 3.租约期限	1.作用域的起始IP地址:192.168.1.10 结束IP地址:192.168.1.150 2.子网掩码:255.255.255.0 3.租约期限:8天
DHCP功能测试	测试工具或方法	可通过查看获取的参数、释放后在重新获取等系列方法来测试,具体命令为: 查看所获取的IP参数:ipconfig/all

3)操作步骤

(1)DHCP服务器的安装和配置

①选择“开始”→“管理工具”→“服务器管理器”命令。在“服务器管理器”控制台中,单击“添加角色和功能”按钮,打开“添加角色向导”页面。在“选择服务器角色”对话框中,选择“DHCP服务器”,如图5.55所示。

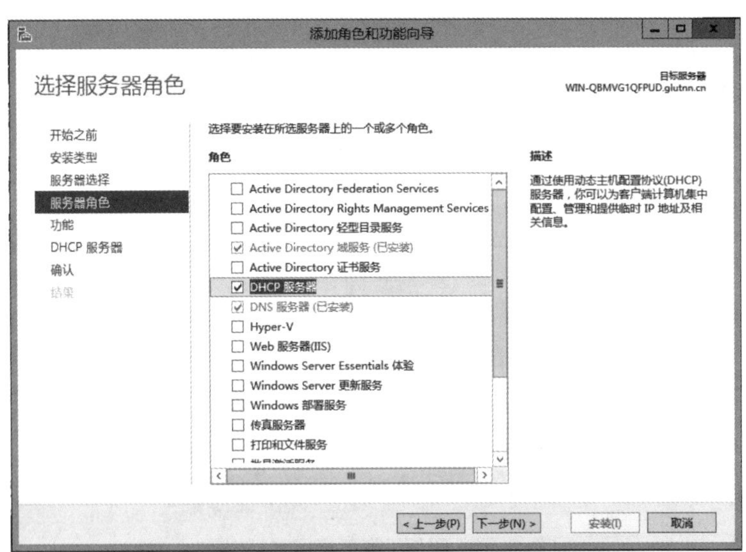

图5.55 添加“DHCP服务器”角色

②连续“下一步”直到最后的“安装”,如图5.56、图5.57所示。

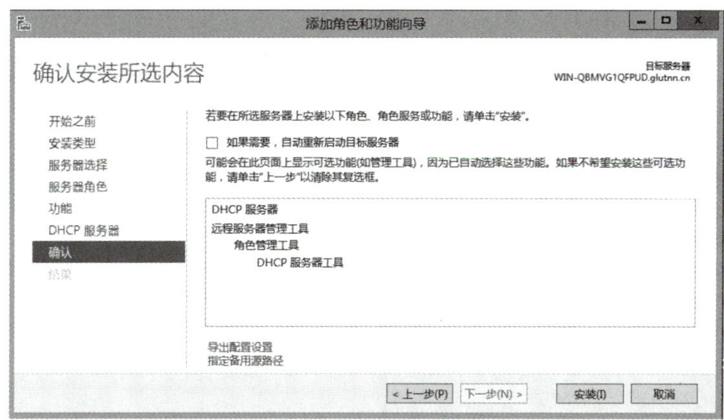

图5.56　确认安装

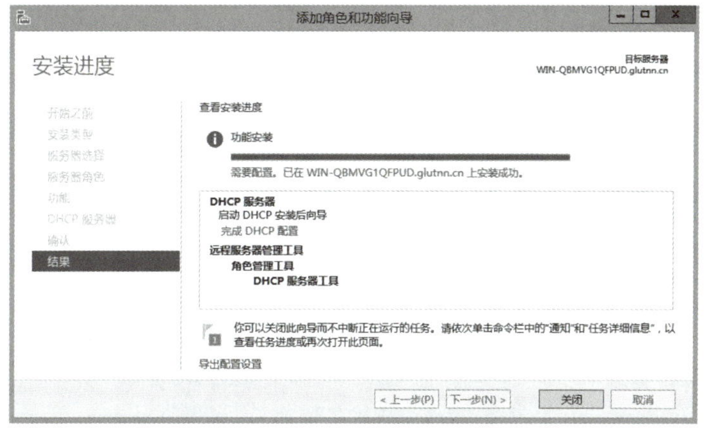

图5.57　安装完毕

③安装完成之后单击右上角的感叹号，进行"完成 DHCP 配置"，如图5.58所示。

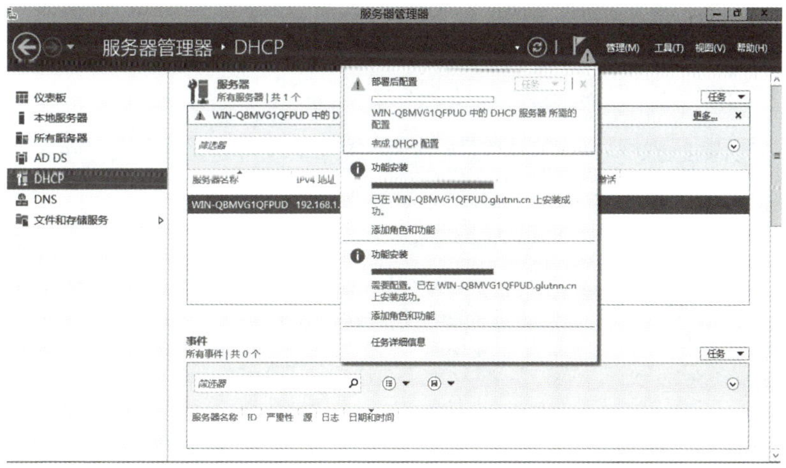

图5.58　完成 DHCP 配置

④单击"下一步",配置 DHCP,如图 5.59 所示。

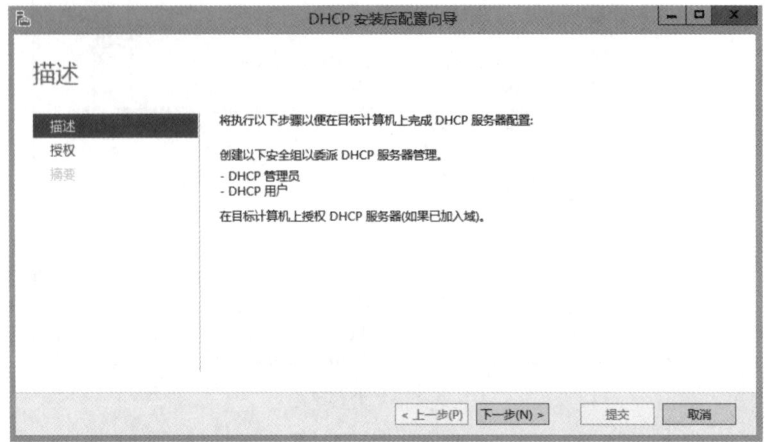

图 5.59 配置 DHCP

⑤单击"提交",如图 5.60 所示。

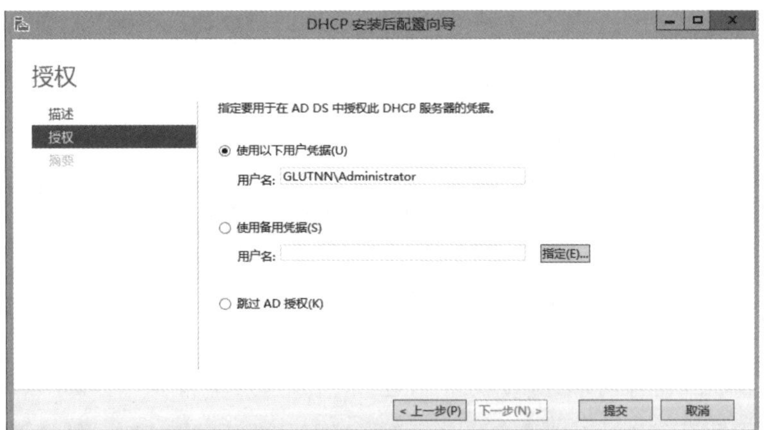

图 5.60 确认提交

⑥单击"关闭",配置完毕,如图 5.61 所示。

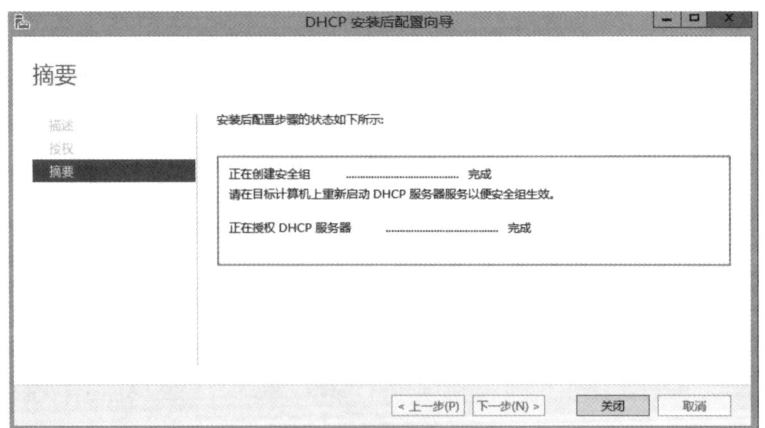

图 5.61 配置完毕

(2)修改 DHCP 服务器

①查看已创建的作用域。

在 Windows Server 2012 中提供了一个 DHCP 服务器管理器,选择"开始"→"管理工具"→"DHCP",打开"DHCP 管理器"界面。在 IPv4 下可以看到相应的选项,如图 5.62 所示。

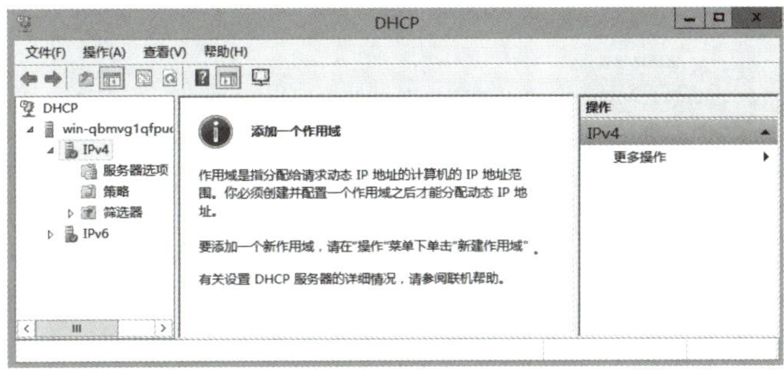

图 5.62　DHCP 服务器管理界面

②创建新的作用域。

a. 右键单击 IPv4,选择"新建作用域",如图 5.63 所示。单击"下一步"按钮,出现"新建作用域向导"对话框,如图 5.64 所示。

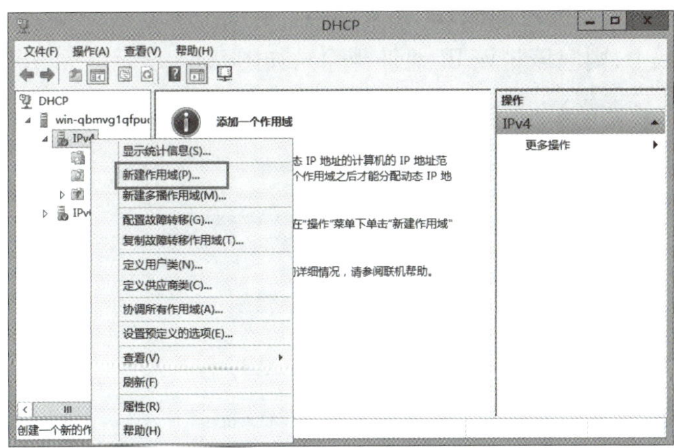

图 5.63　新建作用域

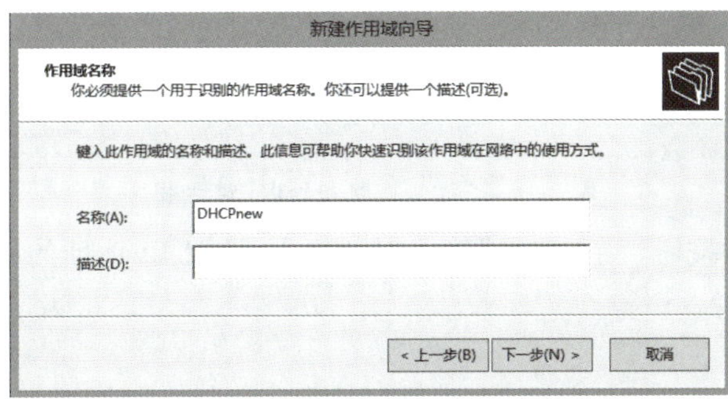

图 5.64　"作用域名称"对话框

b. 输入可供 DHCP 客户端使用的 IP 地址范围的起始地址与结束地址及子网掩码,如图 5.65 所示。

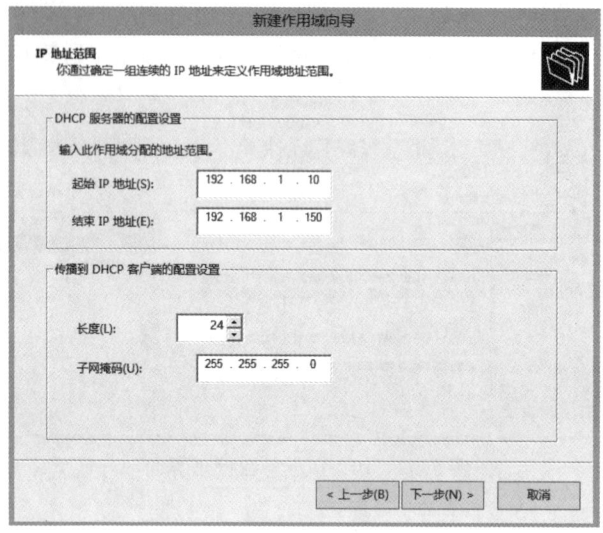

图 5.65 “IP 地址范围”对话框

c. 单击“下一步”按钮。在“添加排除和延迟”对话框中,将在 IP 作用域内不想提供给 DHCP 客户端使用的 IP 地址范围输入(如果网络上有非 DHCP 客户端,并且其所使用的 IP 地址在该 IP 作用域中,则应该将该 IP 地址排除),如图 5.66 所示。

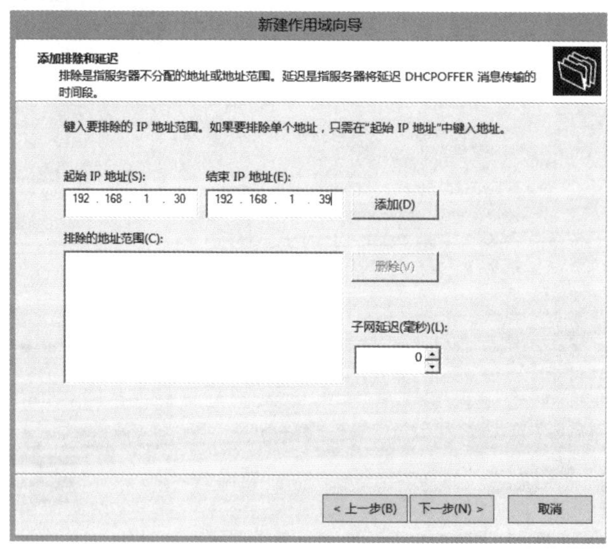

图 5.66 “添加排除和延迟”对话框

d. 单击“下一步”按钮。在“租用期限”对话框中,设置 IP 地址的租用期限,如图 5.67 所示。

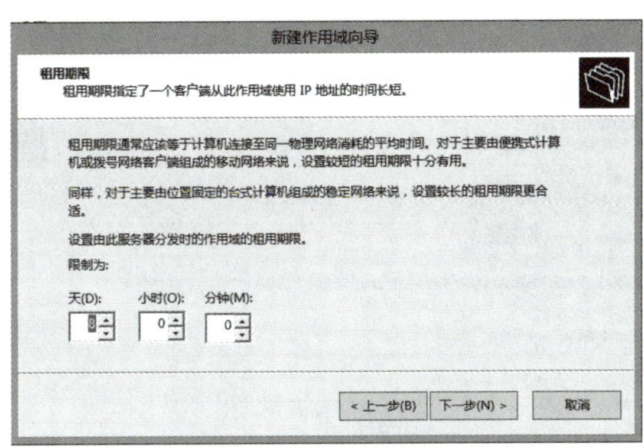

图 5.67　“租约期限”对话框

e. 单击“下一步”按钮。在“配置 DHCP 选项”对话框中，选择“是，我想现在配置这些选项”，为这个 IP 作用域设置 DHCP 选项，例如，DNS 服务器、默认网关、WINS 服务器等。选择“否，我想稍后配置这些选项”，则可以后再修改配置，如图 5.68 所示。

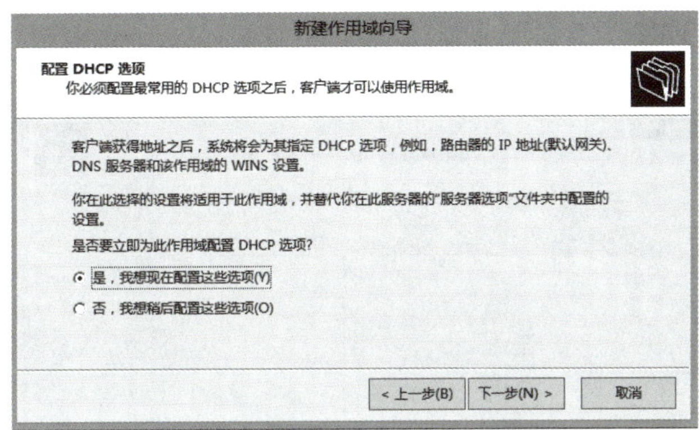

图 5.68　“配置 DHCP 选项”对话框

f. 单击“下一步”，出现路由器默认网关设置，将默认网关添加进入之后单击“下一步”，如图 5.69 所示。

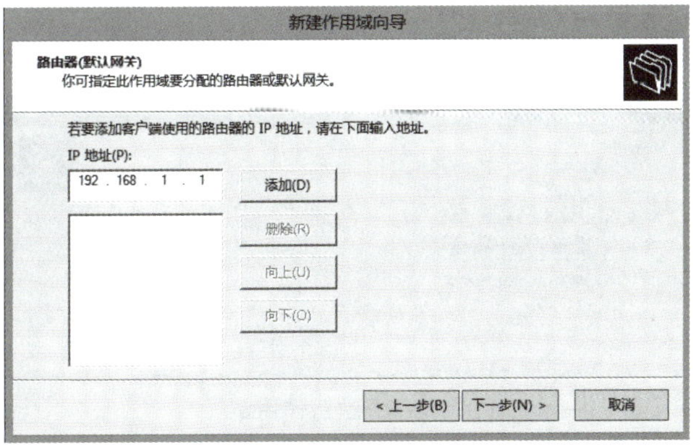

图 5.69　默认网关配置

g. 设置域名称和 DNS 服务器,并单击“下一步”,如图 5.70 所示。

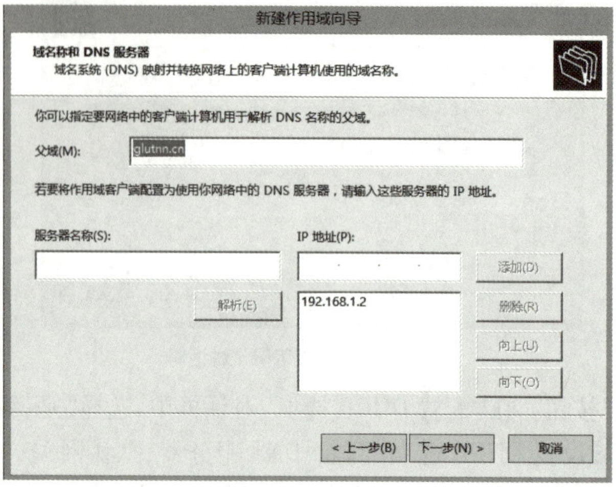

图 5.70　DNS 设置

h. 配置 WINS 服务器,直接“下一步”,如图 5.71 所示。

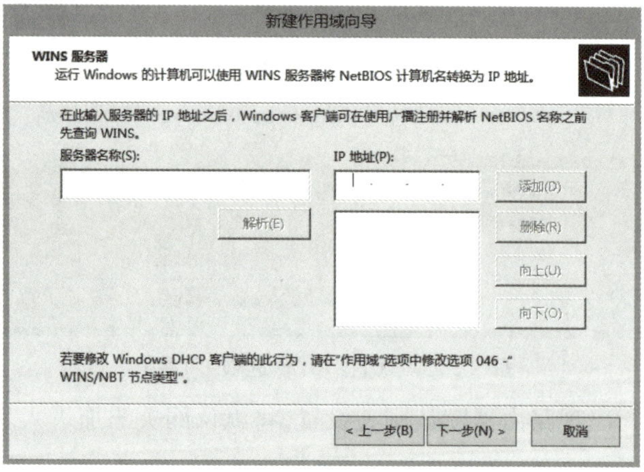

图 5.71　WINS 配置

i. 选择“是,我想现在激活此作用域”,单击“下一步”,如图 5.72 所示。

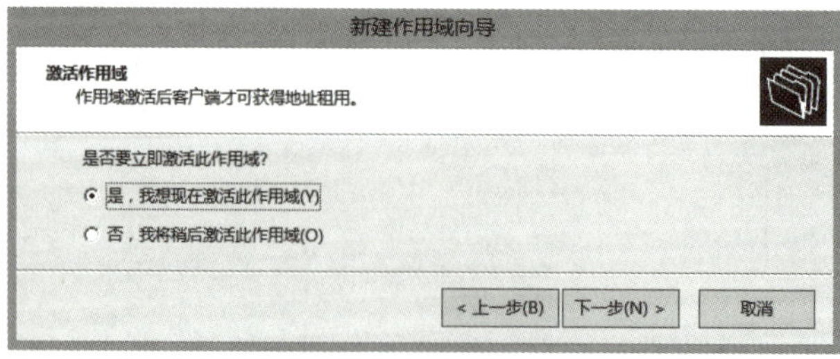

图 5.72　激活作用域

j. 在“正在完成新建作用域向导”对话框中,单击“完成”按钮,如图 5.73 所示。

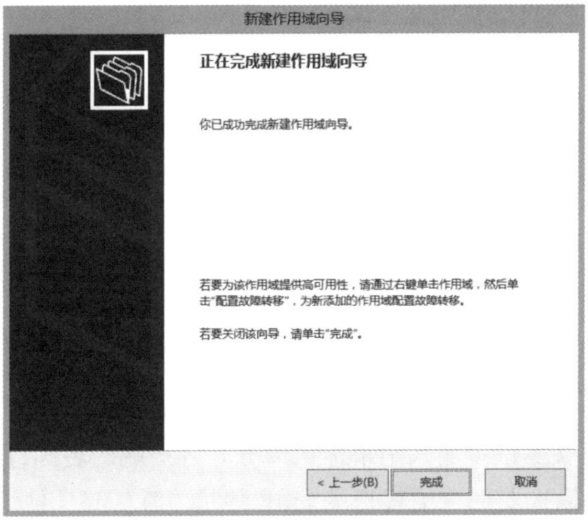

图 5.73　完成激活作用域

③修改现有作用域参数。

在选中相应作用域后,单击右键,从菜单中选择“属性”,可以对该作用域的详细参数进行修改,如图 5.74 所示。

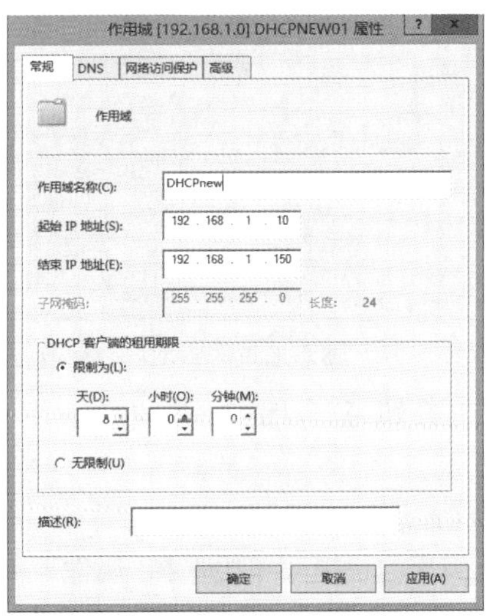

图 5.74　修改现有作用域参数

④保留特定的 IP 地址。

保留特定的 IP 地址给特定的客户端使用,当这个客户端每次向 DHCP 服务器索取 IP 地址或更新租约时,DHCP 服务器都会给该客户端分派相同的 IP 地址。保留特定 IP 地址的步骤如下:

Ⅰ. 在“DHCP”窗口中,选中作用域中的“保留”,从弹出的快捷菜单中选择“新建保留”,如图 5.75 所示。

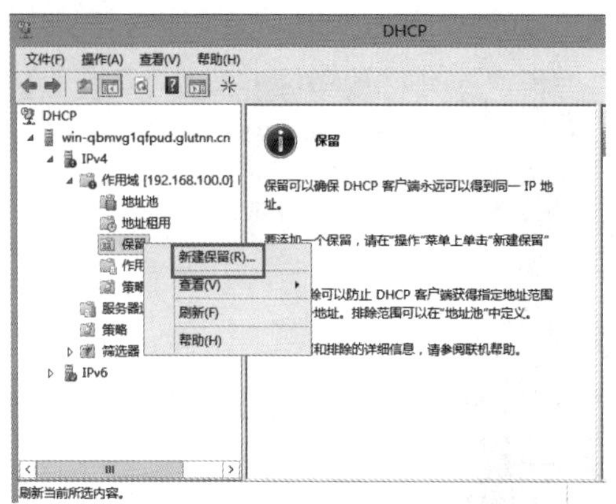

图 5.75 "新建保留"选项卡

Ⅱ. 在"保留名称"文本框中输入用来标识 DHCP 客户端的名称,例如,可以输入计算机名称。在"IP 地址"处输入要保留给客户端的 IP 地址。在"MAC 地址"处输入客户端的网卡的硬件地址,如图 5.76 所示。

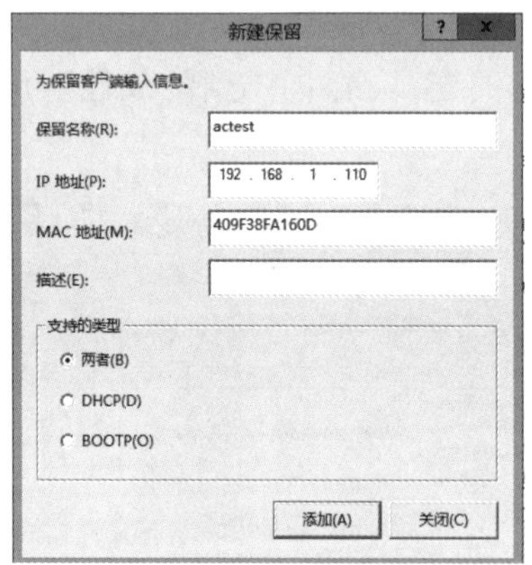

图 5.76 输入设置保留地址的参数

Ⅲ. 输入完成后单击"添加"按钮与"关闭"按钮。

(3) DHCP 客户端的设置

在客户端计算机上,可以通过选择"开始"→"控制面板"→"网络连接"选项,并用鼠标右键单击"本地连接",然后从弹出的快捷菜单中选择"属性"→"Internet 协议(TCP/IP)"→"属性",出现"Internet 协议(TCP/IP)属性"对话框时,选择"自动获得 IP 地址",单击"确定"按钮即可完成设置。

(4) 测试 DHCP 功能

①确认服务器已启动,所建的作用域处于激活状态。

②在 DHCP 客户端计算机上,选择"开始"→"运行"选项,在打开的"运行"对话框中输入"cmd"命令,单击"确定"按钮进入 DOS 命令模式。执行 DOS 命令"ipconfig/all",查看动态 IP 地址,如图 5.77 所示。

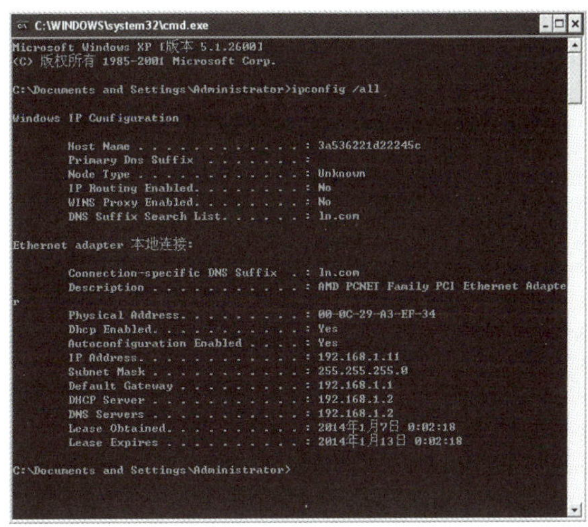

图 5.77　自动获得 IP 地址的主机的 TCP/IP 信息

【注意】 如果获取的 IP 地址为 169.254.115.59 这类的地址，则表示客户机并未从 DHCP 服务器获得 IP 地址，169.254.H.H 是当系统在网上未找到 DHCP 服务器时，微软的系统所分配的默认 IP 地址。

③在服务器端检查客户机租约信息。

回到服务器上，打开 DHCP 控制台，展开作用域，单击“地址租约”查看，如图 5.78 所示。

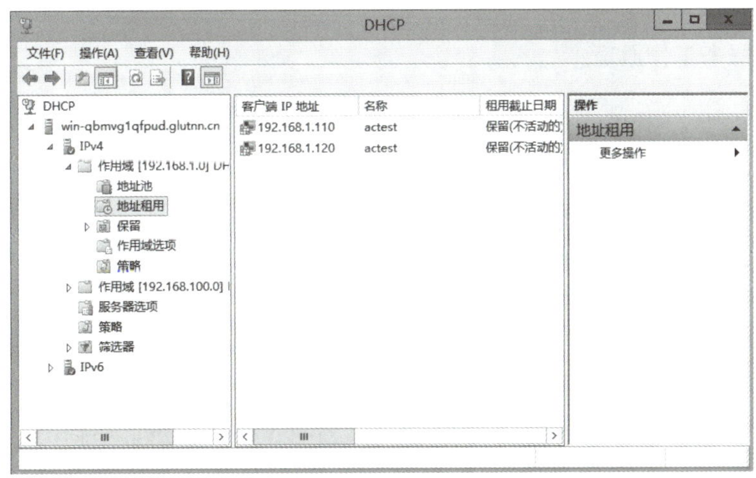

图 5.78　服务器端客户租约

任务5.4　WWW服务的配置

5.4.1　任务要求

某公司建有企业内部网,拥有办公计算机300台。根据企业的Web服务需求,面向公众用户,提供基于域名的Web服务;为了确保企业内部信息的安全性,专门为内部人员开辟企业内部网站。网络管理员需要对Web服务进行配置和管理。

5.4.2　相关知识

1)IIS概述

IIS是Internet Information Server的缩写,是一种Web网页服务组件,它是微软公司主推的服务器。IIS 8.0是Windows Server 2012 R2的一个组件,可以使Windows Server 2012 R2成为一个Internet信息的发布平台,为系统管理员创建和管理Internet信息服务器提供各种管理功能和操作方法。IIS 8.0的核心组件包括Web服务、FTP服务、NNTP服务和SMTP服务等,分别用于网页浏览、文件传输、新闻服务和邮件发送。

2)WWW服务工作原理

万维网(World Wide Web, WWW)是一个基于超文本(Hypertext)方式的信息查询工具,其最大特点是拥有直观、便捷的图形界面,非常简单的操作方法以及图文并茂的显示方式。

WWW系统采用客户机/服务器结构。在客户端,WWW系统通过Netscape Navigator或者Internet Explorer等工具软件提供了查阅超文本的方便手段。在服务器端,定义了一种组织多媒体文件的标准——超文本标记语言(HyperText Markup Language, HTML),按HTML格式储存的文件被称作超文本文件。在每一个超文本文件中通常都有一些超链接(Hyperlink),把该文件与别的超文本文件连接起来构成一个整体。

通常所见的网站是由若干Web网页组成的(暂且不考虑网络应用程序),这些Web网页是直接或者间接(通过网页制作工具)由HTML书写成的。HTML标准定义了Web网页的内容和显示方式,HTML代码最终在客户机的浏览器上显示为包含文本、图形、声音、动画等内容的Web网页。

具体地讲,用户从Web服务器取到一个文件后,需要在自己的屏幕上将它正确无误地显示出来。因为将文件放入Web服务器的用户并不知道将来阅读这个文件的用户使用何种类型的计算机或者终端，所以要保证每个人在屏幕上都能读到正确显示的文件，就必须用某种各类型的计算机或者终端都能“看懂”的方式来描述文件，即遵循一系列标准。于是就产生了 HTML。

HTML 对 Web 页的内容、格式及 Web 页中的超级连接进行描述，而 Web 浏览器的作用就在于读取 Web 站点上的 HTML 文档，再根据 HTML 文档中的描述组织来显示相应的 Web 页面。

HTML 文档本身是文本格式的，用任何一种文本编辑器都可以对它进行编辑。HTML 语言有一套相当复杂的语法，专门提供给专业人员用来创建 Web 文档，一般用户并不需要掌握它。在 UNIX 系统中，HTML 文档的后缀为“. html”，而在 DOS/Windows 系统中则为“. htm"，如图 5.79 所示。

jsjyyx - 记事本

文件(F)　编辑(E)　格式(O)　查看(V)　帮助(H)

```
<!doctype html public "-//w3c//dtd xhtml 1.0 transitional//en" "http://www.w3.org/tr/xhtml1
<html xmlns="http://www.w3.org/1999/xhtml">
<head>
<meta http-equiv="content-type" content="text/html; charset=gb2312" />
<title>网络组建与维护多媒体课件--桂林理工大学南宁分校</title>
<style type="text/css">
<!--
body {
        margin-left: 0px;
        margin-top: 1px;
        margin-right: 0px;
        margin-bottom: 1px;
        background-color: #ccffcc;
}
-->
</style></head>

<body>
<table width="910" height="610" border="0" align="center" cellpadding="0" cellspacing="0">
  <tr>
    <td><div align="center">
        <object classid="clsid:d27cdb6e-ae6d-11cf-96b8-444553540000" codebase="http://dow
        <param name="movie" value="网络组建与维护多媒体教学课件.swf" />
        <param name="quality" value="high" />
        <embed src="网络组建与维护多媒体教学课件.swf" quality="high" pluginspage="http://ww
            </object>
        </div></td>
```

图 5.79　HTML 文档源文件

仅有 HTML 并不能完成 WWW 服务的全部内容，还需要在网络中传输这些 HTML 代码，这项工作是由 HTTP 完成。HTTP 是一种应用层协议，它处于 TCP/IP 协议栈的最高层，具体定义了如何利用低层的通信协议完成无错的网络传输，从而在 Web 服务器与浏览器之间建立连接。

混合式学习

扫码学习，讨论：

1. IIS 8.0 的核心组件有那些？
2. 如何配置 WWW 服务器？

二维码 5.7　WWW 服务器配置

5.4.3　任务实施

1）实施环境

选用两台计算机，进行如图 5.80 所示的网络拓扑，完成服务器和客户机的物理互连。对于其中充当 Web 兼 DNS 服务器的主机，安装 Windows Server 2012 操作系统。在 Web 服务器与客户端计算机上,分别完成相应的TCP/IP设置,并检查和确保客户机与服务器之间的IP连通性。

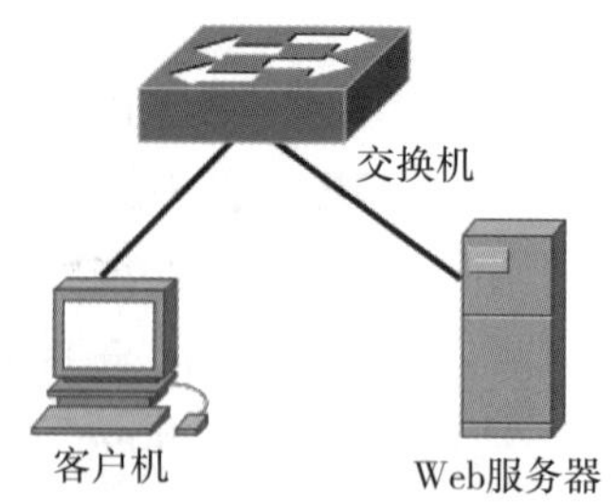

图5.80 Web服务器配置环境图

2)实施设备

2台计算机,1台安装Windows 7,1台安装Windows Server 2012操作系统。WWW服务的配置见表5.4。

表5.4 WWW服务的配置

内容	要点	参考建议
服务器、客户机的IP设置	服务器与客户机的IP参数,包括地址、子网掩码与首选DNS服务器	服务器的IP设置:IP地址/子网掩码为192.168.1.2/24,首选DNS服务器为192.168.1.2 客户机的IP设置:IP地址/子网掩码为192.168.1.11/24,首选DNS服务器为192.168.1.2
Web服务器的规划与配置	1. Web站点的IP地址 2. 端口号 3. 主目录 4. 首页文档	1. Web站点的IP地址:192.168.1.2 2. 端口号:80 3. 主目录:C:\jsjyyx 4. 首页文档:jsjyyx.htm
DNS服务器的规划与配置	1. 正向区域名 2. 反向区域的网络标识 3. 需添加的资源记录类型、记录数	1. 正向区域名:glite.edu.cn 2. 反向区域的网络标识:192.168.1 3. 资源记录 需要一条记录:主机名为jsjyyx,对应的IP地址为192.168.1.2,同时需要一条反向指针记录(PTR)
WWW功能的测试	测试的工具或方法	在客户机使用浏览器软件测试

3)操作步骤

(1)WEB服务器(IIS)的安装

①选择“开始”→“管理工具”→“服务器管理器”,在“服务器管理器”仪表板中,单击“添加角色和功能”按钮,打开“添加角色和功能向导”页面。然后“下一步”选择“WEB服务器(IIS)”复选框,并单击“添加功能”按钮,如图5.81所示。

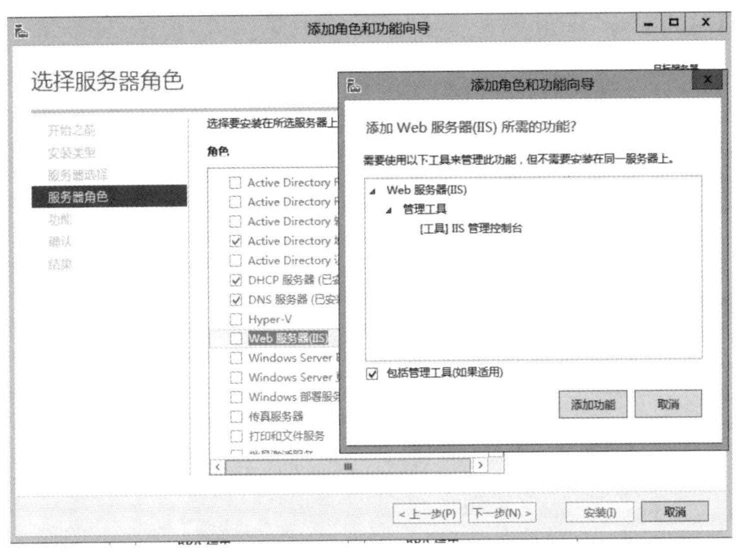

图 5.81　添加“Web 服务器(IIS)”

②单击“下一步”按钮，弹出“WEB 服务器(IIS)”对话框，连续单击“下一步”按钮，打开“选择角色服务”对话框，选择除 FTP 发布服务外的所有角色服务，如图 5.82 所示。

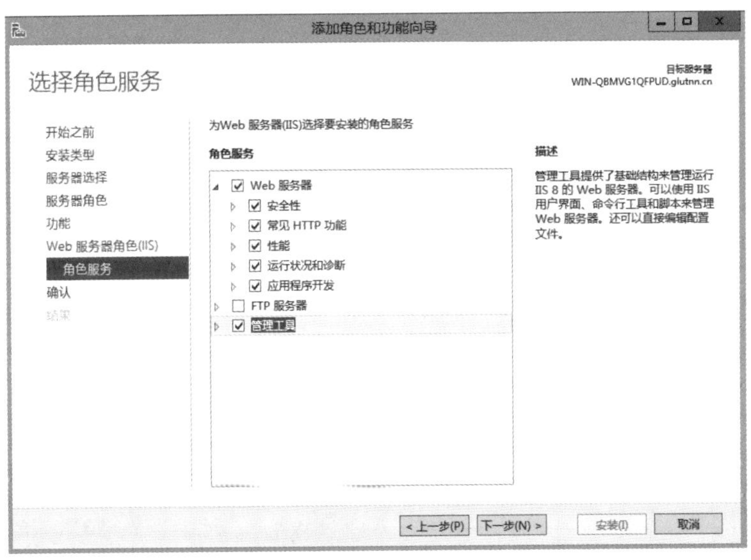

图 5.82　选择“角色服务”

③单击“下一步”按钮，弹出“确认安装所选内容”对话框，显示 WEB 服务器 IIS 角色的信息，如图 5.83 所示。单击“安装”按钮开始安装 WEB 服务器 IIS 角色，安装完毕会出现如图 5.84 所示“安装结果”对话框，最后单击“关闭”按钮，完成 WEB 服务器 IIS 角色的安装。

④通过选择“开始”→“管理工具”→“Internet Information Services(IIS)管理器”，打开 IIS 服务管理器，即可看到已安装的 Web 服务器，如图 5.85 所示。Web 服务器安装完成后，

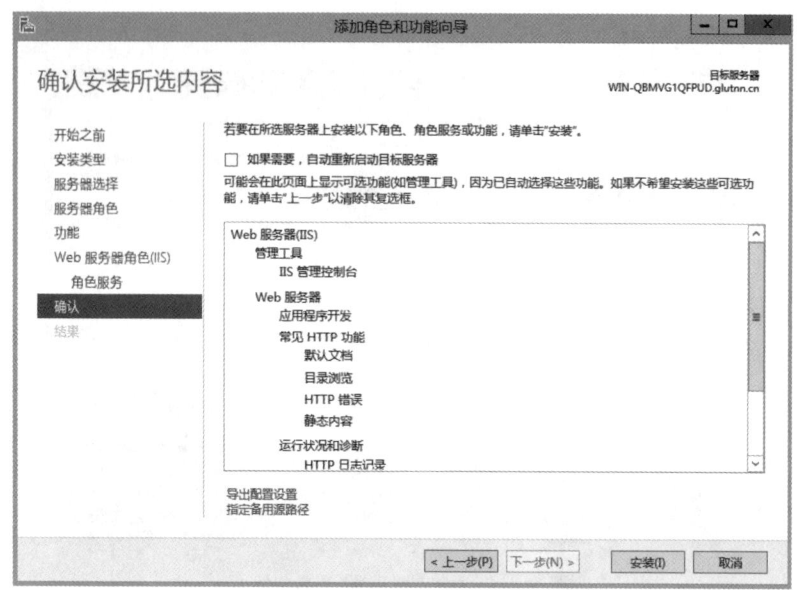

图 5.83　确认安装选择

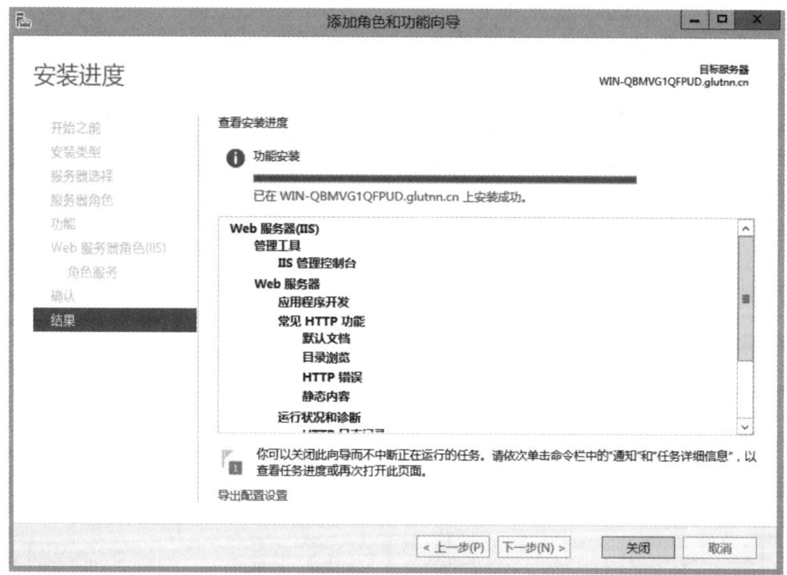

图 5.84　安装完毕

在“网站”下面默认会创建一个“Default Web Site”命名的站点。为了验证 IIS 服务器是否安装成功，打开浏览器，在地址栏输入“http://localhost”或者“http://本机 ip 地址”，如果出现图 5.86 所示的界面，说明 Web 服务器安装成功；否则，说明 Web 服务器安装失败，需要重新检查服务器设置或者重新安装。

图 5.85　“Internet Information Services(IIS)管理器”界面

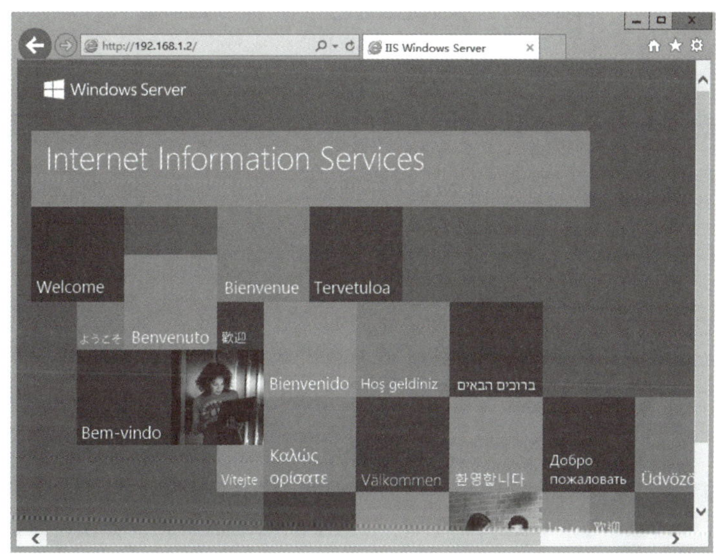

图 5.86　Web 服务器欢迎页面

(2)创建站点

创建一个名为“jsjyyx”的网站，主页文件为：jsjyyx.htm，网站主目录为“c:\jsjyyx”，网站域名为：http://jsjyyx.glite.edu.cn。

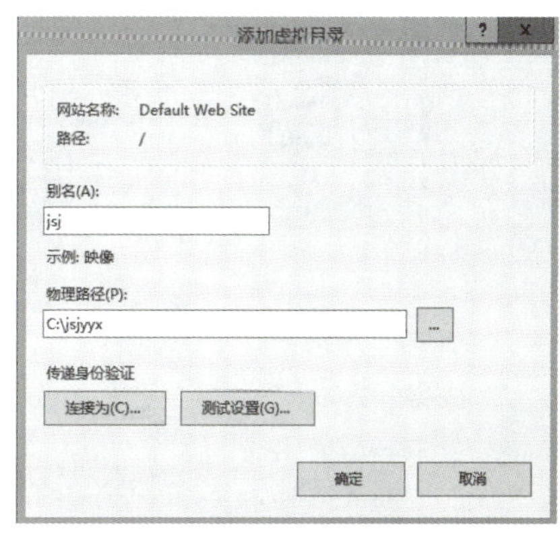

图 5.87　“添加虚拟目录”对话框

①通过选择“开始”→“管理工具”→“Internet Information Services(IIS)管理器”，打开 IIS 服务管理器。单击“网站”，选择“Default Web Site”站点，右击并选择快捷菜单中的“添加虚拟目录”选项，显示如图 5.87 所示的“添加虚拟目录”对话框。在“别名”文本框中键入虚拟目录的名字，“物理路径”

文本框中选择该虚拟目录所在的物理路径。虚拟目录的物理路径可以是本地计算机的物理路径,也可以是网络中其他计算机的物理路径。

使用虚拟目录可以提高安全性,因为客户端并不知道文件在服务器上的实际物理位置,所以无法使用该信息来修改服务器中的目标文件。使用虚拟目录可以更方便地移动网站中的目录,只需更改虚拟目录物理位置之间的映射,无需更改目录的 URL。使用虚拟目录可以发布多个目录下的内容,并可以单独控制每个虚拟目录的访问权限。使用虚拟目录可以均衡 Web 服务器的负载,因为网站中资源来自于多个不同的服务器,从而避免单一服务器负载过重,响应缓慢。

②单击"确定"按钮,虚拟目录添加成功,并显示在 Web 站点下方作为子目录。

③配置完虚拟目录后,就可以访问网站了,访问的途径是:http://ip 地址/虚拟目录名/网页。在客户机上,输入"http://192.168.1.2/jsj/jsjyyx.html"对网站进行访问,如图 5.88 所示。

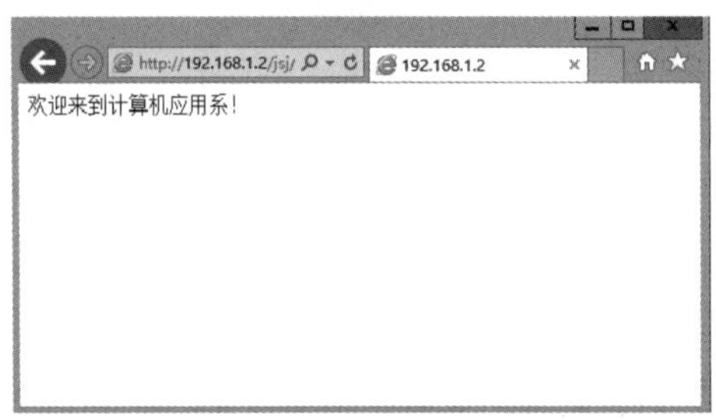

图 5.88 IP 地址的 Web 访问测试

(3)配置默认文档

①如果希望打开网站主页时不需要显示主页的名字,可以把网站的主页设置成默认文档。在 IIS 管理器中选择站点"jsj",在"jsj 主页"窗口中双击"IIS"区域的"默认文档"图标,打开"默认文档"窗口,如图 5.89 所示。

图 5.89 默认文档设置窗口

②单击“添加”,弹出如图5.90所示的“添加默认文档”对话框。

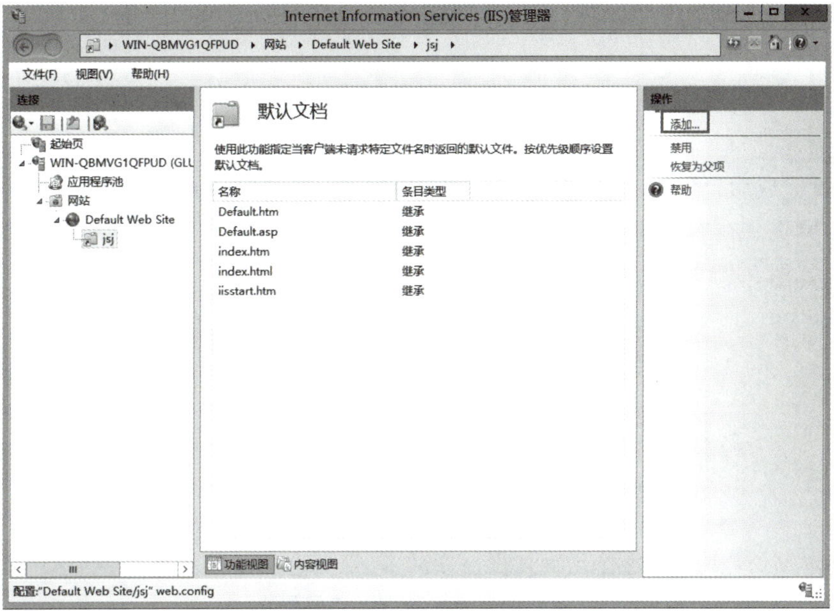

图5.90　添加默认文档

③系统自带了6种默认文档,如果要使用其他名称的默认文档,需要添加该名称的默认文档。单击右侧的“添加”超链接,显示如图5.90所示窗口,在“名称”文本框中输入要使用的主页名称,如“jsjyyx.html”。单击“确定”按钮,即可添加该默认文档。新添加的默认文档自动排在最上面。

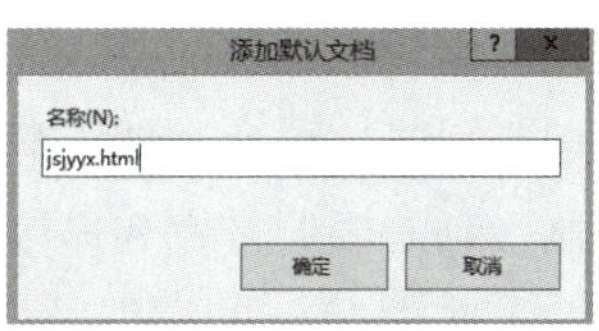

图5.91　添加默认文档确认

④当用户访问Web服务器时,输入域名或IP地址后,IIS会自动按顺序由上至下依次查找与之相应的文件名。因为“jsjyyx.html”是默认文档,所以现在在客户机上输入“http://192.168.1.2/jsj”就可以对网站进行访问了,如图5.92所示。

图5.92　配置默认文档后IP地址的Web访问测试

(4)设置域名访问

①在DNS服务器建立相应记录。选择“开始”→“管理工具”→“DNS”命令。在“DNS管理器”中,用鼠标右键单击“正向查找区域”,选择“新建区域”菜单项,建立区域“glite.

edu. cn";在新建区域"glite. edu. cn"里添加一条主机记录,主机名为"jsjyyx", IP 地址为"192. 168. 1. 2"。添加反向区域,反向区域的网络标识:192. 168. 1,建立主机"jsjyyx"的反向指针记录。

具体操作参见任务 5. 2 DNS 服务器构建→5. 2. 3 任务实施→3)操作步骤→(3)配置 DNS 服务器。

②设置完成后,可以在客户机上用域名访问 Web 网站,访问的途径是:http://域名/虚拟目录名/网页。在客户机上输入网址"http://jsjyyx. glite. edu. cn/jsj/jsjyyx. html"对网站进行访问,如图 5. 93 所示。

图 5. 93　域名的 Web 访问测试

(5)设置访问限制

配置的 Web 服务器是要供用户访问的。因此,不管使用的网络带宽有多充裕,都有可能因为同时连接的计算机数量过多而使服务器死机。所以有时候需要对网站进行一定的限制,例如,限制带宽和连接数量等。

①选中"Default Web Site"站点,单击右侧"操作"栏中的"限制"超链接,如图 5. 94 所示。

图 5. 94　限制访问

②打开如图 5. 95 所示的"编辑网站限制"对话框。IIS 8 中提供了两种限制连接的方

法,分别为限制带宽使用和限制连接数。

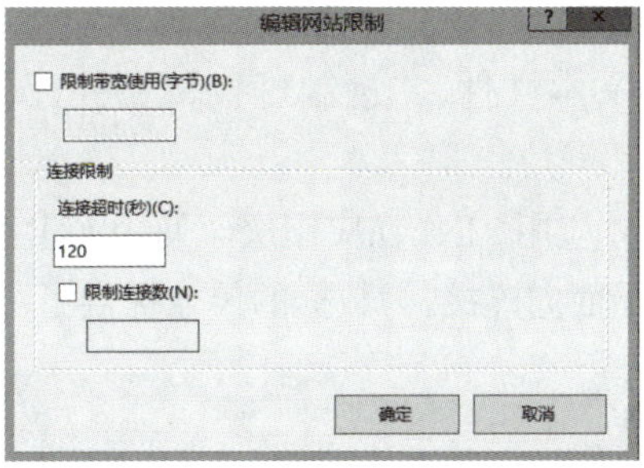

图 5.95　"编辑网站限制"对话框

③选择"限制带宽使用(字节)"复选框,在文本框中键入允许使用的最大带宽值。在控制 Web 服务器向用户开放的网络带宽值的同时,也可能降低服务器的响应速度。但是,当用户 Web 服务器的请求增多时,如果通信带宽超出了设定值,请求就会被延迟。

④选择"限制连接数"复选框,在文本框中键入限制网站的同时连接数。如果连接数量达到指定的最大值,以后所有的连接尝试都会返回一个错误信息,连接将被断开。限制连接数可以有效防止试图用大量客户端请求造成 Web 服务器负载的恶意攻击。在"连接超时"文本框中键入超时时间,可以在用户端达到该时间时,显示为连接服务器超时等信息,超时间向值一般默认是 120 s。

任务 5.5　FTP 服务的配置

5.5.1　任务要求

某公司建有企业内部网,拥有办公计算机 300 台。企业内部人员需要访问企业的文件,作为网络管理员,构建一台 FTP 服务器,为企业局域网中的计算机提供文件传送任务,并针对不同的用户提供不同的文件上传和下载的权限。

5.5.2　相关知识

FTP 简介

FTP 协议是 Internet 上用来传送文件的协议,是使用最普遍的文件传输协议。在 Internet 上通过 FTP 服务器可以进行文件的上传(Upload)或者下载(Download)。FTP 是实时联机服务,在使用之前必须是具有该服务的一个用户(即具有用户名和口令),工作时客户端必须先登录到作为服务器一方的计算机上。用户登录后可以进行文件搜索和文件传送等有关操作,如改变当前工作目录、列文件目录、设置传输参数及传送文件等。使用FTP可以传送所有类型的文件,如文本文件、二进制可执行文件、图像文件、声音文件和数据压缩文件等。

FTP是TCP/IP的一种具体应用,工作在应用层。使用FTP传输,其意义在于客户与服务器之间的连接是可靠的,而且是面向连接,为数据的传输提供了可靠的保证,如图5.96所示。

图5.96 FTP服务

整个FTP建立连接的过程如下:

①对于一个FTP服务器来说,它会自动对默认端口进行监听(默认端口是可以修改的,一般为21)。客户机向这个专用端口请求建立连接,便激活了服务器上的控制进程,通过这个控制进程可进行用户名密码及权限的验证。

②当验证完成后,服务器与客户机之间还会建立另外一条专有连接进行文件数据的传输。

③在传输过程中,服务器的控制进程将一直工作,并不断发出指令操作整个FTP传输,传输完毕后控制进程发送给客户机结束指令。

混合式学习

扫码学习,讨论:

1. FTP建立连接过程有哪几步?
2. 如何配置FTP服务器?

二维码5.8 FTP服务器配置

5.5.3 任务实施

1)实施环境

选用两台计算机,按照如图5.97所示的网络拓扑,完成服务器和客户机的物理互连。在其中充当FTP和DNS服务器的主机,安装Windows Server 2012操作系统。

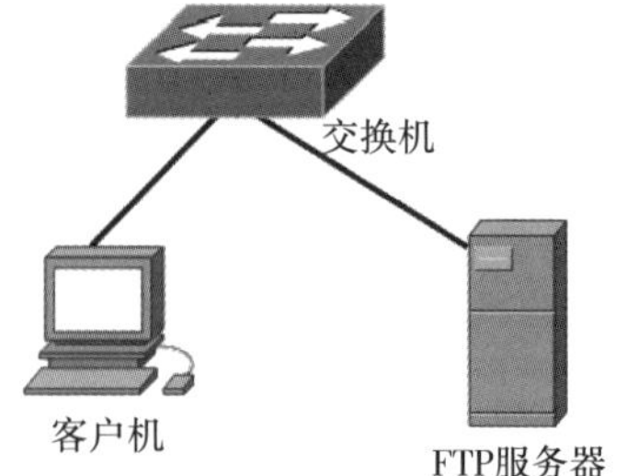

图5.97 FTP服务器配置环境图

2)实施设备

2台计算机,1台安装Windows 7,1台安装Windows Server 2012操作系统。FTP服务的配置见表5.5。

表 5.5　FTP 服务的配置

内容	要点	参考建议
服务器、客户机的 IP 设置	服务器与客户机的 IP 参数，包括地址、子网掩码与首选 DNS 服务器	服务器的 IP 设置：IP 地址/子网掩码为 192.168.1.2/24，首选 DNS 服务器为 192.168.1.2 客户机的 IP 设置：IP 地址/子网掩码为 192.168.1.11/24，首选 DNS 服务器为 192.168.1.2
FTP 服务器的规划与配置	1. FTP 站点的 IP 地址 2. 端口号 3. 主目录 4. 访问权限 5. 是否允许匿名登录	1. FTP 站点的 IP 地址：192.168.1.2 2. 端口号：21 3. 主目录：D:\FTPfile 4. 访问权限：读取和写入 5. 是否允许匿名登录：允许
DNS 服务器的规划与配置	1. 正向区域名 2. 反向区域的网络标识 3. 需添加的资源记录类型、记录数	1. 正向区域名：edu.cn 2. 反向区域的网络标识：192.168.1 3. 资源记录 需要一条记录：主机名为 glite，对应的 IP 地址为 192.168.1.2，同时需要一条反向指针记录（PTR）
FTP 功能的测试	测试的工具或方法	方法 1：在客户机使用浏览器软件测试 方法 2：在客户机使用 FTP 交互命令测试

3）操作步骤

（1）FTP 的安装

①选择“开始”→“管理工具”→“服务器管理器”，在“服务器管理器”仪表板中，单击“添加角色和功能”按钮，打开“添加角色和功能向导”页面。然后选择“WEB 服务器（IIS）”复选框，并单击“添加必需的功能”按钮。单击“下一步”按钮，出现“WEB 服务器（IIS）”对话框，继续单击“下一步”按钮，出现“选择角色服务”对话框，在此选择“FTP 发布服务”，如图 5.98 所示。

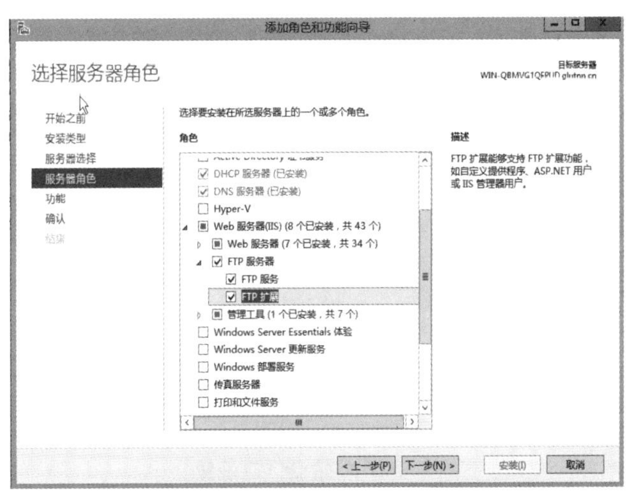

图 5.98　选择“FTP 发布服务”

②连续单击“下一步”,出现“确认安装选择”窗口,单击“安装”按钮,如图 5.99 所示。

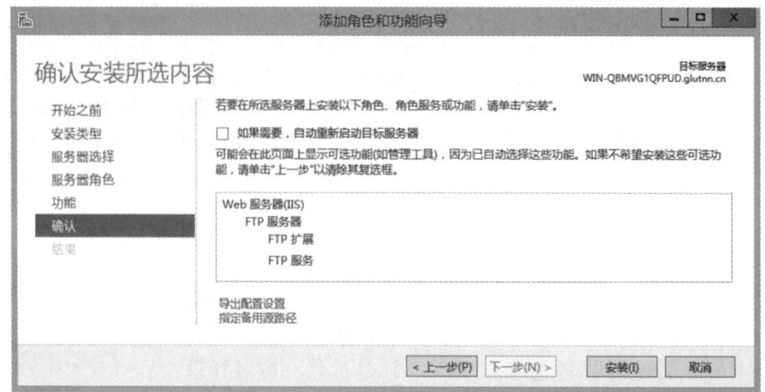

图 5.99　确认安装选择

③安装完毕,关闭窗口。

(2)创建 FTP 站点

①选择“开始”→ “管理工具”→“Internet Information Services(IIS)管理器”,展开左侧菜单,右键单击“网站”,然后点选“添加 FTP 站点”,如图 5.100 所示。

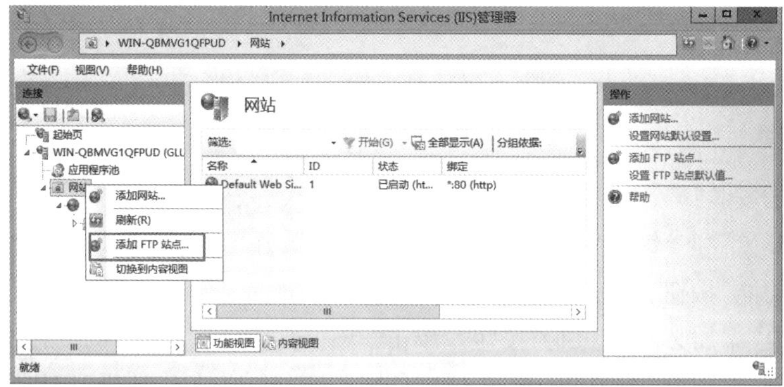

图 5.100　添加 FTP 站点

②在新弹出的窗口中设置 FTP 站点名称和物理路径,单击“下一步”,如图 5.101 所示。

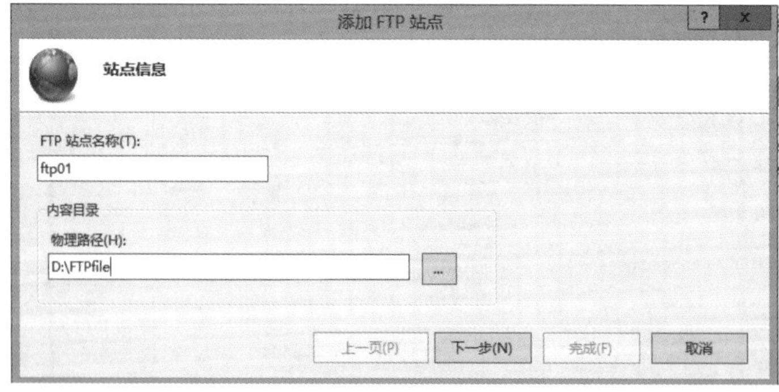

图 5.101　站点信息设置

③设置 IP 地址为“192.168.1.2”，端口采用默认值，点选“无 SSL”，单击“下一步”，如图 5.102 所示。

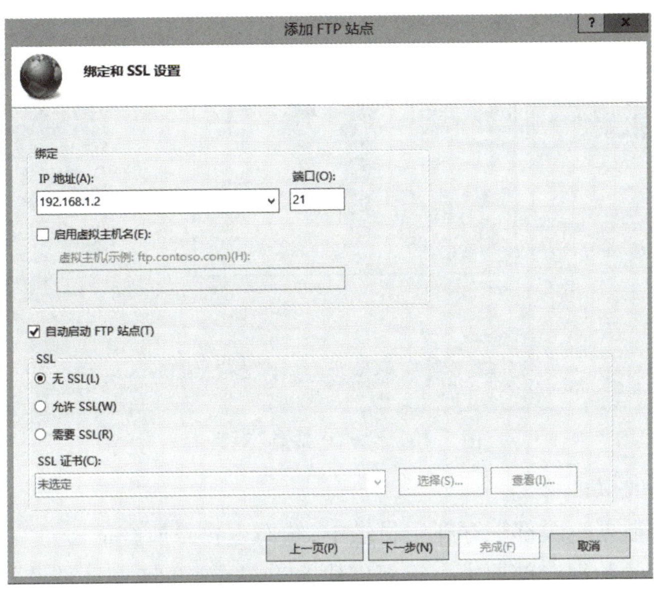

图 5.102　绑定和 SSL 设置

④设置身份验证，如果允许不需要用户名和密码登录 FTP 服务器，设置为“匿名”，允许访问中选择“匿名用户”，权限选择“读取”，单击“完成”，如图 5.103 所示。

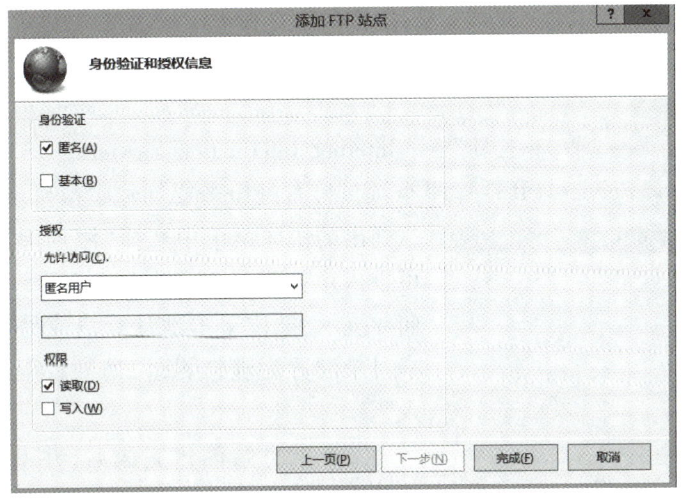

图 5.103　“身份验证和授权信息”对话框

(3)FTP 站点管理

单击“开始”→“管理工具”→“Internet Information Services(IIS)管理器”，打开“Internet Information Services(IIS)管理器”窗口，在左侧展开的菜单中单击新建的 FTP 站点，在中间显示的对话框中选择对应的选项，进行必要的修改和配置，如图 5.104 所示。

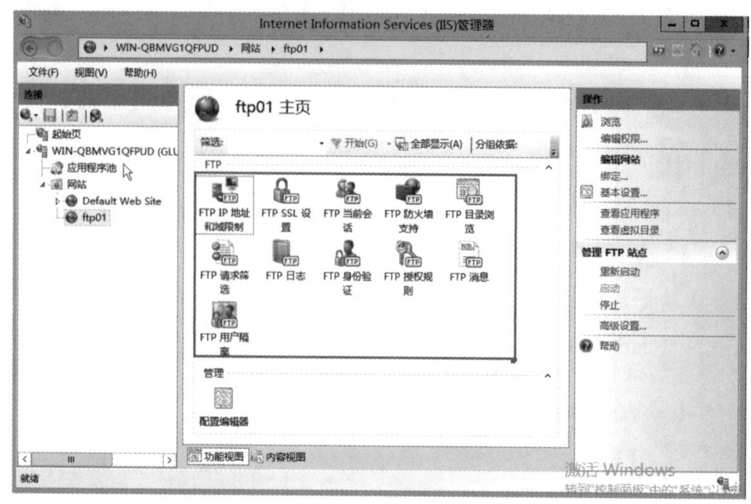

图 5.104 "FTP 站点"对话框

(4)创建 FTP 虚拟目录

FTP 站点中的数据一般都保存在主目录中,然而主目录所在的磁盘空间毕竟有限,也许不能满足日益增加的数据存储要求。重新创建 FTP 站点,并将主目录设置在另一个存储空间相对较大的磁盘分区中固然可行。但这种方法要求用户记住两个甚至更多的 FTP 站点地址,会给用户的访问带来不便。其实,创建 FTP 站点虚拟目录可以很好地解决这个问题。

FTP 虚拟目录可以作为 FTP 站点主目录下的子目录来使用,尽管这些虚拟目录并不是主目录真正意义上的子目录。究其实质,虚拟目录是在 FTP 站点的根目录下创建一个子目录,然后将这个子目录指向本地磁盘中的任意目录或网络中的共享文件夹。创建虚拟目录的步骤如下:

①单击"开始"→"管理工具"→"Internet Information Services(IIS)管理器",打开"Internet Information Services(IIS)管理器"窗口,右键单击要创建虚拟目录的 FTP 站点,并从弹出的快捷菜单中选择"添加虚拟目录"选项,即可进入虚拟目录创建向导,如图 5.105 所示。根据向导提示,把位于本地计算机或另一台计算机的共享目录设置为虚拟目录,访问权限为"读取"和"写入"。

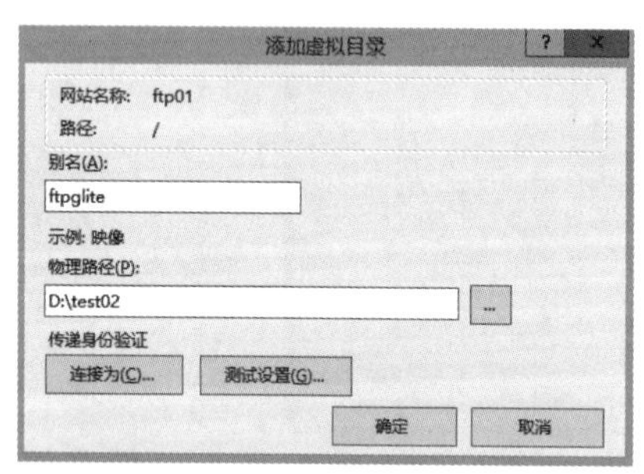

图 5.105 "添加虚拟目录"对话框

②虚拟目录创建完成后,并不能通过 ftp://IP 地址或域名方式直接实现访问。如果访问虚拟目录,可以键入 ftp://IP 地址或域名\虚拟目录名。

(5)FTP 站点的访问

①利用 Web 浏览器访问 FTP 站点。

Ⅰ. 访问 FTP 站点。

a. FTP 站点使用 IP 地址访问。

在客户机上打开"我的电脑",在地址栏输入 ftp://IP 地址,即可实现访问。例如输入

“ftp://192.168.1.2”，如图 5.106 所示。

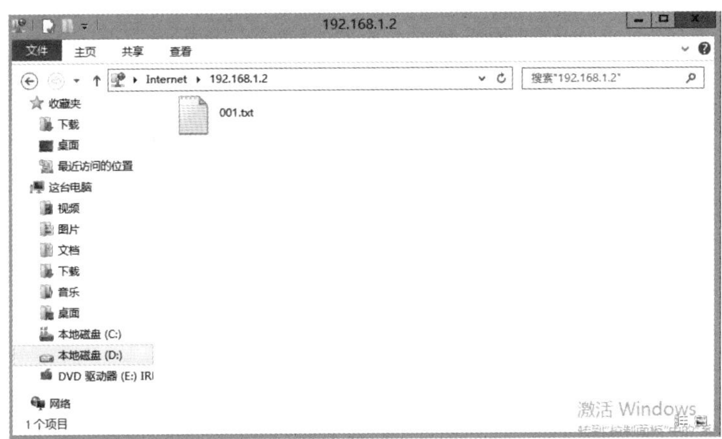

图 5.106　FTP 站点使用 IP 地址访问

b. FTP 站点使用域名访问。

在 DNS 服务器建立相应记录。

选择“开始”→“管理工具”→“DNS”，打开“DNS”控制台，用鼠标右键单击“正向查找区域”，选择“新建区域”菜单项，建立区域“glutnn. cn”；在新建区域内添加一条主机记录，主机名为“glutnn”，IP 地址为“192. 168. 1. 2”。添加反向区域，反向区域的网络标识：192. 168. 1，建立主机“glutnn”的反向指针记录。

在客户机上运行 Web 浏览器，在地址栏输入 ftp://域名，即可实现访问。例如输入“ftp://glutnn. cn”，如图 5.107 所示。

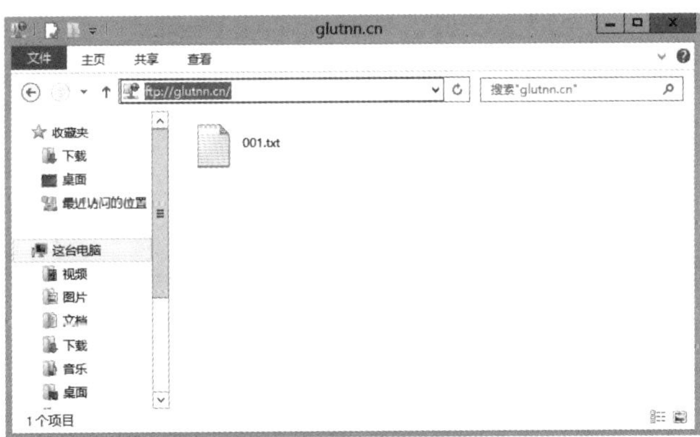

图 5.107　FTP 站点使用域名访问

Ⅱ. 访问虚拟目录。

在客户机运行 Web 浏览器，在地址栏输入 ftp://IP 地址或域名、虚拟目录名，即可实现访问。例如，输入“ftp://192.168.1.2/ftpglite”，如图 5.108 所示。

②利用 FTP 命令访问 FTP 站点。

Ⅰ. 运行 FTP 程序。

在客户机上单击“开始”→“运行”，输入“FTP”，单击“确定”。

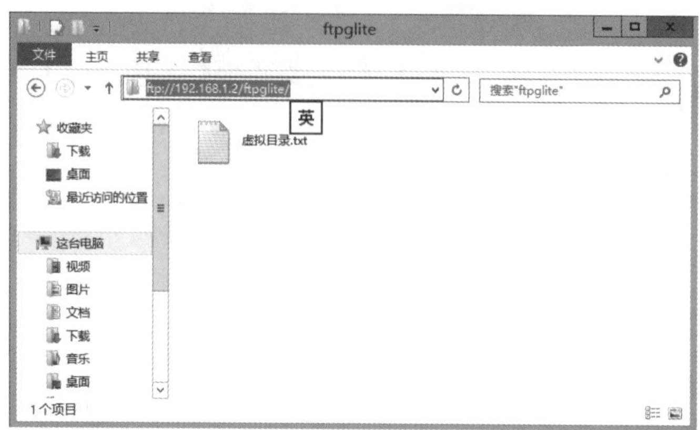

图 5.108　FTP 站点使用虚拟目录访问

Ⅱ. 连接 FTP 站点。

在 ftp>提示符下键入"open 192.168.1.2(FTP 站点的 IP 地址)",出现提示后,在 User 项下键入"anonymous",在 password 项下保持为空(或输入口令),回车。

Ⅲ. 使用 FTP 命令。

a. 显示服务器文件列表:ls 或 dir。

该命令可以查看当前站点根目录下的文件和文件夹。

b. 从服务器下载文件:get 或 mget。

该命令可以下载文件,例如,服务器上有文件"001.txt",从服务器上下载 001.txt 文件并将其重命名为"file1.txt",保存到 D 盘根目录下,可输入"get 001.txt d:\file1.txt"。

c. 上载文件:put 或 mput。

该命令可把指定文件上传到服务器上,前提是登录用户具有"写入"的权限。例如,将本地 C 盘上的文件"002.txt"上传到服务器,可输入命令"put c:\002.txt"。

d. 关闭 FTP 程序:bye 或 quit。

```
C:\Windows\system32\ftp.exe
ftp> open 192.168.1.2
连接到 192.168.1.2。
220 Microsoft FTP Service
用户(192.168.1.2:(none)): anonymous
331 Anonymous access allowed, send identity (e-mail name) as password.
密码:
230 User logged in.
ftp> ls
200 PORT command successful.
125 Data connection already open; Transfer starting.
001.txt
226 Transfer complete.
ftp: 收到 12 字节，用时 0.00秒 12000.00千字节/秒。
ftp> get 001.txt d:\file1.txt
200 PORT command successful.
125 Data connection already open; Transfer starting.
226 Transfer complete.
ftp: 收到 20 字节，用时 0.00秒 20000.00千字节/秒。
ftp> put c:\002.txt
200 PORT command successful.
125 Data connection already open; Transfer starting.
226 Transfer complete.
ftp: 发送 10 字节，用时 0.00秒 10000.00千字节/秒。
ftp>
ftp> quit
```

图 5.109　FTP 命令演示过程

思考题

1. IP 地址的租用方式有哪几种？它们各有什么特点？
2. 简述 DHCP 的工作原理。
3. DHCP 中作用域的含义是什么？定义作用域时要注意什么？
4. Windows 网络中，名称解析的方法有哪几种？它们各有什么特点？
5. 简述 DNS 服务的工作原理。
6. 简述 DNS 系统的域名空间结构。
7. 递归查询与循环查询有什么不同？
8. 什么是正向搜索和反向搜索？它们有什么区别和联系？
9. Web 或 FTP 站点的主目录和虚拟目录有什么不同？

项目 6　企业网络安全

【学习目标】

1. 理解访问控制列表的概念。
2. 理解两种访问控制列表的区别。
3. 理解防火墙的概念。
4. 掌握访问控制列表的原理及部署规范。
5. 掌握防火墙的工作原理和基本用途。

【能力目标】

1. 能根据企业需求规划访问控制策略。
2. 熟练配置访问控制列表。
3. 能准确的部署访问控制列表。
4. 熟悉防火的基本配置。
5. 能熟练使用防火墙部署安全策略。

任务 6.1　用访问控制列表实施网络安全

6.1.1　任务要求

校园网的各个部分互联以后,任意两台计算机是可以互相通信的。然而,随着校园网用户规模的不断扩大,网络所面临的问题也日益增加,使用办公网络的用户发现网络越来越慢,而且经常遭受来自不同网络的扫描和攻击;用于办公的 FTP 服务器也被用户上传了一些垃圾文件;其他别有用心的用户也无孔不入,他们会利用系统漏洞非法窃取资料或肆意破坏系统的正常服务……内网的安全性堪忧。

校园网安全服务的重要任务之一就是阻止内网用户肆意访问网络中的任意位置,特别是网络中的敏感区域。为此,管理员需要限制学生宿舍访问主校区,但又不能影响教工区域访问主校区。此外,位于主校区的服务器提供了 WWW 服务和 FTP 服务,教工宿舍区的用户可以访问 WWW 服务,但不允许访问 FTP 服务。

6.1.2　相关知识

1)访问控制列表

(1)访问控制列表

访问控制列表的作用是根据需要控制不安全的访问,使其不能访问敏感数据,同时不影响正常的数据访问。为了保证内网的安全性,需要通过安全策略来保障非授权用户只能访问特定的网络资源,从而达到对访问进行控制的目的,如图 6.1 所示。

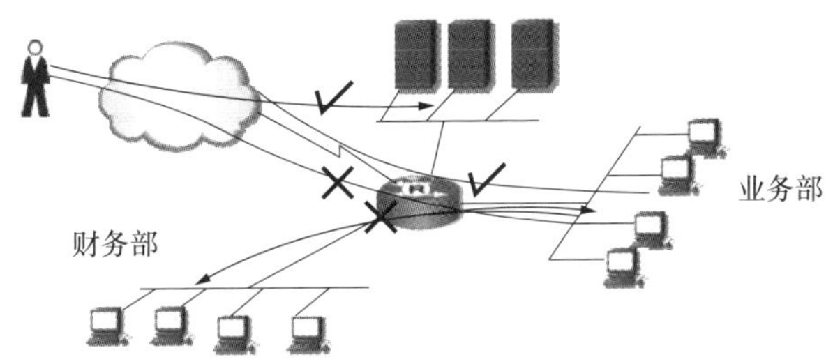

图 6.1　访问控制列表作用示意图

当路由器根据过滤规则转发或拒绝数据包时,它便充当了一种数据包过滤器的作用。当数据包到达过滤数据包的路由器时,路由器会从数据包报头中提取某些信息,并根据过滤规则决定该数据包是应该通过还是应该丢弃。以路由器为例,作为第 3 层设备,路由器根据源和目的 IP 地址、源端口和目的端口以及数据包的协议,利用规则来决定是应该允许还是拒绝流量。这些规则是使用访问控制列表(ACL)定义的。

ACL 可以在路由器端口处决定哪种类型的通信流量被转发或被阻塞。例如,用户可以允许 E-mail 通信流量被路由,拒绝所有的 Telnet 通信流量。

(2)ACL 的执行过程

一个端口执行哪条 ACL,这需要按照列表中的条件语句执行顺序来判断。如果一个数据包的报头跟表中某个条件判断语句相匹配,那么后面的语句就将被忽略,不再进行检查;如果所有的 ACL 判断语句都检测完毕,仍没有匹配的语句出口,则该数据包将视为被拒绝而被丢弃。

2)访问控制列表分类

访问控制列表有标准访问控制及扩展访问控制两类。

(1)标准 ACL

标准 ACL 只针对数据包的源 IP 地址进行过滤,对上层信息不能予以区分。亦即只根据源 IP 地址决定允许或拒绝数据报通过,而不考虑数据包中包含的目的地址和端口等信息。

标准 ACL 可用编号或名字标识。编号范围是(1-99),标准 ACL 的基本语法是:

```
access-list list-number deny/permit source [source-wildcard]
```

Or: Ip access-list standard name

-Permit/deny source_ip

其中:

list-number:为 ACL 的编号,范围是(1-99)。

permit:表示允许。

deny:表示拒绝。

source:是要允许或拒绝的源地址。

source-wildcard:是源地址适用的通配符。

standard name:标准 ACL 名。

需要注意的是,ACL 末尾隐含了"deny any",它将阻止其他所有流量,故在设置 ACL 的时候,必须考虑到通信的实际要求,避免隐含的"deny any"使得合法的通信被阻断。

标准 ACL 配置后,需使用 ip access-group 命令将其关联到接口,如:

```
Router(config-if)#ip access-group {access-list-name} {in|out}
```

其中,"in"或"out"表示流量相对接口的方向是"进"或是"出"。

(2)扩展 ACL

扩展访问控制可以针对数据的源及目的 IP 地址进行过滤,也可识别传输层的协议类型及协议端口号,并据此进行过滤;亦即扩展 ACL 可以根据多种属性(例如,协议类型、源和 IP 地址、目的 IP 地址、源 TCP 或 UDP 端口、目的 TCP 或 UDP 端口)过滤 IP 数据包,并可依据协议类型信息(可选)进行更为精确的控制。

扩展 ACL 可用编号或名字标识。扩展 ACL 的编号范围是(100-199),定义扩展 ACL 的基本语法为:

```
Router(config)#access-list list-number deny/permit protocol source [source-wild-
card][operator][port-num] destination [destination-wildcard][operator][port-num]
```

Or ;Ip access-list extended name

-Permit /deny protocol _ name source _ ip wildcardmaskdestination _ ip wildcardmask eq/gt /lc protocol_number

其中:list-number 为 ACL 的编号,范围是(100-199); extended name 为扩展 ACL 名;扩展 ACL 还增加了协议(Protocol),操作符(Operator,如 eq 表示等于),端口号(Port-num),目的地址(Destination)等字段。

常见的网络服务所使用的默认端口号见表 6.1。

表 6.1 常见的网络服务所使用的默认端口号

协议	端口号	服务
TCP	21	FTP
	23	Telnet
	25	SMTP
	53	DNS
	80	HTTP
	110	POP3
UDP	53	DNS
	69	TFTP
	520	RIP

与标准 ACL 一样,配置好扩展 ACL 之后,也需使用"ip access-group"命令将其关联到接口。

在适当的位置放置 ACL 可以过滤掉不必要的流量,使网络更加高效。ACL 的放置位置决定了是否能有效地减少不必要的流量。每个 ACL 都应该放置在最能发挥作用的位置。基本的规则是:

由于标准 ACL 不会指定目的地址,所以其位置应该尽可能地靠近目的地。

将扩展 ACL 尽可能地靠近要拒绝流量的源。这样,才能在不需要的流量流经网络之前将其过滤掉。

混合式学习

扫码学习,讨论:

1. ACL 有哪几种类型?
2. 如何实施 ACL?

二维码 6.1 ACL 的配置

6.1.3 任务实施

1)实施环境

如图 6.2 所示,位于分校区的路由器连接了教工宿舍区和学生宿舍区。在网络连通之后,管理员需要限制学生宿舍访问主校区的办公网络,但又不能影响教工区域访问办公网络。

此外,位于主校区的服务器提供了 WWW 服务和 FTP 服务,WWW 服务对教工和学生宿舍区开放,但 FTP 只对教工宿舍区开放,不对学生开放。

本任务需要在路由器上部署访问控制列表,以实现上述的访问控制要求。

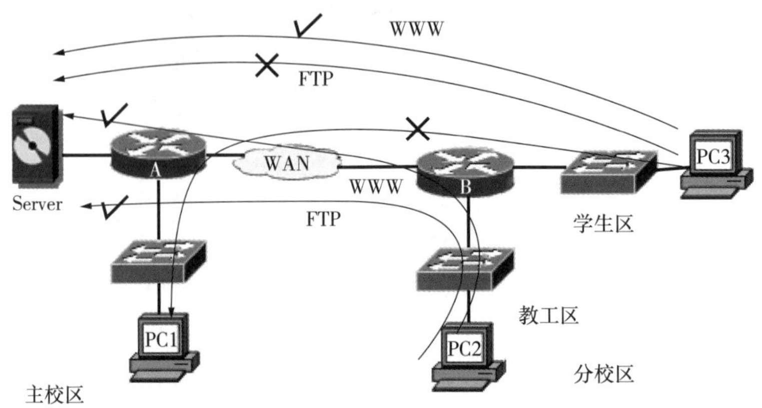

图6.2　实施网络访问控制

IP 地址的规划和网络的访问控制要求见表6.2。

表6.2　IP 地址的规划和网络的访问控制

校区	设备	接口	IP	描述	访问控制
主校区	Router A	S0/0/0 DCE	192.168.1.1/24	连接远程网络	无
		F0/0	192.168.0.1/24	连接办公区	无
		F0/1	192.168.100.1	连接服务器	无
	PC1	网卡	192.168.0.10	用于测试	无
	Server	网卡	192.168.100.100	服务器	无
分校区	Router B	S0/0/0 DTE	192.168.1.2/24	连接远程网络	无
		F0/0	192.168.2.1/24	连接教工区	无
		F0/1	192.168.3.1/24	连接学生区	无
	PC2	网卡	192.168.2.10	用于测试	不允许访问办公区
	PC3	网卡	192.168.3.10	用于测试	允许访问 WWW 不允许访问 FTP 不允许访问办公区

2)实施设备

Cisco 2811 路由器2台、V.35 DCE 电缆1根、V.35 DTE 电缆1根、交换机3台、计算机3台。

3)操作步骤

(1)物理连接

如图6.1所示的拓扑结构,连接所有设备。

(2)网络连通性配置

①按照表6.2中的地址规划、设置好所有计算机的IP地址及默认网关。

②参考项目五中介绍的服务器配置技术,在server上建立1个WWW服务器和1个FTP服务器,并测试其性能。

③配置路由器的所有接口,包括IP地址及接口状态等,使得各接口都处于up状态。

④按照项目四所介绍的方法,配置静态路由或任意一种动态路由,使得整个网络连通,并测试。

由于以上步骤在之前的项目中均有介绍,而本任务的重点是配置访问控制列表,故此处省略连通性配置。

(3)配置访问控制列表,限制学生宿舍访问主校区

①为了限制学生宿舍区访问主校区,仅需要根据源IP地址即可拒绝此类流量,因此可以通过部署标准访问控制列表实现。具体配置如下:

配置RouterA的访问控制列表:

```
RouterA(config)#access-list 10deny 192.168.3.0 0.0.0.255
                              \\定义编号为10的标准访问列表,拒绝192.168.3.0网段
RouterA(config)#access-list 10permit any
                              \\注意列表都隐含了deny any,所以必须添加permit any
```

②根据标准访问控制列表的部署原则,它应尽可能地靠近目的网络,故这一列表部署在Router-A的F0/0的出口方向。将访问列表绑定在相应的接口上:

```
RouterA(config)#interface f 0/0                    \\距离目标最近的接口
RouterA(config-if)#ip access-group 10 out          \\绑定在该接口的out方向
RouterA(config-if)#
```

③对标准访问控制列表做以下测试:

PC3 ping PC1

```
C:\>ping 192.168.0.10
Pinging 192.168.0.10 with 32 bytes of data:
Reply from 192.168.0.10: Destination net unreachable.
Reply from 192.168.0.10: Destination net unreachable.
Reply from 192.168.0.10: Destination net unreachable.
Reply from 192.168.0.10: Destination net unreachable.
Ping statistics foR192.168.0.10:
    Packets: Sent=4,Received=4,Lost=0 (0%  loss),
Approximate round trip times in milli-seconds:
    Minimum=0 ms, Maximum=0 ms, Average=0 ms
```

以上输出显示了"Destination net unreachable",即目标主机不可达。

再PC2 ping PC1:

```
C:\>ping 192.168.0.10
Pinging 192.168.0.10 with 32 bytes of data:
```

```
Reply from 192.168.0.10:bytes=32 time=23 ms TTL=126
Reply from 192.168.0.10:bytes=32 time=23 ms TTL=126
Reply from 192.168.0.10:bytes=32 time=23 ms TTL=126
Reply from 192.168.0.10:bytes=32 time=23 ms TTL=126
Ping statistics foR192.168.0.10:
    Packets: Sent=4,Received=4,Lost=0 (0%  loss),
Approximate round trip times in milli-seconds:
    Minimum=23 ms, Maximum=25 ms, Average=23 ms
```

测试后可以正常通信。可见,位于学生宿舍区的 PC3 不能访问主校区的 PC1,而 PC2 与 PC1 的通信不受影响。

(4)定义访问控制列表,实现 WWW 服务对教工宿舍区和学生宿舍区的开放,FTP 只对教工宿舍区开放

为了实现 WWW 服务对教工宿舍区和学生宿舍区的开放,FTP 只对教工宿舍区开放,仅仅根据源 IP 地址是无法区别这两种流量的,限制不同协议的流量必须通过定义扩展访问控制列表来实现。

在此需求下,需要定义一个扩展访问控制列表,允许来自教工宿舍区 IP 的 WEB 服务器 HTTP 服务请求和 FTP 请求,允许来自学生宿舍区 IP 的 WEB 服务器 HTTP 服务请求但拒绝其 FTP 请求,具体配置如下:

①配置 RouterB 的访问控制列表:

```
    RouterB(config)#access-list 100 permit tcp 192.168.2.0 0.0.0.255 192.168.100.100
0.0.0.0 eq 80
                              \\定义编号为 100 的扩展访问列表,允许教工访问 WWW 服务器
    RouterB(config)#access-list 100 permit tcp 192.168.2.0 0.0.0.255 192.168.100.100
0.0.0.0 eq 21
                                                          \\允许教工访问 FTP 服务器
    RouterB(config)#access-list 100 permit tcp 192.168.3.0 0.0.0.255 192.168.100.100
0.0.0.0 eq 80
                                                          \\允许学生访问 WWW 服务器
    RouterB(config)#access-list 100 permit tcp 192.168.3.0 0.0.0.255 192.168.100.100
0.0.0.0 eq 21
                                                          \\拒绝学生访问 FTP 服务器
```

②根据标准访问控制列表的部署原则,它应尽可能地靠近源网络,故这一列表应位于 Router-B 的 S0/0/0 的出口方向。将访问列表绑定在相应的接口上:

```
RouterB(config)#interface s 0/0/0                          \\距离源比较近的接口
RouterB(config-if)#ip access-group 100 out                 \\绑定在该接口的 in 方向
RouterB(config-if)#exit
```

③对扩展访问控制列表做以下测试:

学生宿舍区 PC3 可以访问 WWW 服务,但不能访问 FTP 服务。

教工宿舍区 PC2 可以访问 WWW 服务和 FTP 服务。

任务 6.2　防火墙配置

6.2.1　任务要求

学校校园网的内网部分已完成了组建工作，接下来就是接入 Internet 了。但是 Internet 是一个充满不安全因素的复杂环境，为了使校园网不受到来自 Internet 的入侵，同时还能使得内网用户安全访问 Internet，本任务要求对网络边界防火墙进行合理配置，从而满足校园安全需求。

6.2.2　相关知识

1）防火墙的概念及原理

防火墙是指设置在不同网络（如可信任的企业内部网和不可信的公共网）或网络安全域之间的一系列部件的组合。它是不同网络或网络安全域之间信息的唯一出入口，能根据企业的安全策略控制（允许、拒绝、监测）出入网络的信息流，且本身具有较强的抗攻击能力。它是提供信息安全服务，实现网络信息安全的基础设施。一般情况下，防火墙保护的网络可以在阻止非授权用户访问敏感数据的同时允许合法用户无妨碍地访问网络资源。

实际上，可以将防火墙理解为一个实时的网络监视器和过滤器，它监视并分析每一个通过防火墙的数据报文或应用请求，对可信赖的报文或应用请求允许通过，对有害的或可疑的报文或应用请求禁止其通过。防火墙具有处理高速、操作简便、逻辑漏洞少、安全系数高等特点，在当前互联网上黑客横行的情况下可以用较少的投资获得比较可观的安全效应。

防火墙具有如下特性：

①所有进出网络的通信流都应该通过防火墙。

②所有穿过防火墙的通信流都必须有安全策略和计划的确认和授权。

③防火墙自身具有较强的抗攻击能力。

2）防火墙的构建

防火墙的设置，主要有以下几种类型：

（1）防火墙网络架构 I

防火墙网络架构 1 中，防火墙把内网与外网隔离，如图 6.3 所示。

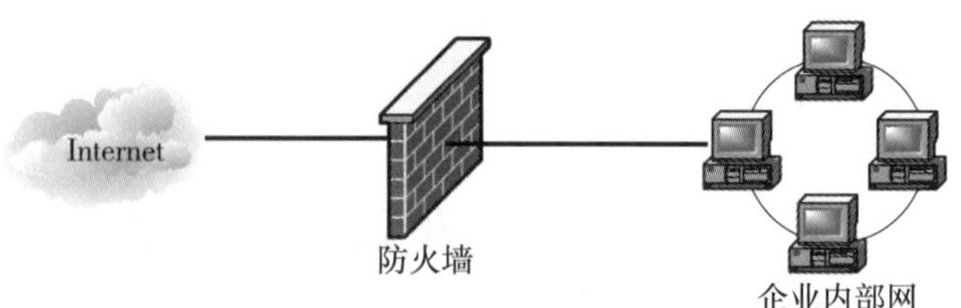

图6.3　防火墙网络架构Ⅰ

(2)防火墙网络架构Ⅱ

在防火墙网络架构Ⅱ中,企业网络除了与因特网连接外,企业还架设了服务器群组向外提供服务,由于这些服务器一定限度地对外开放,相对内网而言存在着不少安全隐患,所以必须同内部网络隔开,以保证企业内部的网络安全。

在防火墙网络构架Ⅱ中,服务器群组不受防火墙的保护,如图6.4所示。

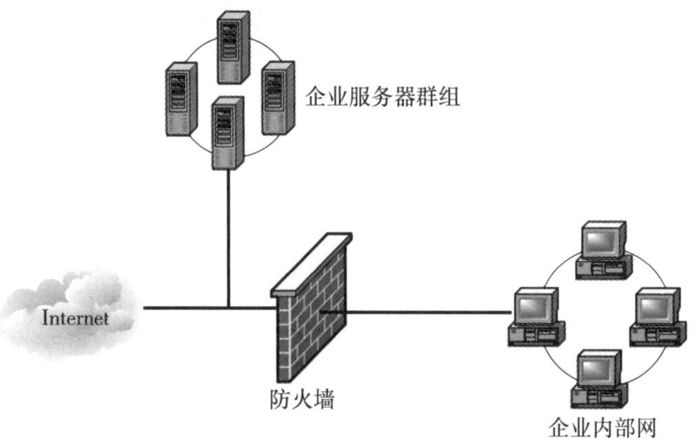

图6.4　防火墙网络架构Ⅱ

(3)防火墙网络架构Ⅲ

防火墙网络在架构Ⅲ中,如果防火墙支持DMZ功能,就可以将服务器群组放置在DMZ区中,这样服务器群组也能受到防火墙的保护。人们通常将此区域称为安全服务器区,如图6.5所示。

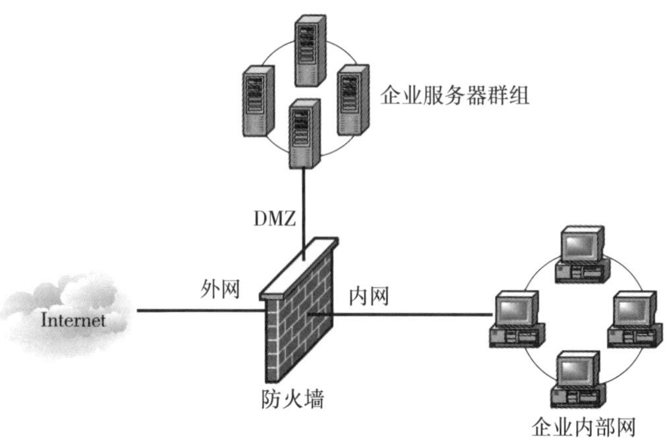

图6.5　防火墙网络架构Ⅲ

防火墙也可以用在企业内部，来区隔不同的部门或组织，如架构Ⅲ；在防火墙上制定网络安全的政策，决定哪些信息可以在部门之间流通，由防火墙阻绝不当的信息流通，以确保各部门或组织的网络安全。

3）防火墙的分类

防火墙可根据技术防范的方式和侧重点的不同分为多种类型，但总体来讲可分为数据包过滤、应用级网关和代理服务等类型。

（1）数据包过滤型防火墙

数据包过滤（Packet Filtering，PF）技术是在网络层对数据包进行选择，选择的依据是系统内设置的过滤逻辑，被称为访问控制表（Access Control Table，ACT）。通过检查数据流中每个数据包的源地址、目的地址、所用的端口号、协议状态或它们的组合等因素来确定是否允许该数据包通过。只有满足过滤逻辑的数据包才能被转发到相应的目的地（出口端），其余数据包则被从数据流中丢弃。

分组过滤或包过滤是一种通用、廉价、有效的安全手段。之所以通用，是因为它不针对各个具体的网络服务采取特殊的处理方式；之所以廉价，是因为大多数路由器都提供了分组过滤的功能；之所以有效，是因为它能很大程度地满足企业的安全要求。其所根据的信息来源于 IP、TCP 或 UDP 包头。

包过滤的优点是不用改动客户机和主机上的应用程序，因为它工作在网络层和传输层，与应用层无关。但其弱点也是明显的：仅有以过滤判别的网络层和传输层的有限信息可实现包过滤，因而各种安全要求不可能充分满足；在许多过滤器中，过滤规则的数目是有限制的，且随着规则数目的增加，性能会受到很大的影响；由于缺少上下文关联信息，不能有效地过滤如 UDP、RPC 一类的协议；另外，大多数过滤器中缺少审计和报警机制，且管理方式和用户界面较差；对安全管理人员素质要求高，建立安全规则时，必须对协议本身及其在不同应用程序中的作用有较深入的理解。因此，过滤器通常是和应用网关配合使用，共同组成防火墙系统。

（2）应用级网关型防火墙

应用级网关（Application Level Gateways，ALG）是在网络应用层上建立协议过滤和转发功能。它针对特定的网络应用服务协议使用指定的数据过滤逻辑，并在过滤的同时，对数据包进行必要的分析、登记和统计，形成报告。实际中的应用网关通常安装在专用工作站系统上。

数据包过滤和应用网关防火墙有一个共同的特点，就是它们仅仅依靠特定的逻辑判定是否允许数据包通过。一旦满足逻辑，则防火墙内外的计算机系统将建立直接的联系，防火墙外部的用户便有可能直接了解防火墙内部的网络结构和运行状态，这有利于实施非法访问和攻击。

（3）代理服务型防火墙

代理服务（Proxy Service，PS）也称链路级网关或 TCP 通道（Circuit Level Gateways or

TCP Tunnels),也有人将它归于应用级网关一类。它是针对数据包过滤和应用网关技术存在的缺点而引入的防火墙技术,其特点是将所有跨越防火墙的网络通信链路分为两段。防火墙内外计算机系统间应用层的"链接",由两个终止代理服务器上的"链接"来实现,外部计算机的网络链路只能到达代理服务器,从而起到了隔离防火墙内外计算机系统的作用。

此外,代理服务也对过往的数据包进行分析、注册登记,形成报告,同时当发现被攻击迹象时会向网络管理员发出警报,并保留攻击痕迹。

应用代理型防火墙是内部网与外部网的隔离点,起着监视和隔绝应用层通信流的作用。同时也常结合过滤器的功能。它工作在OSI模型的最高层,掌握着应用系统中可用作安全决策的全部信息。

(4)复合型防火墙

由于对更高的安全性的需求,常把基于包过滤的方法与基于应用代理的方法结合起来,形成复合型防火墙产品。这种结合通常有以下两种方案:

①屏蔽主机防火墙体系结构。

在该结构中,分组过滤路由器或防火墙与Internet相连,同时安装一个堡垒机在内部网络,通过在分组过滤路由器或防火墙上设置过滤规则,使堡垒机成为Internet上其他节点所能到达的唯一节点,这确保了内部网络不受未授权的外部用户的攻击。

②屏蔽子网防火墙体系结构。

堡垒机放在一个子网内,形成非军事化区,两个分组过滤路由器放在这一子网的两端,使这一子网与Internet及内部网络分离。在屏蔽子网防火墙体系结构中,堡垒主机和分组过滤路由器共同构成了整个防火墙的安全基础。

4)防火墙在网络中的部署

一般来说,防火墙置于内部可信网络和外部不可信网络之间。防火墙作为一个阻塞点来监视和抛弃应用层的网络流量。防火墙也可运行于网络层和传输层,它在此处检查接受和送出包的IP和TCP报头,并丢弃一些包。这些包是基于已编程的检测规则丢弃的。

防火墙责任重大,不仅要承担所有的检测任务,而且要决定是否进行其他的安全检查。它是内部网络仅有的一层保护。如果这些保护失败(或者被入侵者绕过,或者保护层崩溃),内部网络就处于危险的状态。

究竟在什么地方安装防火墙才能达到对网络流量进行监控的目的呢?

①应该将防火墙安装在公司内部网络与外部Internet的唯一接口处,以阻挡来自外部的网络的入侵。

②如果公司拥有规模较大的内部网络,并且设置有虚拟局域网(VLAN),则应该在各个VLAN之间设置防火墙,以防止机密信息向外泄漏。

③公网连接的总部与各分支机构之间也应该设置防火墙。如果有条件,还应该将总部与各分支机构组成虚拟专用网(VPN)。

总之,安装防火墙有一个基本原则,那就是:无论是内部网络之间还是内部网络与外部公网之间的连接处，只要存在恶意侵入的可能，都应该安装防火墙，做到防患于未然。

6.2.3 任务实施

1）**实施环境**

校园网要接入 Internet，必须保证内网用户不受到来自 Internet 的入侵，同时还能使得内网用户安全地访问服务器区和 Internet，而来自 Internet 的用户也可以访问服务器区。本任务即在网络边界处安装一台防火墙，并部署相应的安全规则。

（1）网络拓扑

网络拓扑如图 6.6 所示。

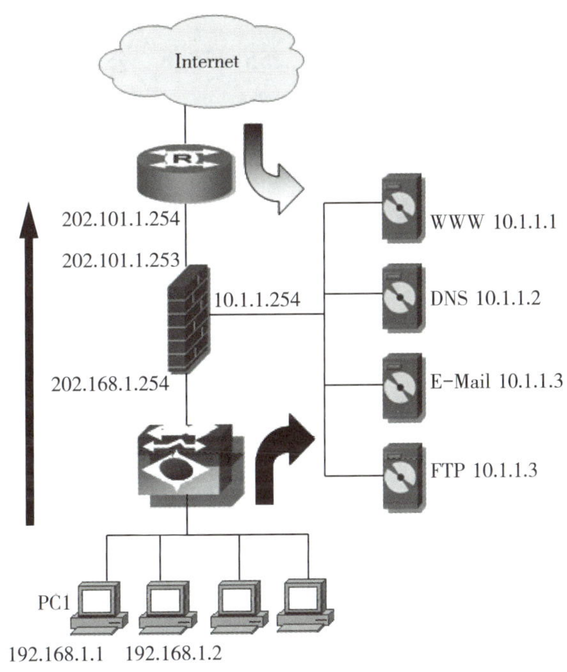

图 6.6　防火墙配置实例

（2）用户需求

①内网用户（PC1 和 PC2）可以访问互联网上的所有服务。

②内网用户（PC1 和 PC2）可以访问 DMZ 区的 WWW 服务器、DNS 服务器、E-Mail 服务器和 FTP 服务器。

③外网用户可以访问 DMZ 区的 WWW 服务器、DNS 服务器、E-Mail 服务器和 FTP 服务器。

④PC1 作为防火墙的网络管理员。

⑤没有明确允许的网络服务和访问方向全部禁止。

⑥内网用户访问互联网使用动态 NAT，转换成防火墙外网口地址。

⑦DMZ 区的服务器访问互联网使用静态 NAT,4 台服务器转换成 4 个合法 IP 地址。

2)实施方案

①路由器以太网端口地址:202.101.1.254/255.255.255.0,由 ISP 提供。

②防火墙外网口地址:202.101.1.253/255.255.255.0,由 ISP 提供,此地址必须与路由器以太网端口地址位于同一网段。

③防火墙内网口地址:192.168.1.254/255.255.255.0。公司内部规划选择,此地址必须与内网中的所有主机位于同一网段中。内网中主机的缺省网关设置为防火墙内网口地址。

④防火墙 DMZ 口地址:10.1.1.254/255.255.255.0。公司内部规划选择,此地址必须与 DMZ 中服务器位于同一网段中。所有 DMZ 区服务器的缺省网关设置为防火墙 DMZ 口地址。

⑤内网主机 PC1 地址:192.168.1.1/255.255.255.0。公司内部规划选择,缺省网关设置为防火墙内网口地址。

⑥内网主机 PC2 地址:192.168.1.2/255.255.255.0。公司内部规划选择,缺省网关设置为防火墙内网口地址。

⑦WWW 服务器内部地址:10.1.1.1/255.255.255.0。公司内部规划选择,缺省网关设置为防火墙 DMZ 口地址。

⑧WWW 服务器外部合法地址:202.101.1.252/255.255.255.0。由 ISP 提供,此地址必须与路由器以太网地址在同一网段中。

⑨DNS 服务器内部地址:10.1.1.2/255.255.255.0。公司内部规划选择,缺省网关设置为防火墙 DMZ 口地址。

⑩DNS 服务器外部合法地址:202.101.1.251/255.255.255.0。由 ISP 提供,此地址必须与路由器以太网地址在同一网段中。

⑪E-Mail 服务器内部地址:10.1.1.3/255.255.255.0。公司内部规划选择,缺省网关设置为防火墙 DMZ 口地址。

⑫E-Mail 服务器外部合法地址:202.101.1.250/255.255.255.0。由 ISP 提供,此地址必须与路由器以太网地址在同一网段中。

⑬FTP 服务器内部地址:10.1.1.4/255.255.255.0。公司内部规划选择,缺省网关设置为防火墙 DMZ 口地址。

⑭FTP 服务器外部地址:202.101.1.249/255.255.255.0。由 ISP 提供,此地址必须与路由器以太网地址在同一网段中。

思考题

1. 简述访问控制列表的作用。

2. 简述标准访问控制列表与扩展访问控制列表的区别。

3. 简述ACL的放置位置规则。

4. 结合实例说明在ACL中规则先后顺序的重要性。

5. 如何实现主校区对学生宿舍区的单向访问,即主校区可访问学生宿舍区,学生宿舍区禁止访问主校区?

6. 防火墙的作用是什么?

7. 简述防火墙的工作原理及基本特性。

8. 简述防火墙的类型及各自的特点。

9. 在什么地方安装防火墙才能达到对网络流量进行监控的目的?

项目 7　接入 Internet

【学习目标】

1. 了解 Internet 接入的主要技术。
2. 了解 NAT 原理。
3. 掌握家庭用户利用 PON 技术接入 Internet 及无线路由器配置的方法。
4. 掌握常见局域网接入 Internet 的技术。
5. 掌握路由器接入 Internet 的方法。

【能力目标】

1. 熟练配置 EPON 终端(光 Modem)、无线路由器及接入终端(笔记本等)。
2. 能实现家庭用户通过 PON 接入 Internet。
3. 能实现局域网用户通过 NAT 接入 Internet。

任务 7.1　家庭用户光纤接入 Internet

7.1.1　任务要求

FTTH/C(光纤到户/光纤到办公室)是广大用户宽带接入 Internet 的最终方式,目前国内许多城市基本完成了 FTTH/C 的架设。某小区现已完成了 FTTH 的架设,光纤已经铺设到户。该小区李先生家购买有计算机、PAD 和手机等设备,为获取 Internet 丰富的网络资源,现需要将这些设备接入 Internet。本任务要求利用 EPON 终端(光 Modem)及无线路由器来满足该用户的需求。

7.1.2　相关知识

为获取 Internet 丰富的资源或向全球宣传企业自身,用户计算机必须接入 Internet。用户所处环境不同，接入方式也不同，使用技术也不一样。下面介绍常见的 Internet 接入技术。

1）接入技术概述

（1）Internet 简介

Internet（因特网）是一个建立在网络互联基础上的、开放的全球性网络。Internet 拥有数以亿计的用户，是全球信息资源的超大型集合体，是网络中的网络。所有采用 TCP/IP 协议的计算机都可加入 Internet，实现信息共享和相互通信。

Internet 的前身是由美国国防部高级研究计划局（ARPA）资助的 ARPANET，是 20 世纪 60 年代美苏冷战时期的产物。ARPANET 是全球第一个分组交换网，1983 年 TCP/IP 协议成为了 ARPANET 上的标准协议，它使得所有遵守 TCP/IP 协议的计算机都可以互相通信，为 Internet 的发展奠定了基础。1986 年美国国家科学基金会（NSF）的 NSFNET 加入了 Internet 主干网，由此推动了 Internet 的发展。Internet 真正的飞跃式发展应该归功于 20 世纪 90 年代的商业化应用，此后，世界各地无数的企业和个人纷纷加入其中。

我国于 1994 年正式联入因特网。此后，我国的互联网建设进入了迅速发展的阶段，短短几年内已形成了四个具有网络信息出口能力的骨干网，它们是中国科学技术网（CSTNET）、中国公用计算机互联网（CHINANET）、中国教育和科研计算机网（CERNET）和中国金桥网（CHINAGBN）。

目前，Internet 对经济、社会的发展产生了巨大的影响。利用 Internet 人们可以从事电子商务、远程教学、远程医疗等活动；可以访问电子图书馆、电子博物馆、电子出版物；可以进行家庭娱乐等等，它几乎渗透到了人们生活、学习、工作、交往的各个方面，彻底改变了人们的生活、工作及思维方式。

（2）ISP

ISP（Internet Service Provider），即 Internet 服务提供商，是指为用户提供 Internet 接入和 Internet 信息服务的公司和机构。

用户接入 Internet 首先要选择一个 ISP。根据服务的侧重点的不同，ISP 可分为两种：IAP（Internet Access Provider）和 ICP（Internet Content Provider）。其中 IAP 是 Internet 接入提供商，以接入服务为主；ICP 是 Internet 内容提供商，提供信息服务。

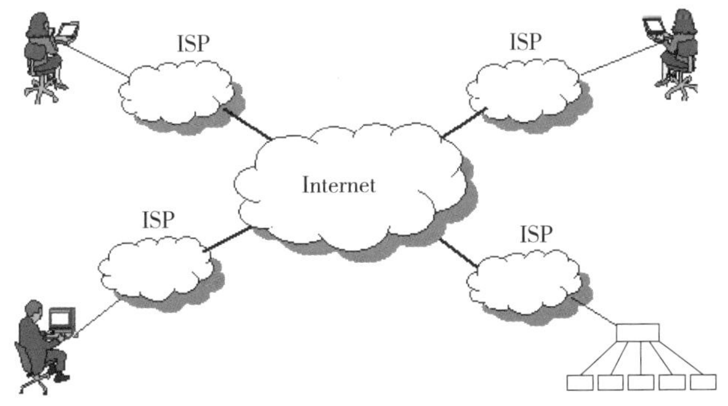

图 7.1　用户通过 ISP 接入 Internet 示意图

用户的计算机(或计算机网络)通过某种通信线路连接到ISP,借助于与国家骨干网相连的ISP接入Internet,如图7.1所示。因而从某种意义上讲,ISP是全世界数以亿计的用户通往Internet的必经之路。目前,我国主要的ISP有中国电信、中国联通、中国移动和中国教育科研网等。

(3)调制解调器

调制解调器(Modem),俗称“猫”,是一个将数字信号调制到模拟载波信号上进行传输,并解调收到的模拟信号以得到数字信息的电子设备。

①调制解调器的功能:调制解调器分为两个部分:调制和解调。所谓调制,就是把数字信号转换成模拟信号;解调,就是把模拟信号转换成数字信号。

②调制解调器的工作原理:调制器是把数字信号用调制电波频率的方法将其转换为模拟信号,而解调器是在接收到模拟信号后,将模拟信号解调,使信号恢复成数字信号。计算机使用的是数字信号,电话使用的是模拟信号,为了使计算机能通过电话线接入Internet,就需要将数字信号转换成模拟信号和将模拟信号恢复成数字信号,以实现模拟信号和数字信号的相互转换,它相当于一个中介“翻译员”,可以实现计算机间的相互访问和资源共享。

③连接速率:现在普通的Modem的传输速率为56 Kb/s,而ADSL Modem的传输速率可高达2 Mb/s甚至8 Mb/s。

Modem根据接入技术的不同,可分为普通Modem、ADSL Modem和Cable Modem;根据采用技术(芯片功能)来划分,则可以分为硬Modem、软Modem、半软Modem、AMR等。

现在家庭一般使用的多为ADSL Modem,如图7.2所示,有1个RJ-11电话线孔和1个或多个RJ-45网线孔,它跟其他类型的Modem一样为接入线路(ADSL,非对称用户数字环路),可以实现调制和解调的功能,可提供8 Mbs/s(下行)和1 Mbs/s(上行)的速率,抗干扰能力强,适合普通家庭用户使用,性价比介于ISDN和LAN+光纤之间。某些型号的产品还带有路由或无线的功能。

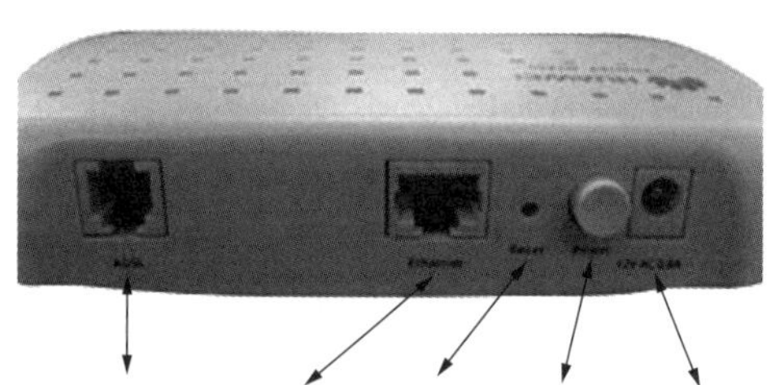

图7.2 常见的ADSL Modem

(4)窄带和宽带

①窄带。

网络接入速度为64 Kb/s(8 KB/s)及其以下的网络接入方式称为“窄带”,相对于宽带而言,窄带的接入速度慢、传输速率低,很多互联网应用无法在窄带环境下进行,如大文件下载、在线电影、网络游戏、高清视频及语音聊天等。拨号上网就是其中最常见的窄带方式。

②宽带。

目前还没有一个公认的定义，从一般的角度理解，它能够满足人们感观所能感受到的各种媒体在网络上传输所需要的带宽，因此它也是一个动态的、发展的概念。目前的宽带对家庭用户而言是指传输速率超过 4 M，可以满足语音、图像等大量信息传递的需求。它包括：光纤，XDSL（ADSL，HDSL）等。

（5）常见接入技术

选择 ISP 后，用户可根据规模、用途、速度等方面的要求选择不同的接入技术，常见的 Internet 的接入技术，如图 7.3 所示。

①公共交换电话网络（Public Switched Telephone Network，PSTN）接入。

②综合业务数字网（Integrated Services Digital Network，ISDN）接入。

③数字用户线路（Digital Subscriber Line，xDSL）接入。

④光纤（Fiber To The X，FTTX）接入。

⑤混合光纤同轴电缆（Hybrid Fiber-Coaxial，HFC）接入。

⑥电力线通信（Power Line Communication，PLC）接入。

⑦无线接入。

常见接入技术根据使用的媒质可以分为有线接入和无线接入。其中，有线接入可分为铜线接入、光纤接入和其他介质接入，无线接入可分为移动无线接入和固定无线接入。

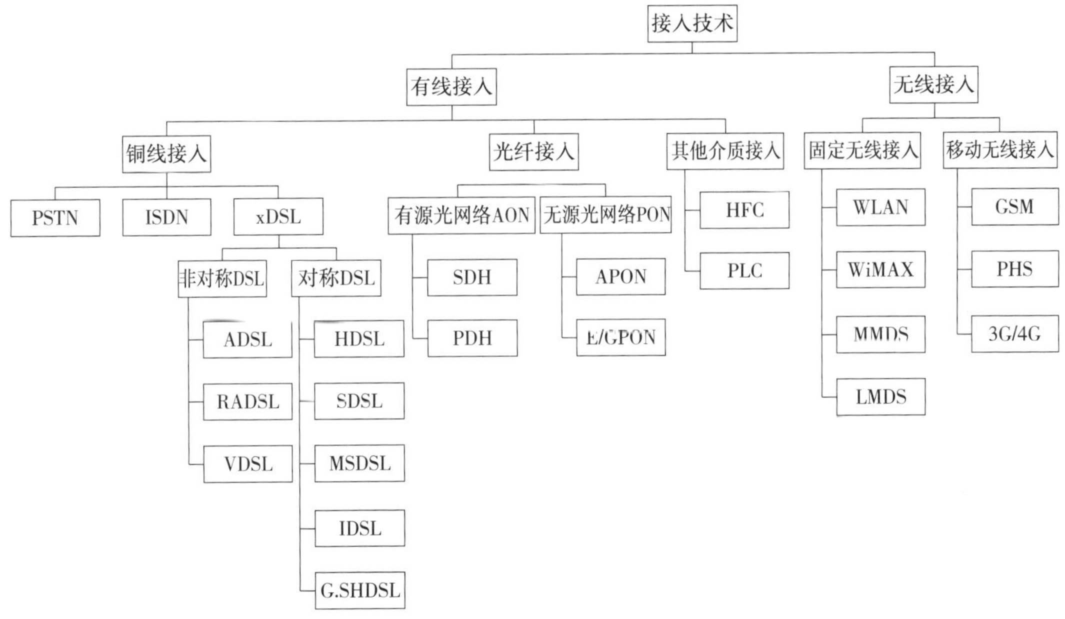

图 7.3　常见的 Internet 的接入技术

2）**铜线接入技术**

铜线接入技术目前广泛应用于固定电话网，它主要以现有的电话线为传输介质，利用调制/解调、编码和数字信号处理技术，通过程控交换机来实现电话线接入 Internet。它主要包括 PSTN、ISDN 和 xDSL 接入技术。

(1)PSTN 接入

公共交换电话网(Public Switched Telephone Network, PSTN)接入,即采用传统的拨号方式接入 Internet,如图 7.4 所示。由于电话网络传输的是模拟信号,因此在网络接入两侧需要调制解调器来进行数字信号和模拟信号的相互转换。由于 PSTN 采用电路进行交换的方式,所以一条通信通道自建立至释放,其全部带宽仅能被通道两端的设备使用,即使两端设备没有任何数据传送也占用该通道,这种电路交换的方式不能实现对网络带宽的充分利用。这种接入技术具有上网容易实现的优点,但传输速度低、可靠性差,适合一些对连接要求不高的个人用户。目前这种接入方式逐渐在淡出市场。

图 7.4　PSTN 网络连接示意图

(2)ISDN 接入

综合业务数字网(Integrated Services Digital Network, ISDN)接入,俗称"一线通",是普通电话拨号接入和宽带接入之间的过渡方式,如图 7.5 所示。

ISDN 接入 Internet 与使用 Modem 普通电话拨号方式类似,也有一个拨号的过程,不过不同的是,它不用 Modem 而是用另一设备 ISDN 适配器来拨号。另外,普通电话拨号在线路上传输模拟信号,有一个 Modem "调制"和"解调"的过程,而 ISDN 的传输是纯数字过程,通信质量较高,其数据传输比特误码率比传统电话线路至少改善了十倍,此外它的连接速度快,一般只需几秒钟即可拨通。使用 ISDN 最高数据传输速率可达 128 Kb/s。目前这种接入方式也逐渐退出了历史舞台。

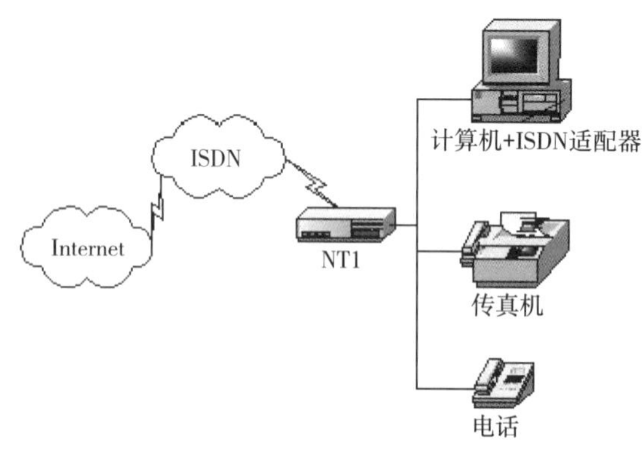

图 7.5　ISDN 网络连接示意图

(3)xDSL 接入

xDSL 是数字用户线路(Digital Subscriber Line, DSL)的统称,是以电话铜线(普通电话线）为传输介质、点对点传输的宽带接入技术，如图 7.6 所示。它可以在一根铜线上分别传送数据和语音信号，其中数据信号并不通过电话交换设备，并且不需要拨号，不影响通话。其最大的优势在于利用现有的电话网络架构，不需要对现有的接入系统进行改造，就可以方便地开通宽带业务，目前这种接入方式还占有很大的市场。

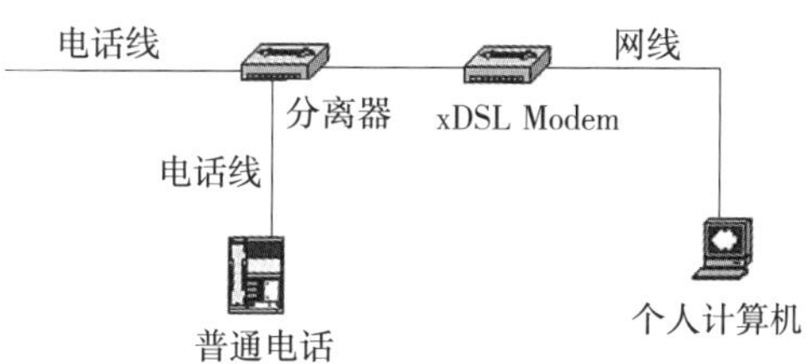

图 7.6　xDSL 接入连接示意图

DSL 同样是调制解调技术家族的成员，只是采用了不同于普通 Modem 的标准，其运用了先进的调制解调技术，使得通信速率大幅度提高，最高能够提供比普通 Modem 快 300 倍的兆级传输速率。此外，它与电话拨号方式不同的是，xDSL 只利用电话网的用户环路，并非整个网络，采用 xDSL 技术调制的数据信号实际上是在原有话音线路上叠加传输，在电信局和用户端分别进行合成和分解，为此，需要配置相应的局端设备，而普通 Modem 的应用则几乎与电信网络无关。

按上下行是否支持对称传输，xDSL 技术分为非对称 DSL 技术和对称 DSL 技术两类。

非对称 DSL 技术是指上下行两个方向可提供不同的数据传输带宽，目前常见的非对称 DSL 技术有 ADSL、RADSL、VDSL 和 MVDSL，适用于对双向带宽要求不一样的应用，如 Web 浏览、多媒体点播、信息发布、视频点播 VOD 等。

对称 DSL 技术是指上下行两个方向提供相同的数据传输带宽，主要用来替换传统的 T1/E1 接入技术，目前对称 DSL 技术有 HDSL、SDSL、MSDSL、IDSL 和 G. SHDSL 等，其对线路质量要求低、安装调试简单。

各种 xDSL 技术比较见表 7.1。

表 7.1　各种 xDSL 技术比较列表

<table>
<tr><th>对称性</th><th>xDSL</th><th>名称</th><th>下行速率(b/s)</th><th>上行速率(b/s)</th><th>双绞铜线对数</th></tr>
<tr><td rowspan="3">非对称数字用户线</td><td>ADSL</td><td>非对称数字用户线</td><td>1.544 M～8.192 M</td><td>512 K～1 M</td><td>1</td></tr>
<tr><td>RADSL</td><td>速率自适应数字用户线</td><td>1.5 M～8 M</td><td>16 K～640 K</td><td>1</td></tr>
<tr><td>VDSL</td><td>甚高速数字用户线</td><td>13 M～55 M</td><td>3 M～6 M</td><td>2</td></tr>
<tr><td rowspan="6">对称数字用户线</td><td rowspan="2">HDSL</td><td rowspan="2">高速率数字用户线</td><td>1.54 M</td><td>1.54 M</td><td>2</td></tr>
<tr><td>2.048 M</td><td>2.048 M</td><td>3</td></tr>
<tr><td>SDSL</td><td>单对线路数字用户线</td><td>1.5 M</td><td>1.5 M</td><td>1</td></tr>
<tr><td>MSDSL</td><td>多重速率单对线路数字用户线</td><td>2 M</td><td>2 M</td><td>1</td></tr>
<tr><td>IDSL</td><td>ISDN 数字用户线</td><td>144 K</td><td>144 K</td><td>1</td></tr>
<tr><td>G. SHDSL</td><td>单对线路高速数字用户线</td><td>2.3 M</td><td>2.3 M</td><td>1</td></tr>
</table>

3)光纤接入

(1)光纤接入的概念

随着通信业务量的不断增加,业务种类也更加丰富,人们不仅需要过去的语音业务,更需要享受高速数据、高保真音乐、互动视频等多媒体业务。这些业务不仅要有宽带的主干传输网络的支持,用户接入部分更是关键,而传统的接入技术方式已经满足不了需求,因此具有较强带宽能力的光纤接入技术正逐渐成为一种接入的主流技术。

光纤接入网或称光接入网(Optical Access Network, OAN),是指在接入网络中采用光纤为传输介质,利用光波作为光载波传送信号,构成光纤用户环路(Fiber In The Loop, FITL),实现信息传送的接入网,如图7.7所示。

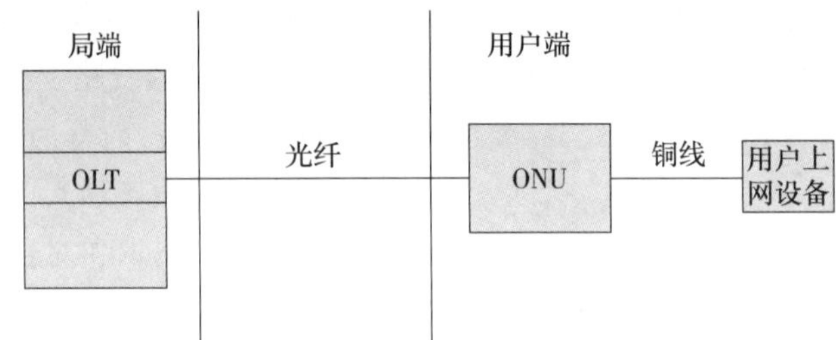

图7.7 光纤接入示意图

光纤通信具有通信容量大、质量高、性能稳定、防电磁干扰、保密性强等优点。在通信网主干线路中,光纤扮演着重要角色,在接入网中,光纤接入也在逐步成为重点发展的趋势,它将成为未来宽带接入的一个长远的解决方案。

光网络单元(Optical Network Unit, ONU)是光纤接入的终端设备,与光线路终端(Optical Line Terminal, OLT)配合使用,OLT一般存储在ISP的中心机房。

(2)光纤接入网的结构

光纤接入网的基本结构包括用户、交换局、光纤、电/光交换模块(E/O)和光/电交换模块(O/E),如图7.8所示。由于交换局交换的和用户接收的均为电信号,而在主要传输介质光纤中传输的是光信号,因此两端必须进行电/光和光/电转换。

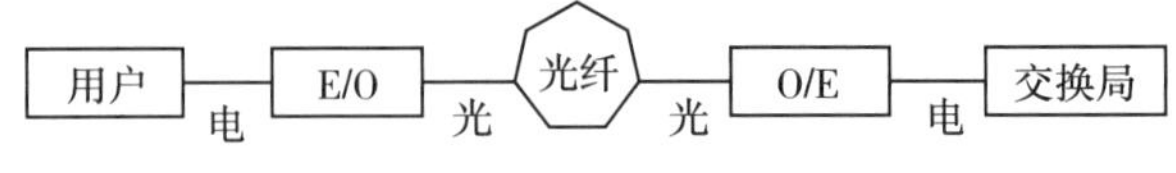

图7.8 光纤接入网基本结构示意图

光纤接入网的拓扑结构有总线型、环型、星型和树型结构。

①总线型。

以光纤作为公共总线,各用户终端通过耦合器与总线直接连接构成总线型网络拓扑结构。适用于中等规模的用户群。

②环型。

所有节点共用一条光纤线路,首尾相连成封闭回路构成环型网络拓扑结构。适用于大规模的用户群。

③星型。

由光纤线路和端局内节点上的星型耦合器构成星状的结构称为星型网络拓扑结构。适用于有选择性的用户。

④树型。

由光纤线路和节点构成的树状分级结构称为树型网络拓扑结构,是光纤接入网中使用最多的一种结构。适用于大规模的用户群。

(3)光纤接入的分类及特点

光纤接入网从技术上可分为两大类:有源光网络(Active Optical Network, AON)和无源光网络(Passive Optical Network, PON)。有源光网络可分为基于 SDH 的 AON 和基于 PDH 的 AON,无源光网络可分为基于 ATM 的 APON 及基于 IP 的 E/GPON。

①有源光网络(AON)。

有源光网络是指从用户端分配单元(ONU)到局端(OLT)之间的设备采用的都是有源光纤传输设备连接而成的光网络,如采用有源光电器件、电光转接设备、光纤等进行连接。

将远端设备(RE)和有源光网络的局端设备(CE)通过有源光传输设备相连实现数据传输,目前骨干网中大量采用的是基于 SDH 和 PDH 的 AON 技术,但主要以 SDH 技术为主。远端设备主要实现业务收集、接口适配、复用和传输的功能,局端设备主要实现接口适配、复用、传输和向网元管理系统提供网管接口的功能。在实际接入网建设拓扑结构上,有源光网络通常采用星型或环型。

有源光网络具有以下特点:

Ⅰ.可传输距离远,在不加中继设备的情况下可达 70~80 km。

Ⅱ.线路带宽大,目前在接入网的 SDH 传输设备的接口大多都可提供 155 Mb/s 或 622 Mb/s 的速率,有的接口甚至可提供 2.5 Gb/s 的速率。根据带宽需求,接口的传输带宽还可以增加。相对目前的接入网需求来讲,光纤传输带宽的潜力是相当大的。

Ⅲ.用户信息之间干扰性小、隔离度好,无论网络拓扑结构是星型还是环型,从用户信息传输方式的逻辑上看,都是 PTP 方式。

Ⅳ.技术发展成熟,无论是 SDH 设备还是 PDH 设备,在以太网中大量使用。

虽然有源光接入设备的成本目前已有所下降,但从接入网方面考虑,与其他接入技术相比成本还是比较高,初期投资较大,加之有源设备存在电磁信号干扰、雷击以及有源设备维护等问题,SDH/PDH 技术主要还是在主干传输网中使用,有源光纤接入网不是接入网长远的发展方向。

②无源光网络(PON)。

无源光网络(PON),是指在用户端分配单元(ONU)和局端(OLT)之间是光分配网络(ODN),没有任何有源电子设备,全部由光分路器等无源器件连接而成的光网络,是一种纯介质网络。它主要包括3部分:位于局端的光线路终端(Optical Line Terminal, OLT)、终端光网络单元(Optical Network Unit, ONU)以及光配线网(Optical Distribution Network, ODN)。

无源光网络具有以下特点:

Ⅰ.升级性好,从技术上看,无源光网络扩容比较简单。

Ⅱ.低成本,无源光网体积小,设备简单,安装维护费用低。

Ⅲ.无源光网络是纯介质网络,可避免外部设备的电磁干扰和雷电影响,适合在自然条件恶劣的空间使用,减少了线路和外部设备的故障率,提高了系统可靠性,同时节约了维护成本。

Ⅳ.业务透明性较好,可适用于多种制式和速率的信号,带宽容量大,能比较容易地支持模拟广播电视业务,支持语音、视频、数据等多种业务。

Ⅴ.可靠性高,能提供不同业务优先级的QoS,适应宽带接入市场IP化的发展潮流,比较适于大规模地应用。

Ⅵ.无源光设备组网灵活,可支持树型、星型、总线型、混合型等多种网络拓扑结构。

无源光网络(PON)具有维护简单、易于扩展、结构灵活等诸多优点,因而目前光纤接入网几乎都采用此结构,它也是光纤接入网的长远解决方案。

(4)光纤接入的应用

光纤接入应用越来越广泛,根据光纤深入用户群的应用程度,光纤接入网有光纤到路边(Fiber To The Curb, FTTC)、光纤到小区(Fiber To The Zone, FTTZ)、光纤到大楼(Fiber To The Building, FTTB)、光纤到楼层(Fiber To The Floor, FTTF)、光纤到办公室(Fiber To The Office, FTTO)和光纤到户(Fiber To The Home, FTTH),它们统称为FTTX。根据ONU光网络单元的位置情况,大致可将FTTX接入分为3类:

①FTTZ/FTTC。

FTTZ/FTTC为目前最主要的服务形式,主要是为住宅区的用户提供服务。将ONU设备放置于路边机箱,如图7.9所示,利用ONU出来的同轴电缆传送CATV信号或双绞线传送电话及上网服务。

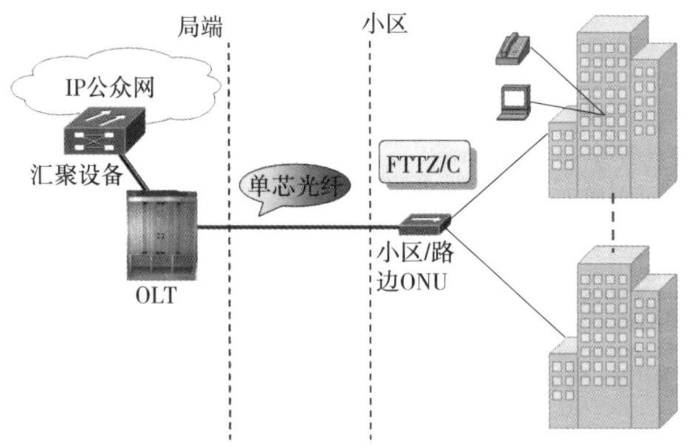

图7.9　FTTZ/FTTC连接示意图

②FTTB/FTTF。

FTTB/FTTF可看作是FTTC的衍生类型,不同之处是ONU直接放在楼内(通常为居民住宅公寓或小型企事业单位的办公楼),如图7.10所示,再经过多对双绞线将业务分送给各个用户。

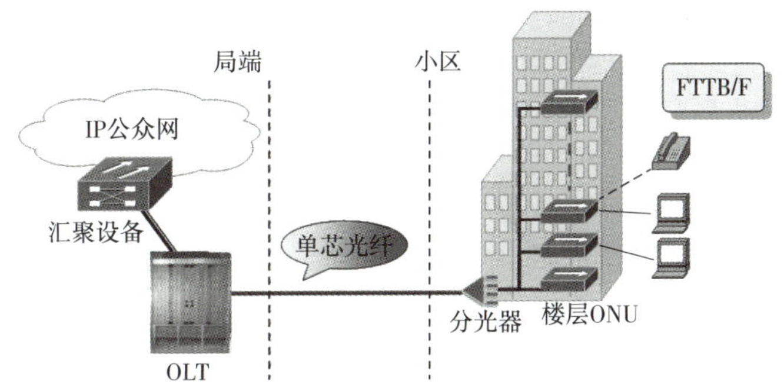

图 7.10　FTTB/FTTF 连接示意图

③FTTH/FTTO。

FTTC 结构中设置在路边的 ONU 换成无源光分路器,ONU 安装在用户家庭,如图 7.11 所示,将光纤的距离延伸到终端用户家里,使得家庭内能提供各种不同的宽带服务,如 VOD、在家购物、远程教育等。它将是以后主要的接入方式。

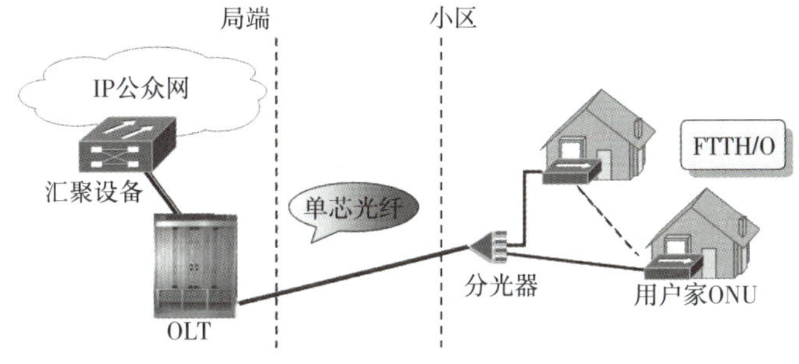

图 7.11　FTTH/FTTO 连接示意图

根据上述 3 类 FTTX 接入的特点可见,这 3 类接入大同小异,只是 ONU 位置存放的不同,如图 7.12 所示。

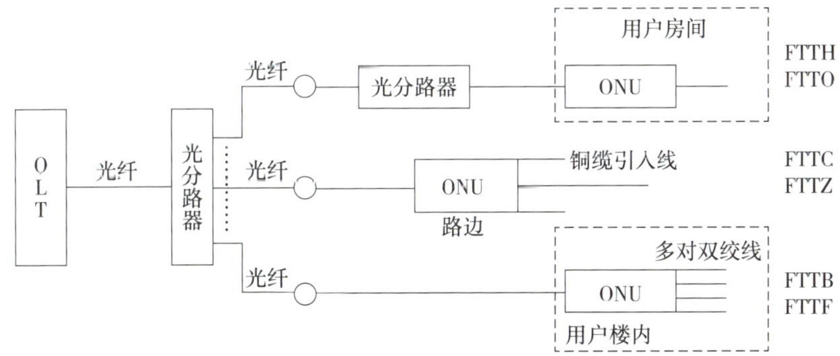

图 7.12　3 类 FTTX 接入示意图

4)HFC **接入**

混合光纤同轴电缆(Hybrid Fiber-Coaxial, HFC)接入,利用已有的有线电视光纤同轴混合网,采用 Cable Modem 进行数据传输,如图 7.13 所示,为用户提供宽带数据业务,是宽带接入技术中最先成熟和进入市场的。

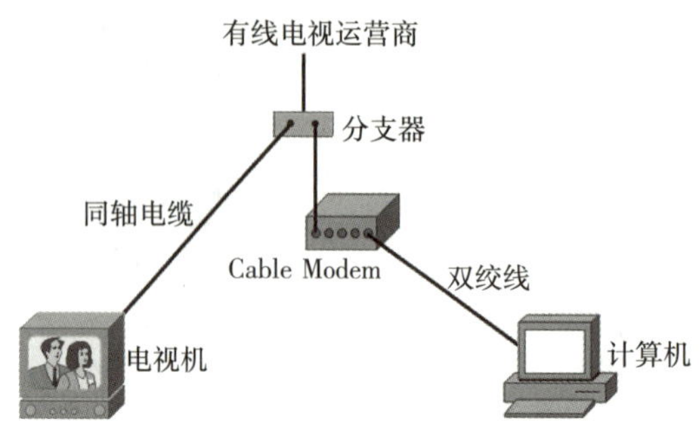

图7.13　Cable Modem 连接示意图

线缆调制解调器(Cable modem)是一种允许用户通过有线电视(CATV)网进行高速数据接入 Internet 的设备。它发挥了有线电视同轴电缆的带宽优势,利用一条电视信道高速传送数据,其优势主要在于:

①速度快。下行速率可高达 36 Mb/s,上行速率也可高达 10 Mb/s。

②Cable modem 只占用了有线电视系统可用频谱中的一小部分,因而上网时不影响收看电视和使用电话。

③接入 Internet 的过程可在一瞬间完成,不需要拨号和登录的过程。

④计算机可以每天 24 h 停留在网上,用户可以随意发送和接收数据。不发送或接收数据时不占用任何网络和系统资源。

利用 Cable modem 接入 Internet 面临的最大的问题是:大部分有线电视网不具有双向能力,因而运营公司需要改造甚至重建其原有的有线电视系统。其次,由于 Cable modem 带宽由几百个用户共享,如果同时有很多用户上网的话就会产生拥塞;或者一个用户下载一个大的图形或视频文件时,将占用相当大的带宽,这就会影响同一区内其他用户的速度。因而,在用户较多的地区每个用户的平均速率可能也就在 400 ~ 500 Kb/s 之间。解决这个问题的办法只能是根据需求进一步缩小节点规模,减少每条共享总线上的用户数。缩小节点规模的另一个好处是可以缓解上行噪声的问题。

Cable Modem 连接方式可分为对称速率型和非对称速率型两种。前者的 Data Upload(数据上传)速率和 Data Download(数据下载)速率相同,都在 500 ~ 2 Mb/s 之间;后者的数据上传速率在 500 ~ 10 Mb/s 之间,数据下载速率为 2 ~ 40 Mb/s。以上无论哪一种的速度对于 56 K Modem 而言都是天壤之别了。由于目前时髦的应用都是非对称模式,因而非对称型的 Cable Modem 今后将占主导地位。

7.1.3　任务实施

1)实施环境

本任务需用户已完成 EPON 光纤宽带接入服务申请;所用硬件设备为笔记本电脑(或

PC 机)、EPON 终端、无线路由器各 1 台,智能手机 1 部;双绞线两条。设备按图 7.14 拓扑连接。

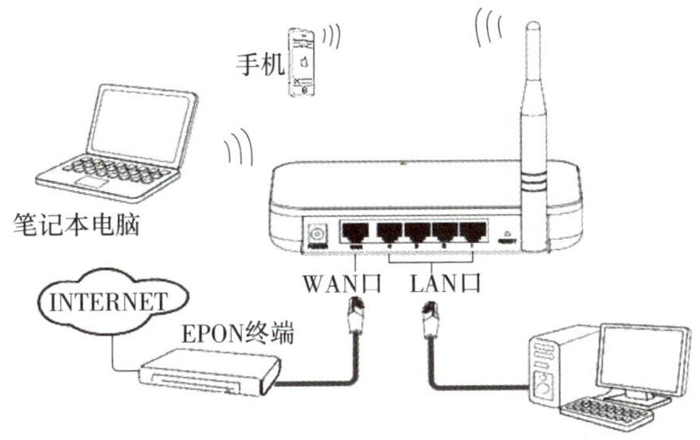

图 7.14　光纤接入实施环境

2)操作步骤

(1)EPON 终端硬件安装

EPON 终端硬件连接如图 7.15 所示。

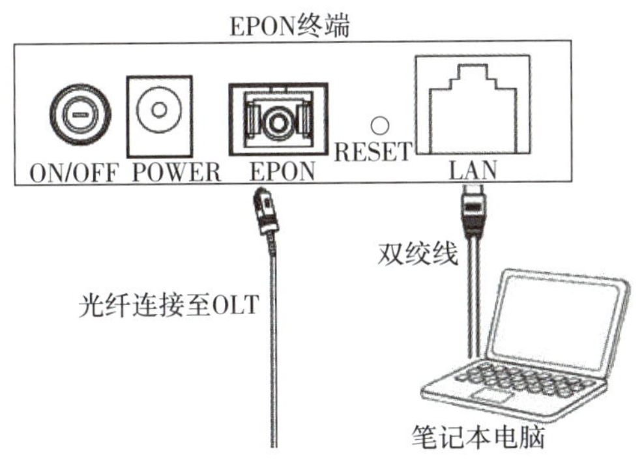

图 7.15　EPON 终端硬件连接图

①将电信 EPON 光纤与 EPON 终端的光纤接口连接。

【注意】　不要弯折、拉扯光纤,光纤弯曲半径一般不小于 30 mm,避免光纤与尖锐物体接触,以免造成光纤、接头等处的损坏,并且避免用眼睛直视光纤接头。

②直通双绞线一端与 EPON 终端 LAN 口连接,另一端与笔记本电脑(或 PC 机)的 RJ-45 口连接。

③接通电源,EPON 终端电源指示灯亮,EPON 设备开始启动。

(2)EPON 终端设置

EPON 终端一般提供 TELNET 和 WEB 管理两种配置方式,目前设备多以 WEB 管理界面为主,方便使用者设置,本任务以 WEB 管理界面、Windows 7 操作系统进行介绍。

①查看 EPON 终端铭牌,找到设备设置连接 IP 地址(常见默认为 192.168.1.1)、用户名和密码(常见默认用户名 admin,密码 admin)。

②右键单击桌面上的“网络”图标,选择“属性”。在打开的“网络和共享中心”窗口中,单击“更改适配器设置”,如图7.16所示。

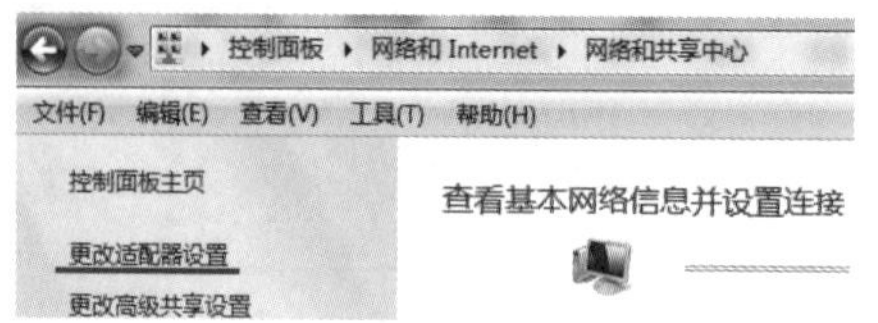

图7.16 “网络和共享中心”窗口

③在打开的“网络连接”窗口中,右键单击“本地连接”,选择“属性”,如图7.17所示。

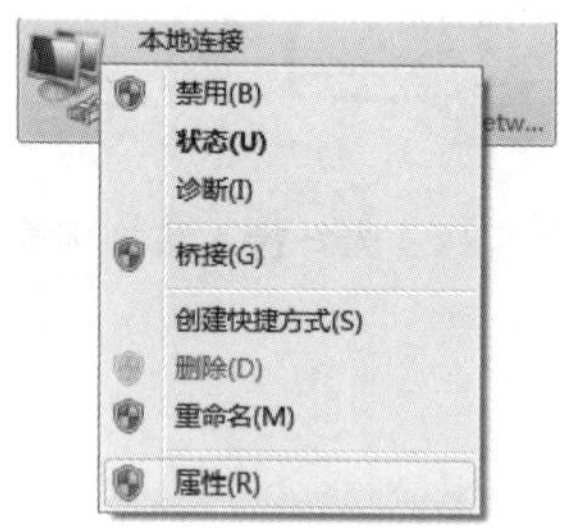

图7.17 “本地连接”快捷菜单

④在弹出的“本地连接　属性”对话框中,选择“Internet 协议版本4(TCP/IPv4)”,单击“属性”,如图7.18所示。

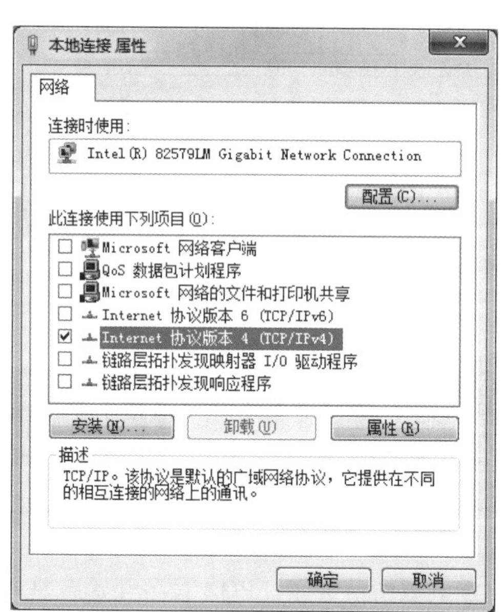

图7.18 “本地连接　属性”对话框

⑤设置IP地址为192.168.1.8(也可设置最后一个数字为2到254之间的其他正整数),子网掩码255.255.255.0,网关和DNS均可不填,单击“确定”,如图7.19所示。

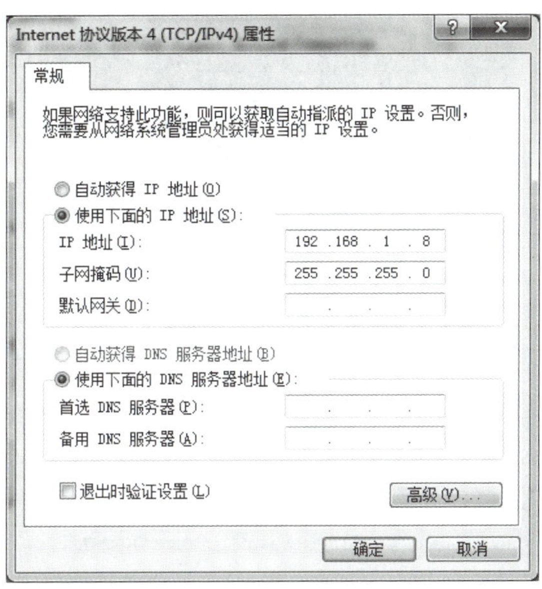

图 7.19　设置 IP 地址

⑥单击“开始”→“搜索程序和文件”，在该框内输入“cmd”命令，进入命令窗口界面，如图 7.20 所示。

图 7.20　“搜索程序和文件”对话框

⑦在命令窗口界面中输入“ping 192.168.1.1”命令，检测计算机和 EPON 终端是否连通。

如果“ping”命令显示如图 7.21 所示结果，那么表示计算机已成功连接至 EPON 终端。

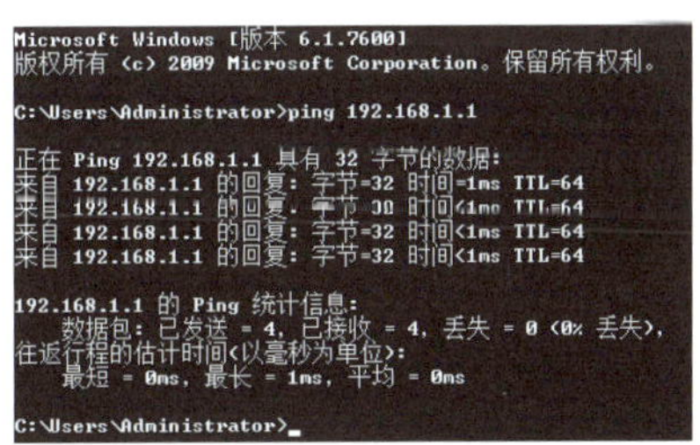

图 7.21　“ping”命令返回连接成功信息

如果“ping”命令显示如图 7.22 所示的结果，那么表示计算机未能与 EPON 终端连接，需检测网线连通性、各硬件端口连接及 IP 设置情况，直至连接成功。

```
Microsoft Windows [版本 6.1.7600]
版权所有 (c) 2009 Microsoft Corporation。保留所有权利。

C:\Users\Administrator>ping 192.168.1.1

正在 Ping 192.168.1.1 具有 32 字节的数据:
来自 192.168.1.8 的回复: 无法访问目标主机。
来自 192.168.1.8 的回复: 无法访问目标主机。
来自 192.168.1.8 的回复: 无法访问目标主机。
来自 192.168.1.8 的回复: 无法访问目标主机。

192.168.1.1 的 Ping 统计信息:
    数据包: 已发送 = 4, 已接收 = 4, 丢失 = 0 (0% 丢失),

C:\Users\Administrator>
```

图 7.22 "ping"命令返回连接失败信息

⑧打开 Web 浏览器(如 Internet Explorer 9),在 Web 浏览器地址栏中输入"http://192.168.1.1",出现 EPON 终端设置登录页面,如图 7.23 所示,输入用户名和密码(见设备铭牌上标示)登录。

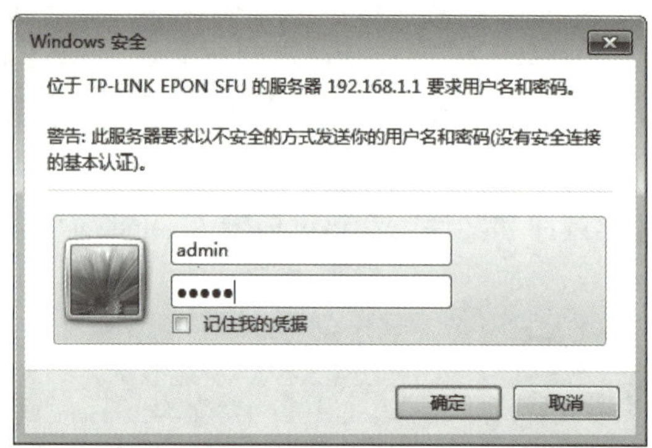

图 7.23 EPON 终端设置登录页面

⑨EPON 终端上网设置(根据运营商实际情况选择认证方式,本实验采用"LOID 认证"方式):单击页面左侧菜单的"上网设置",单击"LOID 认证",填入运营商提供的 LOID 认证码或者密码以及 VLAN ID 号,如图 7.24 所示。

TP-LINK

系统信息
上网设置
固件升级
重启ONU

上网设置

认证设置:

○无认证或MAC认证:

某些地区需要使用特定的MAC地址进行认证,请确认后修改。

◉LOID认证: 077 请输入LOID

请输入LOID密码,部分运营商环境可能无需密码,则无需填写此项

注意:由于不同运营商可能采用不同的认证方式,若认证信息设置错误将无法上网。

VLAN设置:(请咨询运营商后谨慎选择)

○默认设置(由OLT远程配置)

◉VLAN设置:为数据加上一个VLAN标记

VLAN ID (1-4094) : 41

○VLAN透传:允许所有数据通过

保存并重启

图 7.24 EPON 终端"上网设置"界面

【小贴士】

光猫分 EPON 和 GPON 两种，各自分别有两种方式，EPON 的认证方式有 MAC 地址和 LOID 认证；GPON 的认证方式有 SN 码和 LOID 认证。运营商在光猫的上联设备(即 OLT)上做了 service-port，认证注册成功以后，需要给光猫指定对应的 VLAN 号。

⑩单击页面左侧菜单“重启 ONU”，如图 7.25 所示，单击“重启 ONU”，重新启动 EPON 终端。

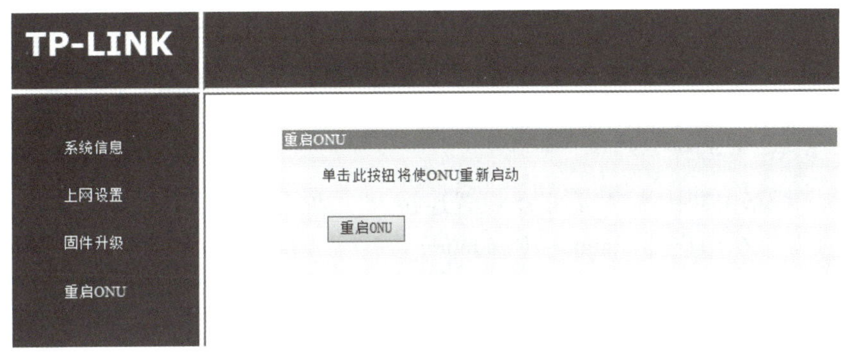

图 7.25　EPON 终端“重启 ONU”页面

⑪重新启动 EPON 终端后，按照前面步骤重新进入 EPON 终端设置页面，单击左侧“系统信息”菜单，如图 7.26 所示，浏览设备连接状态，注册成功，完成 EPON 终端设置。

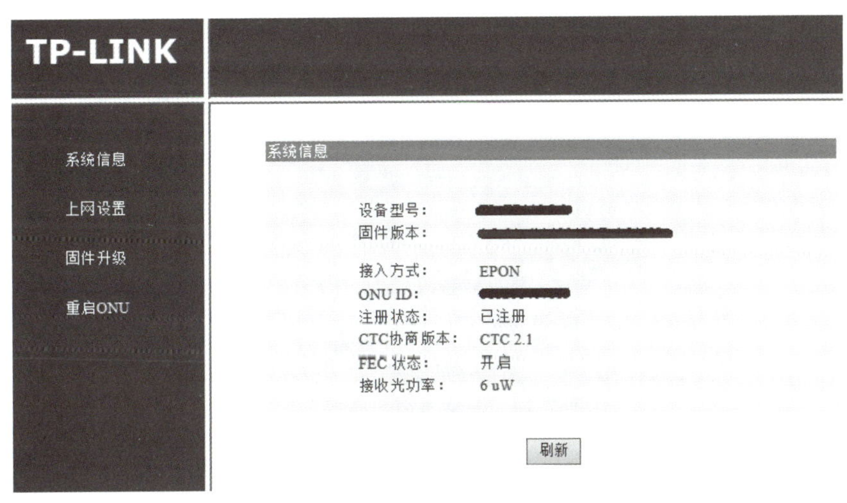

图 7.26　EPON 终端“系统信息”页面

(3)无线路由器硬件安装

①用 T568B 直通双绞线一端连接到无线路由器 WAN 口，另一端接入 EPON 终端 LAN 口。

②用 T568B 直通双绞线一端连接到无线路由器内网口，另一端接入笔记本 RJ-45 口。

③接通电源，无线路由器电源指示灯亮，无线路由器设备开始启动。

无线路由器硬件连接如图7.27所示。

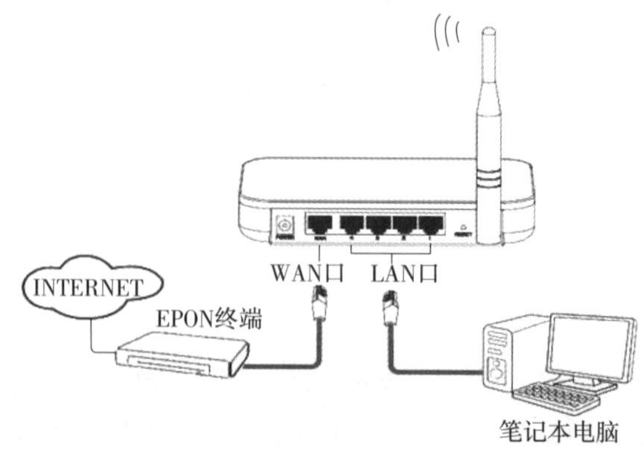

图7.27　无线路由器硬件连接示意图

(4)无线路由器设置

①查看无线路由器铭牌,找到设备设置连接IP地址(常见默认为192.168.1.1)、用户名和密码(常见默认用户名admin,密码admin)。

②检查笔记本IP地址设置,让笔记本和无线路由器处于同一网络广播地址上,保证笔记本和无线路由器处于连通状态(方法见前“EPON终端设置”部分)。

③打开Web浏览器(如Internet Explorer 9),在Web浏览器地址栏中输入“http://192.168.1.1”,出现无线路由器设置登录页面,如图7.28所示,输入用户名和密码(见设备铭牌上标示)登录。

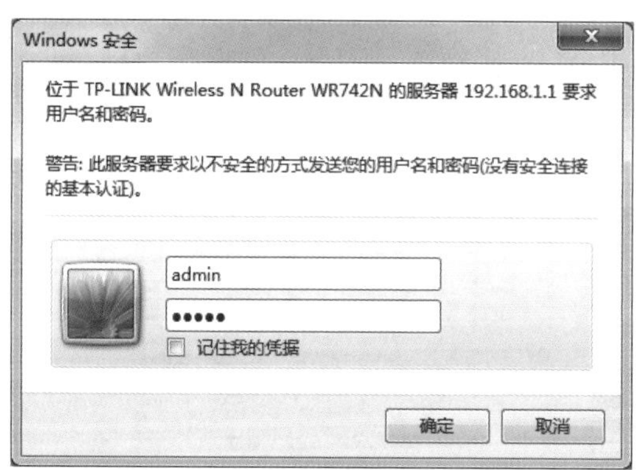

图7.28　无线路由器登录页面

④PPPoE拨号设置:展开左侧“网络参数”菜单,单击“WAN口设置”,然后在内容页的“WAN口连接类型”下拉列表框中选择“PPPoE”,在“上网账号”“上网口令”和“确认口令”文本框中填入宽带账户和密码,选择“自动连接,在开机和断线后自动连接”选项,如图7.29所示,单击“保存”按钮。至此,PPPoE拨号设置完成。

⑤无线基本设置:展开左侧“无线设置”,单击“基本设置”,在“SSID号”文本框中填入无线标志,如:jywzjywh,其他按默认或者参考按图7.30设置,单击“保存”按钮。

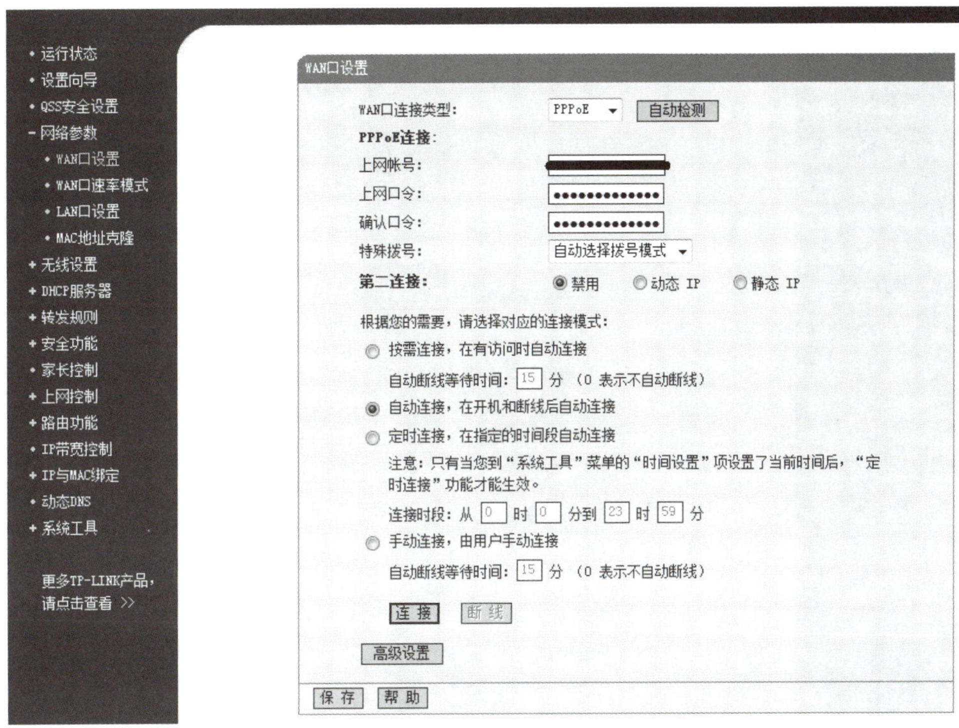

图 7.29　无线路由器 WAN 口设置页面

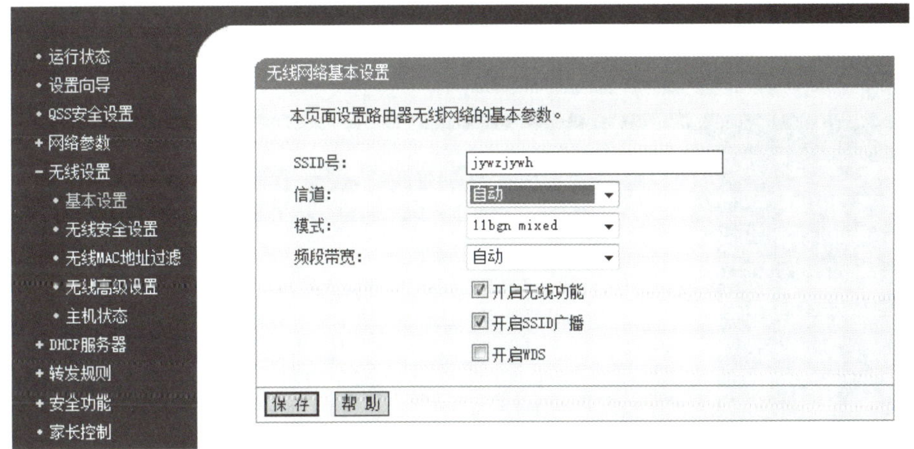

图 7.30　无线路由器基本设置页面

⑥无线安全设置：展开左侧“无线设置”，单击“无线安全设置”，选择无线网络的安全认证选项（一般设置认证类型为“WPA-PSK/WPA2-PSK”），设置无线连接密码，如图 7.31 所示，单击“保存”。

⑦DHCP 服务设置：展开“DHCP 服务器”，单击“DHCP 服务”，启用 DHCP 服务（默认一般启用）和设置自动获取 IP 地址范围，设置 DNS 地址，如图 7.32 所示，单击“保存”。

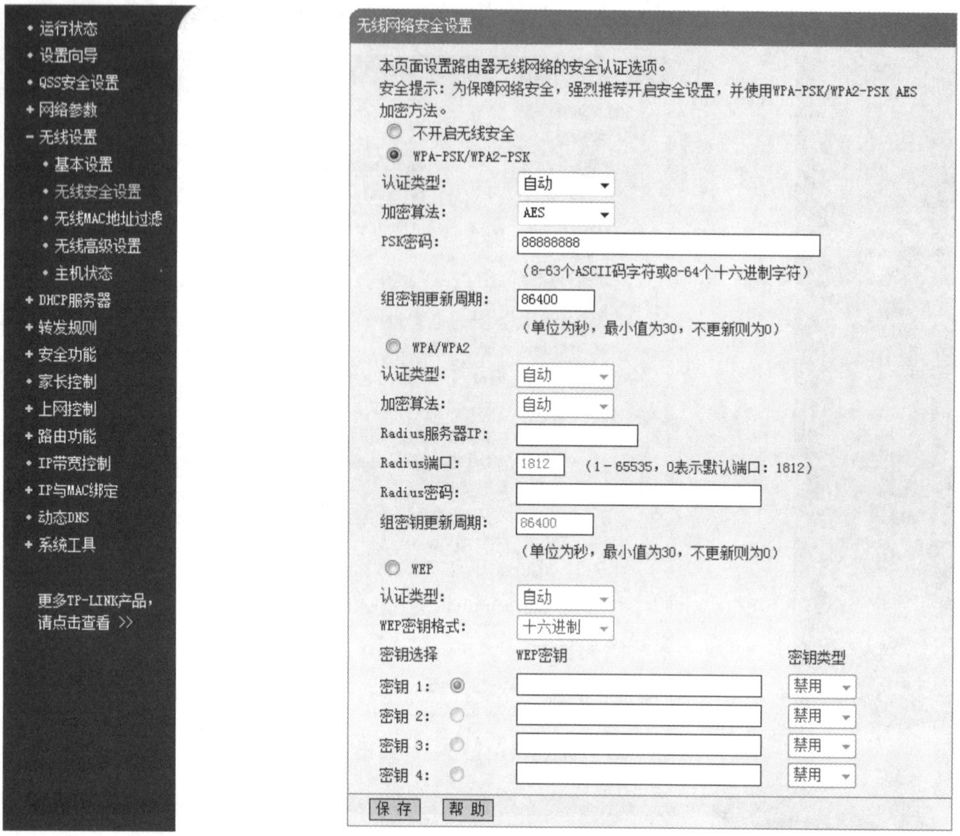

图 7.31　无线网络安全设置页面

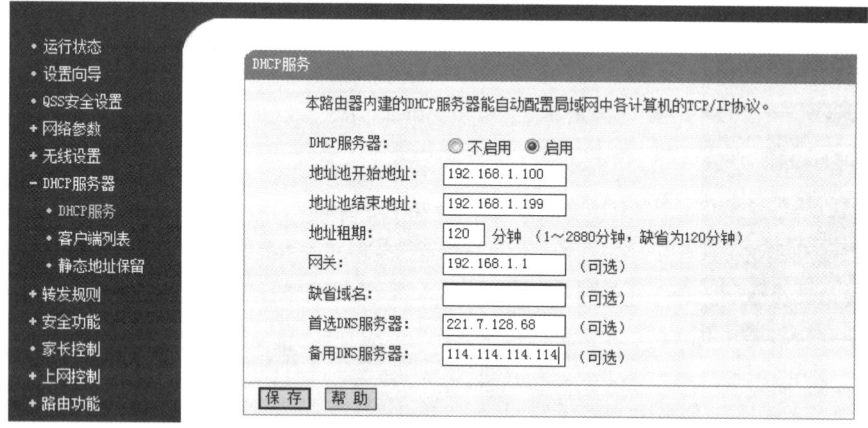

图 7.32　DHCP 服务设置页面

⑧展开“系统工具”，单击“重启路由器”菜单，内容页单击“重启路由器”，重新启动无线路由器。至此，无线路由器设置完成。

(5)家庭上网设备硬件连接

家庭用户，有 PC 机、笔记本电脑、PAD 和手机需要接入 Internet，在设置好 EPON 终端和无线路由器后，就可将它们一一连接至网络。

(6)家庭上网设备网络设置

①PC 机。

用一条 T568B 直通网线将 PC 机连接至无线路由 LAN 口，设置 IP 地址和 DNS 为自动获取即可，如图 7.33 所示。

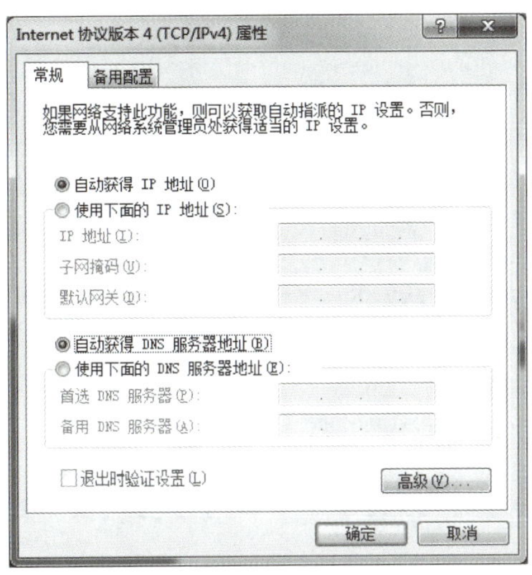

图 7.33　设置 PC 自动获取 IP

②笔记本电脑。

方式一，笔记本电脑用有线连接网络，方法同 PC 机。

方式二，笔记本用无线连接网络，首先设置无线网络适配器的 TCP/IPv4 的 IP 地址和 DNS 为自动获取，然后在无线网络列表中选择刚配置好的无线路由器信号“jywzjywh”，输入密钥即可，如图 7.34 所示。

图 7.34　无线网络列表

③带 wifi 功能的 PAD 或智能手机。

以 iPhone 为例，单击手机“设置”→“无线局域网”→选择无线路由信号“jywzjywh”，如

图7.35所示,输入密钥即可。

图7.35　智能手机连接无线

任务7.2　利用NAT技术接入Internet

7.2.1　任务要求

局域网建成后,最终要接入Internet,以便用户共享丰富的网络资源,向全球推介企业自身。与家庭或者小型网络接入不同,大中型企业接入Internet主要通过路由器、防火墙等接入,NAT技术通常固化于这些设备中。本任务要求利用NAT技术将局域网接入Internet。

7.2.2　相关知识

NAT简介

1)NAT概念

NAT是Network Address Translation,意为网络地址转换或网络地址翻译。它的功能是将内网中的私有IP地址转换为公有IP地址,以使内网的设备能以合法的身份访问外网,其实质是把IP数据报报头中的IP地址转换为另一个IP地址的过程(RFC 1631)。这种通过使用少量的公有IP地址代表多数的私有IP地址的方式有助于减缓可用的IP地址空间枯竭的速度。

私有地址是指内部网络或主机地址,在因特网不能出现。公有地址是指在因特网上全球唯一的IP地址,是网络上某一连接的唯一标识。

RFC 1918为私有网络预留出了3个IP地址块,它们是:

①A 类:10.0.0.0～10.255.255.255。

②B 类:172.16.0.0～172.31.255.255。

③C 类:192.168.0.0～192.168.255.255。

上述 3 个范围内的地址不会在因特网上被分配,因而可以不必向 ISP 或注册中心申请,而在公司或企业内部自由使用。

简单地说,NAT 就是在局域网内部网络中使用内部地址,而当内部节点要与外部网络进行通信时,就在网关处,将内部地址替换成公用地址,从而可在外部公网 Internet 上正常使用。NAT 可以使多台计算机共享 Internet 连接,这一功能很好地解决了公共 IP 地址紧缺的问题。通过这种方法,如图 7.36 所示,您可以只申请一个合法的 IP 地址,就能把整个局域网中的计算机接入 Internet 中。这时,NAT 屏蔽了内部网络,所有内部网计算机对于公共网络来说是不可见的,而内部网计算机用户通常不会意识到 NAT 的存在。

NAT 的功能通常被集成到路由器、网关、防火墙、ISDN 路由器或者单独的 NAT 设备中。另外对资金有限的小型企业来说,现在通过软件也可以实现这一功能。Windows 98 SE、Windows 2000 等都包含了这一功能。

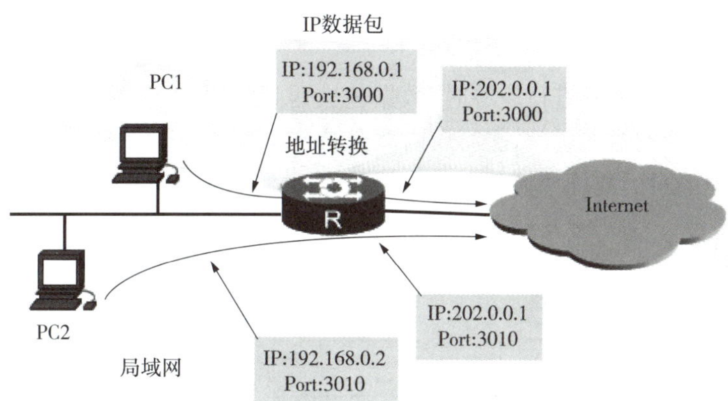

图 7.36　网络地址转换 NAT

2)NAT **术语**

NAT 技术术语如图 7.37 所示。

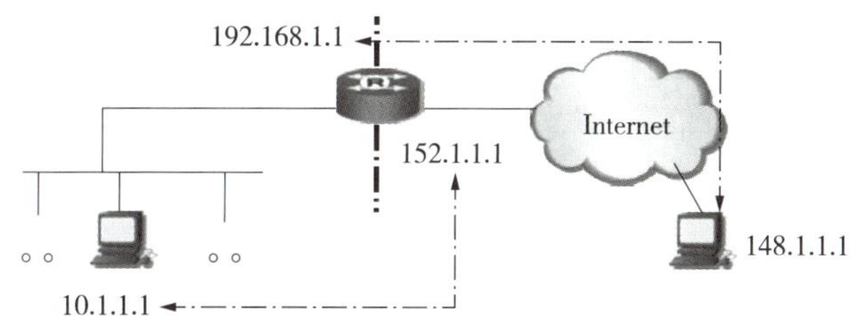

图 7.37　NAT 技术术语示意图

(1)内部本地地址(Inside Local)

内部本地地址是分配给内部设备的地址,这些地址不会向外公布,该地址通常是未注册的私有 IP 地址,如图 7.37 中的 10.1.1.1。

(2)内部全局地址(Inside Global)

由 NIC 或 ISP 分配的合法地址,外部可通过这个地址知道内部设备,如图 7.37 中的 152.1.1.1。

(3)外部全局地址(Outside Global)

分配给外部网络主机的可被路由的 IP 地址,该地址不会向内部发布,如图 7.37 中的 148.1.1.1。

(4)外部本地(Outside Local)

不一定是合法地址,只要内部网络可对此地址路由,内部设备可通过这个地址知道外部设备,亦即外部主机在内部网络中表现出来的 IP 地址,如图 7.37 中的 192.168.1.1。

3)NAT 的工作原理

当内部网络中的一台主机想访问外部网络时,它先将数据包传输到 NAT 路由器上,路由器检查数据包的报头,获取该数据包的源 IP 信息,并从它的 NAT 映射表中找出与该 IP 匹配的转换条目,用所选用的内部全局地址(全球唯一的 IP 地址)来替换内部局部地址,并转发数据包。

当外部网络对内部主机进行应答时,数据包被送到 NAT 路由器上,路由器接收到目的地址为内部全局地址的数据包后,它将用内部全局地址通过 NAT 映射表查找出内部局部地址,然后将数据包的目的地址替换成内部局部地址,并将数据包转发到内部主机,如图 7.38 所示。

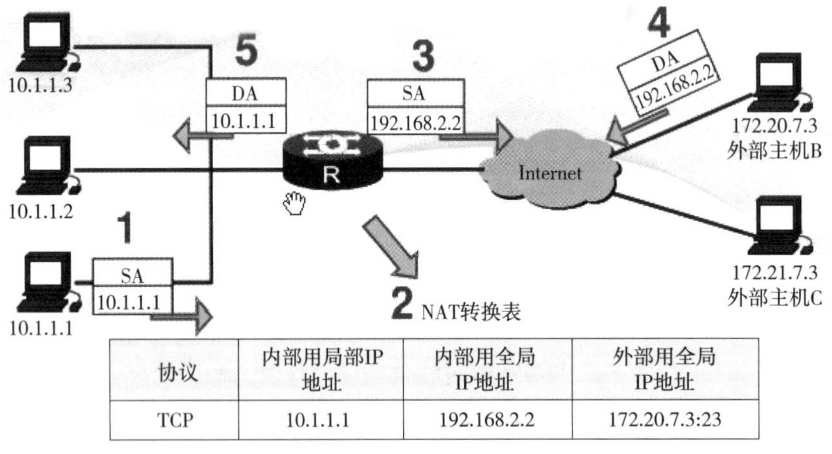

协议	内部用局部IP地址	内部用全局IP地址	外部用全局IP地址
TCP	10.1.1.1	192.168.2.2	172.20.7.3:23

图 7.38 NAT 工作原理示意图

4)NAT 技术类型

NAT 有 3 种类型:静态 NAT(Static NAT)、动态地址 NAT(Pooled NAT)、网络地址端口转换 NAPT(Port-Level NAT)。

(1)静态 NAT

静态 NAT 用在公网地址足够多的时候,可以将内部地址与公网地址建立一一对应的关系,常用于对公网提供公众服务,如 Web 服务器、邮件服务器等。

(2)动态 NAT

动态 NAT 可以将多个内部地址映射为多个公网地址,常用于 DDN 专线上 Internet 网。它是在外部网络中定义了一系列的合法地址,采用动态分配的方法映射到内部网络。动态地址 NAT 只是转换 IP 地址,它为每一个内部的 IP 地址分配了一个临时的外部 IP 地址,主要应用于拨号,对于频繁的远程联接也可以采用动态 NAT。当远程用户联接上之后,动态地址 NAT 就会分配给他一个 IP 地址,用户断开时,这个 IP 地址就会被释放而留待以后使用。该动态合法 IP 地址由相关的 ISP 提供。

(3)端口地址转换(PAT)

PAT 也称 NAPT(Network Address Port Translation)。它将多个内部地址映射为一个公网地址,但以不同的协议端口号与不同的内部地址相对应。常用于公网地址不是很充足,不能保证每一个内部主机都可以分配到一个永久的公网地址的情况。NAPT 普遍应用于接入设备中,它可以将中小型的网络隐藏在一个合法的 IP 地址后面。

5)NAT 配置

NAT 配置的主要任务是:

(1)指定 Inside、Outside 端口

①INI(Ip Nat Inside),即将接口标记为连接到内部网。

②INO(Ip Nat Outside),即将接口标记为连接到外部网。

(2)配置地址转换控制列表

①使用访问控制列表(定义准许进行地址转换的主机)。

②定义一个包含真实主机的地址池(Ip Nat Pool Name Start-ip End-ip Netmask)。

(3)设定相应的转换方式

①静态转换(Nat Inside Source Static Local-ip Address Globle-Ip Address)。

②动态转换(Nat Inside Source List Access-Listname Pool Name)。

③端口地址转换(Nat Inside Source List Access-Listname Interface S[0-2])。

与 NAT 相关的常用命令如下:

ip nat {inside | outside}:接口配置命令。以在至少一个内部和一个外部接口上启用 NAT。

ip nat inside source static local-ip global-ip:全局配置命令。在对内部局部地址使用静态地址转换时,用该命令进行地址定义。

access-list access-list-number {permit | deny} local-ip-address:使用该命令为内部网络定义一个标准的 IP 访问控制列表。

ip nat pool pool-name start-ip end-ip netmask netmask [type rotary]:使用该命令为内部网

络定义一个 NAT 地址池。

ip nat inside source list access-list-number pool pool-name [overload]:使用该命令定义访问控制列表与 NAT 内部全局地址池之间的映射。

ip nat outside source list access-list-number pool pool-name [overload]:使用该命令定义访问控制列表与 NAT 外部局部地址池之间的映射。

ip nat inside destination list access-list-number pool pool-name:使用该命令定义访问控制列表与终端 NAT 地址池之间的映射。

show ip nat translations:显示当前存在的 NAT 转换信息。

show ip nat statistics:查看 NAT 的统计信息。

show ip nat translations verbose:显示当前存在的 NAT 转换的详细信息。

debug ip nat:跟踪 NAT 操作,显示出每个被转换的数据包。

clear ip nat translations *:删除 NAT 映射表中的所有内容。

6)NAT 的优缺点

(1)NAT 的优点

①使用 NAT 可以缓解目前全球 IP 地址不足的问题。

②对于那些家庭用户或者小型的商业机构来说,使用 NAT 可以更便宜、更有效率地接入 Internet。

③在很多情况下,NAT 能够满足安全性的需要。

④使用 NAT 可以方便网络的管理,并大大提高网络的适应性。

(2)NAT 的缺点

①NAT 会增加延迟,因为要转换每个数据包包头的 IP 地址,自然要增加延迟。

②NAT 会使某些要使用内嵌地址的应用不能正常工作。

混合式学习

扫码学习,讨论:

1. 简述 NAT 的工作过程。
2. 如何实施 NAT 的配置?

二维码 7.1 NAT 的配置

7.2.3 任务实施

1)实施环境

DCR-1751 路由器 2 台,CR-V35MT、CR-V35FC 线缆各 1 条,PC 机 2 台、Console 线缆及双绞线若干。服务器模拟外网,硬件按图 7.39 拓扑连接。

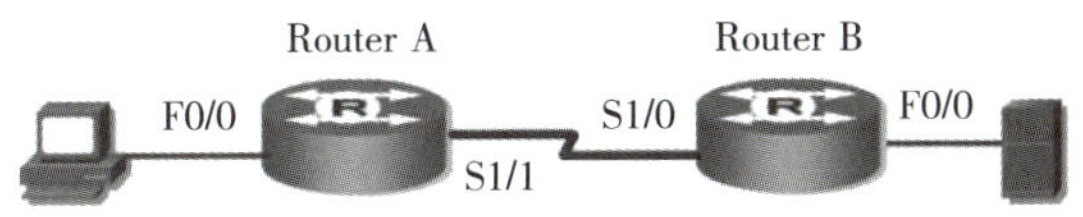

图 7.39　实施环境

各设备接口配置见表 7.2。

表 7.2　各设备接口配置表

Router A	Router B
F0/0:192.168.0.1/24 S1/1（DCE）：192.168.1.1/24	F0/0:192.168.2.1/24 S1/0:192.168.1.2/24
PC	**SERVER**
IP:192.168.0.3/24 网关:192.168.0.1	IP:192.168.2.2/24 网关:192.168.2.1

2)操作步骤

假设在 ROUTERA 上做地址转换,将 192.168.0.0/24 转换成 192.168.1.10 -192.168.1.20 之间的地址,并且做端口的地址复用。

①按表 7.3 先将 PC 及 server 的 IP 地址及网关配置好,再按以下步骤配置路由器接口地址。

Ⅰ.配置 RouterA:

```
RouterA_config#interface s 1/1
RouterA_config_s1/1#ip address 192.168.1.1 255.255.255.0
RouterA_config_s1/1#physical-layer speed 64000                    ! 配置 DCE 时钟速率
RouterA_config_s1/1#no shutdown
RouterA_config#interface f0/0
RouterA_config_f0/0# ip add 192.168.0.1 255.255.255.0
```

Ⅱ.配置 RouterB:

```
RouterB_config#interface s 1/0
RouterB_config_s0/2#ip address 192.168.1.2 255.255.255.0
RouterB_config_s0/2#no shutdown
RouterB_config#interface f 0/0
RouterB_config_f0/0#ip add 192.168.2.1 255.255.255.0
RouterB_config_f0/0#no shutdown
```

②配置 ROUTER-A 的 NAT。

```
Router-A#conf
Router-A_config#ip access-list standard 1! 定义访问控制列表
Router-A_config_std_nacl#permit 192.168.0.0 255.255.255.0! 定义允许转换的源地址
范围
```

```
Router-A_config_std_nacl#exit
Router-A_config#ip nat pool overld 192.168.1.10 192.168.1.20 255.255.255.0
! 定义名为 overld 的转换地址池
Router-A_config#ip nat inside source list 1pool overld overload
! 配置将 ACL 允许的源地址转换成 overld 中的地址,并且做 PAT 的地址复用
Router-A_config#int f0/0
Router-A_config_f0/0#ip nat inside! 定义 F0/0 为内部接口
Router-A_config_f0/0#ints1/1
Router-A_config_s1/1#ip nat outside! 定义 S1/1 为外部接口
Router-A_config_s1/1#exit
Router-A_config#ip route 0.0.0.0 0.0.0.0 192.168.1.2! 配置路由器 A 的缺省路由
```

③查看 ROUTER-B 的路由表。

```
Router-B#sh ip route
Codes: C -connected, S -static, R -RIP, B -BGP, BC -BGP connected
  D -DEIGRP, DEX -external DEIGRP, O -OSPF, OIA -OSPF inter area
  ON1-OSPF NSSA external type 1,ON2-OSPF NSSA external type 2
  OE1-OSPF external type 1,OE2-OSPF external type 2
  DHCP -DHCP type
VRF ID:0
C   192.168.1.0/24   is directly connected, Serial1/0
C   192.168.2.0/24   is directly connected, FastEthernet0/0
```

注意:并没有到 192.168.0.0 的路由。

④测试。

PC1 和 PC2 可以正常通信。

```
Pinging 192.168.2.2 with 32 bytes of data:
Reply from 192.168.2.2:bytes=32time=25 ms TTL=126
Reply from 192.168.2.2:bytes=32time=23 ms TTL=126
Reply from 192.168.2.2:bytes=32time=23 ms TTL=126
Reply from 192.168.2.2:bytes=32time=23 ms TTL=126
Ping statistics for 192.168.2.2:
  Packets: Sent=4,Received=4,Lost=0 (0%  loss),
Approximate round trip times in milli-seconds:
  Minimum=23 ms, Maximum=25 ms, Average=23 ms
```

⑤查看地址转换表。

```
Router-A#sh ip nat translatios
Pro. Dir Inside local   Inside global   Outside local   Outside global
ICMP OUT 192.168.0.3:512 192.168.1.10:12512 192.168.1.2:12512 192.168.1.2:12512
```

思考题

1. 常见的 Internet 接入技术有哪些?
2. 什么是调制? 什么是解调?
3. XDSL 接入技术可分为哪两大类?
4. 光纤接入网可以分为哪两大类?
5. 光纤接入有哪几种应用类型?
6. 什么是 HFC 接入技术?
7. 简述 Cable Modem 的工作原理。
8. 什么是 NAT? 为什么要使用 NAT 技术?
9. 简述 NAT 的工作原理。

项目 8　网络规划

【学习目标】

1. 掌握网络规划的目的、方法、流程。
2. 掌握网络方案的设计步骤。
3. 掌握 IP 地址规划的原则、方法。
4. 掌握各类网络产品的性能及其应用场所。
5. 掌握网络设备选型的依据。

【能力目标】

1. 具备建设大、中型网络的需求分析能力。
2. 具备大、中型网络设计、部署和管理的实践经验和能力。
3. 具有大、中型网络设备选型的能力。
4. 具有大、中型网络 IP 地址规划的能力。
5. 熟悉有关的法律法规与标准。

任务 8.1　校园网建设规划

8.1.1　任务要求

某大学新校区面积约 1 300 亩，目前主要的建筑物有教学楼 3 栋、实训楼 1 栋、学生宿舍楼 6 栋、综合楼 1 栋、图书馆 1 栋。现要在该校园组建一个具有高性能、高可靠性、良好的可扩展性的校园网，以满足学校信息化建设发展的需要。本任务要求为该校区设计一个科学的建设方案。

8.1.2　相关知识

1）网络规划的目的、方法、流程

网络建设首先要进行规划。网络规划是施行网络工程的首要工作，深入细致的规划是成功构建网络的关键。若是缺乏网络规划，其稳定性、扩展性、安全性、可管理性便不能得到保证。

(1)网络规划的目的

网络规划的目的如下：

①对网络建设具有先期的指导性。

②使用户对所建设的网络有一个全面的了解。

③对以后的网络实施和验收提供依据。

④用最低的成本建立最佳的网络，达到最高的性能，提供最优的服务。

(2)网络规划的思想方法

网络规划的思想方法主要有：

①从网络核心入手，发散到网络边缘。

从核心开始着手，分析用户的核心需求，首先满足核心要求，如中心机房的设计，然后逐步发散到汇聚和接入的考虑上去。

②从网络接入入手，集中到网络核心。

从接入层开始入手，首先分析信息点的物理数量和分布，选择接入的设备和应用；再考虑上层网络的设计和设备的选择。

③思想方法多样化。

有经验的网络设计人员可以根据个人的经验和习惯进行设计，不同规模、不同需求会导致思想方法的不同。

(3)网络规划流程

网络规划流程如图 8.1 所示。

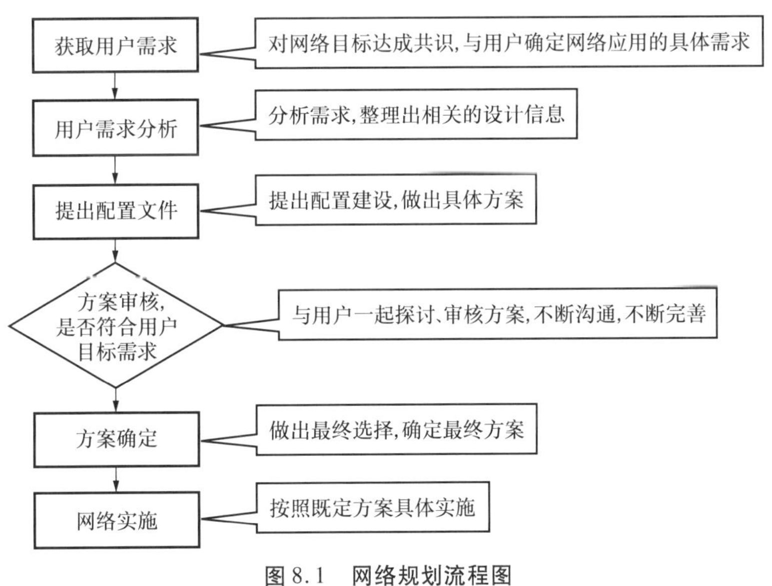

图 8.1　网络规划流程图

2)网络方案设计步骤

在获取用户需求后,通过对用户需求进行分析,如环境分析、流量分析,整理出有用信息,对网络地址进行规划、技术及产品选型,得出具体方案。

(1)用户需求获取

用户需求就是用户对网络的当前的认识和对未来网络建设目标的认识,不同的用户需求不同。

用户需求的来源及收集方法。

需求来源及收集方法多种多样:

Ⅰ.需求来源。

a.决策者的建设思路。决策者的建设思路是项目成功实施的一个关键,首先了解决策者对网络建设的需求,包括网络扩展问题、核心功能问题。

b.用户提供的历史资料和行业资料。用户提供的历史资料、行业资料及资料使用状况等资料,是网络设计具有行业色彩的关键。一般性的行业需求是方案设计人员应该具备的知识,用户一般不会耐心说明本行业的基本信息。特殊行业有特殊要求,包括相关政策,如政府机关的网络,涉及国家机密的计算机物理上不可与 Internet 相连。

c.用户技术员的细节描述。用户技术员的细节描述,是未来网络系统技术指标的来源。

d.普通用户对网络的要求。网络使用者对网络的需求,是普通用户的意见和看法。这部分用户对网络技术方面不是很了解,但是他们的需求应该是最基本、最直接的,也应该是尽可能需要满足的。

Ⅱ.收集方法。

a.会谈纪要法:主要是方案设计方与用户方相关人员,包括决策者和技术人员,在一起商讨确定网络的规划,出示书面的记录,以作为日后方案评估的标准。

b.关键人物接触:会谈中,也许会因为某些原因不能很全面、很完善地完成所有的需求。对关键人物的采访可以使方案更具竞争力。

c.用户访谈:对用户方的部分人员进行访谈,了解他们对网络的认识和看法,以及对未来网络功能的需求。

(2)用户需求重点

①商业需求,资金投入,网络规模。

Ⅰ.工程分期问题。

大型的网络工程通常是分几个阶段进行的,了解工程分期的关键分界点,了解每期工程新增的部分和预期的目标。

Ⅱ.投资规模。

投资规模决定了网络设备选型、服务器选型、冗余等一系列服务水平。

Ⅲ.预测扩展。

网络应该具有相应的弹性,应考虑到未来 3 ~5 年的公司人员调整、业务量调整等,具有一定的伸缩性,这也是为了保护用户投资而考虑的。

②现有网络的状况。

用户原有的软、硬件资源,包括用户对资源的掌握情况,考虑到一旦环境发生了变化以后,如何使用户平滑到新网络的使用,保护原有投资。

③网络分布需求。

网络覆盖的物理区域,几栋楼宇、具体信息点的数量、位置和分布,有无信息死点,是否需要无线设备等。

④业务分类、分布及对网络功能的需求。

用户需要网络系统具备什么功能,是否支持多媒体业务、VOIP 业务、移动办公、远程接入?

⑤网络带宽和业务量的需求。

这些需求包括局域网带宽和 Internet 接入带宽,以及业务量的分布;部门之间的信息流量是否存在业务峰值?

⑥网络可靠性的需求。

⑦网络安全性的需求。

部门与部门之间的业务安全,整个局域网的安全,避免非法操作和网络灾难,病毒防治。

⑧网络管理方面的需求。

这些需求包括易管理,故障易定位。

(3)用户需求采集表

用户需求采集表见表 8.1。

表 8.1 用户需求采集表

类别	需求问题	细节描述	备注	类别	需求问题	细节描述	备注
商业需求	工程分期			功能需求	网络一般服务		
	投资规模				多媒体业务		
	预期扩展				VOIP 业务		
网络现状	现有网络类型				移动办公		
	现有网络分布				远程接入		
	现有网络设备				特殊服务		
	现有网络用户			带宽业务量需求	网络划分为块		
	现有软件资源				局域网带宽		
物理分布	物理区域				广域网接入带宽		
	覆盖楼宇数量				特殊流量发生区		
	信息点数量			安全可靠性	内部网络安全		
	信息点分布				外部网络安全		
					冗余的要求		

(4)用户需求分析

①需求分析的目的。

Ⅰ.为网络规划提供依据。

需求分析是网络设计的基础,但它往往被忽略,或者被降低到次要的位置。原因之一是需求分析是整个网络设计的难点。它需要与用户沟通,将用户模糊的想法清晰化、不正确的想法正确化。不正确的用户需求将导致设计结果与用户要求不一致,致使整个项目终结。

Ⅱ.使方案设计个性化,更具竞争力。

不同的用户需求不同,为了实现个性化的方案设计,使方案更具竞争力,需要进行具有针对性的分析和设计。用户投资和网络规模的问题,贯穿整个方案设计的始终,直接关系到技术选型和设备选型。

②需求分析整理。

Ⅰ.对用户提出的合理需求,则满足。

Ⅱ.对超过现有技术和设备能力的需求,则引导用户,使用替代策略。

Ⅲ.帮助用户清晰化。

(5)环境分析

①地理环境。

根据得到的用户需求资料,对园区进行实地考察,明确整个园区网络覆盖的范围以及建筑、每栋楼的楼距、每栋楼的层数,每层楼的房间数及层高。

②计算机和网络设备的数量配置和分布。

了解每间房需要接入多少个信息点,信息点的总数,为流量分析、网络拓扑结构及网络设备、传输介质的选择提供依据。

③建设单位技术人员掌握专业知识和工程经验的状况。

(6)流量分析

①通信分析。

不同用户应用系统之间、不同业务类型、不同组织之间的网络连接处称为网络边界。网络边界一般就是通信流量的边界,如图8.2所示。

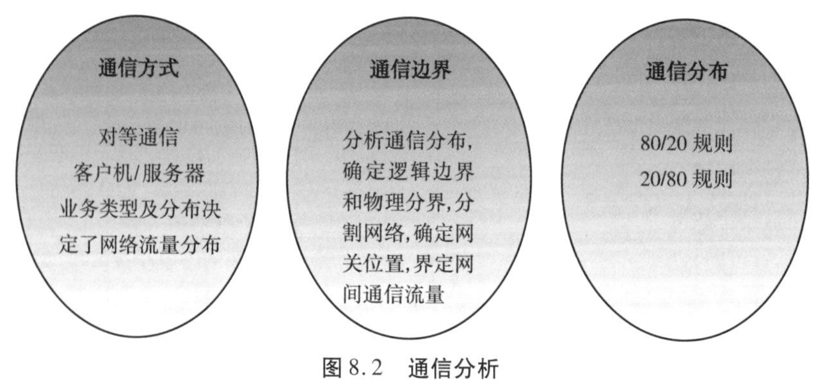

图8.2 通信分析

在传统网络中,大部分网络流量局限在本地工作组,小部分流量通过网络主干,将大部分网络流量限制在本地的网络设计模式,被称为“80/20 规则”,即 80% 的网络流量是本地流量(采用交换机交换数据)。在同一网段中传输,只有 20% 的网络流量才需要通过网络主干(路由器或三层交换机)。

随着网络应用的逐渐丰富,对网络流量的要求已经大大偏离了“80/20”规则,一种新的规则应运而生,这就是“20/80”规则。在“20/80”规则的网络中,只有大约 20% 的网络流量局限在本地工作组,而大约 80% 的网络流量经过网络主干传输。

②业务特性。

不同业务特性产生不同的流量要求。

③流量分析步骤。

流量分析步骤如图 8.3 所示。

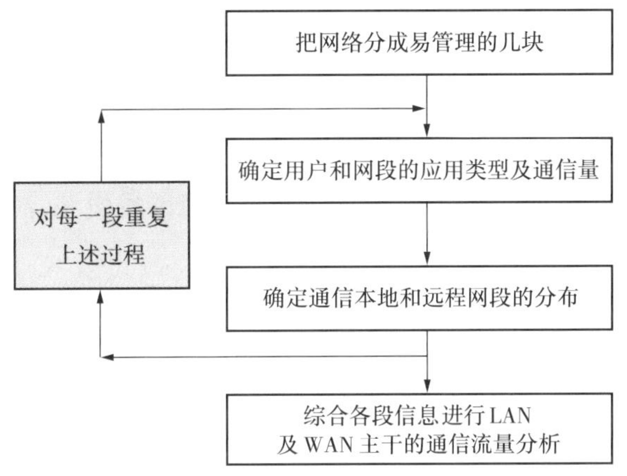

图 8.3　流量分析步骤

(7)安全性需求分析

安全性需求分析包括网络的敏感性数据及其分布情况;网络用户的安全级别;可能存在的安全漏洞;网络设备安全功能的要求;网络系统软件的安全评估;应用系统的安全要求;防火墙技术方案;安全软件系统的评估;网络遵循的安全规范和达到的安全级别。

(8)管理需求分析

管理需求分析包括是否需要对网络进行远程管理,谁来负责网络管理,需要哪些管理功能,选择哪个供应商的网管软件,是否有详细的评估,选择哪个供应商的网络设备,其可管理性如何,怎样跟踪和分析处理网管信息,如何更新网管策略?

3)网络设计的原则、方法

(1)设计原则

①高带宽。

为了保障全网的高速转发、校园网全网的组网设计的无瓶颈性,要求方案设计的阶段就要充分考虑到数据网络传输无瓶颈,同时要求核心交换机具有高性能、高带宽的特性,整网的核心交换要求能够提供无瓶颈的数据交换。

②可增值性。

校园网络的建设、使用和维护需要投入大量的人力、物力,因此网络的增值性是网络持续发展的基础。所以在建设时要充分考虑业务的扩展能力,能针对不同的用户需求提供丰富的宽带增值业务,使网络具有自我造血机制,实现以网养网。

③可扩充性。

考虑到校园网用户数量和业务种类发展的不确定性,要求核心交换机与汇聚交换机应具有强大的扩展功能,校园网络要建设成完整统一、组网灵活、易扩充的弹性网络平台,能够随着需求变化,充分留有扩充的余地。

④开放性。

技术选择必须符合相关的国际标准及国内标准,避免个别厂家的私有标准或内部协议,以确保网络的开放性和互连互通,满足信息准确、安全、可靠、优良交换传送的需要;开放的接口,支持良好的维护、测量和管理手段,提供网络统一实时监控的遥测、遥控的信息处理功能,实现网络设备的统一管理。

⑤安全可靠性。

设计应充分考虑整个网络的稳定性,支持网络节点的备份和线路保护,提供网络安全防范措施。

(2)分层网络设计方法

一个大规模的网络系统往往被分为几个较小的部分,它们之间既相对独立又互相关联,这种化整为零的做法是分层进行的,通常网络拓扑的分层结构包括3个层次,如图8.4所示。

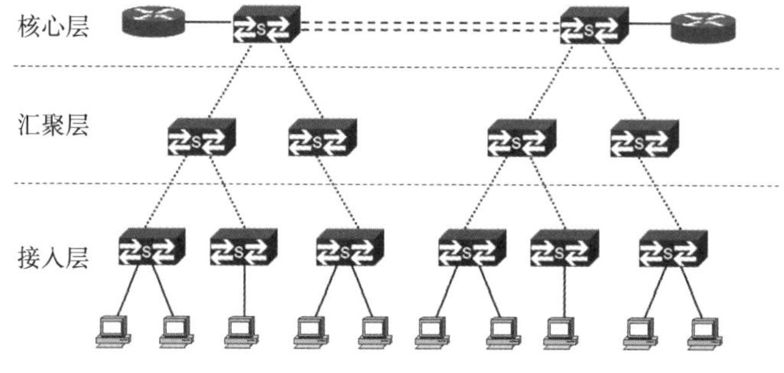

图8.4 网络三层结构

①核心层。

核心节点的网络设备需要高速运送整个校园中心网络的流量,设备承载的压力较大。因此核心节点的建设,通常必须遵循以下几个原则:

Ⅰ.必须具备高性能、高可靠性及高冗余性。

Ⅱ.必须能提供故障隔离的功能。

Ⅲ.必须具有迅速升级的能力,扩展性好。

Ⅳ.必须具有较小的时延和很好的可管理性。

②汇聚层

汇聚层有汇集分散的接入点、进行数据交换、提供流量控制和用户管理的功能。汇聚层交换机负责接入交换机的汇聚,要求提供高密度的 100 M 汇聚能力及 1 000 M 上行接口,具有一定的路由功能,支持对网络进行 VLAN 隔离,支持丰富的业务能力等。汇聚层交换机要求基于最长匹配的交换方式,能够保证所有报文均获得相同的转发性能,解决了很多交换机采用精确匹配交换技术所带来的路由震荡等问题,转发效率高,保证校园网络的稳定、可靠。

③接入层。

网络接入层主要负责将用户流量引入网络,并且进行必要的网络安全限制。网络接入层设置于配线间一级,采用高性能、高端口密度的接入系列交换机,或者采取交换机堆叠的方式提高接入能力。

4)网络设备选型的依据

设备选型主要考虑用户需求以及资金投入。

①设备的档次。

可以根据网络的拓扑对各层作先期的选型估计,这一步最能确定设备在档次上、性能上的要求。

②接口类型、数量。

具体的接口类型取决于用户的线路选择。而线路的选择则取决于网络的数据流量的估算、当地各种线路的性价比。

③可靠性要求。

是否需要主控冗余备份、电源冗余备份。

④业务类型。

是否有 VoIP,各级 IP 语音接口的 call 数峰值。

5)组网方案范例

(1)校园网组网范例

①用户需求收集与分析。

Ⅰ.学校规模。

某中学目前需要联网的楼宇主要有:综合楼教学楼 1 栋,教学楼 1 栋,图书馆 1 栋,实验楼 1 栋,教职工宿舍楼 2 栋。

其中综合楼有网络教室两个、电子阅览室一个,另外,在该楼还建设有财务部、招生办公室、教务部等行政部门的办公室。各办公室都已配有多台电脑,分布于整栋楼宇内。

图书馆需要满足日常的图书管理及流通、提供电子阅览室等服务。

②学校要求。

Ⅰ.总体要求。

所建成的网络应实现校园全覆盖,为教学、科研、教职工生活等提供网络服务,实现校园内部的资源共享,为学校管理与决策提供基础信息支撑。

网络要求实用、安全、经济、稳定、可靠、可扩展性好。

Ⅱ.教学与科研需求。

建成的网络应能满足各教学楼、实验楼多媒体教学的需求(部分区域存在视频教学的需求,网络应具有足够的带宽);满足教师进行内部的教学与科研信息交流的需求;满足教师使用网络组织教学的需求。建设教务子网并建成多媒体教学系统以及其他各种网络软件的运行平台。

Ⅲ.行政管理需求。

完善并扩充原有的图书馆管理系统、财务管理系统及招生系统,建设校办公室系统;建设学校管理的网络平台(如校长决策、总务管理、教务管理、财务管理、档案管理等);建设办公自动化系统。

Ⅳ.远程办公需求。

网络应满足教师及管理人员在离开学校的情况下办公及从校园网获取资料的需求。

Ⅴ.信息服务需求。

对外实现与中国科研教育网及国际互联网的互联。建成学校主页,可以进行网页访问、电子邮件的收发(内、外)、办公自动化、教师课件制作资料的搜索查询。建设电子阅览室,满足师生进行电子阅览的需求。

③网络方案设计。

Ⅰ.网络信息点的分布情况(共428个信息点):

a.综合楼共282个信息点,网络中心设在五楼。其中:

- 一至四楼每层楼各22个信息点。主要用于招生、财务、教务、学工部等各个部门办公室。
- 五楼共220个信息点,其中,网络教室等共210个信息点,其他办公室共10个信息点。

b.教学楼共有60个信息点。

c.图书馆共有200个信息点,其中,图书管理及流通系统有20个信息点,馆内电子阅览室有180个信息点。

d.实验楼230个信息点。

e.两栋宿舍楼各200个信息点。

Ⅱ.网络拓扑结构。

根据需求分析,按实用、安全、经济、稳定、可靠、可扩展性好的原则,对校园网进行了规划设计。校园网网络拓扑结构如图8.5所示。

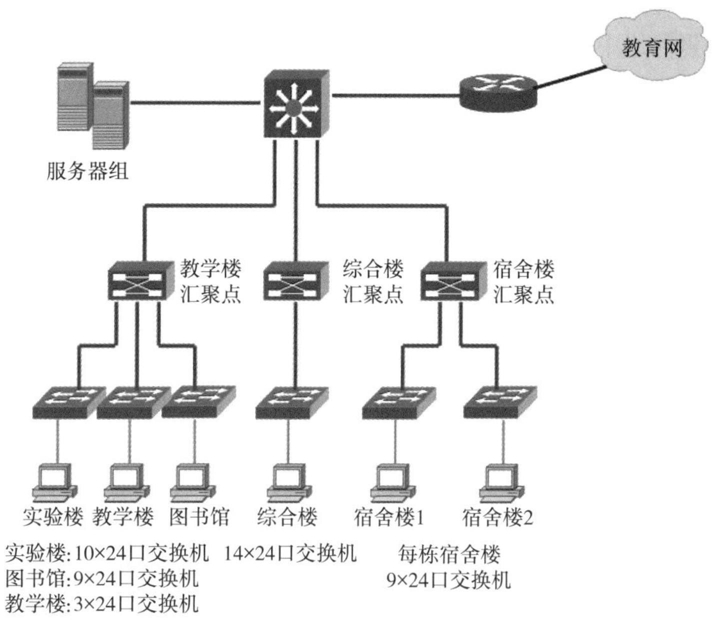

图 8.5　校园网拓扑结构

④组网说明。

Ⅰ.核心层。

由于学校对多媒体教学的需求较高(存在视频传输),故网络的主干定为 1 000 M,以综合教学楼中的网络中心为核心,通过多模光纤与各楼宇连接。

网络的核心交换机选用 DCRS7508,该交换机为 8 模块三层交换功能的光纤交换机。因其负担整个园区的骨干高性能交换,要求其具有超强的处理能力、高线速处理能力等,园区内各建筑汇聚层直接与核心层连接。

Ⅱ.汇聚层。

汇聚层是同一楼栋或相近楼群的信息汇聚点,为接入层提供数据的汇聚和分发处理。因此,在汇聚层部署三层汇聚层交换机,其目的是部署本楼栋内 VLAN 之间、不同网段之间、以及校园网骨干网络之间的三层交换策略。同时,为本楼栋计算机终端设备接入校园网提供高速交换接入平台。

汇聚层交换机选用 DCRS5526 3 台,分别做以下部署:综合楼内部本身信息点就很多,因此在综合楼设立 1 个汇聚层交换机;图书馆、实验楼和教学楼相距较近,可以作为一个楼群进行汇聚;两栋宿舍楼也可作为一个楼群进行汇聚。

Ⅲ.接入层。

接入层交换机是指用户终端直接接入校园网络的边缘层,接入层的目的是允许终端用户连接到网络,因此接入层交换机具有低成本和高端口密度的特性。在传输速度上,现代接入交换机大都提供多个具有 10 M/100 M/1 000 M 自适应能力的端口。

接入层交换机选用 DCS3926。接入层是最终用户(教师、学生)与网络的接口,它应该提供即插即用的特性,选用此设备性能价格较高,并且此交换机非常易于使用和维护。

Ⅳ. 网络出口。

该校园网通过网络中心的 Cisco 2811 接入教育网(100 M 线路)。

Ⅴ. 网络中心的设备配置:

- Cisco 2811 路由器(加 10/100 M 以太网模块)1 台。
- WEB 服务器 1 台。
- 办公自动化(OA)及教务系统服务器 1 台。
- 数据库服务器 1 台。

Ⅵ. IP 地址分配。

由于校园网主要用途是内部资源共享和对内提供信息化服务,仅有 WEB 服务器、邮件等需要对外提供服务,因此可以考虑在校园网内部使用私有地址空间。

本案例选取 192.168.0.0/16 作为地址空间。根据网络信息服务业务类别并参考地域实际情况,可以进行地址分配如下:校园网络 IP 地址按照教学、监控、办公、宿舍接入等几大类进行统一规划:

- 教学楼 IP:分配给教学楼使用的地址空间,例如 192.168.10.0/24;
- 实验楼 IP:分配给实验楼使用的地址空间,例如 192.168.20.0/24;
- 图书馆 IP:分配给图书馆使用的地址空间,例如 192.168.30.0/24;
- 办公类 IP:以办公网络为大类,在综合楼一至四楼按楼层进行统一分配,例如 192.168.40.0/24、192.168.50.0/24、192.168.60.0/24、192.168.70.0/24;
- 网络教室 IP:分配给综合楼五楼使用的地址空间,例如 192.168.80.0/24;
- 宿舍楼 IP:分配给两栋宿舍楼使用的地址空间,例如 192.168.90.0/24、192.168.100.0/24;
- 服务器区 IP:分配给服务器使用的地址空间,例如 192.168.0.0/24。

Ⅶ. 软件的考虑。

a. 网络操作系统的选择。

考虑到网络操作系统的易用性,选择 Microsoft Windows 2008 Server。

b. 网络应用软件的选择:

- 办公自动化系统(OA)一套;
- 教务管理系统一套;
- Microsoft SQL Server2008 数据库服务器。

(2)某物流公司组网范例

①用户需求收集与分析。

某物流企业业务网是一个以省总公司为中心,由 14 个市分公司、68 个县公司、826 个业务网点组成的四级网络结构。

网络建设整体目标是:以物流系统的业务需求为依据,以提高广域网网间通信的可管理性为核心,采用目前国内先进的信息安全技术和网络技术,建设一个统一的、覆盖面全的、管理性强的、稳定且高效的物流网络系统体系。

②网络建设原则。

在网络建设中，通常都会要求遵循高性能、高可靠性、安全性等设计原则。这些原则都有其需要遵循的理由，但实现这些原则是要有代价的。因此，在规划过程中既要考虑网络功能和价格的平衡，也就是性价比，同时也要考虑当不同的原则起冲突时，优先考虑哪一个的问题。

Ⅰ.实用性和先进性。

网络的建设关注整体投资回报，网络资源的实用性和先进性是网络建设的根本，在此基础上再考虑网络的可靠性、安全性、可扩展性以及可管理性才有意义。

目前，通信技术和计算机技术的发展日新月异。在网络的建设中应既兼顾技术上的成熟性，同时也要保证系统的先进性。同时，在先进性的基础上，也必须兼顾考虑网络的实用性，经济性，对原有投资的合理保护也是网络建设必须重点考虑的内容之一。

Ⅱ.可靠性。

对于该企业物流系统网络来说，可靠性也是必须重点考虑的目标。因为随着信息化建设的深入，越来越多的业务开展会和应用系统紧密联系，一旦网络系统出现故障，将会给企业的正常工作带来很大的影响。对于可靠性，有设备的可靠性、网络结构的可靠性、也有网络线路的可靠性等，必须综合加以考虑。

Ⅲ.可管理性和易维护性。

网络管理是一个非常宽泛的概念，从大的方面来讲，可以包括从设备管理到安全、认证计费等各个方面。对该物流企业的网络系统来说，在专业技术人员数量不足的情况下要管理、维护好这些庞大而又分散的网络系统，没有强大高效的网管系统是难以想象的。

Ⅳ.标准化和可扩展性。

该企业的物流系统网络的建设是一个长远的、动态增长的工程，系统的建设要求网络的结构、技术和产品满足相关的标准，且应具有很高的灵活性和可扩展性。扩展性包括设备的扩展性、链路的扩展性、对不同应用系统的扩展性等。

③网络方案设计。

根据该物流企业的实际情况，其网络总体结构可设计成四层结构，分别是总公司、市公司、县公司和营业网点。

总公司是整个网络系统的核心，公司的物流应用系统服务器部署在这里，总公司的网络还要求有 Internet 访问出口，供总部人员访问外网使用。

总公司下接 14 个市区分公司，每个市区分公司都有自己的服务器，负责其所辖县区的所有业务，并将业务上报到总公司服务器。此外，为了分流全市所有县公司及营业网点访问 Internet 的压力，在市公司也设有 Internet 访问出口，以减轻其对总公司访问外网的压力。

每个县公司的网络都连接到其所属的市公司，68 个县级公司分别连接到其所在 14 个市分公司。同时，县公司网络还负责汇总县区的所有营业网点。

根据上述四级结构，该企业的网络系统拓扑结构如图 8.6 所示。

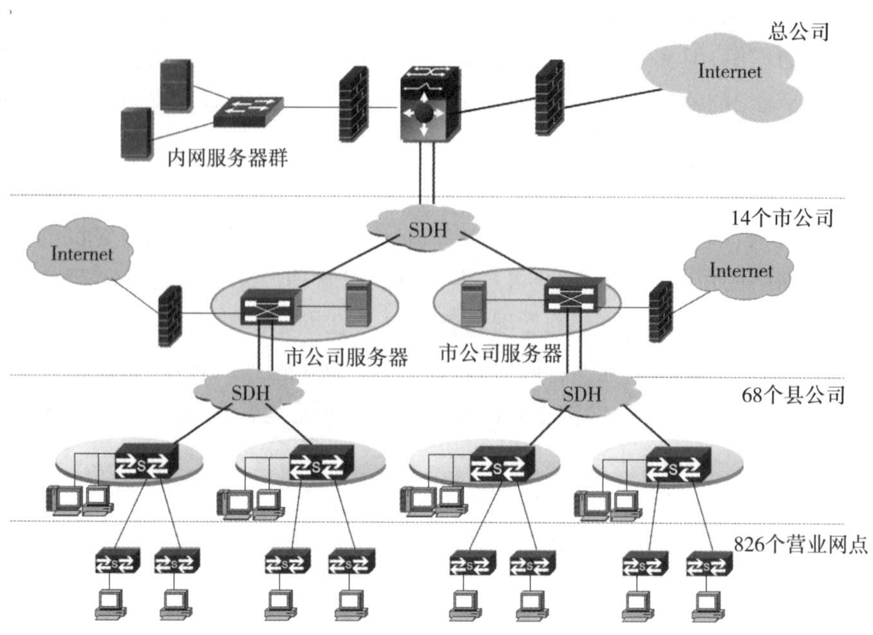

图 8.6　物流企业网络拓扑图

④设备选型。

设备选型可从以下几个方面来考虑:

Ⅰ. 交换机端口数量。

市公司核心交换机需要连接总公司和各个县公司,因此需要从该企业的物流系统规划来确定交换机端口的数量是否够用。

经统计,该企业所在的省份有 14 个市,其中 A 市管辖的县公司数量是最多的,为 18 个。因此配置 1 台 24 口交换机就可以满足与总公司、以及所管辖的县公司的连接。

Ⅱ. 经济性和实用性。

在预算不是很充裕的情况下,在可以满足目前需求及未来几年网络扩展的要求的前提下,建议采用 DCRS7612 路由交换机作为总公司交换机,采用 DCRS-5950-28T 作为 14 个市公司的核心交换机。具体如下:

a. 对于网络规模较大的 7 个市公司,选用万兆路由交换机 DCRS-5950-28T 作为广域网核心交换机。DCRS-5950-28T 将万兆核心交换机的先进架构和技术应用在固定式交换机上,从而大幅度提高了固定式交换机的性能和功能。L2/L3 均可实现全线速转发。DCRS-5950 支持大容量路由表项,能够满足大型网络的组网需求。

b. 对于网络相对较小的 7 个市公司,选用百兆路由交换机 DCRS-5650-28 作为广域网核心交换机。DCRS-5650-28 采用高速的背板带宽设计,为所有端口提供线速转发的能力,从而大幅度提高了固定式交换机的性能和功能。L2/L3 均可实现全线速转发。DCRS-5650-28 支持大容量路由表项,能够满足大型网络的组网需求。

c. 网络出口设计要点有以下几个方面：

- 具有 2 ~7 层的访问控制能力。
- 能够抵御多种拒绝服务攻击。
- 可以限制 P2P(如 BT)、IM 等应用的流量滥用。
- 有较高的包转发率。
- 防火墙有较高的稳定性和可靠性，平均无故障运行时间不应小于 8 万小时。

为了满足办公区网络出口控制的高要求，建议采用 1 台千兆多核防火墙。DCFW-1800E-V2 完成网络出口的控制。DCFW-1800E-V2 防火墙放置在网络出口最前端，连接到 Internet 上，将办公区网络与 Internet 进行逻辑隔离。负责地址转换、P2P 应用、IM 控制、PC 机会话数控制和防范各种攻击等。

Ⅲ. 可扩展性。

DCRS-5950 和 DCRS-5650 系列交换机是网络推出的盒式高性能硬件 IPv6 万兆路由交换机，该系列交换机采用硬件 ASIC 芯片实现 IPv4 与 IPv6 双协议栈，可全线速转发 IPv4/IPv6 的 2/3 层数据包，在 IPv6 方面处于业界领先的地位。该款产品支持丰富的 IPv6 隧道协议，可灵活实现 IPv4 网络与 IPv6 网络的互连互通，且支持 IPv6 版本的 RIPng、OSPFv3 等动态路由协议，可用于部署大型 IPv6 网络。

⑤技术选型。

Ⅰ. 总公司到市公司所需的专线带宽。

随着业务的发展和网络应用的不断增加，公司对带宽的要求也不断提高，因此租用不同带宽的 SDH 线路以解决各级分公司以及业务网点访问总公司服务器速度慢的问题。

a. 各市公司到总公司 6 M 专线，14 个市公司共租用 14 条 4 M SDH 线路。

b. 各县公司到市公司租用 4 M 专线，68 个县共租用 68 条 4 M SDH 线路。

c. 各营业网点到县公司租用 2 M 专线，826 个网点共租用 78 条 2 M SDH 线路。

Ⅱ. Internet 网络出口解决方案。

由于 Internet 的流量占用了大量的带宽，如果所有分公司访问 Internet 的流量都经总公司出口，将严重影响正常物流业务的开展，而仅拓展市公司到总公司的带宽是不能根本解决问题的。因此需要在每个市公司单独设立 Internet 出口，可采用 DCFW-1800E V2 完成网络接入和网络出口的访问控制。

8.1.3　任务实施

1）实施环境

某大学新校区约 1 300 亩，目前主要建筑物有教学楼 3 栋、实训楼 1 栋、学生宿舍楼 6 栋、综合楼 1 栋、图书馆 1 栋。

2)操作步骤

(1)用户需求获取

通过现场考查、调研和对用户的访谈,了解到该校区是集教学、科研、办公、生活等于一体的现代化新校区。校园网络系统将承载校园办公、数字化教学、网上娱乐、数字化管理、多媒体教学、信息发布、邮件、网上教学、网上交流、电子阅览、电子教学等基于 IP 网络传输的业务信息,系统设计全面考虑网络的覆盖范围、承载能力、网络性能、安全管理、无线覆盖,在严格遵循使用、可靠、先进、安全、易于管理等设计原则基础上,充分结合现代信息技术发展趋势,采用先进、成熟、具有前瞻性的技术支撑系统和设备,为学校提供一个高效、稳定、安全等业务信息承载网络平台。

数字化校园网网络系统采用有线、无线相结合,并融入网络安全管理、接入认证等技术策略和手段,全面覆盖 1 ~6 号宿舍区、1 ~3 号教学楼、实验楼、图书馆、综合楼等,充分利用成熟的以太网技术,建立万兆园区骨干网络、建筑楼内万兆骨干网络以及 1 000 MB 到桌面的高性能办公教学网络,在宿舍区建立 1 000 MB 骨干、100 M 到桌面的学生宿舍子网,并以万兆带宽接入校园网,形成新园区高性能网络。

同时,利用千兆光纤实现新校区与老校区互联互通、统一管理。

(2)用户需求分析

①功能目标分析。

新校区校园网络建设实现以下功能目标:

- 新校区与老校区千兆互联,实现统一管理和教学资源共享;
- 实现校园骨干万兆互联、100/1 000 M 到桌面的高速交换;
- 实现语音、视频、数据信息的统一承载与融合传输;
- 实现不同业务信息流的安全隔离和访问控制;
- 利用 VPN 技术,实现业务信息标签交换与隔离;
- 保障关键业务信息的优先级及 QoS 保障;
- 实现 IPv4 与 IPv6 的结合与过渡;
- 利用 VLAN 技术缩小 IP 风暴的同时,结合 QoS、ACL 访问控制技术等技术保证网络的安全性和可靠性;
- 实现网络高可靠运行、网络故障自愈功能,提升网络系统的可靠性和抗灾难能力;
- 实现互联网多营运商接入并提供网络接入负载均衡与流量整形功能,保障网络接入的稳定性和可靠性;
- 实现符合 802.11b/g/n 协议标准的无线安全接入和认证管理、校内无断点移动漫游接入功能。

②校园建筑群分析。

根据得到的用户需求资料和基本概况调研,得知该学校数字化校园包括了如下建筑群:

• 教学楼:1～3号教学楼均为5层,需要接入校园网的有教室、实训室、管理室、实训工厂、储藏室等不同类型的房间,并在公共区域进行无线覆盖;

• 实训楼:5层,需要接入校园网的有教室、实训室、管理室、实训工厂、休息室等,并在公共区域进行无线覆盖;

• 综合楼:12层,需要接入校园网的有教室、机房、办公室、会议室以及其他多种类型的房间,并在公共区域进行无线覆盖;

• 图书馆:6层,需要接入校园网的有综合服务大厅、借阅大厅、阅览室、办公室、档案室、教材室、书库等多种类型的房间,并在公共区域进行无线覆盖;

• 学生宿舍:6栋,每栋6层,主要结构为每层有30间6人宿舍,此外1楼配有少量其他功能的房间,所有宿舍及其他房间都需要接入校园网。

③计算机网络信息分布设计点。

在对学校的建筑群完成调研之后,需要根据各楼栋的具体结构及设施进行工作区系统的接入点设计,即信息点位分布设计。包括每间房需要接入多少个信息点,信息点总数等,为流量分析、网络拓扑结构及网络设备、传输介质选择提供依据。本案例的信息点分布设计具体如下:

Ⅰ.教学楼内包括了实训室、小教室、管理室、教师休息室、储藏室、休息平台、中庭、办公室、会议室(资料室)、大教室,根据房间的功能不同,其信息点采用相应的设计方案,具体见表8.2、表8.3。

表8.2　教学区1号、2号教学楼信息点分布表

	房间类型	房间数量	光纤(芯)	信息点(每间)	信息点小计
1	实训室	2	4	2	4
	小教室	6		2	12
	管理室	1		3	3
	教师休息室	1		1	1
	实训工厂	1		20	20
	储藏室	1			0
	休息平台	1			0
	无线 AP 点	公共区域			5
	中庭	1		2	2
2	实训室	8	4	2	16
	办公室	16		3	48
	教师休息室	2		1	2
	无线 AP 点	公共区域			6
	会议室(资料室)	2		2	4

续表

	房间类型	房间数量	光纤(芯)	信息点(每间)	信息点小计
3	实训室	8	4	2	16
	小教室	2		2	4
	大教室	2		2	4
	办公室	6		3	18
	无线 AP 点	公共区域			5
	教师休息室	2		1	2
4	实训室	8	4	2	16
	小教室	4		2	8
	无线 AP 点	公共区域			5
	教师休息室	2		1	2
5	实训室	6	4	2	12
	小教室	4		2	8
	无线 AP 点	公共区域			5
	教师休息室	2		1	2
合计					230

表 8.3　教学区 3 号教学楼、实训楼信息点分布表

	房间类型	房间数量	光纤(芯)	信息点(每间)	信息点小计
1	实训室	2	4	2	4
	小教室	3		2	6
	管理室	1		1	1
	教师休息室	1	4	1	1
	实训工厂	1		20	20
	储藏室	1			0
	休息平台	1			0
	无线 AP 点	公共区域			5
	中庭	1		2	2
2	实训室	8	4	2	16
	办公室	16		3	48
	教师休息室	2		3	6
	无线 AP 点	公共区域			5
	会议室(资料室)	2		2	4

续表

	房间类型	房间数量	光纤(芯)	信息点(每间)	信息点小计
3	实训室	8	4	2	16
	小教室	2		2	4
	大教室	2		2	4
	办公室	6		3	18
	教师休息室	2		1	2
4	实训室	8	4	2	16
	小教室	4		2	8
	无线 AP 点	公共区域			5
	教师休息室	2		1	2
5	实训室	6	4	2	12
	小教室	4		2	8
	无线 AP 点	公共区域			5
	教师休息室	2		1	2
合计					220

Ⅱ.综合楼工作区子系统包括有线网络信息点、电话语音信息点、无线网络信息点，各信息点位设计见表 8.4。

表 8.4　综合楼信息点分布表

楼层	房间类型	房间数量	信息点(每间)	信息点小计
负一层	设备间	1	2	2
	消防水池	1		
	水泵房	1		
	发电机房	1		
	变配电室	1		
	停车场出入口	1	1	1
1	校史馆	2	4	8
	门厅		3	3
	值班室	1	1	1
	消防控制室	1	1	1
	消防控制室隔壁	1	4	4
	文件分发、取件室	1	2	2
	储藏室	1	1	1
	司机休息室	1	1	1

续表

楼层	房间类型	房间数量	信息点（每间）	信息点小计
2	55 座教室(其中 1 个 58 座)	5	2	10
	92 座教室	3	2	6
	教师休息室	1	1	1
	教室管理员办公室	1	1	1
	教室管理员办公室隔壁	1	3	3
3	55 座教室(其中 1 个 58 座)	5	2	10
	92 座教室	3	2	6
	教师休息室	1	1	1
	教室管理员办公室	1	1	1
4	55 座教室(其中 1 个 58 座)	5	2	10
	92 座教室	3	2	6
	教师休息室	1	1	1
	教室管理员办公室	1	1	1
5	55 座教室(其中 1 个 58 座)	5	2	10
	92 座教室	3	2	6
	教师休息室	1	1	1
	教室管理员办公室	1	1	1
6	55 座教室(其中 1 个 58 座)	5	2	10
	92 座教室	3	2	6
	教师休息室	1	1	1
	教室管理员办公室	1	1	1
7	系部办公室(小)	4	3	12
	系部办公室(大)	3	4	12
	教师休息室	1	1	1
	教室管理员办公室	1	1	1
	系部会议室	1	2	2
	92 座教室	2	2	4
	55 座教室(其中 1 个 58 座)	2	2	4
8	行政办公室(小)	16	3	48
	行政办公室(大)	8	4	32
	办公区管理员办公室	1	1	1

续表

楼层	房间类型	房间数量	信息点（每间）	信息点小计
9	行政办公室（小）	12	3	36
	行政办公室（大）	6	4	24
	办公区管理员办公室	1	1	1
	大会议室	1	10	10
10	行政办公室	7	3	21
	领导办公室（带会客、休息、办公）	7	2	14
	10 人会议室	1	2	2
	办公区管理员办公室	1	1	1
11	行政办公室（小）	8	3	24
	行政办公室（大）	6	4	24
	办公区管理员办公室	1	1	1
	大会议室	1	10	10
12	办公室	3	3	9
	机房	2		
	行政办公室	2	3	6
	弱电机房办公室	1	3	3
1～12	无线 AP 点	12	2	24
合计				446

Ⅲ.图书馆工作区子系统包括有线网络信息点、电话语音信息点、无线网络信息点，各信息点位设计见表8.5。

表8.5　图书馆信息点分布表

楼层	房间类型	房间数量	信息点位设计	信息点位小计
1	办公室1	1	4	4
	办公室2	3	3	9
	会议室	1	1	2
	采编室	1	11	11
	印务中心	1	20	20
	图书超市	1	2	2
	教材室	1	2	2
	准备室	1	4	4

续表

楼层	房间类型	房间数量	信息点位设计	信息点位小计
1	综合服务台	1	5	5
	综合服务大厅	1	2	2
	咖啡座	1	2	2
2	学生档案室	1	1	1
	整理室	1	3	3
	办公室 1	2	3	6
	办公室 2	1	4	4
	查阅室	1	2	2
	教职员工档案室	1	2	2
	会计文书教学科研基建等档案室	1	3	3
	书库	1	5	5
	借阅大厅	1	2	2
	读者服务中心	1	2	2
	电子阅览室(人数暂定)	1	50	52
	校史陈列廊	2		2
	管理室	1	2	2
3	借阅一体化书库、自习室(借阅台)	2	4	4
	书籍整理	1	1	1
	办公室	1	4	4
4	借阅一体化书库、自习室(借阅台)	2	4	4
	书籍整理	1	1	1
	办公室	1	4	4
5	借阅一体化书库、自习室(借阅台)	2	4	4
	书籍整理	1	1	1
	办公室	1	4	4
6	自习室	2		4
	数据情报室	1	3	3
	机房	1		2
	办公室	1	4	4
7	无线 AP 点	12	2	24
合计				213

Ⅳ.学生宿舍区的情况相对比较简单,共有 6 栋学生宿舍楼,每栋宿舍楼的情况大体一致,具体见表 8.6。

表 8.6　学生宿舍楼信息点分布表

楼层	房间类型	房间数量	容纳人数(人)	信息点(每间)
1	六人间	24	6	144
	网络机房	1	2	2
	阅览室	1	2	2
	文化活动室	1	2	2
2	六人间	30	6	180
3 ~ 6	六人间	30	6	720
合计		174		1 048

(3)总体设计

根据园区各建筑功能分布及网络系统平台承载的业务和功能要求,结合教学网络的特点、用户量以及现代信息技术的发展趋势,网络系统充分利用 MPLS VPN 技术、VLAN 技术、QoS 技术、网络管理技术等,建成园区骨干、建筑群楼内主干 10 000 M,100/1 000 M 到桌面的高性能、高可靠有线网络系统平台,同时利用无线网络覆盖部分重要公共区域,实现整个校园网络全覆盖,并与老校区之间的千兆可靠互联。

园区网络系统需要充分考虑其运行的稳定性和可靠性,整个网络采用骨干层、汇聚层、接入层三层网络体系架构设计,实现各层次的网络策略、服务的均衡分担,提高整个网络的稳定性、可靠性和安全性,网络系统覆盖教学办公区、学生宿舍区楼宇,在图书馆、电子阅览室、教学楼等开阔区域设立无线网络接入点,将新老校区通过高速专线互联,使整个学院新老校区形成一个整体,网络信息点遍布学院每个角落,并建立校园网统一网络管理平台,实现校园网统一、集中管理。

新校区校园网络系统拓扑结构如图 8.7 所示。

(4)网络分层设计

园区网络系统设计采用三层网络体系结构,即网络由核心层、汇聚层和接入层组成。

①核心层。

核心层是整个园区网络系统高速交换层,负担整个园区的骨干高性能交换,要求其具有超强的处理能力、高线速处理能力等。新校区以综合楼校园网机房为核心,园区内各建筑汇聚层直接与核心层连接,为保证整个网络核心层可靠性、高性能、高效率交换能力,核心层 2 台高性能的万兆路由交换机提供核心层的信息交换,2 台核心交换机利用虚拟化技术、端口聚合技术,实现双核心交换,保证核心层任意一台交换机即使出现故障仍能够正常运行。各楼内汇聚层交换机通过 2 条光纤万兆链路与核心层交换机连接,构建高可用、冗余的双链路网络拓扑结构,保障核心网络的可靠性和稳定性。

根据各楼内部的信息点数量分析,核心层建设成万兆骨干网,核心层到各楼栋的骨干

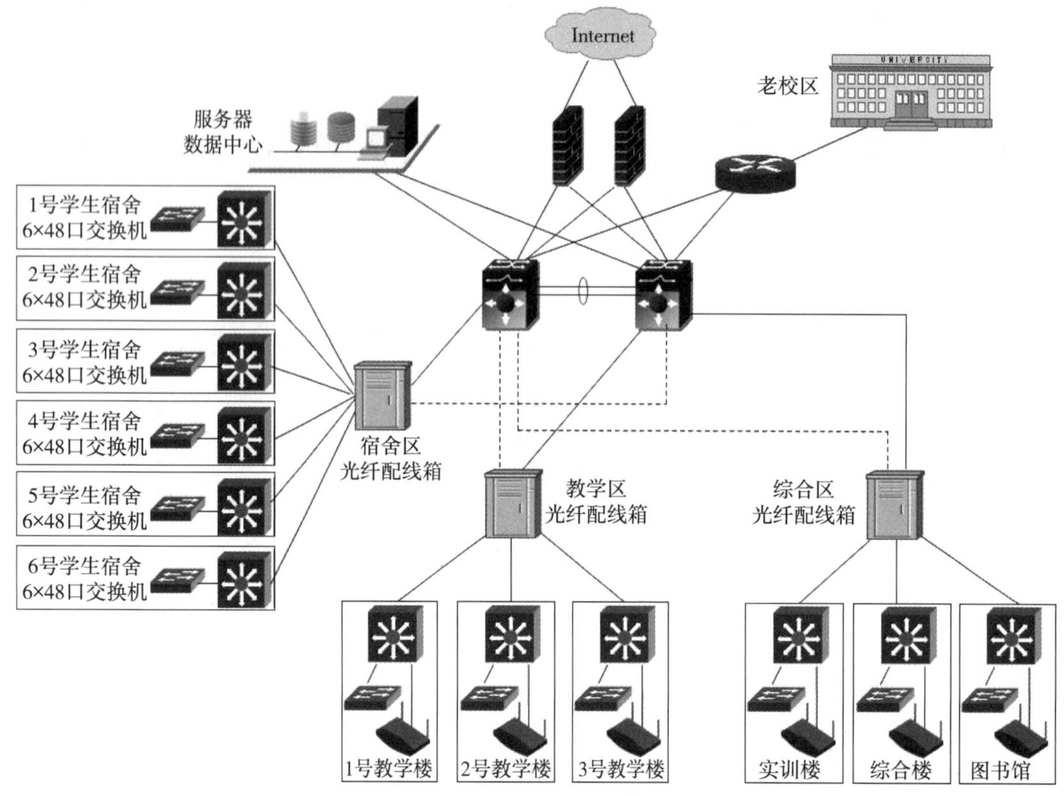

图 8.7　新校区校园网络系统拓扑结构

交换带宽设计为万兆,这些楼包括:1 ~3 号教学楼、实训楼、图书馆、1 ~6 号学生宿舍、综合楼,这些楼栋内用户量大,且使用频率相当高。因此,汇聚层交换机通过万兆单模光缆直接与 2 台核心交换机分别连接,构建高速、高带宽的园区骨干网络。

根据接入用户的设计规模,整个校园网中数据网络、监控网络、中控网络和无线网络的接入用户端口为 11 000 个左右,接入用户数量相当庞大。核心交换机处理能力是整个校园用户访问校园网资源的关键,而衡量交换机处理能力的主要指标是交换机的背板带宽和二三层包转发率。按照核心交换机接入骨干网络的节点分析,核心层交换机需要接入 11 台万兆汇聚层交换机和 6 台千兆汇聚交换机,同时还需要至少 5 台以上的中心机房服务器区域交换机(按照万兆接入设计)。按照规划地块分析,还应考虑 3 栋教室办公楼、4 ~5 号教学楼,以及至少 6 个千兆端口与广域网互联。因此,当前考虑 20 个万兆接口,12 个千兆接口,并考虑 50% 的冗余量,则核心交换机两个关键性指标最低性能应满足:

Ⅰ. 背板带宽。

背板带宽 = 端口数×相应端口速率×2(全双工模式)= [12(千兆接入)×1 000 Mb/s+20×10 000 Mb/s]×2×1.5 = 636 Gb/s。实际上,要达到线速交换还需要考虑到核心交换机的实际端口的支持能力和交换能力,同时考虑交换机自身的开销。因此,建议核心交换机背板容量应不小于 768 Gb/s。

Ⅱ.线速转发率。

二三层包转发率=万兆端口数量×14.88 Mpps 千兆端口数量×1.488 Mpps+百兆端口数量×0.1 488 Mpps+其余类型端口数×相应计算方法。而根据学校建设规模分析,由于目前仅仅看到的是可用的规划的端口数量,应考虑至少 50% 的冗余量作为未来的扩展。因此,核心交换机最低线速转发率不小于:(20×14.88 Mpps+20×1.488 Mpps)×1.5=491.04 Mpps,考虑到交换机自身的一些开销和学校一些特殊的应用,如数字广播、IPTV 等开销,其二三层包转发率建议不小于 700 Mpps。因此,本方案在核心层交换机的设计上建议应满足表 8.7 中的技术指标。

表 8.7　核心层交换机主要技术指标

整机交换容量	≥768 GB
IPv4 包转发率	≥700 Mpps
槽位数量	≥10
业务槽位数量	≥8
千兆端口	≥48,其中 24 个光口,24 个电口
万兆端口	≥20
冗余设计	电源、主控冗余

②汇聚层。

汇聚层是网络接入层和核心层的“中介”。汇聚层具有实施策略、安全,工作组接入,虚拟局域网(VLAN)之间的路由、源地址或目的地址过滤等多种功能。因此,在汇聚层部署三层汇聚层交换机,其目的是部署本楼栋内 VLAN 之间、不同网段之间、以及校园网骨干网络之间的三层交换策略,同时,为本楼栋计算机终端设备接入校园网提供高速交换接入平台。

与核心交换机计算方法一样,根据不同的用途其汇聚层交换机的性能要求也略有不同,具体如下:

Ⅰ.宿舍区汇聚层交换机关键性能指标。

学生宿舍汇聚层交换机,按照 2 个万兆上联口,下联接入层交换机 6 台(6 个千兆口)线速,并考虑 50% 的冗余,则宿舍区汇聚层交换机的两个关键性能指标至少满足:

- 包转发率:≥58 Mpps
- 交换容量:≥78 GB

Ⅱ.教学楼、综合楼及图书馆汇聚层交换机性能指标。

教学楼、综合楼及图书馆考虑万兆骨干、100/1 000 M 到桌面的设计方案,根据结构设计统计,汇聚交换机最多需要 15 个万兆口,并考虑部分千兆口,假定按照 12 个千兆口考虑,则教学楼、综合楼及图书馆汇聚层交换机的两个关键性能指标至少满足:

- 包转发率:≥362 Mpps
- 交换容量:≥486 GB

因此,基于上述的技术计算,每个楼栋内的汇聚层交换机建议配置指标应不低于表8.8中的技术指标。

表8.8 汇聚层交换机主要技术指标

线速二层交换	所有端口支持线速转发 交换容量≥78(宿舍区)/486(图书馆、教学楼、综合楼)Gbps 包转发率≥58 Mpps(宿舍区)/362 Mpps(图书馆、教学楼、综合楼)
固定端口	1.24 个 1 000 Base-X 千兆 SFP 端口+2 个万兆口单模(宿舍区) 2.13 个万兆多模+2 个万兆单模(图书馆、教学楼、综合楼)

③接入层。

接入层交换机是用户终端直接接入校园网络的边缘层,该层重点负责用户的直接接入、VLAN 隔离以及访问控制的策略的部署,根据宿舍区和校园办公的功能要求不同,整个园区接入层分为宿舍区接入层、教学办公接入层、数据中心服务器接入层三类。

Ⅰ.宿舍区接入层。

宿舍区采用100 M 到桌面、1 000 M 骨干的设计方案,接入层交换机直接与宿舍区本楼栋的汇聚交换机连接而接入校园网,而根据宿舍区综合布线的设计,在学生寝室内还需要设立接入交换系统。因此,学生宿舍区接入层分为两层:

a.寝室内部。8 口 100 M 二层桌面型交换机即可满足接入要求。

b.楼层接入。用于连接寝室内部 8 口交换机,该交换机满足交换容量不小于 12 GB,二层包转发率不小于 9 Mpps,固定端口为 48 口 100 M,1 个千兆光纤上联口,支持 VLAN、ACL、QoS 等基本二层功能,网管的二层交换机即可满足学生宿舍区计算机接入校园网络。

Ⅱ.教学、办公接入层。

教学、办公采用 1 000 M 到桌面、万兆骨干设计方案,因此,教学、办公接入层交换机配置万兆二层交换机,交换机固定端口为 48/24 口,配置 2 个万兆多模上联光口,各办公终端通过双绞线与接入层交换机连接,接入层交换机通过万兆上联口与汇聚层交换机连接,从而高速接入校园网。根据设计,教学办公接入层交换机应满足:

- 交换容量:≥136 GB/68 GB。
- 二层包转发率:≥101 Mpps。

Ⅲ.服务器接入。

校园网内的应用服务器群采用双千兆电口(服务器标准配置)分别与服务器区汇聚交换机连接,形成稳定、可靠、具有链路冗余和负载均衡和容错能力核心服务器群网络,并通过 VLAN 隔离技术,将不同类、安全级别不同的服务器逻辑隔离,保障服务器群的安全性、高效性,并且服务器接入层交换机与汇聚交换机之间采用双万兆端口与 2 台核心交换机直接连接，构成高性能的服务器区接入网络。服务器接入层交换机性能应满足：

- 交换容量：≥136 GB/68 GB。
- 二层包转发率：≥101 Mpps。

Ⅳ. 无线接入。

无线网络应满足随时随地接入。为了达到随时随地接入的目标，依赖的原则就是：对有线网络和无线网络进行有机融合。在适合无线网络的地方建设无线网络，将无线作为有线的补充。当然，两者可以有一定的冗余，甚至部分区域会全面采用无线网络进行线路备份。无线部署有胖 AP 和瘦 AP+无线交换机两种方式。

为便于管理和实现无间断漫游，无线网络接入采用瘦 AP+无线交换机的接入方式接入。

Ⅴ. 实训室网络设计。

实训室用于电子教学，主要部署学生计算机、教师机等计算机。这些计算机通过光纤或双绞线接入校园网，根据房间功能布局，整个教学区域共有 64 间实训教室，每个实训教室 58 个学生位。因此，实训室网络为校园网的单独的子网，其设计如下：

在每个实训室内部署 1 台 48 口和 1 台 24 口二层 100 M 交换机，其中 1 台交换机配置 1 个千兆电口和 1 个千兆光口，另 1 台交换机配置 1 个千兆电口，2 台交换机通过级联的方式连接，并统一通过千兆光口接入到校园网，实训室内部的计算机学生机和教师机则通过 100 M 端口与接入交换机。实训室网络结构如图 8.8 所示。

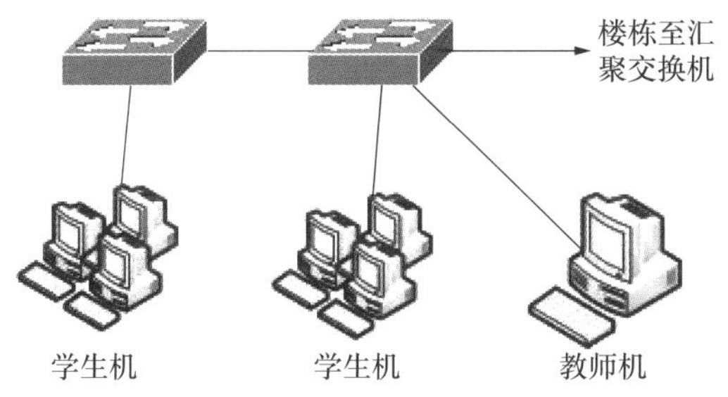

图 8.8　实训室网络结构图

(5) VLAN 划分

新校区校园网从物理位置和逻辑功能上可划分为教学网、办公网、学生网等。因为各网段内对具体资源及数据安全要求不尽相同，所以从内部网络的安全角度考虑，对不同类型的用户应该划分 VLAN（虚拟局域网），以便采用基于策略的访问控制。

此外，同一个 VLAN 中的用户数量也不易过多，否则对于网络的性能会带来负面影响。因此，图书馆、综合楼、学生宿舍等用户数量较多的楼宇，在设计 VLAN 时应将其同一楼内的用户划分为 2 个以上 VLAN。

将整个网络终端根据安全及流量均衡原则划分为多个子网，以降低广播包对整个网络带宽的消耗，提高了网络的运行效率。本案例具体的 VLAN 划分参考方案见表 8.9。

表8.9　VLAN 划分方案

楼宇	信息点数	预计容纳用户数	划分 VLAN 数	VLAN 编号
1 号教学楼	230	1 000	1	20
2 号教学楼	230	1 000	1	24
3 号教学楼	220	1 000	1	28
实训楼	220	1 000	1	32
图书馆	213	2 000	2	36
				40
综合楼	446	2 000	2	44
				48
1 号学生宿舍	1 048	1 600	2	52
				56
2 号学生宿舍	1 048	1 600		60
				64
3 号学生宿舍	1 048	1 600	2	68
				72
4 号学生宿舍	1 048	1 600	2	76
				80
5 号学生宿舍	1 048	1 600	2	84
				88
6 号学生宿舍	1 048	1 600	2	92
				96

(6)IP 地址规划

①新校区地址分配原则。

考虑到学校的学生宿舍的固定性,为保证对于上网学生的可查询性,考虑到使用私有地址不存在短缺,且分配管理比较自由等因素,新校区的 IP 地址采用 172.16.0.0/16 网络地址空间进行统一规划。有效地利用地址空间,满足网络的可扩展性和灵活性,满足路由协议方便路由聚类,减少路由器中路由表的长度,从而减少对路由器 CPU、内存的消耗,提高路由算法的效率,加快路由变化的收敛速度的要求,同时还要考虑到网络地址的可管理性。

IP 地址规划时遵循以下原则:

a. 唯一性:一个 IP 网络中不能有两个主机采用相同的 IP 地址。

b. 简单性:地址分配应简单易于管理,降低网络扩展的复杂性,简化路由表项。

c. 连续性:连续地址在层次结构网络中易于进行路径叠合,大大缩减路由表,提高路由算法的效率。

d. 可扩展性：地址分配在每一层次上都要留有余量，在网络规模扩展时能保证地址叠合所需的连续性。

e. 灵活性：地址分配应具有灵活性，以满足多种路由策略的优化，充分利用地址空间。

主流的 IP 地址规划方案分为纯公网地址、纯私网地址和混合网络地址 3 种。

当校园网以私网地址分配或采用混合网络地址接入时，要求校园网提供地址变换功能，过滤掉私网地址。

②IP 地址规划方案。

校园网的 IP 地址使用 172.16.0.0/16 这一地址空间，理论上可容纳的总用户数量为 65 000 个以上，完全可以满足该校园网的用户需求。在进行子网地址划分时要遵循以下原则：

a. 子网的划分。按照一个 VLAN 对应一个 IP 子网的原则，结合上述 VLAN 划分方案，将校园网络 IP 地址进行统一规划。

b. 子网的大小。为了方便地址的规划设计及运维管理，考虑将 172.16.0.0/16 这一地址空间划分为相同大小的子网。由于每个子网的用户数量大小不一，但均不超过 1 000 个，因此每个子网可使用掩码为 255.255.252.0 的地址空间，这样的空间可使用地址数量为 1 022 个。

根据以上分析，本案例具体的 IP 地址规划方案见表 8.10。

表 8.10　IP 地址规划方案

楼宇	VLAN 编号	网络地址	实际可用 IP 数量
1 号教学楼	20	172.16.20.0/20	1 022
2 号教学楼	24	172.16.24.0/20	1 022
3 号教学楼	28	172.16.28.0/20	1 022
实训楼	32	172.16.32.0/20	1 022
图书馆	36	172.16.36.0/20	1 022
	40	172.16.40.0/20	1 022
综合楼	44	172.16.44.0/20	1 022
	48	172.16.48.0/20	1 022
1 号学生宿舍	52	172.16.52.0/20	1 022
	56	172.16.56.0/20	1 022
2 号学生宿舍	60	172.16.60.0/20	1 022
	64	172.16.64.0/20	1 022
3 号学生宿舍	68	172.16.68.0/20	1 022
	72	172.16.72.0/20	1 022
4 号学生宿舍	76	172.16.76.0/20	1 022
	80	172.16.80.0/20	1 022

续表

楼宇	VLAN 编号	网络地址	实际可用 IP 数量
5 号学生宿舍	84	172.16.84.0/20	1 022
	88	172.16.88.0/20	1 022
6 号学生宿舍	92	172.16.92.0/20	1 022
	96	172.16.96.0/20	1 022

(7)IPv6 技术应用

①过渡阶段。

IPv4 到 IPv6 的过渡是从网络边缘向核心演进,IPv4 和 IPv6 会在较长时间内共存。

Ⅰ.起始:所有网络基于 IPv4,Internet 上都是纯 IPv4 设备,使用 NAT 缓解 IPv4 地址紧张。

Ⅱ.初级阶段:引入 IPv6 Intranet,提供 IPv6 接入等服务。IPv4 网络中出现若干 IPv6 孤岛,不同的 IPv6 孤岛使用自动或人工配置的隧道通过 IPv4 网络连接起来"IPv6-in-IPv4"。

Ⅲ.共存阶段:IPv6 得到较大规模的应用,出现了骨干的 IPv6 Internet 网络,在 IPv6 平台上引入了大量的业务。IPv6 业务可以通过 IPv6 Internet 网络与 IPv6 Intranet 网络,从而可以充分利用 IPv6 的诸多优势,如 QoS 保证。但由于 IPv6 网络之间可能不是相互连通的,因此还会使用隧道。在 IPv6 平台上实现丰富的业务加快了 IPv6 的实施。即便如此,仍将有大量的传统 IPv4 业务存在,许多节点也仍然是双栈节点。

Ⅳ.主导阶段:IPv6 占据主导地位,具备全球范围内的连通性,所有的业务都运行在 IPv6 平台上。网络结构得以简化,维护也更加容易。

总之,在从 IPv4 升级到 IPv6 的过程中,一定要注意从 IPv4 过渡到 IPv6 的过渡策略,考虑产品和方案平滑升级到 IPv6 的能力,保护投资。

②过渡策略。

由于 IPv6 刚刚起步,很多标准还不完善,很多技术还没有经过大范围、大流量的考验。IPv6 技术现在正处于完善的阶段。因此,在建设 IPv6 网络初期,应当选择具有升级能力的网络设备,比如以 NP 或 ASIC 为处理器实现的 IPv6 技术等。

此外,还应当考虑与现有 IPv4 网络的互通性。由于 IPv4 网络资源丰富,上面有很多业务,因此要考虑怎样在 IPv6 网络上访问 IPv4 网络的资源。

尽量避免选用有私有协议、专利技术的厂家设备。这些厂家的设备不能很好的和其他厂家的设备互通。为以后升级、扩容造成很大麻烦。

③过渡方案。

利用支持双栈技术的多业务万兆核心路由交换机作为骨干校园网 IPv4/IPv6 过渡设备。实现同时与 IPv6 网和 IPv4 网的互通。此方案同时支持 IPv6/IPv4 两种业务流,不影响目前学校主要的 IPv4 业务,满足学校在 IPv6 应用时的过渡网络环境。

采用支持双栈技术的多业务万兆核心路由交换机等主要设备都支持 IPv6 技术,实现同时与 IPv6 网和 IPv4 网的互通，保证将来从 IPv4 平滑升级到 IPv6。

(8)网络设备概览

新校区计算机网络系统网络设备概览见表 8.11。

表 8.11　新校区计算机网络系统网络设备概览

序号	名称	最低配置要求	数量
一、核心层			
1	核心层交换机	万兆路由交换机，双电源、双引擎，支持 IPv4、IPv6，8 个以上业务插槽，20 个万兆端口(单模)，24 个千兆单模光口，48 个千兆电口，交换容量≥768 GB，二三层包转发率≥700 Mpps	2 台
二、汇聚层			
2	综合楼、图书馆、实训楼汇聚交换机	万兆路由交换机，双电源、双引擎，支持 IPv4、IPv6，6 个以上业务插槽，15 个万兆端口(其中 2 单模)，24 个千兆电口，交换容量≥468 GB，二三层包转发率≥362 Mpps	3 台
3	1～3 号教学楼	万兆路由交换机，双电源、双引擎，支持 IPv4、IPv6，6 个以上业务插槽，8 个万兆端口(单模)，24 个千兆电口，交换容量≥468 GB，二三层包转发率≥362 Mpps	3 台
4	1～6 号学生宿舍	三层千兆交换机，6 个千兆光口(多模)、2 个万兆单模光口，12 个千兆电口，包转发率：≥58 Mpps，交换容量：≥78 GB	6 台
5	数据中心机房	万兆路由交换机，双电源、双引擎，支持 IPv4、IPv6，6 个以上业务插槽，12 个万兆端口(多模)，96 个千兆电口，交换容量≥468 GB，二三层包转发率≥362 Mpps	2 台
三、接入层			
6	综合楼	48 个 1 000 M 电口，2 个万兆光口(多模)	8 台
		24 个 1 000 M 电口，2 个万兆光口(多模)	5 台
7	图书馆	48 个 1 000 M 电口，2 个万兆光口(多模)	3 台
		24 个 1 000 M 电口，2 个万兆光口(多模)	5 台
8	1～3 号教学楼、实训楼	48 个 1 000 M 电口，2 个万兆光口(多模)	8 台
9	实训教室	48 个 100 M 电口，2 个千兆光口(多模)	64 台
		24 个 100 M 电口，2 个千兆光口(多模)	64 台
10	学生宿舍楼层接入	48 个 100 M 电口，2 个千兆光口(多模)	36 台
11	学生宿舍内部	8 个 100 M 电口	1 053 台
四、接入路由器			
12	互联网接入	千兆路由器，4 个千兆电口，2 个千兆光口，双电源、双引擎	2 台

续表

序号	名称	最低配置要求	数量
13	新老校区互联	千兆路由器,4个千兆电口,2个千兆光口,双电源、双引擎	1台
五、网络安全			
14	防火墙	千兆防火墙,不少于6个千兆电口,并发连接数不小于200万	2台

思考题

1. 简述网络规划的意义。
2. 简述网络规划的步骤。
3. 结合实际简述如何进行用户需求分析。
4. 网络组建的原则有哪些?
5. 设备选型时应考虑哪些因素?

附录1 网络管理与维护

1.1 网络管理概述

网络管理是通过规划、监视、分析、扩充和控制网络来保证网络服务的有效实现,是网络可靠、安全、高效运行的保障。网络管理的目标是最大限度地增加网络的可用时间,提高网络设备的利用率、网络性能、服务质量和安全性,简化多厂商混合网络环境下的管理和控制网络运行成本,提供网络的长期规划。现代网络管理集中了通信技术和信息处理技术发展的各方面成果,它们在网络的不同管理功能中发挥重要作用,共同实现网络的管理任务。

1.1.1 网络管理技术

网络管理的标准是ISO组织设计的公共管理信息服务(Common Management Information Service, CMIS)和公共管理信息协议(Common Management Information Protocol, CMIP)。主要应用于开放系统互连(Open System Interconnection, OSI)七层协议的传输环境。后来,互连网工程工作组(Internet Engineering Task Force, IETF)在原有的简单网关监控协议(Simple Gateway Monitoring Protocol, SGMP)基础上作了修改,形成了现在的简单网络管理协议(Simple Network Management Protocol, SNMP)。

CMIP和SNMP都采用了面向对象的技术,但SNMP只有数值属性;而CMIP不仅有数值,而且有行为,是一种真正的面向对象的技术。相对SNMP而言,CMIP的缺陷主要是:它的实现需要大量资源,因此CMIP不能广泛应用。

SNMP特点是简单性、可伸缩性、扩展性、健壮性(Robust)。SNMP是基于TCP/IP设计的,但现在多数的数据通信产品都支持SNMP。著名的网络管理系统,如HP Openview、IBM NetView、Cabletron Spectrum、Microsoft Systems Management Suits(SMS)和Novell's ManageWise都是基于SNMP标准设计的。

网络管理技术的发展趋势是使用远程网络监控(Remote MONitoring, RMON)。RMON的目标是扩展SNMP的管理信息库(Management Information Base, MIB-II)。它描述了一种主动式(或称预防式)的网络管理机理。目前,新的网管体系和标准有对象管理组织OMG

体系、基于 Web 的网管体系、分布式网络管理技术等。

目前,NMS(网络管理系统)有很多,根据面向的对象和管理性能可分为三类:

第一类是简单系统。这些系统是针对具体问题的针对性解决方案,包括一些较为简单的产品,如 pcAnywhere,或也可能是一些管理用户或特定资产的系统,如 Oracle 数据库。就单个系统来说,它们都很有价值,完全可以解决具体问题,且成本不高。

第二类是 LAN 管理系统。这些系统提供范围较广的功能性,它包括网络管理系统和系统管理系统。这类管理系统的产品包括 HP OpenView、Novell ManageWise 和 SMS(Microsoft Systems Management Suits)。在小型网络的管理方面,HP OpenView 在集成性、可扩展性、问题管理和自动检测上得到用户的首肯。

第三类是企业管理系统,这类系统的典型代表是 IBM NetView 和 Cabletron Spectrum。这些管理系统能在统一管理平台上实现包括企业应用管理在内的网络、操作系统、数据库等多方面的管理。

1.1.2 网络管理的重要性

一个没有网络管理和网络控制的网络将是低效的网络,该网络也不能被称为智能的,网络的故障诊断,运行状态,收费等都很难高效实现。随着网络设备逐渐增多,网络技术日趋复杂,网络管理的重要性越来越明显,网络的复杂程度导致系统运行的不确定因素增加,可靠性降低,网速变慢,“当”机时间变长且带来的损失越来越大,而往往由于平时对网管的疏忽,缺乏专业的网络管理人员和综合的网络管理方案,才在发生问题时意识到网管的重要。作为一套完善、可靠性极高的网络系统,网络管理是网络设计必不可少的考虑因素之一,从设备本身操作系统所具备的一些网管功能到简单的网络管理工具,甚至功能强大的大型管理系统,用户都可以根据自身实际的网络应用和资金安排,循序渐进,逐步实现全面网络管理功能。

1.1.3 网络管理的内容

1)网络配置管理

配置网络设备的各种参数,反映网络的性能。

2)网络性能管理

性能管理主要是收集和统计数据(如网络的吞吐量、用户的响应时间和线路的利用率等),以便评价网络资源的运行状况和通信效率等系统性能,分析各系统之间的通信操作的趋势,或者平衡系统之间的负载。

3）网络故障管理

网络故障管理是指网络异常情况的探测、隔离和纠正，包括检测故障与判断、隔离故障，并通过网络设备本身具有的故障检测、诊断和恢复措施予以解决，并记录故障的监测及其结果。

4）网络安全管理

安全管理是指按照本地的指导来控制对网络资源的访问，以保证网络不被侵害（有意识的或无意识的），并保证重要信息不被未授权的用户访问。网络安全管理主要包括授权管理、访问控制管理和密匙管理。

5）网络记账管理

记账管理也称计费管理，是对网络资源的使用采取收费记账的管理方法。包括网络用户管理、费率设置、用户带宽控制等。

1.2 网络管理工具及应用

1.2.1 网络性能的调整及优化

网络性能的优化包括服务器的优化、网络物理链路的优化和网络设备软件配置的优化。

1）服务器的建设及优化

（1）服务器硬盘类型选择

影响局域网网络访问速度的因素除网络中的某些设备如网卡、交换机等外，对网速产生影响的还有服务器硬盘的选择，正确合理地采用服务器硬盘，将对整个局域网中的网络性能有很大的改善。通常，服务器中的硬盘应结合实际业务需求和经费预算选择合适的种类的硬盘和硬盘的数量，提升整机的存储扩展性能和I/O吞吐能力。

目前服务器硬盘根据采用的接口主要分为以下几类：

①SATA接口（Serial ATA）：串行ATA接口。它目前有SATA 1.0/2.0/3.0三种标准，传输带宽逐渐增大，其中目前SATA 3.0（串行ATA规格第三版）可达到6 Gbps。如附图1所示。

附图1　SATA接口

②SCSI 接口(Small Computer System Interface):小型计算机系统接口。它是由一种SCSI 控制器芯片集中控制,在数据存储上代替 CPU 处理大部分工作,具有数据吞吐量大,CPU 占用率低的特点。如附图 2 所示。

附图 2　SCSI 接口

③SAS 接口(Serial Attached SCSI):串行 SCSI 接口。它是 SCSI 接口的技术升级,结合了 SATA 与 SCSI 接口的优势,传输和扩展性能得到提高,具有更好的兼容性。如附图 3 所示。

附图 3　SAS 接口

④光纤通道(Fibre Channel)是一个连接计算机和共享外围设备的接口。它通常的运行速率有 2 Gbps、4 Gbps、8 Gbps 和 16 Gbps,其控制协议(Fibre Channel Protocol, FCP)是一种类似于 TCP 的传输协议,用于在光纤通道上传输 SCSI 命令,具有高速带宽、传输距离远和连接设备数量大的特点。

目前,为了解决 I/O 瓶颈,在服务器上也配置了固态硬盘,具有代替传统机械硬盘的趋势,但由于服务器固态硬盘大多较为昂贵,主要在读写数据量较大的服务器(如数据库服务器)上安装部署。

(2)磁盘阵列

磁盘阵列(Redundant Arrays of Independent Drives, RAID)技术是利用多块物理磁盘组成一个磁盘组,将一个数据文件分割成多个小块分别存放在各个磁盘上,各个磁盘可以同时读写工作,这将大大提升 I/O 速率,同时也提高存储容量,采用冗余技术,也保障了数据安全。

磁盘阵列主要有三种实现方式:外接磁盘阵列柜、内接磁盘阵列卡和软件仿真。一般来讲,磁盘阵列柜较为昂贵,但可连接多台服务器,同一个柜上可存储多个来源数据,互不干扰,磁盘阵列卡相对低廉,供本台服务器存储使用。

RAID 是采用存储容量换取存储安全的一种冗余技术,即采用额外存储容量和冗余算法来保障实现数据安全,硬盘在一定损坏量下,及时更换硬盘数据就不会丢失。按照冗余度的不同,常见的 RAID 级别有:RAID0、RAID1、RAID5、RAID6、RAID10。对于一般服务器,可采用存储性能、数据安全和存储成本兼顾的 RAID5,其业务数据和校验数据存放如附图 4 所示。

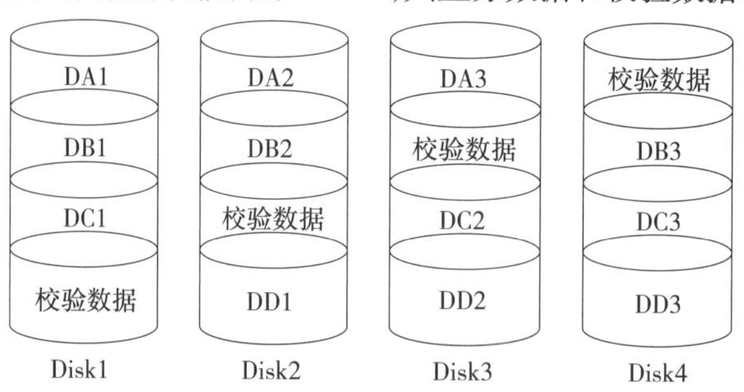

附图 4　RAID5 的业务数据和校验数据有效

其他 RAID 级别存储及冗余保护数据原理基本相同,读者可自行阅读相关资料进行对比选择适合自己的冗余级别,它们的主要区别在于允许可损坏硬盘数量不同。

温馨提示

服务器硬盘是承载重要的业务数据和操作系统的元件,一旦发生硬盘损坏,应立即更换新硬盘且同步数据,虽有 RAID 保护,不会对业务产生中断,但损坏硬盘数量超过 RAID 允许损坏硬盘数量,将造成数据丢失,带来不可挽回的经济损失。

(3)服务器网卡的选择及优化

网络适配器或网络接口卡(Network Interface Card, NIC),简称网卡,用于服务器与网络设备相连接。服务器网卡较普通 PC 网卡具有更高的吞吐率和稳定性,自带控制芯片,减少 CPU 干预,一般可分为电口网卡和光口网卡,目前大多数服务器都是使用千兆或万兆网卡。

电口网卡和光口网卡主要区别在于使用的传输介质:电口网卡使用双绞铜线缆,长度不能超过 100 米;光口网卡使用光纤线缆,根据光纤多模和单模的不同,传输距离可达数千米。在传输速率上两种类型的网卡区别不大。如附图 5、附图 6 所示。

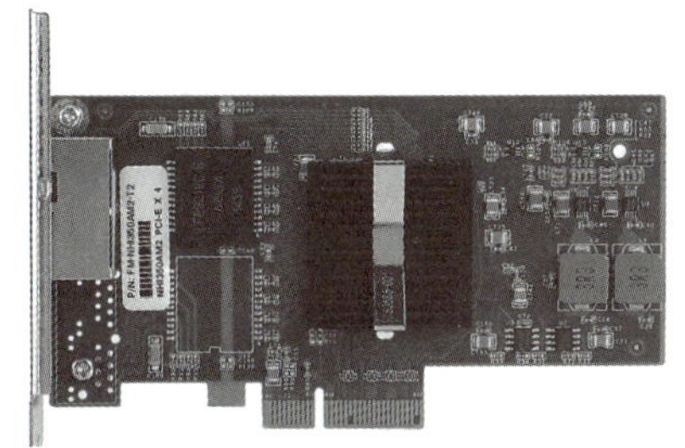

附图 5　电口网卡

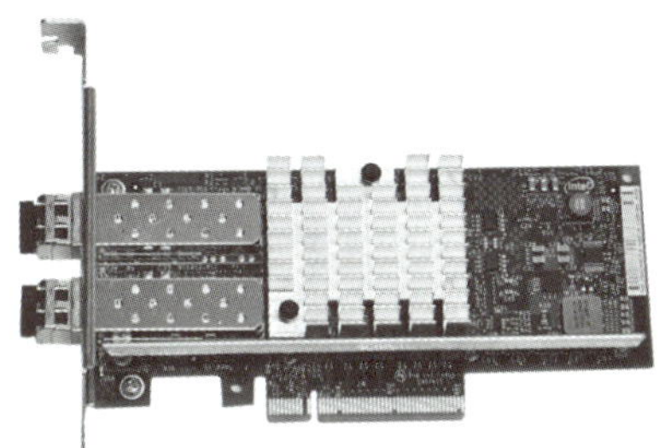

附图 6　光口网卡

服务器网卡按速率有 100 M、1 000 M、10 G、25 G、40 G 以及 100 G 之分,目前市面上以 Intel 芯片网卡居多。一般来讲,在服务器主板上都板载千兆电口网卡,无须另外购买,基本能满足普通服务器需求。

在配置网卡时,为了提高传输性能,减少 CPU 参与工作,一般将启用大型发送分载,如附图 7 所示。

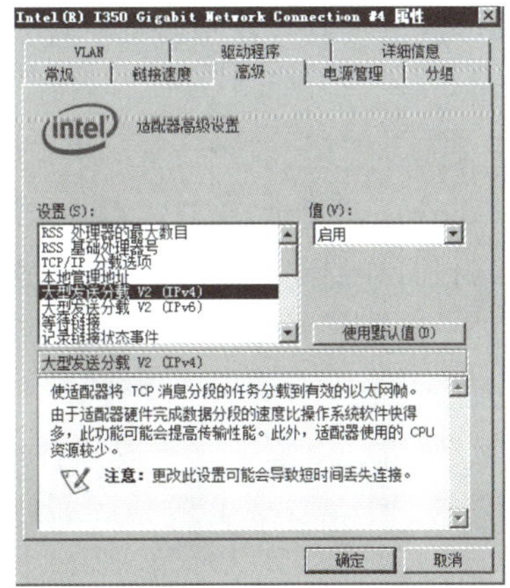

附图 7　网卡属性

(4)服务器电源配备

服务器电源一般分为ATX电源和SSI电源两种,前者适合低端服务器,后者适合中高端服务器。在功率上常见有300 W、400 W、750 W、800 W、950 W、1 000 W及1 200 W不等,一般按照机器的最大配置来配备电源。因连续工作和风扇作用,很容易集结灰尘,不利散热,容易导致电源故障,可配备双电源冗余防止电源损坏而停机。

2)网络物理链路的建设及优化

(1)光纤部分

①光纤的种类选择:支持多种传播路径或横向模式的光纤被称为多模光纤(MMF),而支持单一模式的被称为单模光纤(SMF)。

如附图8所示,单模光纤和多模光纤依据的是光在其内部的传播方式,光在单模光纤中仅允许一种模式传输,沿着直线进行传播无反射,色散小,工作在波长1 310 nm和1 550 nm,传输可达到几十千米,适用于传输距离远的情境。而多模光纤则允许上百个模式传输,可以承载多路光信号的传送,色散大,工作在波长850 nm,传输距离一般为几百米至两千米之内,适用于传输距离较近的情境。

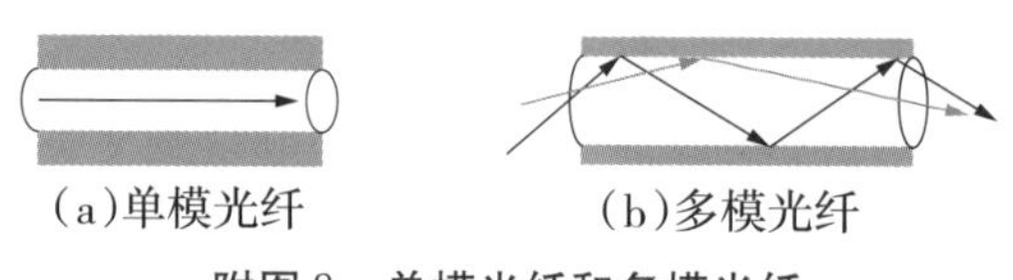

(a)单模光纤 (b)多模光纤

附图8 单模光纤和多模光纤

②光纤的外观辨别:黄色的光纤线一般是单模光纤,橘红色或者灰色的光纤线一般是多模光纤。两者在缆芯的区别在于,多模光纤的纤芯直径大一般为50 μm/62.5 μm,而单模光纤纤芯直径小一般为9 μm。

③光纤的损耗衰减:光纤衰减常数的标准为:在1 310 nm波长上,衰减平均值应小于等于0.36 db/km,衰减最大值应小于等于0.4 db/km;在1 550 nm波长上,衰减平均值应小于等于0.22 db/km,衰减最大值应小于等于0.25 db/km;光纤接续时,其双向平均接头损耗不得大于0.08 db。网络主干是以光纤作为传输介质,质量好的光纤可以减少信号衰减,在新建局域网时应尽量布设整纤,减少熔接点和跳接点,保障衰减在合理范围内。

(2)双绞线部分

①双绞线的种类选择:根据有无屏蔽层,双绞线分为屏蔽双绞线(Shielded Twisted Pair, STP)与非屏蔽双绞线(Unshielded Twisted Pair, UTP)。屏蔽双绞线可以较好地防止外部电磁干扰,按照性价比,在实际网络设计中,除非有特殊需要,通常在综合布线系统中只采用非屏蔽双绞线;按照频率和信噪比,常见的有三类线、五类线(CAT5)、超五类线(CAT5E)和六类线(CAT6),目前在网络桌面接入布线多采用六类线。

②双绞线的品牌选择:由于双绞线是由铜导线制成,制作成本较高,在选购线缆时应当选择信誉好、质量好的品牌,如康普、罗格朗-TCL等。同时要严格按照标准制作接头和布线,以减少信号串扰。

(3)拓扑结构部分

①拓扑选型:根据网络建设需求,选择合适的网络拓扑结构:星型或树型等,一般局域网建设采用树型较多。

②结构优化:尽量简化整个网络的拓扑结构,能够布设成二层的,不要布设成三层,以减少不必要的数据传输层次和潜在的故障点,如目前比较流行的大二层结构。

(4)交换设备部分

①设备选型:交换设备从接入层、汇聚层到核心层,每一个设备都需要稳定高速地胜任工作,在设备选型时,要根据接入点数量,按线速计算好各个设备需要的背板带宽和交换容量,在预留好一定冗余情况下,做好设备选型。

②设备配置:在设备选型后,交换机、路由器等的配置应简洁明了,划分 VLAN 的个数要适当,合理配置和启禁用相关功能满足各自业务需求,尽力发挥每个设备性能,相互协调工作,从而提升整体数据传输速率。

③冗余备份:网络属于基础工程,在建设经费预算允许情况下,网络设备和线路要做好一定冗余备份,在网络故障时,能自动恢复或较快修复网络,保障业务正常流转。

(5)严格执行接地要求

由于在局域网中,传输的都是一些弱信号,如果操作稍有不当或者没有按照网络设备的具体操作要求来办的话,就可能在联网中出现干扰信息,严重的能导致整个网络不通;特别是一些网络转接设备,由于涉及到远程线路,它对接地的要求非常严格,否则该网络设备将达不到规定的连接速率,从而在联网的过程中产生各种莫名其妙的故障现象,难以及时修复。

1.2.2　网络命令的功能及应用

在 Windows Server 2012 中,常用命令检查网络。按 Win+R,输入“cmd”,则进入命令行方式。如果不知道命令的语法,可在命令之后输入“/?”即可得到帮助。

1)Ipconfig **命令**

该诊断命令显示所有当前的 TCP/IP 网络配置值,简单地说,就是检查网络接口配置。该命令在运行动态主机配置协议(Dynamic Host Configuration Protocol, DHCP)系统上的特殊用途,允许用户决定 DHCP 配置的 TCP/IP 配置值。

(1)命令格式

ipconfig [/all|/renew [adapter]|/release [adapter]|/flushdns|/displaydns|/registerdns|/showclassid|/setclassid|/batch]

(2)参数

/all:产生完整显示,如附图 9 所示。在没有该开关的情况下,ipconfig 只显示 IP 地址、子网掩码和每个网卡的默认网关值,如附图 10 所示。

```
管理员: C:\Windows\system32\cmd.exe
Microsoft Windows [版本 6.1.7600]
版权所有 (c) 2009 Microsoft Corporation。保留所有权利。

C:\Users\Administrator>ipconfig/all

Windows IP 配置

   主机名 . . . . . . . . . . . . . : WIN-SDBOKRQ8PLP
   主 DNS 后缀 . . . . . . . . . . . :
   节点类型 . . . . . . . . . . . . : 广播
   IP 路由已启用 . . . . . . . . . . : 否
   WINS 代理已启用 . . . . . . . . . : 否

以太网适配器 本地连接:

   连接特定的 DNS 后缀 . . . . . . . :
   描述. . . . . . . . . . . . . . . : Realtek PCIe GBE Family Contr
   物理地址. . . . . . . . . . . . . : 00-23-24-48-7C-DC
   DHCP 已启用 . . . . . . . . . . . : 否
   自动配置已启用. . . . . . . . . . : 是
   IPv4 地址 . . . . . . . . . . . . : 172.16.30.116(首选)
   子网掩码 . . . . . . . . . . . . : 255.255.255.0
   默认网关. . . . . . . . . . . . . : 172.16.30.254
   DNS 服务器 . . . . . . . . . . . : 221.7.128.68
                                       114.114.114.114
   TCPIP 上的 NetBIOS . . . . . . . : 已启用
```

附图9　Ipconfig/all 命令

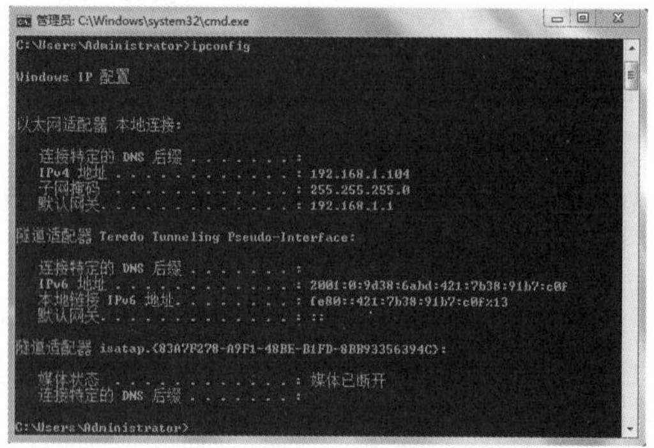

附图10　Ipconfig 命令

/renew [adapter]:更新 DHCP 配置参数。该选项只在运行 DHCP 客户端服务的系统上可用。要指定适配器名称,请键入使用不带参数的 ipconfig 命令显示的适配器名称。

/release [adapter]:发布当前的 DHCP 配置。该选项禁用本地系统上的 TCP/IP,并只在 DHCP 客户端上可用。要指定适配器名称,请键入使用不带参数的 ipconfig 命令显示的适配器名称。

/flushdns:清除本地 DNS 缓存内容。这个命令是用来清空内存中的 DNS 列表。如果 DNS 有问题的话可以用这个命令进行清空。

/displaydns:显示本地 DNS 内容。

/registerdns: DNS 客户端手工向服务器进行注册。用了/flushdns 命令以后都需要使用这个命令,不然就无法浏览网站等需要 DNS 解析的网络连接。

/showclassid:显示网络适配器的 DHCP 类别信息。

/setclassid:设置网络适配器的 DHCP 类别。

/batch 文件名:将 Ipconfig 所显示信息以文本方式写入指定文件。此参数可用来备份本机的网络配置。

如果没有参数,那么 ipconfig 实用程序将向用户提供所有当前的 TCP/IP 配置值,包括 IP 地址和子网掩码。该使用程序在运行 DHCP 的系统上特别有用,允许用户决定由 DHCP 配置的值。

2) **Ping 命令**

测试连接。该命令只有在安装了 TCP/IP 协议后才可以使用。

(1)命令格式

ping [-t][-a][-n count][-l length][-f][-i ttl][-v tos][-r count][-s count][[-j computer-list]|[-k computer-list]][-w timeout] destination-list

(2)参数

-t:测试与指定计算机的连接,直到中断。

没有“-t”参数时,一般返回 4 个应答。如:本地 IP 为 192.168.1.104,用 ping 命令连接本地 IP,即 ping 192.168.1.104。若网卡安装与配置正确,返回 4 个应答,如附图 11 所示;否则,表示本地配置或安装存在问题。

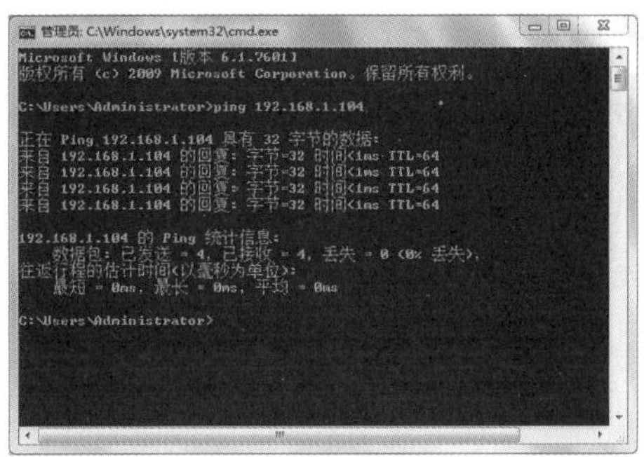

附图 11　ping 本地 IP(不带-t 参数)

当加了"-t"参数后,计算机始终对该 ping 命令作出应答,直到人工按 Ctrl+C 中断。如附图 12 所示。

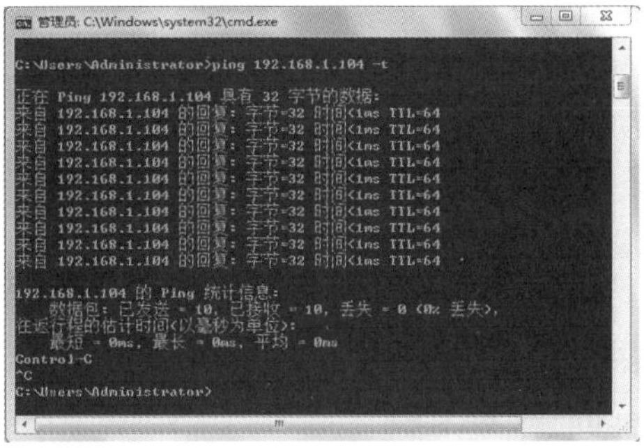

附图 12　ping 本地 IP(带-t 参数)

-a:将地址解析为计算机名。返回的信息与附图 11 相同。

-n count:发送 count 指定的 ECHO 数据包数。默认值为 4。附图 13 为指定数据包数为 2 时的"ping"命令。

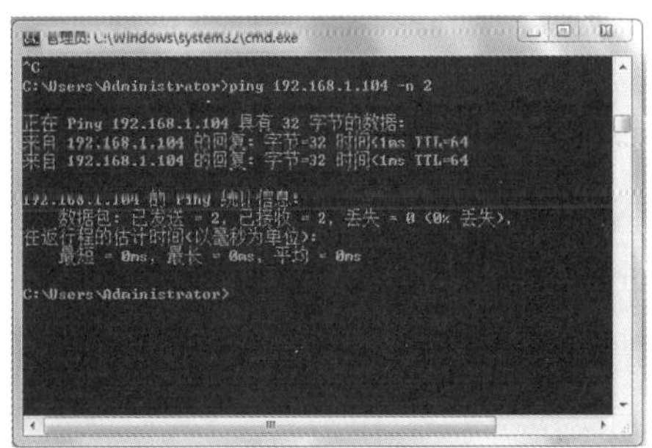

附图 13　ping 指定发送数据包数

-l size:发送包含由 size 指定的数据量的 ECHO 数据包。默认为 32 字节,最大值是 65,527。附图 14 中显示指定数据包长度为 2 000 字节时的"ping"命令信息。

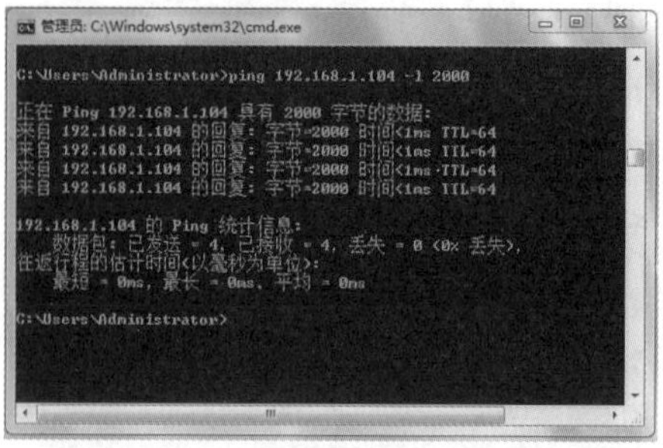

附图14　指定“ping”命令中的数据长度为2 000字节

-f:在数据包中发送“不要分段”标志。数据包就不会被路由上的网关分段。

-i ttl:将“生存时间”字段设置为ttl指定的值。

-v tos:将“服务类型”字段设置为tos指定的值。

-r count:在“记录路由”字段中记录传出和返回数据包的路由。count可以指定最少1台,最多9台计算机。

-s count:指定count指定的跃点数的时间戳。

-j computer-list:利用computer-list指定的计算机列表路由数据包。连续计算机可以被中间网关分隔(路由稀疏源)IP允许的最大数量为9。

-k computer-list:利用computer-list指定的计算机列表路由数据包。连续计算机不能被中间网关分隔(路由严格源)IP允许的最大数量为9。

-w timeout:指定超时间隔,单位为毫秒。

destination-list:指定要ping的远程计算机。

3)Arp命令

地址解析协议(Address Resolution Protocol, ARP),显示和修改ARP所使用的到以太网的IP或令牌环物理地址翻译表。该命令只有在安装了TCP/IP协议之后才可用。该命令可以确定对应IP地址的网卡物理地址,查看本地计算机或另一台计算机的ARP高速缓存中的当前内容。

(1)命令格式

arp -a [inet_addr][-N [if_addr]]

arp -d inet_addr [if_addr]

arp -s inet_addr ether_addr [if_addr]

(2)参数

-a:格式通过询问TCP/IP显示当前ARP项。如果指定了inet_addr,则只显示指定计算机的IP和物理地址,如附图15所示。

如果有多个网卡,那么使用arp -a加上接口的IP地址即arp -a IP,就可以只显示与该接口相关的ARP缓存项目。

-g与-a相同。

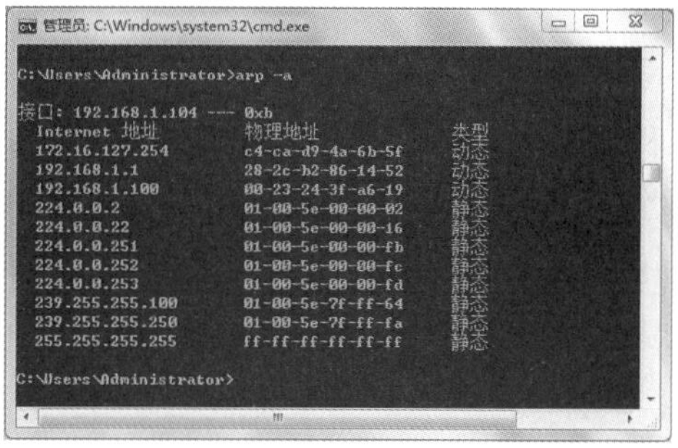

```
C:\Users\Administrator>arp -a

接口: 192.168.1.104 --- 0xb
  Internet 地址         物理地址              类型
  172.16.127.254        c4-ca-d9-4a-6b-5f     动态
  192.168.1.1           28-2c-b2-86-14-52     动态
  192.168.1.100         00-23-24-3f-a6-19     动态
  224.0.0.2             01-00-5e-00-00-02     静态
  224.0.0.22            01-00-5e-00-00-16     静态
  224.0.0.251           01-00-5e-00-00-fb     静态
  224.0.0.252           01-00-5e-00-00-fc     静态
  224.0.0.253           01-00-5e-00-00-fd     静态
  239.255.255.100       01-00-5e-7f-ff-64     静态
  239.255.255.250       01-00-5e-7f-ff-fa     静态
  255.255.255.255       ff-ff-ff-ff-ff-ff     静态

C:\Users\Administrator>
```

附图 15　arp -a 命令

inet_addr:以加点的十进制标记指定 IP 地址。

-N:显示由 if_addr 指定的网络界面 ARP 项。

if_addr:指定需要修改其地址转换表接口的 IP 地址(如果有的话)。如果不存在,将使用第一个可适用的接口。

ether_addr:指定物理地址。

-d:删除由 inet_addr 指定的项,如附图 16 所示。

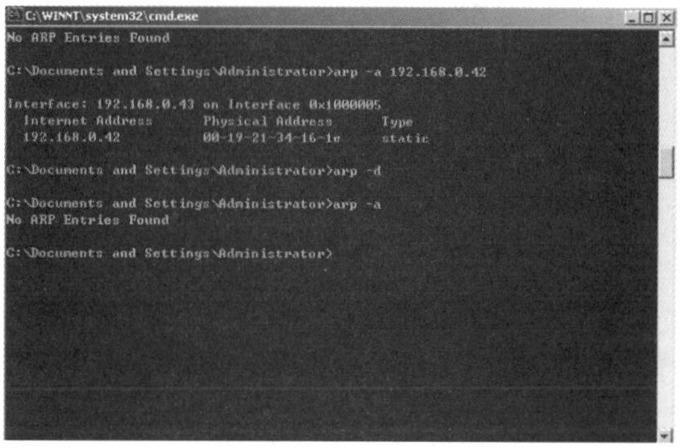

```
No ARP Entries Found

C:\Documents and Settings\Administrator>arp -a 192.168.0.42

Interface: 192.168.0.43 on Interface 0x1000005
  Internet Address      Physical Address      Type
  192.168.0.42          00-19-21-34-16-1e     static

C:\Documents and Settings\Administrator>arp -d

C:\Documents and Settings\Administrator>arp -a
No ARP Entries Found

C:\Documents and Settings\Administrator>
```

附图 16　arp-d 命令

-s:在 ARP 缓存中添加项,将 IP 地址 inet_addr 和物理地址 ether_addr 关联。物理地址由以连字符分隔的 6 个十六进制字节给定。使用带点的十进制标记指定 IP 地址。在 ARP 缓存中添加的项是永久性的,即在超时到期后自动从缓存中删除。如 arp -s IP 物理地址,表示向 ARP 高速缓存中人工输入一个静态项目,如附图 17 所示。

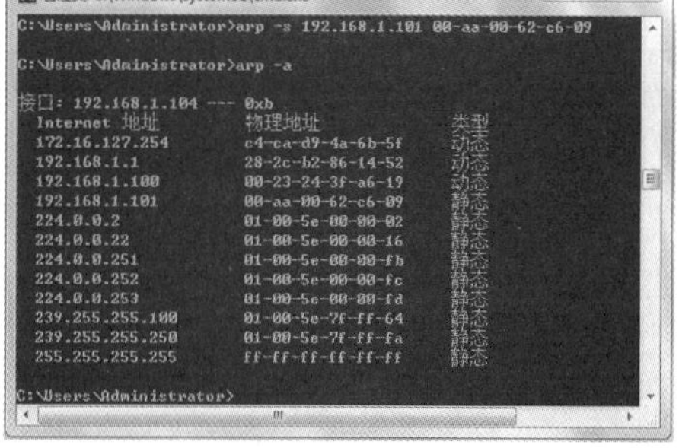

```
C:\Users\Administrator>arp -s 192.168.1.101 00-aa-00-62-c6-09

C:\Users\Administrator>arp -a

接口: 192.168.1.104 --- 0xb
  Internet 地址         物理地址              类型
  172.16.127.254        c4-ca-d9-4a-6b-5f     动态
  192.168.1.1           28-2c-b2-86-14-52     动态
  192.168.1.100         00-23-24-3f-a6-19     动态
  192.168.1.101         00-aa-00-62-c6-09     静态
  224.0.0.2             01-00-5e-00-00-02     静态
  224.0.0.22            01-00-5e-00-00-16     静态
  224.0.0.251           01-00-5e-00-00-fb     静态
  224.0.0.252           01-00-5e-00-00-fc     静态
  224.0.0.253           01-00-5e-00-00-fd     静态
  239.255.255.100       01-00-5e-7f-ff-64     静态
  239.255.255.250       01-00-5e-7f-ff-fa     静态
  255.255.255.255       ff-ff-ff-ff-ff-ff     静态

C:\Users\Administrator>
```

附图 17　arp-s 命令

4) Netstat 命令

显示与 IP、TCP、UDP 和 ICMP 协议相关的统计数据和当前的 TCP/IP 网络连接,一般用于检验本机各端口的网络连接情况。该命令只有在安装了 TCP/IP 协议后才可以使用。

该命令可以显示当前正在活动的网络连接的详细信息,例如显示网络连接、路由表和网络接口信息,得知目前总共有哪些网络连接正在运行。

(1)命令格式

netstat [-a][-e][-n][-s][-p protocol][-r][interval]

(2)参数

-a:显示所有连接和侦听端口。服务器连接通常不显示,如附图 18 所示。

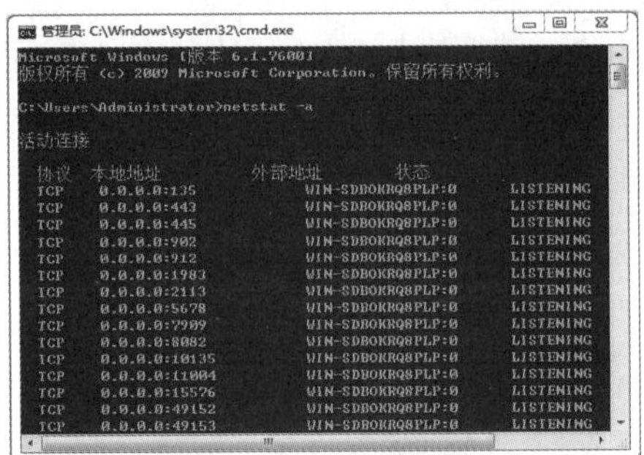

附图 18 netstat -a 命令

-e:显示以太网统计。该参数可以与-s 选项结合使用,如附图 19 所示。

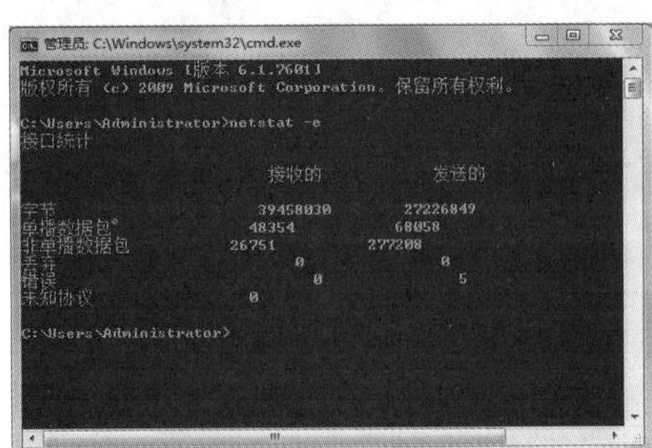

附图 19 netstat -e 命令

-n:显示所有已建立的有效连接,如附图 20 所示。

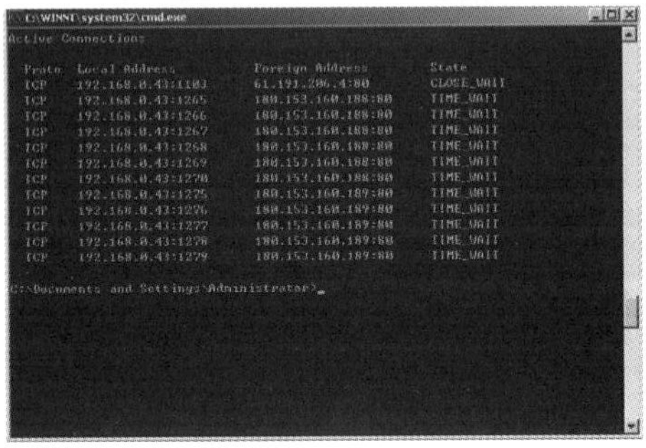

附图 20 netstat -n 命令

-s:显示每个协议的统计。默认情况下,显示 TCP、UDP、ICMP 和 IP 的统计。-p 选项可以用来指定默认的子集,如附图 21 所示。

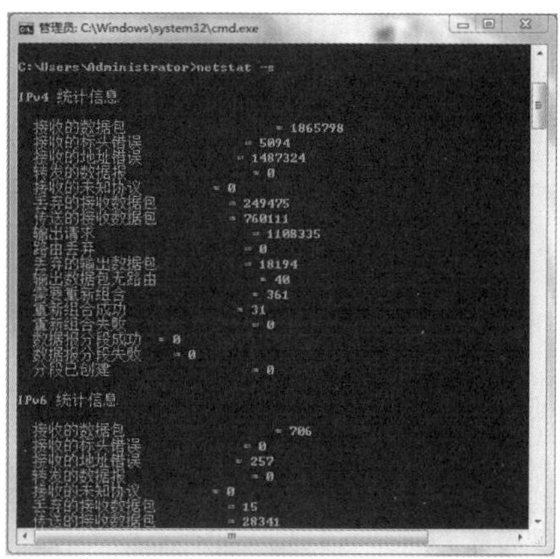

附图 21　netstat -s 命令

-p protocol:显示由 protocol 指定的协议的连接;protocol 可以是 tcp 或 udp。如果与-s 选项一同使用显示每个协议的统计,protocol 可以是 tcp、udp、icmp 或 ip。

-r:显示路由表的内容,如附图 22 所示。

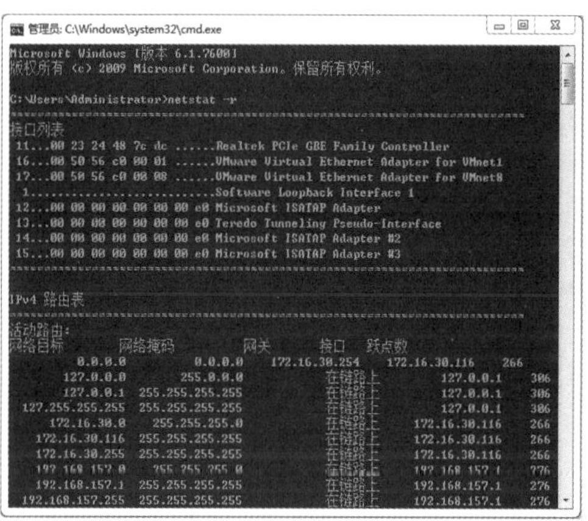

附图 22　netstat -r 命令

Interval:重新显示所选的统计,在每次显示之间暂停 interval 秒。按 CTRL+B 停止重新显示统计。如果省略该参数,netstat 将打印一次当前的配置信息。

用 Netstat 命令查看 IP 实用例子:

使用 ICQ 时,如果对方在设置 ICQ 时选择了不显示 IP 地址,一般很难知道其 IP,这时可用"netstat"命令。给对方发一条 ICQ 信息或接收一条信息后,即刻在 DOS 命令行输入"netstat -n"或"netstat -a",就可以显示对方上网时所用的 IP 或 ISP 域名,甚至还可以看到对方的 Port。

5) Tracert 命令

该命令是路由跟踪实用程序,用于确定 IP 数据包访问目标所采取的路径。

Tracert 工作原理如下:

通过向目标发送不同 IP 生存时间(TTL)值的 Internet 控制消息协议(ICMP)回应数据包,Tracert 诊断程序确定到目标所采取的路由。要求路径上的每个路由器在转发数据包之前至少将数据包上的 TTL 递减 1。数据包上的 TTL 减为 0 时,路由器应该将“ICMP 已超时”的消息发回源系统。

Tracert 先发送 TTL 为 1 的回应数据包,并在随后的每次发送过程将 TTL 递增 1,直到目标响应或 TTL 达到最大值,从而确定路由。通过检查中间路由器发回的“ICMP 已超时”的消息确定路由。某些路由器不经询问直接丢弃 TTL 过期的数据包,这在 Tracert 实用程序中看不到。

Tracert 命令按顺序打印出返回“ICMP 已超时”消息的路径中的近端路由器接口列表。如果使用-d 选项,则 Tracert 实用程序不在每个 IP 地址上查询 DNS。

Tracert 命令运行得较慢,对于远距离目标地址,Tracert 在每个路由器上约花上 13 秒。

一般用 Tracert 命令来检测故障的位置,查看何处有故障,但一般难以确定故障原因。

(1)命令格式

tracert [-d][-h maximum_hops][-j computer-list][-w timeout] target_name

(2)参数

/d:指定不将地址解析为计算机名。

-h maximum_hops:指定搜索目标的最大跃点数。

-j computer-list:指定沿 computer-list 的稀疏源路由。

-w timeout:每次应答等待 timeout 指定的微秒数。

target_name:目标计算机的名称。可以是 IP,或域名。

如 tracert www. 163. com,显示信息如附图 23 所示。

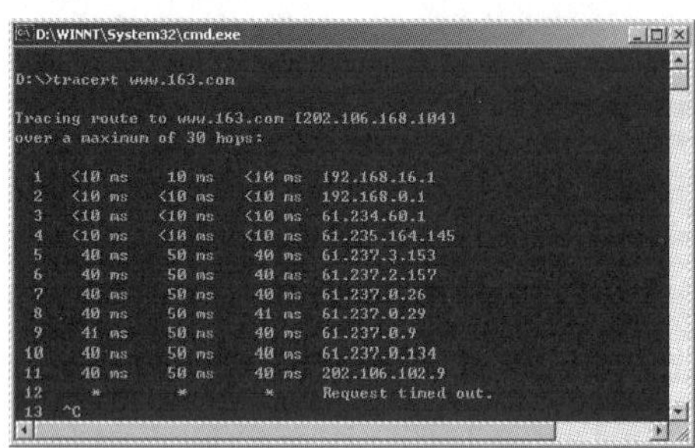

附图 23　tracert 命令

6)Pathping 命令

该路由跟踪命令结合了 ping 和 tracert 命令的功能,可提供这两个命令都无法提供的附加信息。经过一段时间,pathping 命令将数据包发送到最终目标位置途中经过的每个路由器,然后根据从每个跃点返回的数据包统计结果。因为 pathping 显示指定的所有路由器和链接的数据包的丢失程度,所以用户可据此确定引起网络问题的路由器或链接。

(1)命令格式

pathping [-n][-h maximum_hops][-g host-list][-p period][-q num_queries [-w timeout][-T][-R]target_name

不带参数时,“pathping”命令显示的信息如附图 24 所示。

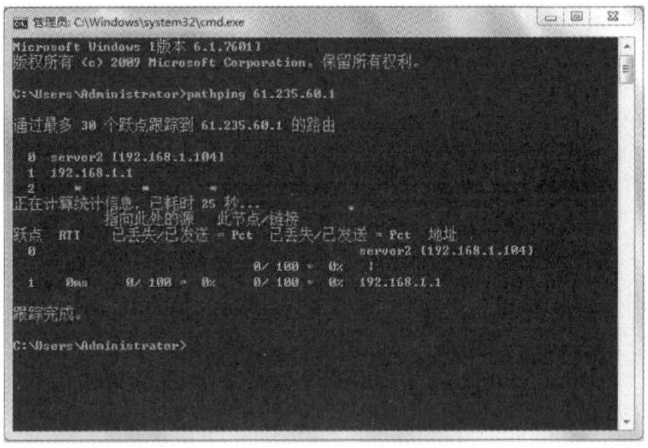

附图 24　不带参数的 pathping 命令

(2)参数

-n:不将地址解析为主机名。

-h maximum_hops:指定搜索目标的最大跃点数。默认值为 30 个跃点。

-g host-list:允许沿着 host-list 将一系列计算机按中间网关(松散的源路由)分隔开来。

-p period:指定两个连续的探测(ping)之间的时间间隔(以毫秒为单位)。默认值为 250 毫秒(1/4 秒)。

-q num_queries:指定对路由所经过的每个计算机的查询次数。默认值为 100。

-w timeout:指定等待应答的时间(以毫秒为单位)。默认值为 3 000 毫秒(3 秒)。

-T:在向路由所经过的每个网络设备发送的探测数据包上附加一个 2 级优先级标记(例如 802.1p)。这有助于标识没有配置 2 级优先级的网络设备。该参数必须大写。

-R:查看路由所经过的网络设备是否支持“资源预留设置协议”(RSVP),该协议允许主机计算机为某一数据流保留一定数量的带宽。该参数必须大写。

target_name:指定目的端,可以是 IP 地址,也可以是主机名。

7)Route 命令

控制网络路由表。该命令只有在安装了 TCP/IP 协议后才可以使用。

主机和路由器有其独立的路由表,路由表中储存着路由信息。只有一台路由器时,该路由器的 IP 地址可作为该网段上所有计算机的缺省网关来输入。当网络上有两个或多个路由器时,可以设定某些远程 IP 地址通过某个特定的路由器来传递,而其他的远程 IP 则通过另一个路由器来传递。一般来说,路由器使用路由协议来交换和动态更新路由器之间的路由表。但有些项目需要人工添加到路由器和主机上的路由表中。显示、添加和修改路由表项的命令就是“route”。

(1)命令格式

route [-f] [-p] [command [destination] [mask subnetmask] [gateway] [metric costmetric]]

(2)参数

-f:清除所有网关入口的路由表。如果该参数与某个命令组合使用,路由表将在运行命令前清除。

-p:该参数与 add 命令一起使用时,将使路由在系统引导程序之间持久存在。默认情况下,系统重新启动时不保留路由。与 print 命令一起使用时,显示已注册的持久路由列表,忽略其他所有总是影响相应持久路由的命令。

Command:指定下列的一个命令。

print:显示路由表中的当前项目,如附图 25 所示。

add:路由项目添加给路由表。

delete:从路由表中删除路由。

change:修改数据的传输路由。

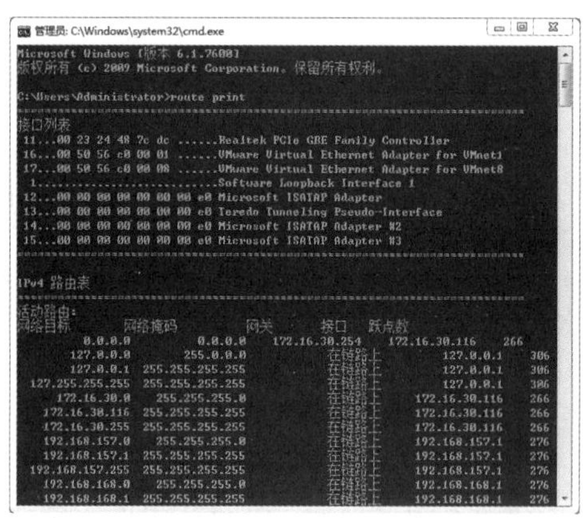

附图 25　route print 命令

destination:指定发送 command 的计算机。

mask subnetmask:指定与该路由条目关联的子网掩码。如果没有指定,将使用 255.255.255.255。

gateway:指定网关。

名为 Networks 的网络数据库文件和名为 Hosts 的计算机名数据库文件中均引用全部 destination 或 gateway 使用的符号名称。如果命令是 print 或 delete,目标和网关还可以使用通配符,也可以省略网关参数。

metric costmetric:指派整数跃点数(1 ~9 999)在计算最快速、最可靠和(或)最便宜的路由时使用。

8)Nbtstat 命令

该诊断命令使用 NBT(TCP/IP 上的 NetBIOS)显示协议统计和当前 TCP/IP 连接。该命令只有在安装了 TCP/IP 协议之后才可用。运用 NetBIOS,你可以查看本地计算机或远程计算机上的 NetBIOS 名字表格。

(1)命令格式

nbtstat [-a remotename][-A IP address][-c][-n][-R][-r][-S][-s][interval]

(2)参数

-a remotename:使用远程计算机的名称列出其名称表。

-A IP address:使用远程计算机的 IP 地址并列出名称表。

-c:用于显示 NetBIOS 名字高速缓存的内容。NetBIOS 名字高速缓存用于存放与本计算机最近进行通信的其他计算机的 NetBIOS 名字和 IP 地址。

-n:列出本地 NetBIOS 名称。“已注册”表明该名称已被广播(Bnode)或者 WINS(其他节点类型)注册,如附图 26 所示。

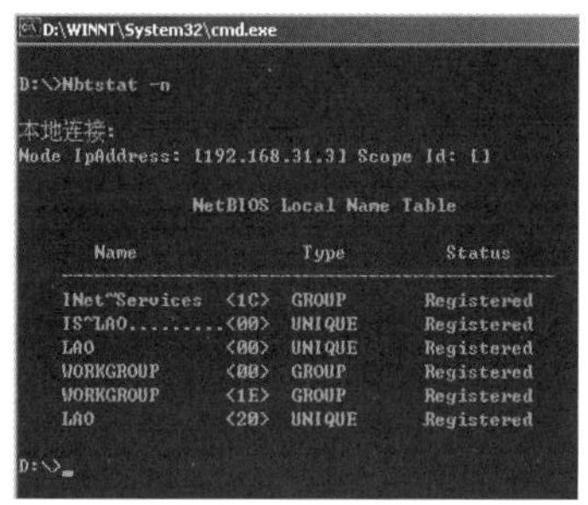

附图 26　nbtstat -n 命令

-R:清除 NetBIOS 名称缓存中的所有名称后,重新装入 Lmhosts 文件。

-r:列出 Windows 网络名称解析的名称解析统计。在配置使用 WINS 的 Windows 计算机上,此选项返回要通过广播或 WINS 来解析和注册的名称数,如附图 27 所示。此命令可以显示出试图连接本机的 NetBios-SSN[139]端口电脑名。

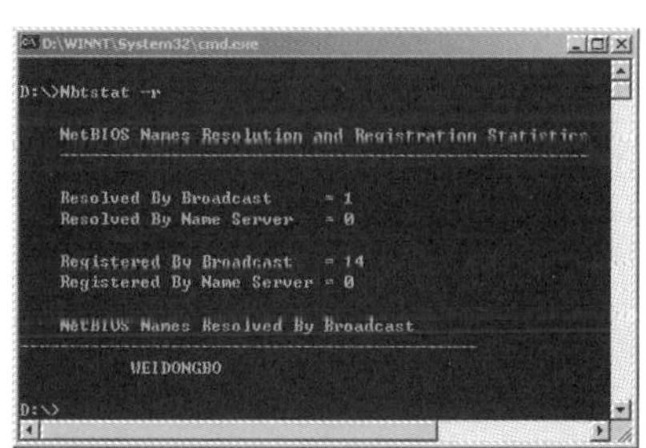

附图 27　nbtstat -r 命令

-S:显示客户端和服务器会话,只通过 IP 地址列出远程计算机。

-s:显示客户端和服务器会话。尝试将远程计算机 IP 地址转换成使用主机文件的名称。

Interval:重新显示选中的统计,在每个显示之间暂停 interval 秒。按 CTRL+C 停止重新显示统计信息。如果省略该参数,nbtstat 打印一次当前的配置信息。

9)Net 命令

许多 Windows 网络命令都以词 net 开头。这些 net 命令有一些公用属性:

键入 net/? 可以看到所有可用的 net 命令的列表,如附图28所示。

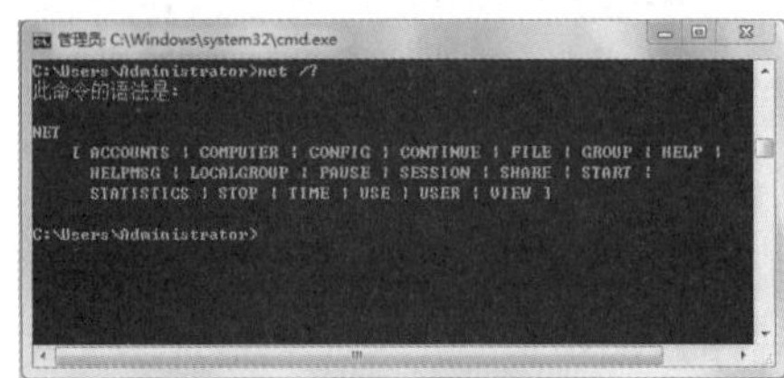

附图28 net 命令

键入 net help command,可以在命令行获得 net 命令的语法帮助。例如,关于 net accounts 命令的帮助信息,请键入 net help accounts。

所有 net 命令都接受/yes 和/no 选项(可以缩写为/y 和/n)。/y 选项向命令产生的任何交互式提示自动回答"是",而/n 回答"否"。例如,net stop server 通常提示您确认要停止基于"服务器"服务的所有服务;而 net stop server/y 对该提示自动回答"是",然后"服务器"服务关闭。(注意:有一些命令是马上产生作用并永久保存的,使用的时候要慎重。)

下面介绍 NET 命令的不同参数的基本用法:

(1)NET VIEW

作用:显示域列表、计算机列表或指定计算机的共享资源列表。

命令格式:net view [computername|/domain[:domainname]]

参数介绍:

键入不带参数的 net view 显示当前域的计算机列表,如附图29所示。

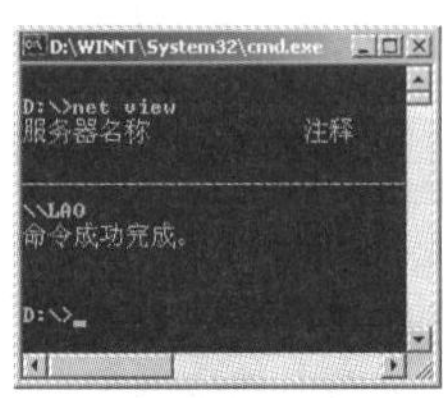

附图29 net view 命令

Computername:指定要查看其共享资源的计算机。如,net view YFANG 可查看 YFANG 的共享资源列表。

/domain[:domainname]:指定要查看其可用计算机的域。如,net view/domain: LOVE 查看 LOVE 域中的机器列表。

(2)NET USER

作用:添加或更改用户账号或显示用户账号信息。该命令也可以写为 net users。

命令格式:net user [username [password| *][options]][/domain]

参数介绍:

键入不带参数的 net user 查看计算机上的用户账号列表,如附图30所示。

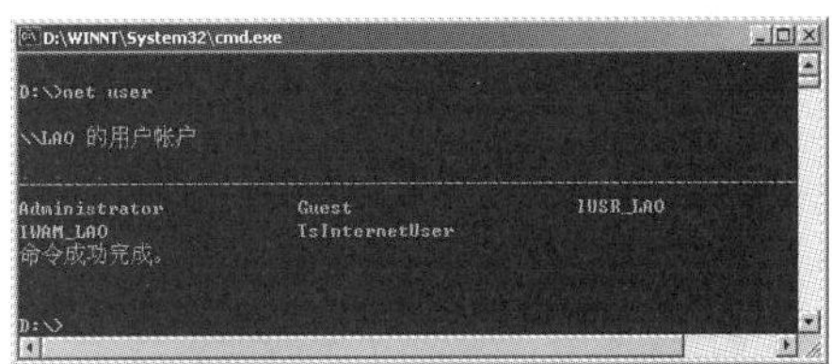

附图 30　net user 命令

username:添加、删除、更改或查看用户账号名。如 net user yfang 查看用户 YFANG 的信息。

password:用户账号分配或更改密码。

* 提示输入密码。

/domain:在计算机主域的主域控制器中执行操作。

(3) NET USE

作用:连接计算机或断开计算机与共享资源的连接,或显示计算机的连接信息。

命令格式:net use [devicename | *] [computernamesharename[volume]] [password | *]] [/user:[domainname]username] [[/delete] | [/persistent:{yes | no}]]

参数介绍:

键入不带参数的 net use 列出网络连接,如附图 31 所示。

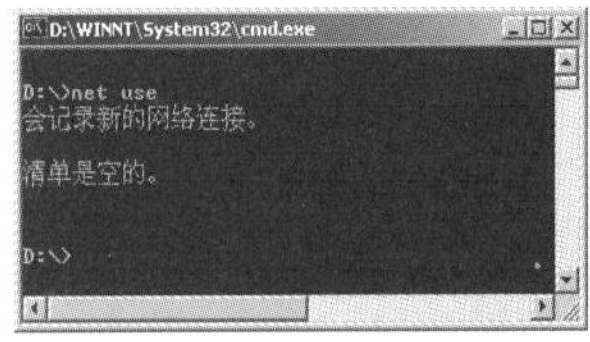

附图 31　net use 命令

Devicename:指定要连接到的资源名称或要断开的设备名称。如 net use e: WDB 将 WDB 目录建立为 E 盘。

Computernamesharename:服务器及共享资源的名称。

Password:访问共享资源的密码。

* 提示键入密码。

/user:指定进行连接的另外一个用户。

Domainname:指定另一个域。

Username:指定登录的用户名。

/home:将用户连接到其宿主目录。

/delete:取消指定网络连接。如 net use e: YFANGTEMP/delete 断开连接。

/persistent:控制永久网络连接的使用。

(4) Net Start

作用:启动服务,或显示已启动服务的列表。

命令格式:net start service

其中,service 为要启动的服务名称。省却 service 时为显示已启动的服务项目,如附图 32 所示。

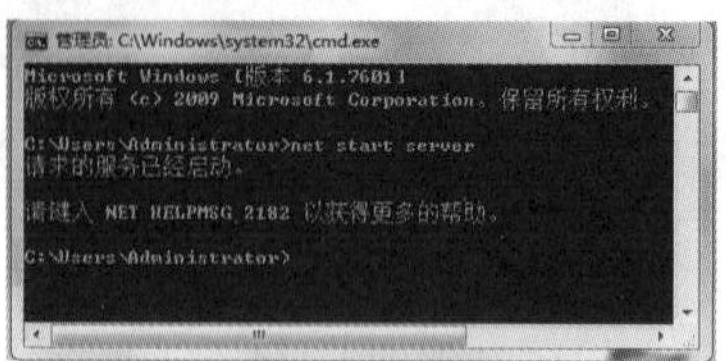

附图 32　net start 命令

(5) Net Pause

作用:暂停正在运行的服务。

命令格式:net pause service

显示的的信息如附图 33 所示。

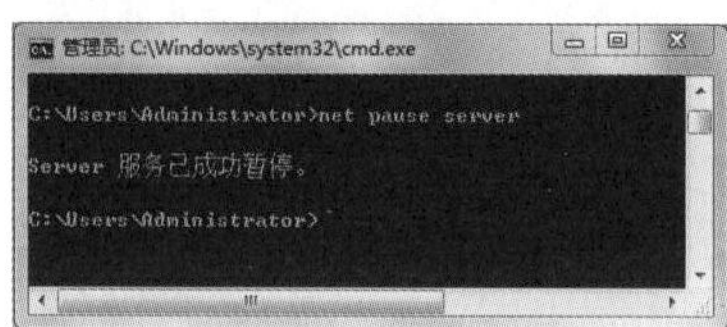

附图 33　net pause 命令

(6) Net Continue

作用:重新激活挂起的服务。

命令格式:net continue service

显示的信息如附图 34 所示。

附图 34　net continue 命令

(7) NET STOP

作用:停止 Windows 2008 网络服务。

命令格式:net stop service

显示的信息如附图 35 所示。

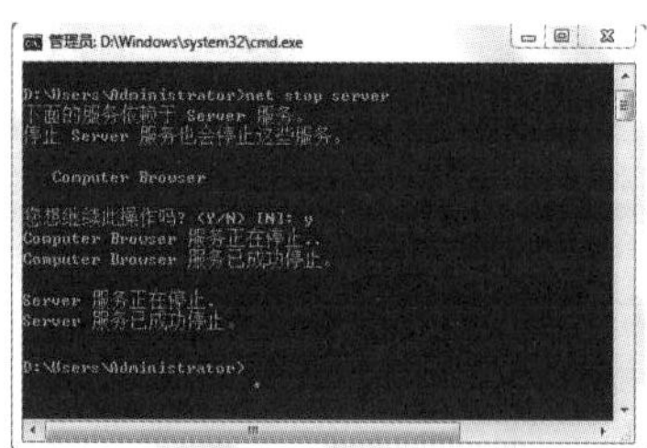

附图 35　net stop 命令

参数介绍：

alerter（警报）

client service for netware（Netware 客户端服务）

clipbook server（剪贴簿服务器）

computer browser（计算机浏览器）

directory replicator（目录复制器）

ftp publishing service （ftp）（ftp 发行服务）

lpdsvc

net logon（网络登录）

network dde（网络 dde）

network dde dsdm（网络 dde dsdm）

network monitor agent（网络监控代理）

nt lm security support provider（NT LM 安全性支持提供）

ole（对象链接与嵌入）

remote access connection manager（远程访问连接管理器）

remote access isnsap service（远程访问 isnsap 服务）

remote access server（远程访问服务器）

remote procedure call （rpc） locator（远程过程调用定位器）

remote procedure call （rpc） service（远程过程调用服务）

schedule（调度）

server（服务器）

simple tcp/ip services（简单 TCP/IP 服务）

snmp

spooler（后台打印程序）

tcp/ip netbios helper（TCP/IP NETBIOS 辅助工具）

ups

workstation（工作站）

messenger（信使）

dhcp client

eventlog

（8）Net Statistics

作用：显示本地工作站或服务器服务的统计记录。

命令格式：net statistics ［workstation|server］

参数介绍：

键入不带参数的 net statistics 显示命令适用的服务项目，如附图 36 所示。

statistics：列出其统计信息可用的运行服务。

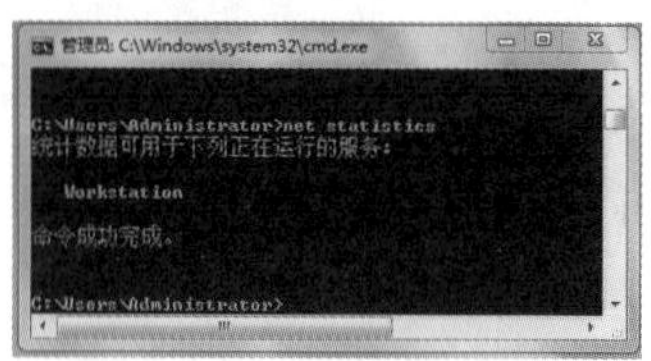

附图36　net statistics 命令

Workstation:显示本地工作站服务的统计信息。

server 显示本地服务器服务的统计信息。如 net statistics server|more 显示服务器服务的统计信息。

(9)Net Share

作用:创建、删除或显示共享资源。

命令格式:net share sharename=drive:path[/users:number|/unlimited][/remark:"text"]

参数介绍:

键入不带参数的 net。

share:显示本地计算机上所有共享资源的信息。

Sharename:共享资源的网络名称。

drive: path:指定共享目录的绝对路径。

/users: number:设置可同时访问共享资源的最大用户数。

/unlimited:不限制同时访问共享资源的用户数。

/remark:"text":添加关于资源的注释,注释文字用引号引注。

如 net share mylove=c:temp/remark:"my first share"以 mylove 为共享名共享 C:temp,而 net share mylove/delete 停止共享 mylove 目录。

(10)Net Session

作用:列出或断开本地计算机和与之连接的客户端的会话,也可以写为 net sessions 或 net sess。

命令格式:net session [computername][/delete]

参数介绍:

键入不带参数的 net。

session:显示所有与本地计算机的会话的信息。

Computername:标识要列出或断开会话的计算机。

/delete:结束与 computername 计算机会话并关闭本次会话期间计算机的所有进程。

如 net session YFANG 要显示计算机名为 YFANG 的客户端会话信息列表。

(11)Net Send

作用:向网络的其他用户、计算机或通信名发送消息。

命令格式:net send {name|*|/domain[:name]|/users} message

参数介绍:

name:要接收发送消息的用户名、计算机名或通信名。

*将消息发送到组中所有名称。

/domain[:name]:将消息发送到计算机域中的所有名称。

/users:将消息发送到与服务器连接的所有用户。

message:作为消息发送的文本。

如 net send/users server will shutdown in 5minutes. 给所有连接到服务器的用户发送消息。

(12) Net Print

作用:显示或控制打印作业及打印队列。

命令格式:net print [computername]job# [/hold|/release|/delete]

参数介绍:

computername:共享打印机队列的计算机名。

sharename:打印队列名称。

job#:在打印机队列中分配给打印作业的标识号。

/hold:使用 job#时,在打印机队列中使打印作业等待。

/release:释放保留的打印作业。

/delete:从打印机队列中删除打印作业。

如 net print YFANGSEEME 列出 YFANG 计算机上 SEEME 打印机队列的目录。

(13) Net Name

作用:添加或删除消息名(有时也称别名),或显示计算机接收消息的名称列表。

命令格式:net name [name [/add|/delete]]

参数介绍:

键入不带参数的 net name 列出当前使用的名称。

Name:指定接收消息的名称。

/add:将名称添加到计算机中。

/delete:从计算机中删除名称。

(14) Net Localgroup

作用:添加、显示或更改本地组。

命令格式:net localgroup groupname {/add [/comment:"text"]|/delete} [/domain]

参数介绍:

键入不带参数的 net。

localgroup:显示服务器名称和计算机的本地组名称。

Groupname:要添加、扩充或删除的本地组名称。

/comment:"text":为新建或现有组添加注释。

/domain:在当前域的主域控制器中执行操作,否则仅在本地计算机上执行操作。

me [···]:列出要添加到本地组或从本地组中删除的一个或多个用户名或组名。

/add:将全局组名或用户名添加到本地组中。

/delete:从本地组中删除组名或用户名。

如 net localgroup love/add 将名为 love 的本地组添加到本地用户账号数据库。net local-group love 显示 love 本地组中的用户。

(15) Net Group

作用:在 Windows NT Server 域中添加、显示或更改全局组。

命令格式:net group groupname {/add [/comment:"text"]|/delete} [/domain]

参数介绍:

键入不带参数的 net group 显示服务器名称及服务器的组名称。

Groupname:要添加、扩展或删除的组。

/comment:"text":为新建组或现有组添加注释。

/domain:在当前域的主域控制器中执行该操作,否则在本地计算机上执行操作。

username[…]:列表显示要添加到组或从组中删除的一个或多个用户。

/add:添加组或在组中添加用户名。

/delete:删除组或从组中删除用户名。

如 net group love yfang1 yfang2/add 将现有用户账号 yfang1 和 yfang2 添加到本地计算机的 love 组。

(16) Net File

作用:显示某服务器上所有打开的共享文件名及锁定文件数。

命令格式:net file [id [/close]]

参数介绍:

键入不带参数的 net file 获得服务器上打开文件的列表。

id:文件标识号。

/close:关闭打开的文件并释放锁定记录。

(17) Net Config

作用:显示当前运行的可配置服务,或显示并更改某项服务的设置。

命令格式:net config [service [options]]

参数介绍:

键入不带参数的 net config 显示可配置服务的列表。

Service:通过 net config 命令进行配置的服务(server 或 workstation)

options:服务的特定选项。

(18) Net Computer

作用:从域数据库中添加或删除计算机。

命令格式:net computer computername {/add|/del}

参数介绍:

computername:指定要添加到域或从域中删除的计算机。

/add:将指定计算机添加到域。

/del:将指定计算机从域中删除。

如 net computer cc/add 将计算机 cc 添加到登录域。

(19) Net Accounts

作用:更新用户账号数据库、更改密码及所有账号的登录要求。

命令格式:net accounts [/forcelogoff:{minutes|no}][/minpwlen:length][/maxpwage:{days|unlimited}][/minpwage:days][/uniquepw:number][/domain]

参数介绍:

键入不带参数的 net。

accounts:显示当前密码设置、登录时限及域信息。

/forcelogoff:{minutes|no}:设置当用户账号或有效登录时间、过期时间。

/minpwlen: length:设置用户账号密码的最少字符数。

/maxpwage:{days|unlimited}:设置用户账号密码有效的最大天数。

/minpwage: days:设置用户必须保持原密码的最小天数。

/uniquepw: number:要求用户更改密码时,必须在经过 number 次后才能重复使用与之相同的密码。

/domain:在当前域的主域控制器上执行该操作。

/sync:当用于主域控制器时,该命令使域中所有备份域控制器同步。

如 net accounts/minpwlen7:将用户账号密码的最少字符数设置为 7。

1.2.3 使用资源监视器

首先启动任务管理器,切换到"性能"标签栏,在下面单击"资源监视器"按钮,如附图 37 所示,单击该按钮就打开了资源监视器,如附图 38 所示。

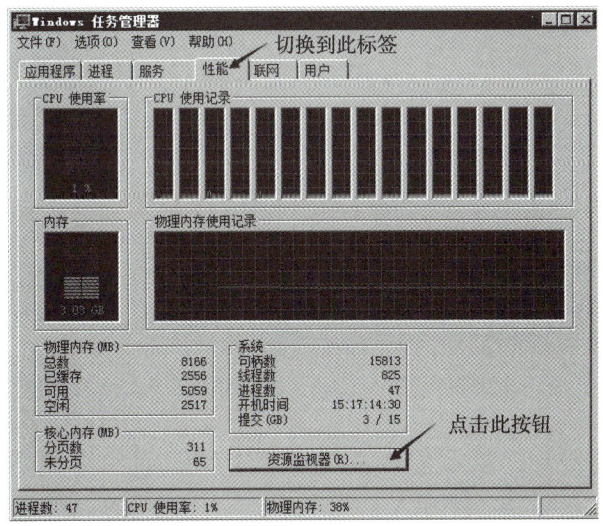

附图 37　任务管理器-性能标签

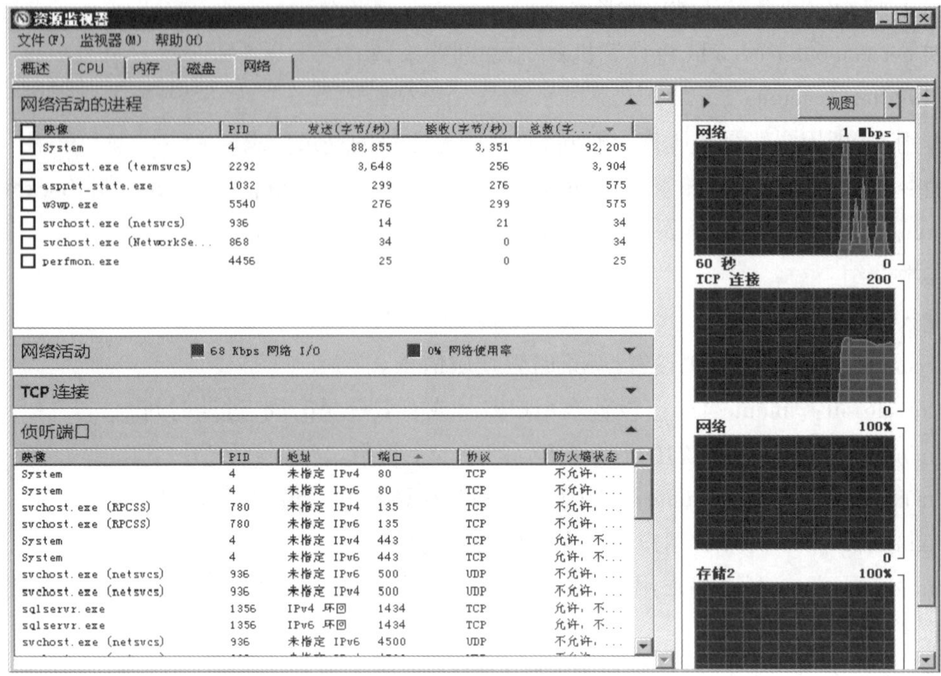

附图 38　资源监视器

1)资源监视器的使用

在使用资源监视器之前一定要启动监视功能,选择菜单中的“监视器”→“开始监视”,如附图 39 所示。

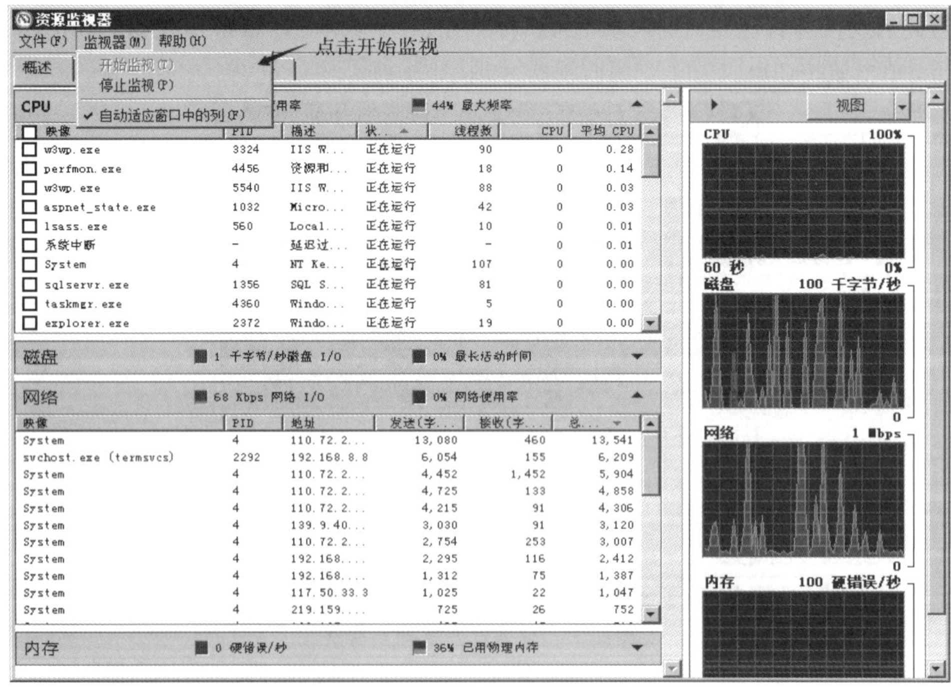

附图 39　开始监视

2)资源监视之 CPU

该功能主要是查看 CPU 的使用情况,在下拉菜单中可查看到服务、关联句柄和关联模块。特别需要说明的是:在资源监视器中加入了过滤功能,使用方法是在进程栏的映像列前面的复选框中选中你需要查看的某个进程,那么在下面“关联的句柄”和“关联的模块”中可以查看到其关联的信息。这个功能可以用来查看某个程序是否被 HOOK,和著名的系统工具[冰刃]相媲美,如附图 40 中“IIS 工作进程(IIS Worker Process)”的相关信息。

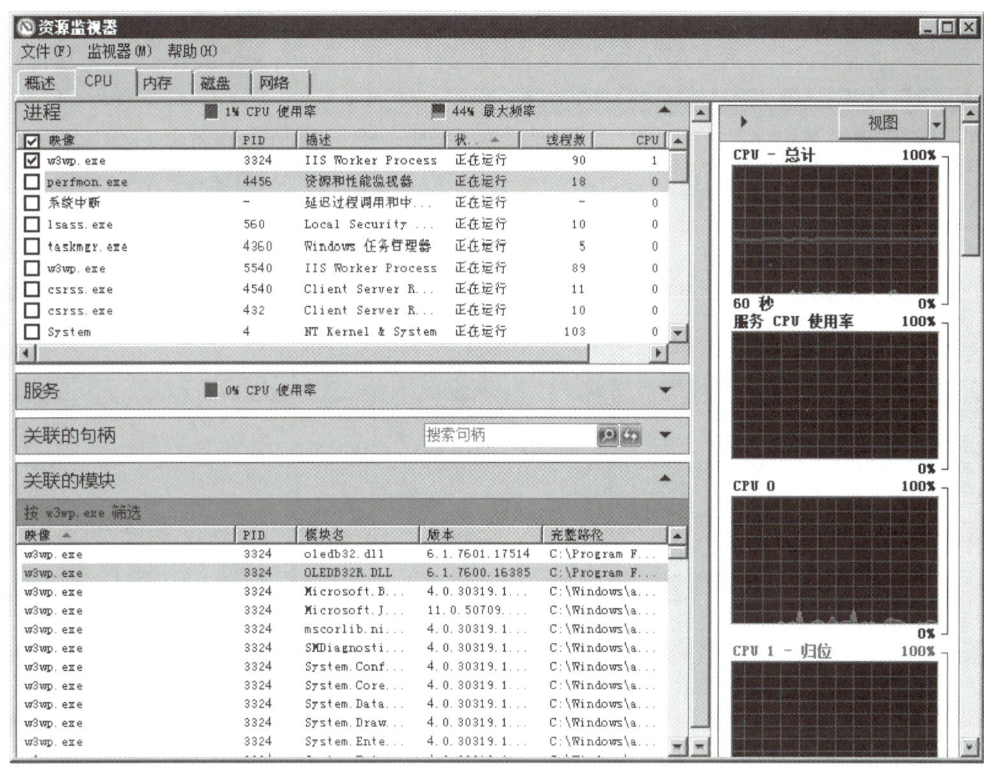

附图 40　监视 CPU 使用情况

3)资源监视之内存

这个程序的亮点是对整个内存以彩色条状图的形式来描述,使用户对内存的使用情况一目了然,如附图 41 所示。

4)资源监视之磁盘

当看到硬盘指示灯总是不断地闪,但是又不知道是什么程序在大量 I/O 时,那么就可以通过它来查看程序对磁盘文件的访问情况,如附图 42 所示。

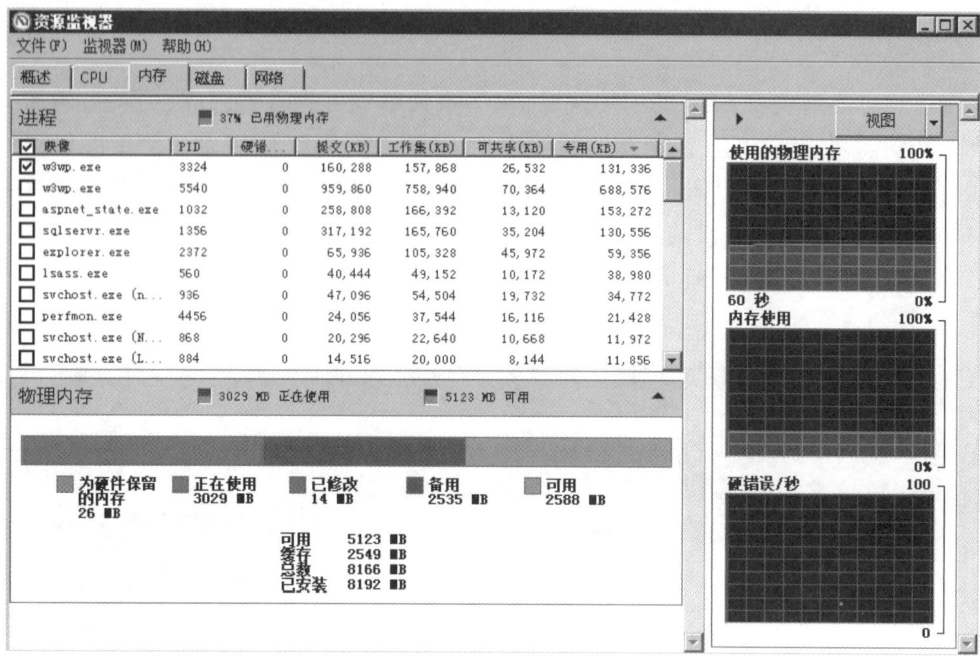

附图 41　监视内存使用情况

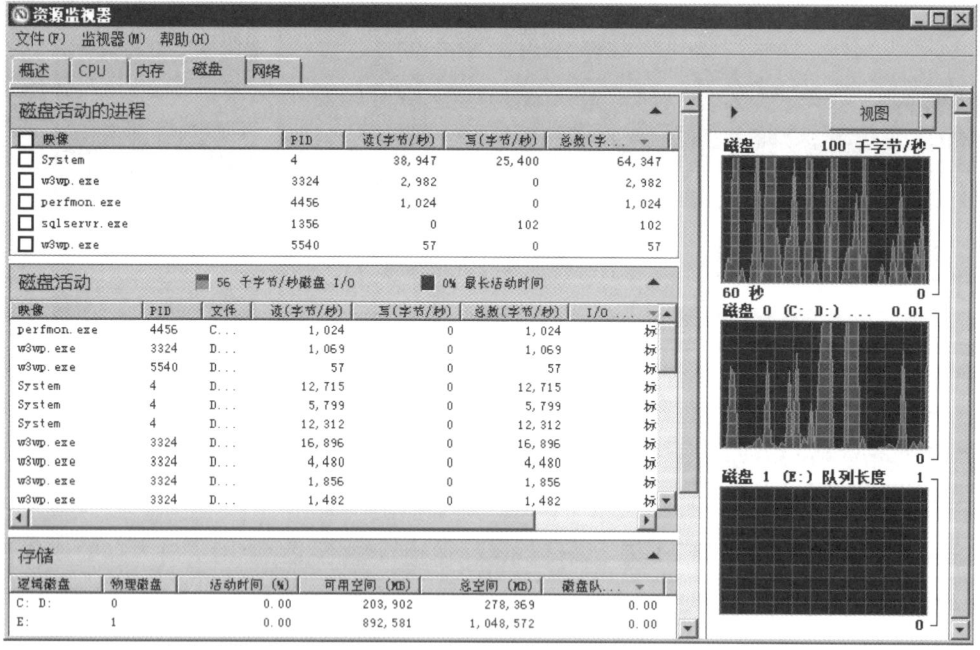

附图 42　监视磁盘使用情况

从附图 42 中可以看到,在磁盘上活动的两个服务进程,分别是 sqlserver(MSSQLServer 进程)和 w3wp(IIS 进程),还可以通过"磁盘活动"栏看到这些进程所读写的文件。

5）资源监视之网络

有时，服务器由于响应速度慢而出现假死状态，此时就可以通过资源监视器中的网络监视功能，可以清楚地查看到哪些程序在访问网络，同时也可以了解当前服务器所开通的端口，有利加固服务器，保障网络安全，如附图 43 所示。

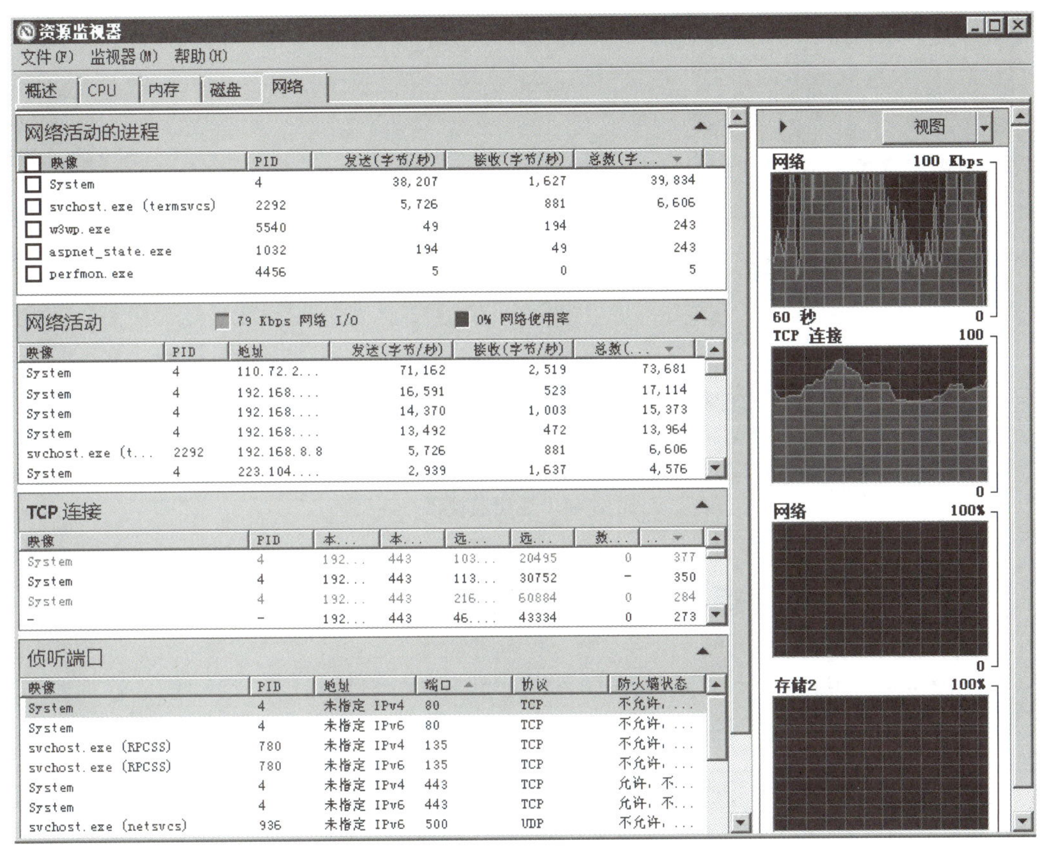

附图 43　监视网络访问情况

在附图 43 中可以看到，该台服务器开通了 80 端口，提供了 Web 服务。从“网络活动”“TCP 连接”“侦听端口”，都可以得到非常有用的信息。注意：在资源监视器的右边可以看到绿色线条构建的线状图，通过它可以概括地了解资源使用的情况。

1.2.4　使用性能监视器

每个对象有一系列相关的提供该对象信息的计数器。用性能监视器可以创建一个提供服务器活动快照打印的图表。还可创建服务性能的日志，准备提供性能测量的报告，以及服务计数器达到阈值时发出警报。在开始菜单的“管理工具”菜单中单击“性能监视器”，则可打开性能监视器，如附图 44 所示。

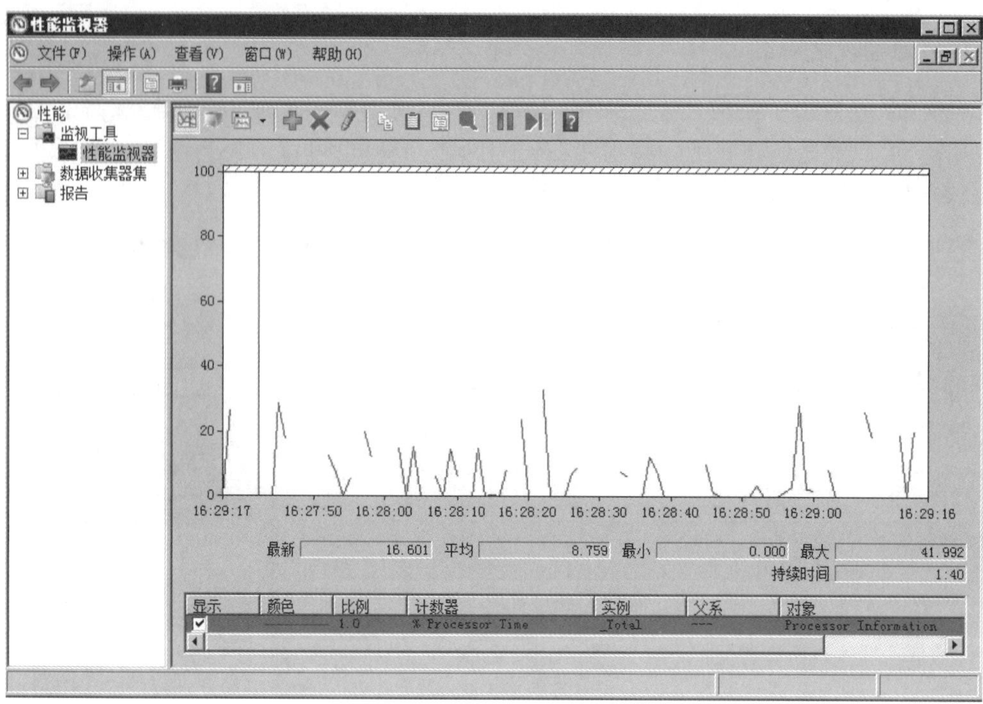

附图 44　性能监视器

1.2.5　使用任务管理器

在 Windows 2008 Server 系统中,在任务栏上单击鼠标右键,选择“启动任务管理器”即打开“Windows 任务管理器”窗口,如附图 45 所示。

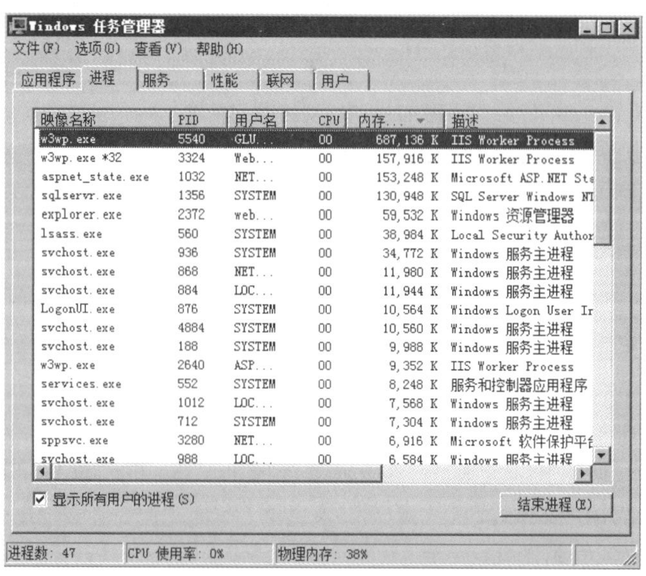

附图 45　任务管理器

1)应用程序

在该页面中显示了当前正在运行的程序,选中其中任一程序并单击鼠标右键,会出现一快捷菜单。

“切换至”:切换至用户所选中的程序。

“前置”:使所选中程序窗口置于屏幕最前端。

“结束任务”:结束当前所选中的程序。

“转到进程”:从“应用程序”转至“进程”选项,可查看该程序对应的进程信息。通过“任务管理器”菜单的“文件→新建任务”还可以启动一个新程序。要注意的是,如果通过“任务管理器”来终止程序,那没有保存的数据都将丢失。

2)进程

该页面用于显示进程的当前状况,包括进程映像名称、CPU 和内存的使用率、页面错误、句柄数及线程数等其他一些信息。同样可以使用右键菜单来终止一个进程,如果在终止一个进程同时,也想将由该进程直接或间接创建的进程终止,则可以选中“结束进程树”选项。

在右键菜单中的“设置优先级”选项,其中共有实时、高、高于标准、普通、低于标准、低六个等级。为某个进程设置了高的优先级,其运行速度也就相应加快,但注意同时其他进程会相应变慢。通过菜单“查看→选择列”可以调出包括页面错误、线程数和基本优先级在内的多个信息列显示,方便用户有选择地查看对自己有用的信息。注:对应不同的标签面,“查看”菜单中的菜单选项会有所不同。

3)性能

该页面是计算机性能的动态显示,包括:CPU 使用率和内存的动态图形、现有的句柄数、线程数和进程数等。通过窗口底部状态栏的进程数、CPU 使用率和物理内存的使用情况,可以对当前的硬件资源占用情况有个人致的了解。

1.3　网络故障分析与排除

由于网络协议和网络设备的复杂性,许多故障解决起来绝非像解决单机故障那么简单。网络故障的定位和排除,既需要长期的知识和经验积累,也需要一系列的软件和硬件工具,更需管理员的综合判断能力。因此,多学习各种最新的知识,是网络管理员必需的。

1.3.1 网络故障分析与排除方法

网络故障的现象一般表现为网络不通、速度慢或经常掉线。引起网络故障的原因有很多,但归纳起来只有两种:硬件故障和软件故障,而软件故障包括协议故障与配置故障。

1)故障排除过程

认真观察故障现象,必要时作好记录。在观察和记录时一定注意仔细,尤其要仔细分析设备反馈的信息,有很多智能型的设备会自动记录设备运行的信息。

(1)观察故障

观察故障最重要的步骤。目的就是要了解故障现象,从而判断故障位置。

观察故障时,应注意:

①故障现象描述。

②该故障是否出现过。

③故障现象发生时做过的操作。

④故障发生后,系统或整个网络发生的变化。

(2)分析故障产生的可能原因

根据网络结构,分析故障产生的原因。如网卡硬件故障、网络连接故障、网络设备(如交换机)故障、TCP/IP 协议设置不当等。

注意:不要着急下结论,可以根据出错的可能性把这些原因按优先级别进行排序,逐一排除。

虽然故障原因多种多样,但总的来讲不外乎就是硬件问题和软件问题,说得再确切一些,这些问题就是物理故障、配置文件选项及网络协议故障。

(3)技术测试

在进行技术测试之前,要检查网卡、交换机、路由器面板上的 LED 指示灯。通常情况下,绿灯表示连接正常,红灯表示连接故障,不亮表示无连接或线路不通。根据数据流量的大小,指示灯会时快时慢的闪烁。

分析可能导致错误的原因,并利用软件或硬件工具进行测试,并作好记录。

(4)故障排除方法

知道了故障的原因和位置后,就可以排除故障了,常见的有设备替换法。故障排除流程如附图 46 所示。

2)各种故障的排除

(1)硬件故障

①硬件故障表现。

硬件故障也称物理故障,通常表现为:电脑无法登录到服务器;电脑无法通过局域网接

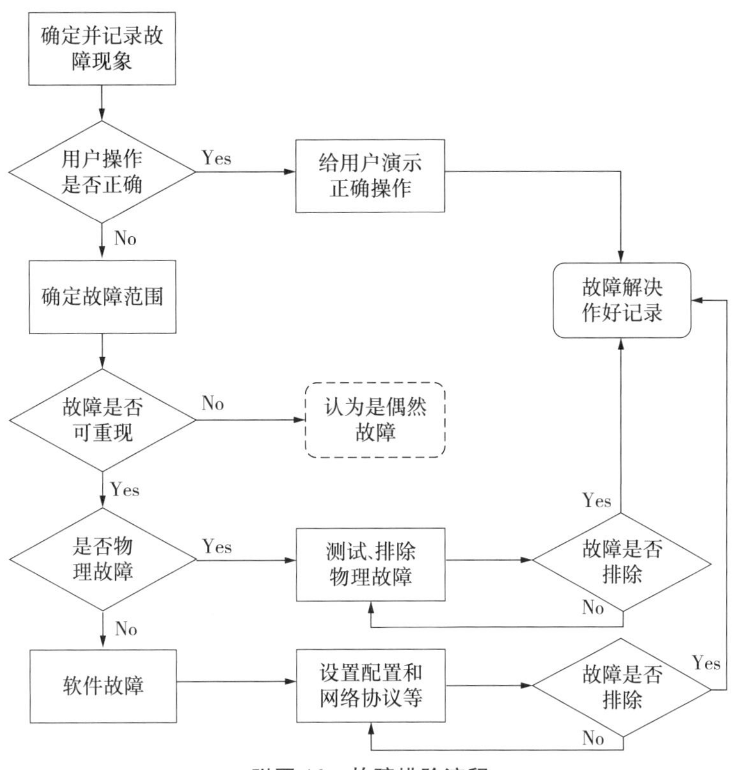

附图 46　故障排除流程

入 Internet;电脑在“网上邻居”中只能看到自己,而看不到其他电脑,从而无法使用其他电脑上的共享资源和共享打印机;电脑无法在网络内实现访问其他电脑上的资源;网络中的部分电脑运行速度异常的缓慢等。

通常当故障产生时第一考虑的是硬件故障。硬件故障通常涉及到网卡、跳线、信息插座、网线、交换机等设备和通信介质。其中,任何一个设备的损坏,都会导致网络连接的中断。所以,最好先查看双绞线的 RJ45 水晶头与网卡或交换机是否连接,观察网卡和交换机接口上的指示灯是否正常。还可以采用软件和硬件工具进行测试验证。例如,当某一台电脑不能浏览 Web 时,首先考虑是网络不通的问题。可用 ping 命令测试到网关的连通性,若能 ping 通网关,那就可以断定本机到网关的链路是通的。否则,就有可能是该段网络物理层出现故障。当然也有可能是电脑的网络协议的配置不正确导致故障。

②排除方法:

Ⅰ. 确认硬件故障。

当出现一种网络应用故障时,如无法接入 Internet,首先尝试测试到网关的连通性。使用“ping”命令,直接 ping 到网关或局域网网内其他电脑,看是否收到响应包或丢包,即可排除连通性故障原因。如果 ping 不通或丢包严重,继续下面操作。

Ⅱ. 看 LED 灯判断网卡的故障。

首先查看网卡的指示灯是否正常。正常情况下,在不传送数据时,网卡的指示灯闪烁较慢,传送数据时,闪烁较快。无论是不亮,还是长亮不灭,都表明有故障存在。如果网卡的指示灯不正常,需关掉电脑更换网卡。对于交换机的指示灯,凡是插有网线的端口,指示灯都亮。指示灯只能指示该端口是否连接有终端设备,不能显示通信状态。

Ⅲ.用 ping 命令排除网卡故障。

使用 ping 命令,ping 本地的 IP 地址或电脑名(如 Tang),检查网卡和 IP 网络协议是否安装完好。如果无法 ping 通本地的 IP 地址或电脑名,通常是 TCP/IP 协议配置不正确。这时可以在电脑的“控制面板”的“系统”中,查看硬件列表中有没有发现网络适配器,或网络适配器前方有一个黄色的“!”,说明网卡未安装正确。用鼠标右键单击该设备,在弹出菜单中“卸载”,单击“扫描硬件改动”,重新安装网卡,并配置网络协议,然后进行应用测试。如果网卡无法正确安装,说明网卡可能损坏,需更换一块网卡重试。

Ⅳ.在确定网卡和协议都正确的情况下,能 ping 通本地的 IP 地址或电脑名,一般来说该电脑的网卡和网络协议设置都没有问题。基本上可判断问题出在电脑与网络的连接上(方法同上,ping 网关或网内其他电脑),应当检查网线和交换机的连接状态。为了进一步进行确认,可再换一台确认没有问题的电脑用同样的方法进行判断,若连接正常,则故障一定是先前的那台电脑有故障。

Ⅴ.如果确定交换机有故障,应首先检查交换机的指示灯是否正常,如果先前那台电脑与交换机连接的接口灯不亮,说明该交换机的接口有故障,换插另外端口进行测试。当然,有可能的话,可以采用更换双绞线或交换机进行测试比较,从而确定故障点。

硬件故障的排除,关键是故障点的定位。硬件故障排除的方法一般是:清掉积尘重新安装硬件、更换配件安装位置(如更换网卡插槽)、更换故障的硬件或配件。

(2)软件故障

软件故障可分为协议故障与配置故障。

①协议故障。

网络设备和电脑之间是通过网络协议进行通信的。网络协议配置不正确,也会引起网络不通。

Ⅰ.协议故障表现。

协议故障通常表现为:电脑无法登录到服务器;电脑在“网上邻居”中既看不到自己,也无法在网络中访问其他电脑;电脑在“网上邻居”中能看到自己和其他成员,但无法访问其他电脑;电脑无法通过局域网接入 Internet。

Ⅱ.故障原因。

a.协议没有安装:网卡安装完成后没有配置协议。要使局域网内各电脑间能互相访问,应安装 NetBEUI 协议。

b.协议配置不正确:TCP/IP 协议涉及到的基本参数有四个,包括 IP 地址、子网掩码、DNS、网关,任何一个设置错误,都会导致故障发生。

Ⅲ.排除步骤。

a.检查电脑是否安装 TCP/IP 和 NetBEUI 协议,如果没有,建议安装这两个协议,并把 TCP/IP 参数配置好,然后重新启动电脑。

b. 使用“ping”命令，测试与网关或其他电脑的连接情况。

c. 在“控制面板”的“网络”属性中，单击“文件及打印共享”按钮，在弹出的“文件及打印共享”对话框中检查一下，看看是否选中了“允许其他用户访问我的文件”和“允许其他电脑使用我的打印机”复选框，或者其中的一个。如果没有，全部选中或选中一个。否则将无法使用共享文件夹。

d. 系统重新启动后，双击“网上邻居”，将显示网络中的其他电脑和共享资源。如果仍看不到其他电脑，可以使用“查找”命令，能找到其他电脑，就证明网络正常。

e. 在“网络”属性的“标识”中重新为该电脑命名，使其在网络中具有唯一性。

②配置故障。

配置错误也是导致故障发生的重要原因之一。服务器、电脑、路由器、交换机、防火墙等都有配置选项，配置文件和配置选项设置不当，会导致网络故障。如服务器权限的设置不当，会导致资源无法共享的故障；电脑网卡配置不当，会导致无法连接的故障。当网络内所有的服务都无法实现时，应当检查交换机。

配置故障更多的时候是表现在不能实现网络所提供的各种服务上，如不能访问某一台电脑等。因此，在修改配置前，必须做好原有配置的记录，并进行备份。

配置故障通常表现为：电脑只能与某些电脑而不是全部电脑进行通信；电脑无法访问任何其他设备。

配置故障排错步骤如下：

首先，检查发生故障电脑的相关配置。如果发现错误，修改后，再测试相应的网络服务能否实现。如果没有发现错误，或相应的网络服务不能实现，执行下一步。

其次，测试系统内的其他电脑是否有类似的故障，如果有同样的故障，说明问题出在网络设备上，如交换机。反之，检查被访问电脑对该访问电脑所提供的服务是否正常工作。

网络故障虽然复杂多变，但并非无规律可循。随着理论知识和经验技术的积累，故障排除将变得越来越快、越来越简单。严格的网络管理是减少网络故障的重要手段；完善的技术档案是排除故障的重要参考；有效的测试和监视工具则是预防、排除故障的有力助手。

1.3.2　常见网络故障与排除

1）对等网中不能访问共享资源

（1）故障现象

网络中一台计算机在自己的“网上邻居”中，只看到其他成员而看不到自己，其他成员也无法通过“网上邻居”看到它。这是最常见的故障现象。

通常是因为网上邻居上网卡的属性设置不当引起。

(2)解决方法

鼠标右键“网上邻居”选择“属性”,进入“网络”配置属性设置对话框。在已经安装的网络组件中看是否有“Microsoft 网络上的文件与打印机共享”项目。如果有,就说明已经设置了共享,无需任何改动;如果没有,则必须把该组件添加进去。单击下面的“添加”按钮,在“网络组件类型”中选择“服务”,然后在“网络服务类型”中这种选择“Microsoft 网络上的文件与打印机共享”,然后确定退出(有时系统可能提示重新启动)。此外,不在同一工作组内或不在同一网段内的机器或子网掩码不同,也可能不能互相访问。

2)双绞线故障

(1)故障现象

用“ping”命令 ping 本机可通,却不能访问网络。

引起此类故障的原因很多,如交换机故障、路由故障、线路故障,或网卡本身故障等。但用“ping”命令能 ping 通本机,一般可排除本地网卡故障。本例中经测线仪检查连接网卡的双绞线,发现不通。

(2)故障原因

双绞线上一端的 RJ-45 水晶头与双绞线连接松动,重打一个水晶头后故障排除。

3)机房的电气环境

以往机房地线是统一接到楼房地线上的,其实这种接法也有局限性,在机器与机器之间存在电压差,这会被雷击损坏设备或造成广域网和用同轴电缆连接的机器之间传输数据的丢失,通信时好时坏。目前对机房地线的连接主要采用环形法,把机房中所有设备的地线连接成一个闭合环,再连到楼房的地线上,这样机器就处于一个等电势的平面中。

网络发生故障时,网管最容易忽略的就是电源故障,大家往往以为只要没掉电,电源就没问题,其实这种想法是不对的。如果遇到莫名其妙的故障时,最好先检查一下电源。

4)灰尘引起的故障

设备内灰尘过多也会引起硬件故障。服务器或交换机内都有散热风扇,时间长了会导致设备内积尘过多,在潮湿的天气里容易引起短路损坏设备。水晶头是暴露在空气中的,也很易因沾上灰尘而引起故障。因此,要对设备定时清尘维护。

5)蠕虫病毒引起的故障

(1)网络结构

外网——路由——(防火墙)服务器群交换机——核心交换机——内网。

（2）故障现象

上网感觉变慢，最后不通。在服务器上用“ping”命令可 ping 网关，但 ping 不到核心交换机。内网上的电脑，可 ping 通核心交换机，但响应时间变化很大，如附图 47 所示。

```
D:\WINNT\System32\cmd.exe - ping 192.168.16.1 -t
Request timed out.
Reply from 192.168.16.1: bytes=32 time=531ms TTL=255
Reply from 192.168.16.1: bytes=32 time=390ms TTL=255
Request timed out.
Reply from 192.168.16.1: bytes=32 time=411ms TTL=255
Reply from 192.168.16.1: bytes=32 time=400ms TTL=255
Request timed out.
Reply from 192.168.16.1: bytes=32 time=401ms TTL=255
Reply from 192.168.16.1: bytes=32 time=390ms TTL=255
Reply from 192.168.16.1: bytes=32 time=401ms TTL=255
Reply from 192.168.16.1: bytes=32 time=420ms TTL=255
Reply from 192.168.16.1: bytes=32 time=561ms TTL=255
Reply from 192.168.16.1: bytes=32 time=410ms TTL=255
Request timed out.
```

附图 47　冲击波病毒对 ping 命令的影响

（3）解决方法

查出染毒的机器进行杀毒并下载系统补丁，升级系统后，网络恢复正常。

6）ARP 病毒引起的故障

如果在使用网络时速度越来越慢，直至掉线，而过一段时间后又可能恢复正常；或者重启路由器后又可正常上网。当故障出现时，网关 ping 不通或有数据丢失，那么很有可能是受到了 ARP 病毒攻击。

（1）ARP 病毒的诊断

①当发现上网明显变慢，或者突然掉线时，可以用“arp”命令来检查 ARP 表：（单击“开始”，在运行里输入“cmd”，回车，在窗口中输入“arp -a”命令）。如果发现网关的 MAC 地址发生了改变，或者发现有很多 IP 指向同一个物理地址，那么就是 ARP 欺骗所致。

②利用 Anti ARP Sniffer 软件查看。

（2）解决办法

①静态 ARP 缓存表：编写一个批处理文件 antiarp. bat 内容如下：

@ echo off

arp -d

arp -s 网关 IP 地址　网关 MAC 地址

注：静态的 ARP 条目在每次重启后都要消失，需要重新设置。

②安装带有防范 ARP 功能的防火墙，如安装 360 安全卫士的流量防火墙（功能大全→网络优化→流量防火墙），开启局域网防护。如附图 48、附图 49 所示。

附图48 安装流量防火墙

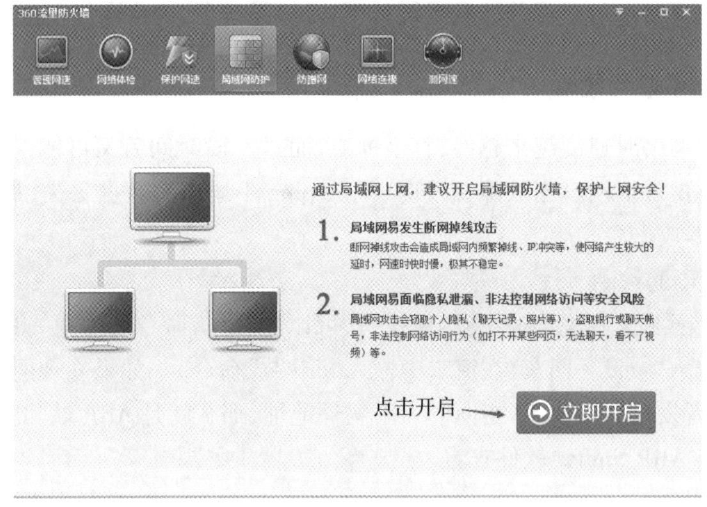

附图49 开启局域网防护

1.4 数据备份与恢复

局域网和互联网络在企业内的应用越来越广泛,企业内的服务器存储着重要的信息和数据。保护数据安全是网络管理的重要任务之一,故建立可靠的数据备份系统是保护数据的重要手段。

1.4.1 数据备份的重要性

数据丢失或被破坏是难以弥补的。随着计算机的普及和信息技术的进步,特别是计算机网络的飞速发展，信息安全的重要性日趋明显。但是，作为信息安全的一个重要内容——数据备份的重要性却往往被人们所忽视。只要发生数据传输、数据存储和数据交换，就有可能产生数据故障。这时，如果没有采取数据备份和数据恢复手段与措施，就会导致数据的丢失，有些损失是无法弥补与估量的。对于一个企业来说，网络数据的安全性是极为重要的，一旦重要的数据被破坏或丢失，就会对企业日常生产造成重大的影响，甚至是难以弥补的损失。

数据故障事件发生形式是多样的。通常，数据故障可划分为系统故障、事务故障和介质故障三大类。存储介质损坏、人为错误、计算机病毒、黑客攻击等都可能导致数据丢失、或者数据被修改破坏。虽然我们可以采取一定措施防止部分事件发生，但是信息世界没有万无一失的信息安全措施，数据安全时刻受到威胁，做好数据备份就显得格外重要了。

因此，数据备份与数据恢复是保护数据的最后手段，也是防止主动型信息攻击的最后一道防线，可以将损失降至最小的行之有效的办法就是数据备份。

1.4.2 数据备份技术

数据备份就是使用某种存储介质，定期将系统业务数据备份下来，以保证数据意外丢失时能尽快恢复，将用户的损失降到最低点。

容灾备份系统，需要考虑多方面的因素，最常用的是以 RTO 及 RPO 作为最基本的标准：复原时间目标(Recovery Time Objective, RTO)是企业可容许服务中断的时间长度，如灾难发生后半天内需要恢复，RTO 值就是 12 h；复原点目标(Recovery Point Objective, RPO)是指当数据恢复后，恢复得来的数据所对应的时间点。根据不同的备份应用场景，通常有四大容灾备份种类：

1)**本地冷备**

本地备份是在本地进行数据备份，按存取介质可分为磁带备份、磁盘备份、光盘备份、闪盘备份等。附表1对磁盘(主要指硬盘)、光盘、磁带和闪盘四种备份技术进行了具体分析，采用何种备份技术，取决于数据的重要程度与保存时间。

附表1 磁盘、光盘、磁带和闪盘四种备份技术区别

备份技术 / 项目	硬盘	光盘	磁带	闪盘
存取速度	快	较快	较慢	较快
备份成本	成本最高，主要用于在线数据的存储。	成本较高，主要用于数据的运载与文件的永久归档。	成本最低，最适合用于系统数据的备份。	因闪盘容量较小，存储大数据时成本较高。

续表

项目＼备份技术	硬盘	光盘	磁带	闪盘
可管理性	由硬盘本身的工作原理所决定,硬盘的故障发生率较高。不是很适用于备份。	光盘是通过拷贝获得系统数据,无法获得网络系统的完全备份。光盘也不能备份正在使用中的文件。	可对整个系统进行备份。易于保存。	易于管理和携带。一般用于个人PC上数据量不大的备份,不适合于网络数据备份。

2)**热备份**

建立一个热备份点,通过网络进行数据备份,即通过网络以同步或异步方式,把主站点的数据备份到备份站点,备份站点一般只备份数据,不承担业务。当出现灾难时,备份站点接替主站点的业务,从而维护业务运行的连续性。

3)**异地互备**

在不同的地理位置分别建立两个数据中心,在工作状态下进行相互数据备份。这样,当某个数据中心发生灾难时,另一个数据中心可以直接接替其工作任务。

这种级别的备份根据实际要求和投入资金的多少,可分为两种:

①两个数据中心之间只限于关键数据的相互备份。

②两个数据中心之间互为镜像,即零数据丢失等。零数据丢失是目前要求最高的一种容灾备份方式,它要求不管什么灾难发生,系统都能保证数据的安全。所以,它需要配置复杂的管理软件和专用的硬件设备,需要投资相对而言是最大的,但恢复速度也是最快的。

4)**云备份**

云备份,就是个人或企业把数据,如:通讯录、短信、图片等资料通过云存储的方式备份在公有云或私有云,如附图50所示。云备份已经成为云计算最重要的落地表现形式之一,再凭借其成本的巨大优势,已经在企业市场中获得了快速的发展。iCloud、百度云、腾讯云等都可以认为是云备份的一种,此外,还有一种则是以SaaS为代表的云应用。

附图50　云备份技术

1.4.3 数据备份的自动化

备份自动化能够实现无人值守、自动备份,并在灾难发生后迅速有效地将系统恢复到设定的时刻。备份自动化解决方案可以通过以下方法来实现:

1)使用专业的备份软件

虽然很多操作系统都提供自带的备份功能,如UNIX的tar/cpio、Windows的Windows Backup、Netware的Sbackup等,但它们只能提供一些基本的备份功能,缺乏专业备份软件的高速度与高性能。专业的备份软件可以通过优化数据的传输率而提高备份的速度,这不仅缩短了备份时间,而且对备份设备本身也有好处。

另外,专业备份软件提供的各种智能化功能,也在提高系统的安全性、可靠性及减轻网络管理员劳动强度方面起了不可替代的作用。

目前流行的备份软件有多种,如legato networker、ca arcserve、hp openview omnibackii、ibm adsm及veritas公司的netbackup等。各家软件在备份管理方式上各有千秋。它们都具有自动定时备份管理、备份介质自动管理、数据库在线备份管理等功能。

2)自动加载磁带机

普通的磁带机只能容纳一盘磁带,在第一天备份后,需手工将磁带取出,更换上一盘新的磁带,以便进行下一次的备份。

自动加载磁带机是一种基于磁带技术的备份设备,它包括一个磁带仓,仓内可存放一定数目的磁带。它能够每天自动加载一盘新的磁带,用来备份当天的数据。一个磁带仓一般能容纳一周的磁带。

因此,管理人员只需每周更换一次磁带即可。当备份过程中磁带机发现有损坏的磁带或是磁带有写保护时,会自动换上一盘新的磁带,并及时向管理员发出警报,以便尽快处理。

思考题

1. 网络管理的目的是什么?
2. 网络管理的主要技术有哪些?
3. 网络管理有哪些主要内容?
4. 网络故障主要有哪些?如何排除这些网络故障?
5. 数据备份主要采用什么技术?

附录2　思科常用交换机/路由器命令汇总

2.1　常用交换机/路由器基本配置命令

命令	作用
RS>enable	从用户模式进入特权模式
RS#configure terminal	进入配置模式
RS(config)#line vty 0 4	进入虚拟终端 vty 0 ~ vty 4
RS(config-line)#password cisco	配置虚拟终端密码为 cisco
RS(config-line)#login	用户要进入路由器/交换机,需要先进行登录
Exit	退回到上一级模式
RS(config)#enable password cisco	配置进入特权模式的密码为 cisco,密码不加密
RS(config)#enable secret cisco	配置进入特权模式的密码为 cisco,密码加密
End (Ctrl+Z)	直接回到特权模式
RS#show int f0/0	显示 f0/0 接口信息
RS(config)#hostname R1	配置路由器/交换机的主机名为 R1
RS(config)#no ip domain-lookup	路由器/交换机向 DNS 服务器查询主机的 IP 地址
RS(config)#ip default-gateway 10.1.14.254	配置路由器/交换机访问其他网段时所需的网关
RS(config)#ip host R1 1.1.1.1	为 1.1.1.1 主机起一个主机名 R1
RS(config)#banner motd	设置用户登录路由器/交换机时的提示信息
RS#copy running-config tftp	把内存中的配置文件复制到 TFTP 服务器上
RS#copy tftp running-config	把 TFTP 服务器上的配置文件复制到内存中
RS#copy flash tftp	把 FLASH 中的文件保存到 TFTP 服务器上
RS#copy startup-config running-config	把 NVRAM 中的配置文件复制到内存中
RS#reload	重启路由器/交换机
RS#delete flash	删除 FLASH 中的文件
RS#copy tftp flash	从 TFTP 服务器上复制文件到 FLASH 中

2.2　交换机基本配置命令

命令	作用
S1(config-if)#duples {*full*|*half*|*auto*}	配置以太口的双工属性
S1(config-if)#speed {*10*|*100*|*1 000*|*auto*}	配置以太口的速率
S1(config)#ip default-gateway *172.16.0.254*	配置默认网关
S1(config-if)#switch mode access	把端口以为访问模式
S1(config-if)#switch port-security	打开交换机的端口安全功能
S1(config-if)#switch port-security maximum *1*	该端口下的 MAC 条目最大数量为 1
S1(config-if)#switch port-security violation	配置交换机端口安全
S1(config-if)#switch port-security mac-address *MAC 地址*	允许指定 MAC 地址的设备接入本接口
S1#show mac-address-table	显示 MAC 地址表
S1(config)#interface VLAN 1	进入交换机虚拟接口,默认为 VLAN1
S1(config-if)#ip address 192.168.0.1 255.255.255.0	配置接口的 IP 地址
S1(config-if)#no shutdown	打开接口

2.3　VLAN 及 Trunk 命令

命令	作用
S1#VLAN database	进入到 VLAN Database 配置模式
S1(VLAN)#VLAN 2 name *VLAN 2*	创建 VLAN 2
S1(config-if)#switch access *VLAN 2*	把端口划分到 VLAN 2 中
S1(config)#interface range *f0/2-3*	批量配置接口的属性
S1#show VLAN	查看 VLAN 的信息
S1(config-if)#switch mode trunk	把接口配置为 Trunk
S1#show interface *f0/13* trunk	查看交换机端口的 Trunk 状态

2.4 链路聚合命令

命令	作用
S1(config)#interface port-channel *1*	创建以太通道
S1(config-if)#channel-group *1* mode on	把接口加入到以太通道中,并指明以太通道模式
S1(config)#port-channel load-balance dst-mac	配置 EtherChannel 的负载平衡方式
S1#show etherchannel summary	查看 EtherChannel 的简单信息

2.5 STP 命令

命令	作用
S1#show spanning-tree	查看 STP 树信息
S1(config)#spanning-tree VLAN *1* priority *4096*	配置 VLAN 1 的桥优先级
S1(config)#spanning-tree mode mst	把生成树的模式改为 MST

2.6 HDLC、PPP 命令

命令	作用
R1(config)#int *serial 0/0/0*	进入串口 S0/0/0
R1(config-if)#encapsulation hdlc	把接口的封装改为 HDLC
R1(config-if)#encapsulation PPP	把接口的封装改为 PPP
R1(config-if)#ppp pap sent-username *R1* password *123*	PAP 认证时,向对方发送用户名 R1 和密码 123
R1(config-if)#ppp authentication pap	PPP 的认证方式为 PAP
R1(config-if)#user *R1* password *123*	为对方创建用户 R1,密码为 123
R1#debug ppp authentication	打开 PPP 的认证调试过程
R1(config-if)#ppp authentication chap	PPP 的认证方式为 CHAP

2.7　静态路由命令

命令	作用
R1(config-if)#ip address 192.168.0.1 255.255.255.0	配置接口的 IP 地址
R1(config-if)#no shutdown	打开接口
R1(config)#int loopback *0*	进入 Loopback0 环回接口
R1(config)#ip route *1.1.1.0 255.255.255.0 s 0/1*	配置静态路由，以 S0/1 为出口
R1(config)#ip route *1.1.1.0 255.255.255.0 192.168.0.1*	配置静态路由，以 192.168.0.1 为下一条
R1(config)#ip route 0.0.0.0 0.0.0.0 192.168.0.1	配置默认路由，以 192.168.0.1 为下一条
R1#show ip route	查看路由表
R1#ping *2.2.2.2* source *loopback 0*	指定源端口进行 ping 测试

2.8　RIP 命令

命令	作用
R1#show ip route	查看路由表
R1#show ip protocols	查看 IP 路由协议配置和统计信息
R1#show ip rip database	查看 RIP 数据库
R1#debug ip rip	动态查看 RIP 的更新过程
R1#clear ip route *	清除路由表
R1(config)#router rip	启动 RIP 进程
R1(config-router)#network *1.0.0.0*	通告网络
R1(config-router)#version 2	定义 RIP 的版本
R1(config-router)#no auto-summary	关闭自动汇总
R1(config-router)#passive-interface *s 0/1*	配置被动接口
R1(config-router)#neighbor *A.B.C.D*	配置单播更新的目标
R1(config)#ip default-network	向网络中注入默认路由

2.9 OSPF 命令

命令	作用
R1#show ip route	查看路由表
R1#show ip ospf neighbor	查看 OSPF 邻居的基本信息
R1#show ip ospf database	查看 OSPF 拓扑结构数据库
R1#show ip ospf interface	查看 OSPF 路由器接口的信息
R1#show ip ospf	查看 OSPF 进程及其细节
R1#debug ip ospf adj	查看 OSPF 邻接关系创建或中断的过程
R1#debug ip ospf events	显示 OSPF 发生的事件
R1#debug ip ospf packet	显示路由器收到的所有的 OSPF 数据包
R1(config)#router ospf *process ID*	启动 OSPF 路由进程
R1(config-router)#router-id *1. 1. 1. 1*	配置路由器 ID
R1(config-router)#network *192. 168. 1. 0 0. 0. 0. 255* area *ared id*	通告网络及网络所在的区域
R1(config-if)#ip ospf network *broadcast/ point-to-point*	配置接口网络类型
R1(config-router)#default-information originate	向 OSPF 区域注入默认路由

2.10 ACL 命令

命令	作用
R1#show ip access-lists	查看所定义的 IP 访问控制列表
R1#clear access-list counters	将访问控制列表计数器清零
R1(config)#access-list <*1-199*> permit/ deny	定义 ACL
R1(config-if)#ip access-group	在接口下应用 ACL
R1(config-line)#access-class <*1-199*> in/ out	在 vty 下应用 ACL
R1(config)#ip access-list standard/ extended	定义命名的 ACL
R1(config)#time-range *time*	定义时间范围

续表

命令	作用
R1(config)#username *username* password *password*	建立本地数据库
R1(config-line)#autocommand	定义自动执行的命令

2.11　NAT 命令

命令	作用
R1#clear ip nat translation　*	清除动态 NAT 表
R1#show ip nat translation	查看 NAT 表
R1#show ip nat statistics	查看 NAT 转换的统计信息
R1#debug ip nat	动态查看 NAT 转换过程
R1(config)#ip nat inside source static	配置静态 NAT
R1(config-if)#ip nat inside	配置 NAT 内部接口
R1(config-if)#ip nat outside	配置 NAT 外部接口
R1(config)#ip nat pool	配置动态 NAT 地址池
R1(config)#ip nat inside source list *access-list-number* pool *name*	配置动态 NAT
R1(config)#ip nat inside source list *access-list-number* pool *name* overload	配置 PAT

参考文献

[1] 朱士明. 计算机网络及应用[M]. 北京:北京理工大学出版社,2012.

[2] 李海龙,韦素媛,叶霞,等. 网络系统应用[M]. 北京:国防工业出版社,2012.

[3] 李联宁,陆丽娜. 网络工程[M]. 北京:清华大学出版社,2011.

[4] 徐雅斌,周维真,施运梅. 计算机网络[M]. 西安:西安交通大学出版社,2011.

[5] 梁锦叶. 网络组建与维护[M]. 3 版. 重庆:重庆大学出版社,2012.

[6] 梁广民,王隆杰. 思科网络实验室 CCNP(路由技术)实验指南[M]. 北京:电子工业出版社,2012.

[7] 余明辉,汪双顶. 中小型网络组建技术[M]. 北京:人民邮电出版社,2009.

[8] 程庆梅. 路由型与交换型互联网基础[M]. 北京:机械工业出版社,2010.

[9] 程庆梅. 创建高级交换型互联网实训手册[M]. 北京:机械工业出版社,2010.

[10] (美)瓦尚(Vachon,B.)(美)格拉齐亚尼(Grazi-ani,R.). 思科系统公司译. 思科网络技术学院教程 CCNA Exploration:接入 WAN[M]. 北京:人民邮电出版社,2009.

[11] (美)刘易斯. 思科系统公司译. 思科网络技术学院教程 CCNA Exploration: LAN 交换和无线[M]. 北京:人民邮电出版社,2009.

[12] (美)Rick Graziani,(美)Allan Jihnson. 思科系统公司译. 思科网络技术学院教程:路由协议[M]. 北京:人民邮电出版社,2009.

[13] (美)Jeff Doyle. TCP/IP 路由技术(第二卷)[M]. 北京:人民邮电出版社,2009.

[14] 谢希仁. 计算机网络[M]. 北京:电子工业出版社,2008.

[15] 梁广民,王隆杰. 网络互联技术[M]. 2 版. 北京:高等教育出版社,2018.

[16] 严体华,高悦,高振江. 网络管理员教程[M]. 北京:清华大学出版社,2018.